westermann

W0282127

fit fürs abi

Oberstufenwissen

Chemie

fit fürs **abi**

Oberstufenwissen

Chemie

Autoren:

Wolfgang Kirsch unterrichtet seit über 25 Jahren Chemie in einem Oberstufengymnasium und führt Lehrerfortbildungen im Fach Chemie durch.

Marietta Mangold und **Brigitte Schlachter** sind beide Chemielehrerinnen an einem Oberstufengymnasium und haben langjährige Erfahrung in der Abiturvorbereitung.

Druck [5] / Jahr 2023

Redaktion und Satz: imprint, Zusmarshausen
Kontakt: lernhilfen@ westermanngruppe.de
Umschlaggestaltung und Innenlayout: Janssen Kahlert Design & Kommunikation, Hannover
Umschlagfoto: Getty Images iStock (Nicolas)
Druck und Bindung: Westermann Druck GmbH, Georg-Westermann-Allee 66, 38104 Braunschweig

ISBN 978-3-7426-**0143**-8

Vorwort

Dieses Buch ...

- deckt die Lehrinhalte aller Lehrpläne ab.
- stellt die einzelnen Wissensgebiete in knapper und übersichtlicher Form dar.
- orientiert sich an den **Basiskonzepten** der Chemie sowie am erkenntnistheoretischen Dreieck der Chemie und vermittelt Ihnen eine neue Sicht auf chemische Sachverhalte, wie sie auch von vielen Lehrplänen verlangt wird.
- stellt die Ergebnisse eines jeden Kapitels im Überblick als **Concept-Map** dar. Dieses visualisiert Konzepte durch Vernetzung der Fachbegriffe untereinander und hilft, ein System im Wissenstoff zu erkennen.

Wie bereite ich mich aufs Chemie-Abitur vor?

- Besorgen Sie sich den **Lehrplan**, der in Ihrem Bundesland gilt. Die Lehrpläne finden Sie jeweils auf dem Bildungsserver Ihres Bundeslandes. Das ist vor allem wichtig, wenn Sie die Prüfungen des Zentralabiturs schreiben.
- Arbeiten Sie parallel Ihre Unterlagen und dieses Buch durch.
- Damit der Lernstoff leichter verinnerlicht werden kann, gestalten Sie ihn abwechslungsreich: **Markieren Sie wichtige Stellen** in diesem Buch und in Ihren Unterlagen mit Farbmarkern.
- Schreiben Sie für die einzelnen Kapitel die **Fachbegriffe** auf Karteikärtchen und sortieren Sie die Karteikärtchen in „ich weiß" und in „ich weiß nicht". Klären Sie mithilfe des Glossars die nicht gewussten Fachbegriffe. Vollziehen Sie die Abbildungen nach, indem Sie sie auf einem Blatt nachskizzieren.
- Überprüfen Sie anhand der einzelnen **Concept-Maps** am Ende des Kapitels das, was Sie sich erarbeitet haben. Lesen Sie hierzu das Concept Map entlang den Pfeilrichtungen laut in ganzen Sätzen vor.
  Drehen Sie zur weiteren Vertiefung des Concept Maps die Pfeile in die Gegenrichtung um und finden Sie neue Verben, die Sie auf die Pfeile schreiben.
- Nutzen Sie das **Internet** nur dazu, auf gezielte Fragestellungen Antworten zu erhalten. Recherchieren im Internet „frisst" die für die Prüfungsvorbereitung zur Verfügung stehende Zeit.

Auf **www.westermann.de/fit-fuers-abi** finden Sie kostenlose Videos mit Prüfungstipps und vieles mehr. Klicken Sie einfach mal rein!

App für Smartphones und Videos zur Prüfungsvorbereitung

Fürs Nachschlagen und Lernen unterwegs gibt es das **Glossar auch als App für Ihr Smartphone**. Einfach im Apple App Store oder im Google Play Store „Fit fürs Abi" eingeben und kostenlos herunterladen. Die App erklärt wichtige Fachbegriffe nicht nur für das Fach Chemie, sondern auch für neun weitere Abiturfächer. Digitale „Karteikarten" erleichtern das Auswendiglernen.
Auf www.westermann.de/fit-fuers-abi finden Sie außerdem kostenlose Videos zu verschiedenen Themen der Prüfungsvorbereitung.

Chemie besser verstehen mit Basiskonzepten

Fachbegriffe und Lerninhalte des Fachs Chemie in der Oberstufe lassen sich den folgenden **sechs** übergeordneten Prinzipien zuordnen, die als **Basiskonzepte** bezeichnet werden. Sie stellen eine Wissensbasis dar, auf deren Fundament die grundlegenden Strukturen der Wissenschaft Chemie besser begriffen werden können. Die Basiskonzepte können als Leitfäden für die Betrachtung und Analyse chemischer Phänomene dienen und sind hilfreich bei der Lösung chemischer Problem- und Aufgabenstellungen.

Siehe Kapitel „Atombau" und „Chemische Bindung".

- **Konzept der Stoff-Teilchen-Beziehungen:** Chemie ist die Wissenschaft von den Stoffen und den Stoffänderungen. Stoffe wie auch Stoffänderungen sind mit Sinnesorganen erfahrbar. Erklärbar sind sie jedoch nur mit submikroskopischen Teilchen wie Atomen, Molekülen und Ionen.

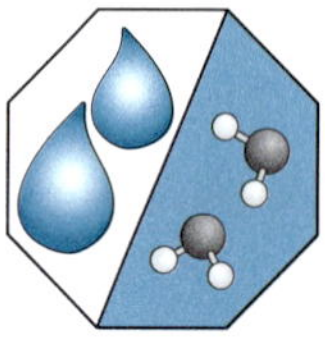

Siehe Kapitel „Chemische Bindung" und „Organische Chemie".

- **Konzept der Struktur-Eigenschafts-Beziehungen:** Die Strukturen auf der Teilchenebene sind für die Eigenschaften eines Stoffes bestimmend. Stoffe haben unterschiedliche Schmelz- und Siedetemperaturen. Sie zeigen ein unterschiedliches Reaktionsverhalten. Physikalische wie chemische Eigenschaften hängen davon ab, wie die Teilchen aufgebaut sind, wie sie angeordnet sind und welche Wechselwirkungen zwischen den Teilchen existieren.

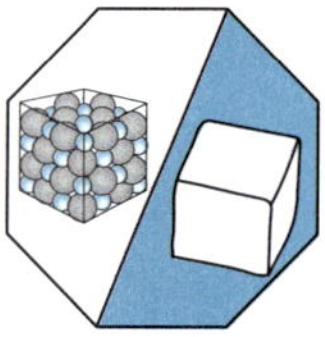

In allen Stoffen ist Energie gespeichert. Somit sind alle Stoffänderungen, das heißt alle chemischen Reaktionen, auch mit messbaren Energieänderungen verbunden.

- **Energie-Konzept:** Stoffe können bei chemischen Reaktionen Energie abgeben oder auch aufnehmen. Bei freiwillig ablaufenden Reaktionen wird Energie an die Umgebung abgegeben. Der Ordnungszustand des reagierenden Systems nimmt dabei häufig ab, was einer Entropie-Zunahme entspricht. Energie-Abgabe sowie Entropie-Zunahme sind die Triebkräfte chemischer Reaktionen.

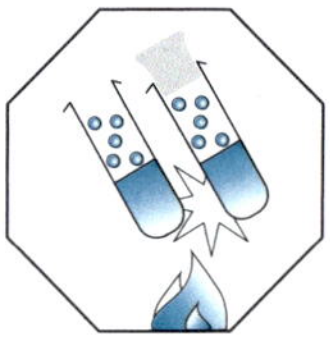

Elektronentausch: Redoxreaktionen

Protonentausch: Säure-Base-Reaktionen (Protolysen)

- **Donator-Akzeptor-Konzept:** Teilchen können bei einer chemischen Reaktion Energie, aber auch Partikel wie Protonen oder Elektronen miteinander austauschen. Dabei wird das abgebende Teilchen als Donator, das aufnehmende Teilchen als Akzeptor bezeichnet.

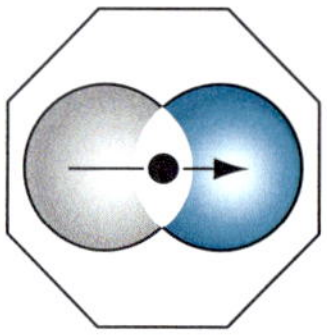

- **Konzept der Reaktionsgeschwindigkeiten:** Manche Stoffe können innerhalb von Sekundenbruchteilen miteinander reagieren, andere Stoffe brauchen für eine chemische Umsetzung Jahre. Ausschlaggebend hierfür sind – neben der Natur der beteiligten Stoffen – Faktoren wie Zerteilungsgrad, Temperatur, Konzentration und Katalysator.

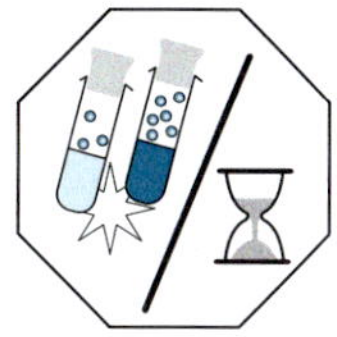

- **Konzept des chemischen Gleichgewichts:** In geschlossenen Systemen laufen bei vielen umkehrbaren chemischen Reaktionen Hin- und Rückreaktion gleichzeitig nebeneinander ab. Dabei stellt sich bei konstanten Bedingungen ein mathematisch beschreibbarer, stabiler Gleichgewichtszustand zwischen Ausgangs- und Endstoffen ein.

Vorhersagen über den quantitativen Verlauf einer chemischen Reaktion sind somit möglich.

Erkenntnistheoretisches Dreieck der Chemie als Verständnishilfe

Nach Johnstone beschäftigt sich die Chemie häufig gleichzeitig mit drei bedeutsamen einander bedingenden Bereichen:

1. dem makroskopischen Bereich der sichtbaren Phänomene: **Stoffebene**,
2. dem nichtsichtbaren submikroskopischen Bereich der Teilchen: **Teilchenebene** in der Nano- und Pikometer-Längendimension
3. dem Repräsentationsbereich, also mit Symboldarstellungen, Formeln, Graphen und Gleichungen: **Formelebene**.

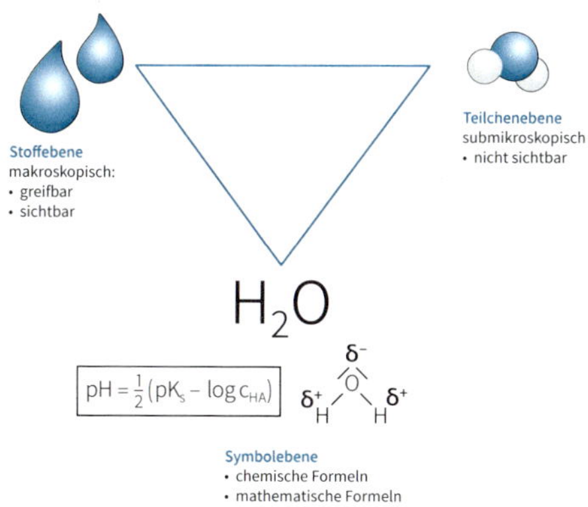

Abb. 1.1: Das erkenntnistheoretische Dreieck der Chemie

Diese drei Bereiche kann man sich als „Eckpunkte eines Dreiecks" miteinander verbunden vorstellen, das als „erkenntnistheoretisches Dreieck der Chemie nach Johnstone" bezeichnet wird (→ Abb. 1.1).

Um die Identifizierung des Bereichs, der im Text gerade angesprochen wird, zu erleichtern, ist in der Randspalte das Symbol mit der markierten Ecke des entsprechenden Bereichs platziert:

Stoffebene

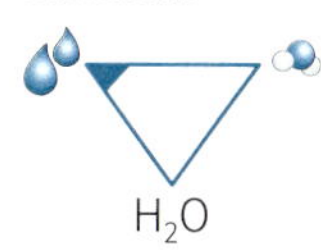

Teilchenebene

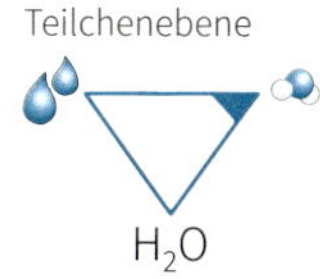

Symbolebene

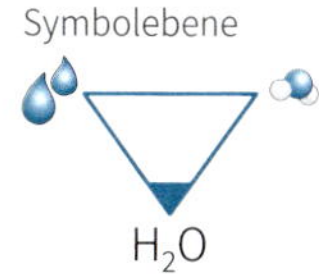

Wissen

Alle Fachinhalte der Chemie lassen sich übergeordneten Prinzipien, den Basiskonzepten zuordnen. Die Basiskonzepte gewährleisten einen strukturierten Wissensaufbau, sind Systematisierungshilfen und helfen bei der Lösung chemischer Fragestellungen.

Überblick

Das Energie-Konzept ist ein Bindeglied zwischen „Materie“ und „chemischer Reaktion“: In Materie ist Energie gespeichert, die sich bei chemischen Reaktionen ändert.

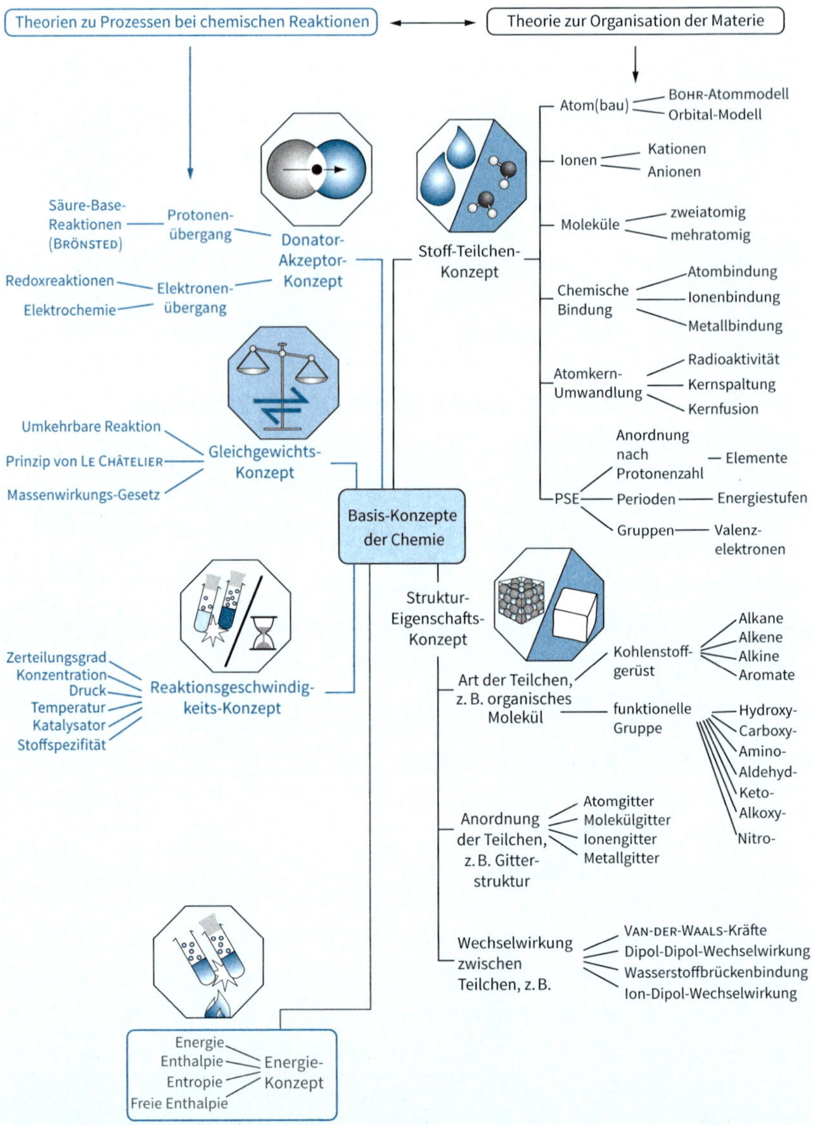

Abb. 1.2: Basiskonzepte der Chemie im Überblick

1 Atombau und Periodensystem

- **In der Chemie ist unter dem Begriff „Stoff“ wahrnehmbare Materie zu verstehen, die durch ihre eigentümlichen, gleichbleibend kennzeichnenden Eigenschaften wie Dichte, Farbe, Schmelztemperatur etc. charakterisiert ist – unabhängig von Größe, Gestalt und Form.**
- **Stoffe sind aus kleinsten Teilchen, den Atomen, Molekülen und Ionen aufgebaut. Alle Atome unterliegen denselben Bauprinzipen, die in verschiedenen Atommodellen, wie dem BOHR'schen Atommodell oder dem Orbitalmodell, ausformuliert worden sind.**
- **Entsprechend ihrem Atombau sind die verschiedenen Elemente im Periodensystem der Elemente nach der Protonenzahl angeordnet.**

Basiskonzept: Stoff-Teilchen-Beziehungen

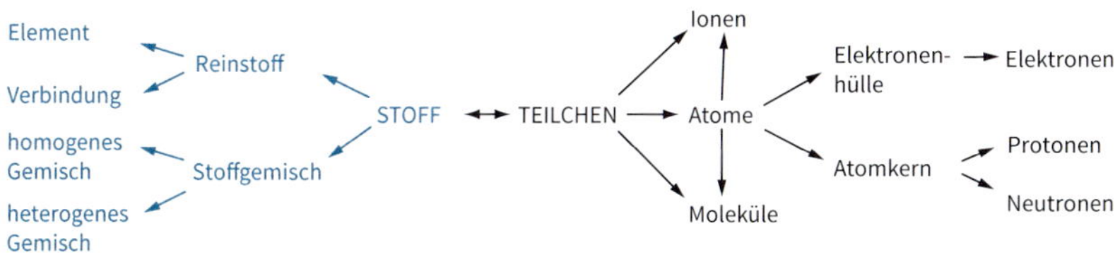

Abb. 1.1: Schlüsselbegriffe des Stoff-Teilchen-Konzepts im Überblick

Die erfahrbaren Phänomene der stofflichen Welt können auf der Teilchenebene gedeutet werden.

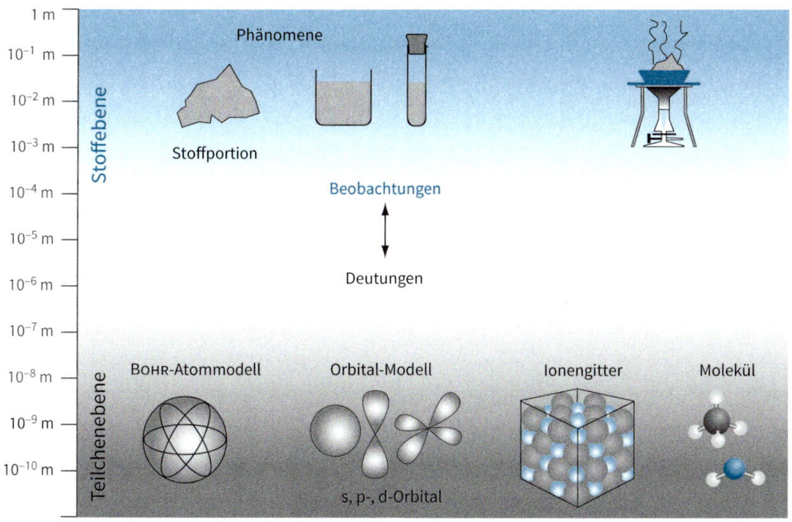

Abb. 1.2: Stoff-Teilchen-Konzept im Überblick

H_2O

1.1 Einfache Atommodelle

JOHN DALTON 1766 – 1844, englischer Naturforscher und Lehrer; gilt als einer der Wegbereiter der Chemie.

DALTON (1808): Jedem Element entspricht eine Art von Atomen. Sie sind unveränderlich, untereinander in einem Element gleich und in verschiedenen Elementen von unterschiedlicher Masse. Chemische Reaktionen sind Umgruppierungen von Atomen. DALTON führte bereits Symbole zur Bezeichnung chemischer Elemente ein. Die heutige Schreibweise von Formeln geht auf BERZELIUS (1815) zurück.

JOSEPH JOHN THOMSON 1856 – 1940, britischer Physiker, Nobelpreisträger und Entdecker des Elektrons (1897)

THOMSON (1904): Atome stellen Massenteilchen (Kugeln) dar. Die positive Ladung ist über das gesamte Volumen verteilt. Negativ geladene Teilchen, die Elektronen, sind in diese Grundmaterie eingebettet und gleichen die positive Ladung aus. Ein positiv geladenes Ion entsteht, wenn Elektronen abgegeben werden, ein negativ geladenes, wenn Elektronen aufgenommen werden.

ERNEST RUTHERFORD 1871 – 1937, neuseeländischer, in England wissenschaftlich arbeitender Atomphysiker und Nobelpreisträger in Chemie (1908), führte den Begriff der Halbwertszeit ein und entdeckte das Proton.

RUTHERFORD (1911): Atome bestehen aus einem sehr kleinen positiv geladenem Massenzentrum (Atomkern) und einer negativ geladenen Elektronenhülle. Die Elektronen bewegen sich mit großer Geschwindigkeit um den Kern.

NIELS HENRIK DAVID BOHR 1885 – 1962, dänischer Physiker, erhielt 1921 die HUGHES-Medaille der Royal Society und 1922 den Nobelpreis für Physik.

BOHR (1913): Die negativen geladenen Elektronen der Atomhülle umkreisen planetenähnlich den positiven Atomkern.
Postulate:

① Die Elektronen können sich nur auf ganz bestimmten, einzelnen Bahnen um den Kern bewegen. Dieser Bewegung entspricht ein ganz bestimmtes Energieniveau.
② Der Umlauf auf diesen Bahnen erfolgt strahlungslos mit konstanter Energie.
③ Das Elektron absorbiert oder emittiert Energie nur beim sprunghaften Übergang zwischen zwei Energieniveaus.

Durch Energiezufuhr kann ein Elektron auf eine kernfernere Bahn angehoben werden. Nach kurzer Zeit fällt das Elektron auf die kernnähere zurück. Dabei wird Licht einer bestimmten Wellenlänge ausgesandt. Die Energie des emittierten Lichts entspricht dabei genau der Energiedifferenz der beiden Bahnen. Regt man daher Atome durch Energiezufuhr an, so erhält man ein charakteristisches Linienspektrum.

H_2O

1.2 Orbitalmodell

Bestimmte Experimente mit Elektronen lassen sich nur deuten, wenn man das Elektron als Welle betrachtet. In anderen Experimenten verhalten sich Elektronen wie Teilchen. Je nach zu beobachtender Eigenschaft des Elektrons muss man also entweder das Teilchenmodell oder das Wellenmodell des Elektrons heranziehen (**Welle-Teilchen-Dualismus**). Da es prinzipiell nicht möglich ist, gleichzeitig den Ort und die Geschwindigkeit eines Elektrons exakt anzugeben (HEISENBERG, 1927), lassen sich keine Aussagen über den momentanen Aufenthaltsort des Elektrons im Atom machen. Die Vorstellung, dass sich Elektronen auf Elektronenbahnen (Orbits) bewegen, wird daher aufgegeben. Stattdessen werden die Elektronen durch Orbitalfunktionen im dreidimensionalen Raum beschrieben.

WERNER KARL HEISENBERG 1901 – 1976, einer der bedeutendsten Physiker des 20. Jahrhunderts und Nobelpreisträger. 1927 formulierte er die **HEISENBERG'sche Unschärferelation**.

Ein **Orbital** ist damit der **Aufenthaltsbereich**, in dem ein Elektron mit großer Wahrscheinlichkeit anzutreffen ist.

Vier **Quantenzahlen** charakterisieren den Zustand des Elektrons im Atom:

- Die **Hauptquantenzahl** n ($n = 1, 2, 3, \ldots$) gibt die Größe des Orbitals an.
- Die **Nebenquantenzahl** l ($l \leq n - 1$) gibt die Form des Orbitals an:
  $l = 0$: s-Orbital, kugelförmig
  $l = 1$: p-Orbitale, hantelförmig
  $l = 2$: d-Orbitale, kleeblattförmig
  ($l = 3$: f-Orbitale, $l = 4$: g-Orbitale)
- Die **Magnetquantenzahl** m ($-l \leq m \leq +l$) gibt die Lage des Orbitals im Raum an.
- Die **Spinquantenzahl** s $\left(s = +\frac{1}{2}, s = -\frac{1}{2}\right)$ gibt die Eigenrotation des Elektrons an.

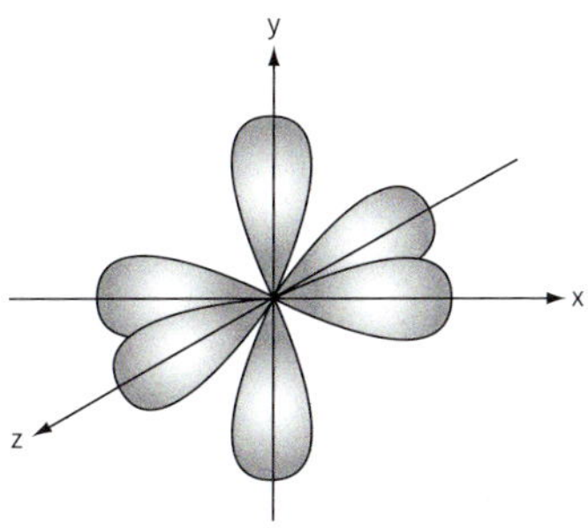

Abb. 1.3: Die Form der p-Orbitale: Die $2p_x$- und $2p_y$-Orbitale liegen in der Zeichenebene, das $2p_z$-Orbital steht senkrecht darauf.

Hauptquantenzahl 1: nur ein kugelförmiges s-Orbital (1s)
Hauptquantenzahl 2: ein kugelförmiges s-Orbital (2s), das größer ist als das 1s-Orbital; drei hantelförmige p-Orbitale, die senkrecht aufeinander stehen ($2p_x$, $2p_y$, $2p_z$), → Abb. 1.3
Hauptquantenzahl 3: ein kugelförmiges s-Orbital (3s), das größer ist als das 1s- und das 2s-Orbital; drei hantelförmige p-Orbitale, die senkrecht aufeinanderstehen ($3p_x$, $3p_y$, $3p_z$) und größer sind als die 2p-Orbitale; fünf 3d-Orbitale

1.3 Elektronenkonfigurationen

LINUS CARL PAULING 1901 – 1994, US-amerikanischer Chemiker und Nobelpreisträger in Chemie

Die **Elektronenkonfiguration** eines Atoms erhält man, indem man alle Elektronen des Atoms Orbitalen zuordnet. In der **PAULING-Schreibweise** wird das Orbital als Kästchen dargestellt, die Elektronen werden durch Pfeile symbolisiert, wobei die entgegengesetzte Pfeilrichtung für die entgegengesetzte Rotationsrichtung (Spin) des Elektrons steht.

Beispiel

[↑↓] symbolisiert ein Orbital, das mit zwei Elektronen mit entgegengesetztem Spin besetzt ist.

Beim Aufstellen von Elektronenkonfigurationen sind folgende Prinzipien zu beachten:

- **Energieprinzip:** Energieärmere Zustände werden vor energiereicheren besetzt.
- **HUND'sche Regel:** Energiegleiche Orbitale gleicher Nebenquantenzahl werden zunächst einfach besetzt.
- **PAULI-Prinzip:** Elektronen eines Atoms dürfen nicht in allen vier Quantenzahlen übereinstimmen, das heißt ein Orbital kann maximal zwei Elektronen (unterschiedlichen Spins) aufnehmen.

FRIEDRICH HUND 1896 – 1997, deutscher Physiker

WOLFGANG ERNEST PAULI 1900 – 1958, einer der bedeutendsten Physiker des 20. Jahrhunderts, Nobelpreisträger

Beim Aufstellen von Elektronenkonfigurationen ist Folgendes zu beachten:

- Die Orbitale müssen nach dem Energieprinzip (Energieniveauschema) besetzt werden.
- Es gibt jeweils:
  - ein s-Orbital,
  - drei energiegleiche p-Orbitale,
  - fünf energiegleiche d-Orbitale.
- p- und d-Orbitale einer Hauptquantenzahl werden zunächst einfach besetzt (HUND'sche-Regel).
- Ein Orbital kann mit höchstens zwei Elektronen besetzt sein, die dann einen entgegengesetzten Spin haben.

Tipp

Als Merkhilfe für das Energieniveauschema der Orbitale eignet sich das **Schachbrett**.
Es wird zeilenweise von links nach rechts gelesen, wobei man mit der unteren Zeile anfängt.

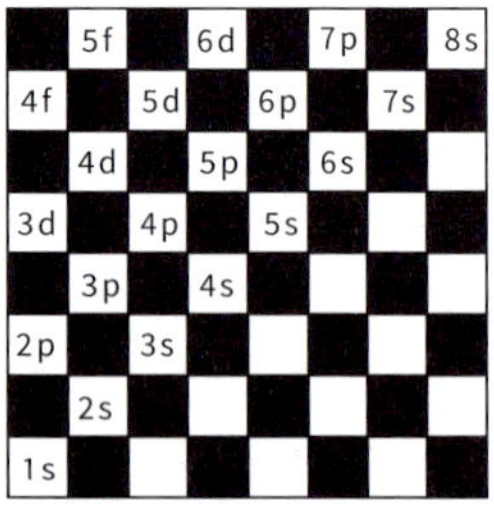

Abb. 1.4: Schachbrett

Beispiele

Kurzschreibweise für die Elektronenkonfiguration von Phosphor (P): $1s^2\ 2s^2\ 2p^6\ 3s^2\ 3p^3$ ($1s^2$ gesprochen: „eins-s-zwei").

Die Elektronenkonfiguration für Arsen (As) mit 33 Elektronen lautet also in Kurzschreibweise: $1s^2\ 2s^2\ 2p^6\ 3s^2\ 3p^6\ 4s^2\ 3d^{10}\ 4p^3$

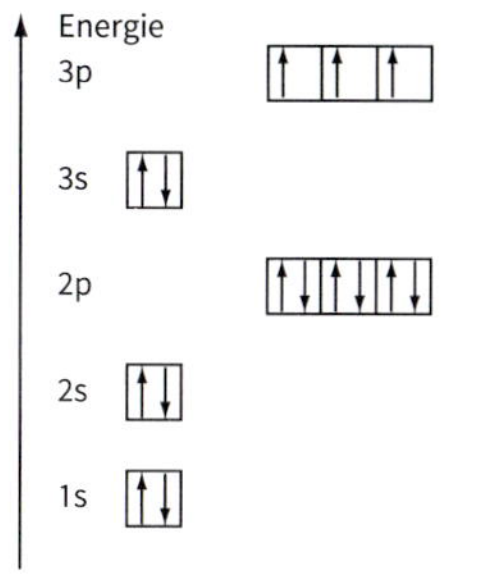

Abb. 1.5: Elektronenkonfiguration von Phosphor (P) im Grundzustand

1.4 Periodensystem

Aufbau

Die Stellung eines Elements im Periodensystem ist auf seine Elektronenkonfiguration zurückzuführen. Die **Ordnungszahl** entspricht der Protonenzahl, beim Atom auch der Elektronenzahl. Elektronen mit gleicher Hauptquantenzahl werden als **Schale** zusammengefasst. Elektronen mit der Hauptquantenzahl $n = 1$ gehören dabei zur K-Schale, die Elektronen mit der Hauptquantenzahl $n = 2$ bilden die L-Schale. Es folgen dann M-, N-, O-, P- und Q-Schale. Je größer die Hauptquantenzahl ist, desto größer ist auch der Radius der Kugelschale. Die maximale Elektronenbesetzung für die n-te Schale ist mit $2n^2$ Elektronen erreicht. Alle Elemente einer **Periode** (horizontale Reihe) besitzen dieselbe Schalenzahl. Die Elemente einer **Gruppe** (vertikale Reihe) besitzen die gleiche Anzahl an Elektronen auf der äußeren Schale (**Valenzelektronen**). Bei den Hauptgruppen stimmt dabei die Zahl der Valenzelektronen mit der Gruppennummer überein.

Name der Gruppe	Elektronenkonfiguration der Valenzelektronen
Alkalimetalle	s^1
Erdalkalimetalle	s^2
Borgruppe	s^2p^1
C-Si-Gruppe	s^2p^2
Stickstoffgruppe	s^2p^3; stabil
Chalkogene	s^2p^4
Halogene	s^2p^5
Edelgase	s^2p^6; sehr stabil (Edelgaskonfiguration)

Abb. 1.6: Hauptgruppen des Periodensystems

H_2O

Zur Begriffsdefinition von Kationen und Anionen → Glossar

Atomradien und Ionenradien

Kationen haben einen kleineren Radius als Atome, da sie eine Schale weniger besitzen. **Anionen** haben einen größeren Radius als Atome, da sich die Elektronen der äußeren Schale untereinander stärker abstoßen. Innerhalb einer **Gruppe** nehmen die **Atomradien** mit zunehmender Ordnungszahl (von oben nach unten) zu, da neue Schalen aufgebaut werden.

Innerhalb einer **Periode** nehmen die Atomradien mit zunehmender Ordnungszahl ab, da die Elemente einer Periode dieselbe Schalenzahl besitzen, die Kernladung aber zunimmt und die Elektronen daher stärker angezogen werden. Die **Radien** der Kationen und Anionen nehmen ebenfalls innerhalb der Gruppe von oben nach unten zu, innerhalb der Periode von links nach rechts ab.

Überblick

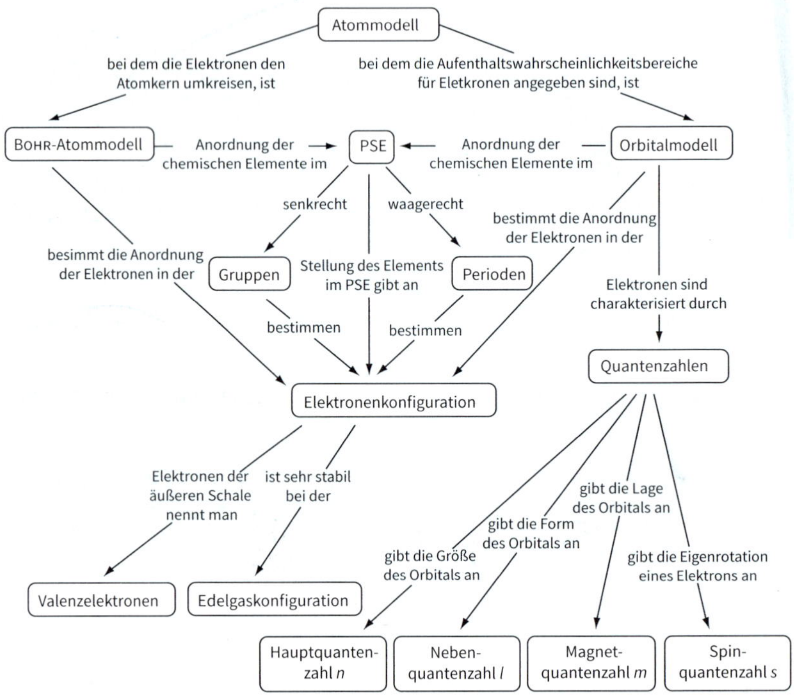

2

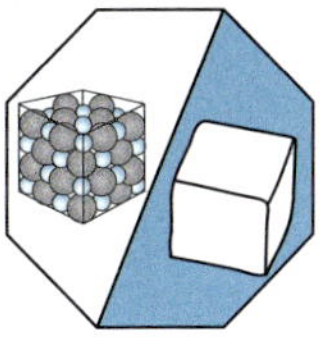

Chemische Bindung

- Salze haben aufgrund ihrer Ionenbindung andere typische physikalische und chemische Eigenschaften als Stoffe, die aus Molekülen aufgebaut sind. So liegen Schmelz- und Siedetemperaturen bei Salzen wegen der starken, ungerichteten elektrostatischen Anziehungskräfte der geladenen Teilchen im Ionengitter in der Regel einige hundert Kelvin höher als bei Stoffen, die aus Molekülen bestehen.
- Moleküle setzen sich aus Atomen zusammen, die durch Elektronenpaarbindung (Atombindung) miteinander verbunden sind. Da in Molekülen aufgrund der mehr oder weniger polaren Atombindungen höchstens Teilladungen vorhanden sind, sind die elektrostatischen zwischenmolekularen Anziehungskräfte sehr viel geringer ausgeprägt als die Anziehungskräfte bei Ionen.
- Die Stoffeigenschaften der Metalle beruhen auf der metallischen Bindung: Die Atome sind im Metallgitter dicht gepackt; zwischen den positiv geladenen Atomrümpfen existieren frei bewegliche Valenzelektronen.

Basiskonzept: Struktur-Eigenschafts-Beziehungen

Art, Anordnung und Wechselwirkung der Teilchen bestimmen die Eigenschaften eines Stoffes.

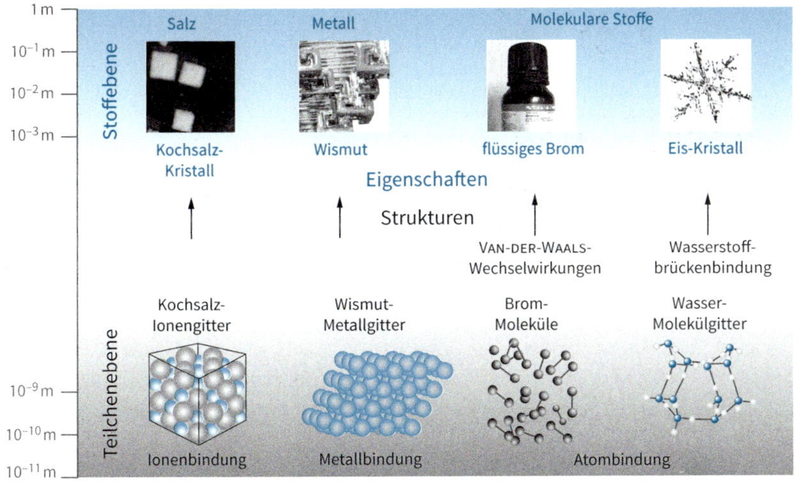

Abb. 2.1: Chemische Bindung und Struktur-Eigenschafts-Konzept (© Fotos: Marietta Mangold)

2.1 Ionenbindung

Bildung der Ionen

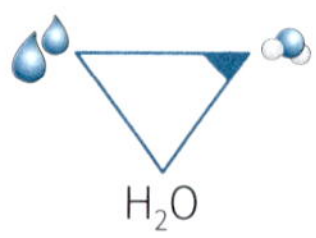

In der Reaktion zwischen Metallen und Nichtmetallen erreichen **Metalle** die stabile (= energiearme) **Edelgaskonfiguration**, indem sie ihre Valenzelektronen abgeben. **Nichtmetalle** erreichen die Edelgaskonfiguration, indem sie ihre äußere Schale durch Elektronenaufnahme zum Oktett (s^2p^6) auffüllen.

Beispiel

$2\,Na + Cl_2 \rightarrow 2\,NaCl;\ \Delta H \leq 0$ (exotherm)

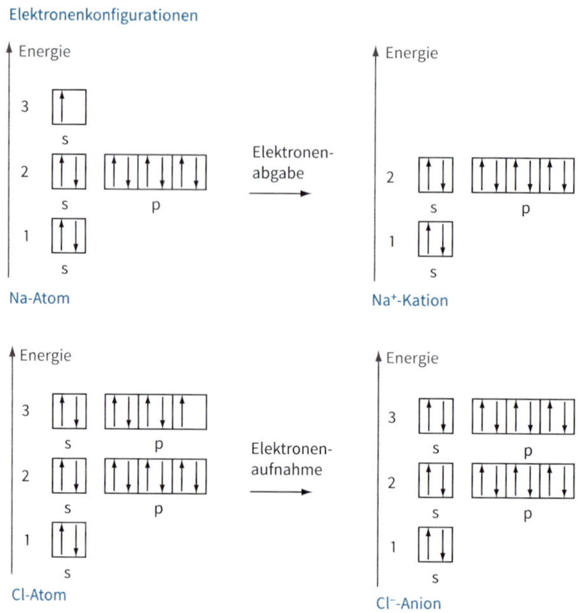

Abb. 2.2: Bildung von Na^+- und Cl^--Ionen

Regel von Kossel

Die Reaktionsfähigkeit von Atomen beruht auf deren Bestreben, durch Abgabe oder Aufnahme von Elektronen in der Reaktion mit anderen Atomen Edelgaskonfiguration zu erreichen.

Metalle geben Elektronen ab und werden zu **Kationen**.
Nichtmetalle nehmen Elektronen auf und werden zu **Anionen**.

Definition

Kation = positiv geladenes Teilchen
Anion = negativ geladenes Teilchen

Typische Nichtmetalle sind: Halogene (F, Cl, Br, I), und die Elemente O, S, N, P, C, H. Die Ionen bilden ein **Ionengitter**.

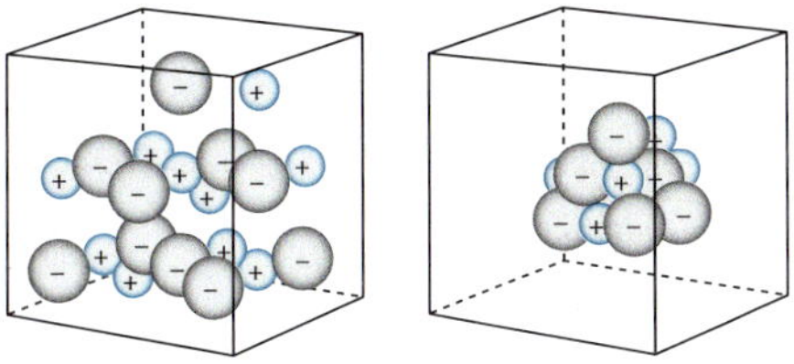

Abb. 2.3: Bildung des Ionengitters

Ionenverbindungen werden als **salzartige Stoffe** bezeichnet. Bei der Bildung des Ionengitters aus den Ionen der Gasphase wird ein großer Energiebetrag (**Gitterenergie**) frei. Die Gitterenergie liefert die Energie für die energieverbrauchenden Teilschritte der Salzbildung.

Vorsicht, Falle

Die **Gitterenergie** – und nicht etwa das Entstehen einer Edelgaskonfiguration – ermöglicht die Bildung eines Salzes. Es gibt auch stabile Kationen, die auf der äußeren Schale keine s^2p^6-Konfiguration besitzen.

Die **Gitterenergie** kann über den **BORN-HABER-Kreisprozess** bestimmt werden. Dazu zerlegt man gedanklich die Bildung eines salzartigen Stoffes aus den Elementen in Teilschritte.

Siehe auch → Seite 47.

Beispiel

Bildung von NaCl

① Das Na-Metall wird sublimiert (verdampft), sodass isolierte Na-Atome als Dampf vorliegen.
(benötigte Energie: **Sublimationsenergie**)

② Die Chlor-Moleküle werden in Atome gespalten.
(benötigte Energie: **Bindungsenergie**)

③ Na-Atome geben je ein Elektron ab.
(benötigte Energie: **Ionisierungsenergie**)

④ Cl-Atome nehmen je ein Elektron auf.
(umgesetzte Energie: **Elektronenaffinität**)

⑤ Die in der Gasphase vorliegenden Na^+- und Cl^--Ionen lagern sich zu einem Ionengitter zusammen.
(freiwerdende Energie: **Gitterenergie**)

Begriffsdefinitionen zu „Bindungsenergie“ finden Sie auf der → Seite 29 sowie im Glossar.

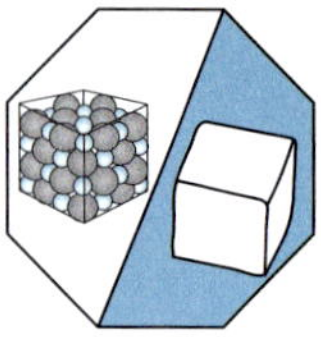

Ionengitter und Gitterenergie

Salzartige Stoffe
- besitzen hohe Schmelz- und Siedetemperaturen,
- sind spröde,
- sind gut in Wasser löslich und
- leiten als Schmelze und in wässriger Lösung den elektrischen Strom.

CHARLES AUGUSTIN DE COULOMB 1736 – 1806, französischer Physiker

Die **Gitterenergie** gibt an, wie viel Energie frei wird, wenn Ionen aus der Gasphase heraus ein Ionengitter bilden. Die Kationen und Anionen im Kristallverband werden durch elektrostatische Anziehungskräfte (COULOMB-Kräfte) zusammengehalten. Diese Kräfte sind ungerichtet und wirken gleichmäßig nach allen Seiten. Die Anionen sind größer als die Kationen und bilden eine **dichteste Kugelpackung**. Die kleineren Kationen liegen in den Lücken zwischen den Anionen.

Beispiel: NaCl (Kochsalz)

Die großen Cl^--Anionen bilden die dichteste Kugelpackung, in deren Lücken die kleinen Na^+-Kationen liegen. Jedes Kation ist von sechs Anionen umgeben, jedes Anion von sechs Kationen.
Die **Koordinationszahl** (= Anzahl der nächsten Nachbarn im Ionengitter) beträgt daher für jede Ionenart 6.

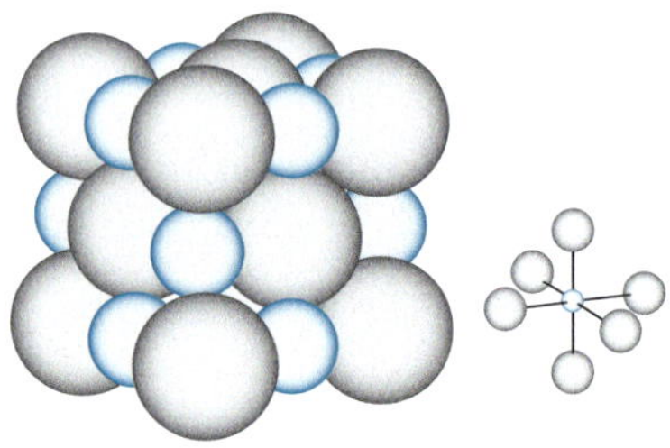
Abb. 2.4: NaCl-Ionengitter

Formeln von Ionenverbindungen sind **Verhältnisformeln**. Sie geben das Zahlenverhältnis von Kationen und Anionen im Ionengitter an.

Die Gitterenergie ist im Wesentlichen abhängig
1. von der Ladung der Ionen: Je höher die Ladung ist, desto stärker ziehen sich Kationen und Anionen an.
2. vom Radius der Ionen: Je kleiner der Radius ist, desto größer ist die Ladungsdichte des Ions, desto stärker ziehen sich Kationen und Anionen an.

Da beim Schmelzen und Sieden von salzartigen Verbindungen die Ionen aus dem Gitter gelöst werden und die elektrostatische Anziehung der Ionen überwunden werden muss, sind Schmelz- und Siedetemperatur von der Gitterenergie abhängig.

Beispiel

Ordnen von Salzen

NaCl, CaS, Al_2O_3, KBr, MgO nach fallender Schmelz- und Siedetemperatur geordnet:

1. Ordnen nach der Ladung: Die Ladung der Kationen (Metalle) entspricht bei den Hauptgruppenmetallen der Gruppennummer, bei den Anionen (Nichtmetallen) der Differenz zwischen acht Elektronen und der Gruppennummer.

$Al_2^{3+}O_3^{2-}$; $Ca^{2+}S^{2-}$; $Mg^{2+}O^{2-}$; Na^+Cl^-; K^+Br^-

2. Ordnen nach dem Ionenradius: Da innerhalb einer Gruppe im Periodensystem die Ionenradien mit steigender Ordnungszahl (von oben nach unten) zunehmen (→ Seite 15), ergibt sich die Reihenfolge:

Al_2O_3, MgO, CaS, NaCl, KBr

⟶ Abnahme von Schmelz- und Siedetemperatur

Übersicht: Salzartige Stoffe

Eine **Ionenbindung** liegt vor, wenn in einer Verbindung **Metall und Nichtmetall** enthalten sind. Wichtige salzartige Verbindungen sind daher:

Metall + Nichtmetall (binäre Verbindungen)	**Hydrogensalze**	**Metall + Säurerest**
Oxide (O^{2-})	Hydrogencarbonat (HCO_3^-)	Sulfate (SO_4^{2-})
Sulfide (S^{2-})	Hydrogensulfit (HSO_3^-)	Sulfite (SO_3^{2-})
Nitride (N^{3-})	Hydrogensulfat (HSO_4^-)	Nitrate (NO_3^-)
Halogenide (F^-, Cl^-, Br^-, I^-)	Dihydrogenphosphat ($H_2PO_4^-$)	Nitrite (NO_2^-)
Hydroxide (OH^-)	Hydrogenphosphat (HPO_4^{2-})	Phosphate (PO_4^{3-})
		Carbonate (CO_3^{2-})

Tab. 2.1: Wichtige salzartige Verbindungen

Hinweis: Das NH_4^+-Ion (Ammonium-Ion) verhält sich wie ein Metall-Kation. Bei Ammonium-Verbindungen handelt es sich daher um salzartige Stoffe.

2.2 Atombindung

Lewis-Formeln und Oktettregel

Gilbert Newton Lewis 1875–1946, US-amerikanischer Physikochemiker

Die Bindung zwischen Nichtmetall-Atomen beruht auf der Bildung **gemeinsamer Elektronenpaare**. Es entstehen **Moleküle**.

Solche **bindenden Elektronenpaare** werden aus ungepaarten Valenzelektronen der Atome gebildet. Durch die gemeinsamen Elektronenpaare erreichen die Atome **Edelgaskonfiguration**. Valenzelektronen, die nicht an der Bindung beteiligt sind, bezeichnet man als **freie Elektronenpaare.**

In den **Lewis-Formeln** (Valenzstrichformeln) werden Elektronenpaare als Strich, einzelne Elektronen als Punkte dargestellt.

Beispiel: Lewis-Formel des HCl-Moleküls: H—$\overline{\underline{\mathrm{Cl}}}$|

Durch das gemeinsame Elektronenpaar erreicht das Chlor-Atom Edelgaskonfiguration (s^2p^6), das Wasserstoff-Atom erreicht die Edelgaskonfiguration von Helium (s^2). Das Chlor-Atom hat drei freie Elektronenpaare.

Oktettregel: Jedem Atom werden vier Elektronenpaare zugeordnet.

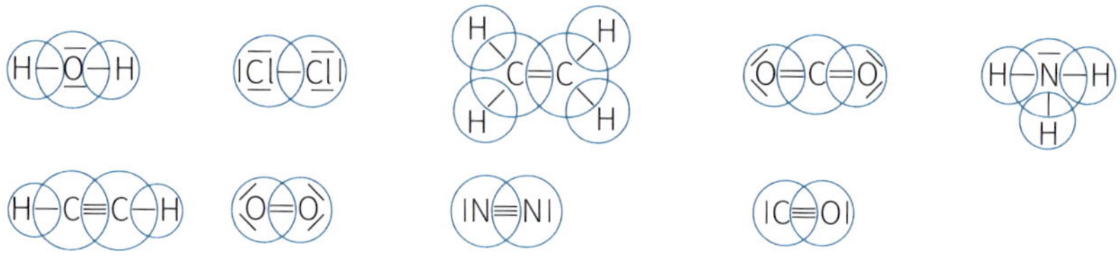

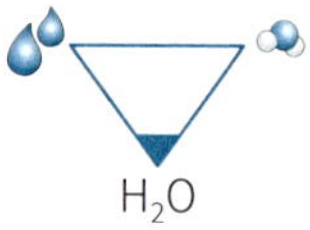

Abb. 2.5: Lewis-Formeln und Oktettregel

Tipp

Strategie zum Aufstellen von Lewis-Formeln

① Summe der Valenzelektronen aller Atome bestimmen.

② Oktettbedarf für alle Atome berechnen (für H-Atome zwei Elektronen, für alle anderen Atome acht Elektronen).

③ $\frac{\Sigma \text{ Oktettbedarf} - \Sigma \text{ Valenzelektronen}}{2}$ = Anzahl gemeinsamer Elektronenpaare.
Bei Molekül-Anionen und -Kationen muss die Ladung der Teilchen zu den Valenzelektronen addiert bzw. von der Zahl der Valenzelektronen subtrahiert werden.

④ Wasserstoff bindet in der Regel an Sauerstoff.

⑤ Mit freien Elektronen zum Oktett ergänzen.

HClO-Molekül Beispiel

Summe Oktettbedarf = 2 + 8 + 8 = 18;

Summe Valenzelektronen = 1 + 7 + 6 = 14

$\frac{18-14}{2}$ = 2 gemeinsame Elektronenpaare, Wasserstoff bindet an Sauerstoff.

LEWIS-Formel: H—$\overline{\underline{O}}$—$\overline{\underline{Cl}}$|

Ausnahmen: Die Oktettregel ist eine Regel, von der es natürlich Ausnahmen gibt. So ist z. B. bei BF_3 das Bor-Atom nur von drei Fluor-Atomen umgeben. Es weist also eine Elektronenlücke auf. Bei NO ist die Summe der Valenzelektronen ungerade.

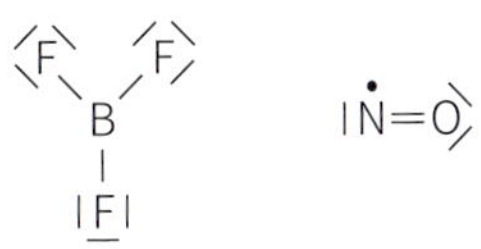

Abb. 2.6: Ausnahmen von der Oktettregel

Formalladungen eines Atoms in einer Verbindung erhält man, indem man von der Anzahl der Valenzelektronen des freien Atoms die freien Elektronen und die Hälfte der Bindungselektronen des Atoms im Molekül subtrahiert.

CO-Molekül Beispiele

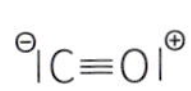

C-Atom: 4 Valenzelektronen;

in der Bindung:

2 freie Elektronen + 3 Elektronen: 4 – 5 = – 1;

O-Atom: 6 Valenzelektronen;

in der Bindung:

2 freie Elektronen + 3 Elektronen: 6 – 5 = + 1

SO_4^{2-}-Ion

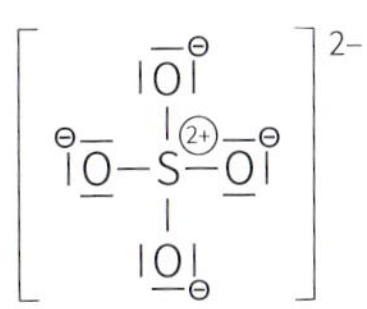

S-Atom: 6 Valenzelektronen;

in der Bindung:

4 Elektronen: 6 – 4 = + 2;

O-Atom: 6 Valenzelektronen;

in der Bindung:

6 freie Elektronen + 1 Elektron:

6 – 7 = – 1

Modell: Elektronenpaarabstoßung

LEWIS-Formeln ermöglichen keine Aussage über die Gestalt eines Teilchens. Dies ist erst mit dem **Elektronenpaarabstoßungs-Modell** möglich:

- Elektronenpaare stoßen sich ab und nehmen einen möglichst großen Abstand voneinander ein.
- Freie Elektronenpaare beanspruchen einen etwas größeren Raum als bindende Elektronenpaare.
- Elektronen einer Mehrfachbindung werden als Einheit betrachtet. Sie beanspruchen etwas mehr Raum als Elektronen einer Einfachbindung.
- Jede Einfachbindung, jede Mehrfachbindung und jedes freie Elektronenpaar stellt eine Elektroneneinheit dar.

Das C-Atom in CH_4, das N-Atom in NH_3 und das O-Atom in H_2O sind jeweils von vier Einheiten umgeben. Jedes C-Atom in C_2H_4 ist von drei Einheiten umgeben. Das C-Atom in C_2H_2 und das C-Atom in CO_2 sind jeweils von zwei Einheiten umgeben. Durch die Abstoßung der Elektronenpaare ergibt sich eine bestimmte Molekülgeometrie.

H_2O

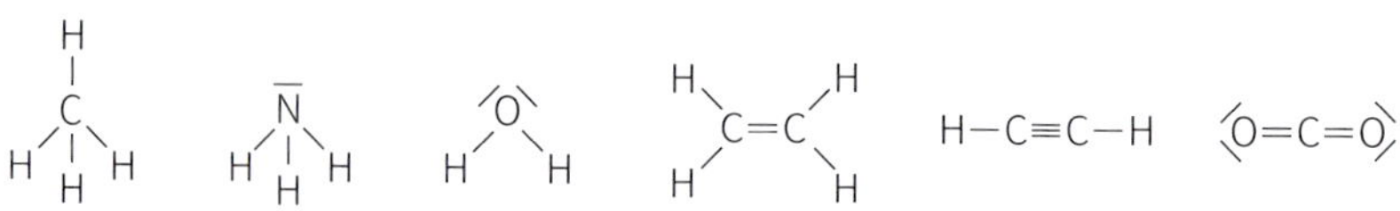

Abb. 2.7: Molekülstrukturen nach der Elektronenpaarabstoßung

Mit dem Elektronenpaarabstoßungsmodell lässt sich auch die räumliche Struktur der Moleküle erklären:

Bindungswinkel: Winkel zwischen Atombindungen eines Atoms zu zwei benachbarten Atomen

*	**Struktur**	**Bindungswinkel**	**Beispiele**
4	Zentralatom liegt im Zentrum eines Tetraeders, die vier Elektronenpaare ragen in die Ecken des Tetraeders	109° tetraedrisch	CH_4, NH_3, H_2O
3	Zentralatom liegt in der Mitte eines gleichseitigen Dreiecks, die Elektroneneinheiten ragen in die Ecken des Dreiecks	120° trigonal-planar	Ethen (C_2H_4)
2	lineare Anordnung der Elektroneneinheiten des Zentralatoms	180° linear	Ethin (C_2H_2), CO_2

* Anzahl der Elektroneneinheiten, die das Zentralatom umgeben

Tab. 2.2: Übersicht über die Molekülstruktur

Modell: Molekülorbitale

Molekülorbitale entstehen durch Überlappen benachbarter Atomorbitale.

Beispiel: H_2-Molekül

Die beiden einfach besetzten s-Orbitale des Wasserstoffs überlappen zu einem Molekülorbital: s-s-Überlappung. Man bezeichnet dieses Molekülorbital als s-Orbital, die Bindung als **σ-Bindung** (sigma-Bindung).

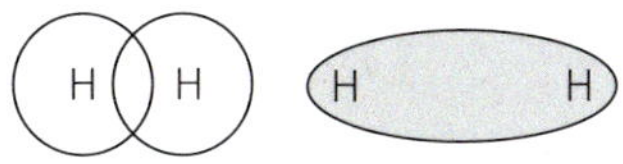

Abb. 2.8: Überlappende Atomorbitale beim Wasserstoff

Die σ-Bindung ist rotationssymmetrisch zur Bindungsachse der beiden Atomkerne und ermöglicht daher eine **freie Drehbarkeit** der Atome um die Bindungsachse. Molekülorbitale gehorchen dem **PAULI-Prinzip** (zwei Elektronen mit entgegengesetztem Spin).

a) sp^3-Hybridisierung

Ein Kohlenstoff-Atom besitzt zwei einfach besetzte 2p-Orbitale. Die einfachste (stabile) C–H-Verbindung müsste daher die Formel CH_2 haben; Kohlenstoff müsste also zweibindig sein.

Um die vier energetisch gleichen Bindungen des Kohlenstoffs – z. B. im Methan (CH_4) – zu beschreiben, muss das Orbital-Modell „angepasst" werden, damit aus zwei einfach besetzten Orbitalen vier einfach besetzte Orbitale entstehen, die zudem untereinander energetisch gleich sind.

- **Promotion:** Ein Elektron wird vom 2s-Niveau auf das (energiereichere) 2p-Niveau angehoben. Es entstehen vier einfach besetzte Orbitale, die aber nicht energiegleich sind (angeregter Zustand).
- **Hybridisierung:** Vier gleiche Orbitale entstehen, indem sich das 2s- und die drei 2p-Orbitale mischen (Valenzzustand).

sp^3-Hybridisierung: Ein s- und drei p-Orbitale mischen sich.

Orbitale, die durch Hybridisierung entstanden sind, werden als **Hybridorbitale** bezeichnet. Sie bestehen aus einem großen und einem kleinen Orbitallappen. sp^3-Hybridorbitale ordnen sich tetraedrisch an.

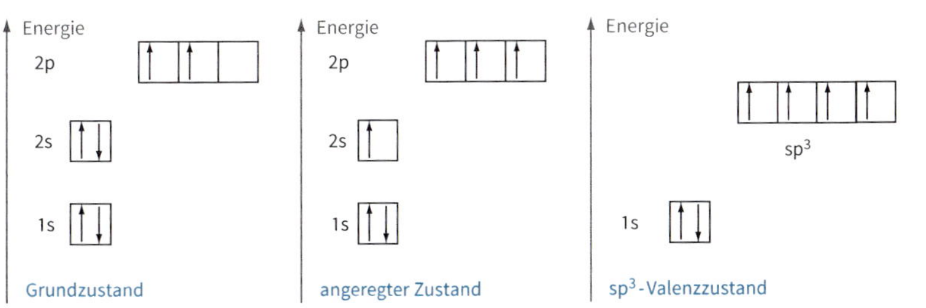

Abb. 2.9: sp^3-Hybridisierung des Kohlenstoffs

H_2O

Methan

Überlappungen: 4-mal C—H-σ-Bindung: sp^3-s-Überlappung.
Die Bindungswinkel betragen 109°. Die vier Molekülorbitale ragen in die vier Ecken des Tetraeders, in dessen Zentrum das C-Atom liegt.

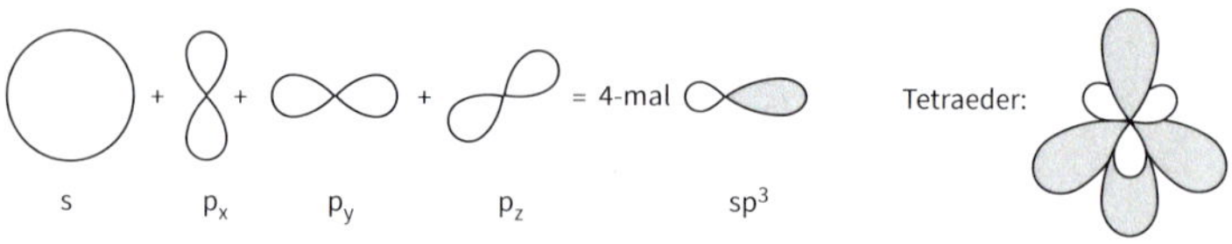

Abb. 2.10: Hybridorbitale und Molekülorbitalmodell von Methan

Im **Ammoniak (NH_3)** bindet Stickstoff drei Wasserstoff-Atome. Da drei einfach besetzte Orbitale vorhanden sind, entfällt die Promotion. Überlappungen: 3-mal N—H-σ-Bindung: sp^3-s-Überlappung. Die Bindungswinkel betragen 107°. Der Tetraederwinkel ist verringert, da das Orbital des freien Elektronenpaars mehr Raum in Anspruch nimmt und die Molekülorbitale daher zusammendrückt.

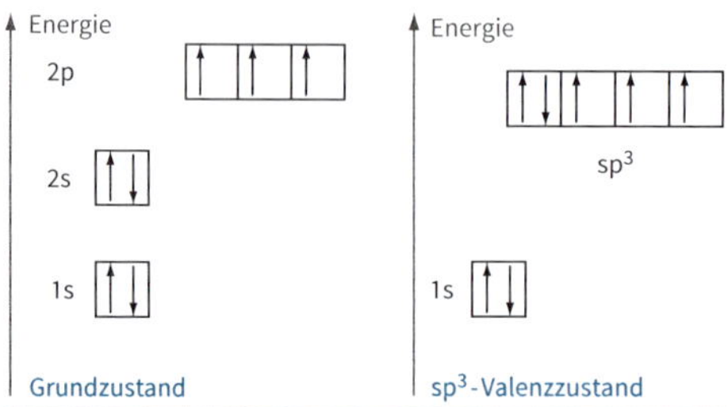

Abb. 2.11: sp^3-Hybridisierung des Stickstoffs

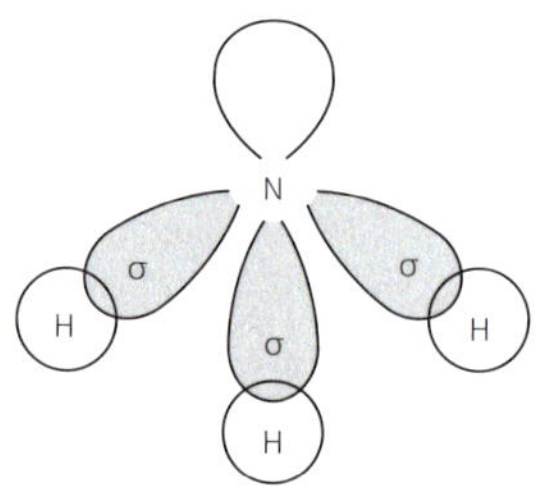

Abb. 2.12: Molekülorbitalmodell von Ammoniak (NH_3)

Der Sauerstoff im **Wasser-Molekül** bindet zwei Wasserstoff-Atome. Da zwei einfach besetzte Orbitale vorhanden sind, entfällt die Promotion. Überlappungen: 2-mal O—H-σ-Bindung: sp^3-s-Überlappung. Der Bindungswinkel beträgt 104,5°. Der Tetraederwinkel ist verringert, da die Orbitale der freien Elektronenpaare mehr Raum in Anspruch nehmen und die Molekülorbitale daher zusammendrücken.

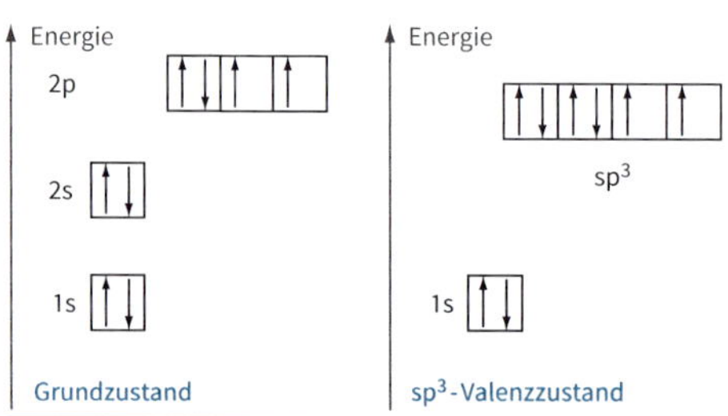

Abb. 2.13: sp^3-Hybridisierung des Sauerstoffs

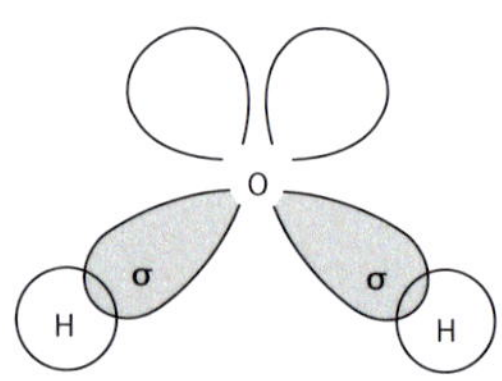

Abb. 2.14: Molekülorbitalmodell von Wasser (H_2O)

b) sp^2-Hybridisierung

Im Ethen ($H_2C{=}CH_2$) betragen die Bindungswinkel 120° (→ Seite 154). Der Kohlenstoff kann daher nicht sp^3-hybridisiert sein.

Ein s- und zwei p-Orbitale mischen sich (**sp^2-Hybridisierung**). Die drei sp^2-Hybridorbitale bilden σ-Bindungen aus. Beide C-Atome im Ethen besitzen je ein p-Orbital, das an der Hybridisierung nicht teilgenommen hat.

Eine Überlappung von p-Orbitalen, die nicht hybridisiert sind, bezeichnet man als **π-Bindung (pi-Bindung).**

Überlappungen:

4-mal C—H-σ-Bindung: sp^2-s-Überlappung;
1-mal C—C-σ-Bindung: sp^2-sp^2-Überlappung;
1-mal C—C-π-Bindung: $2p_y$-$2p_y$-Überlappung.

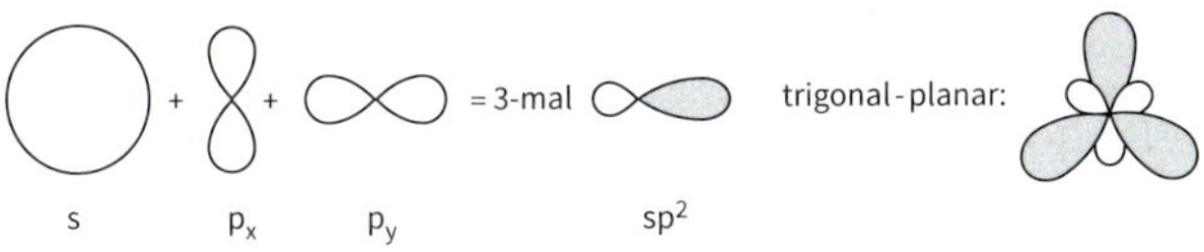

Abb. 2.15: Hybridorbitale/Molekülorbitalmodell von Ethen

Alle Atome liegen in einer Ebene, die Bindungswinkel betragen etwa 120°.
Die **π-Bindung** steht senkrecht auf der σ-Bindungsebene.

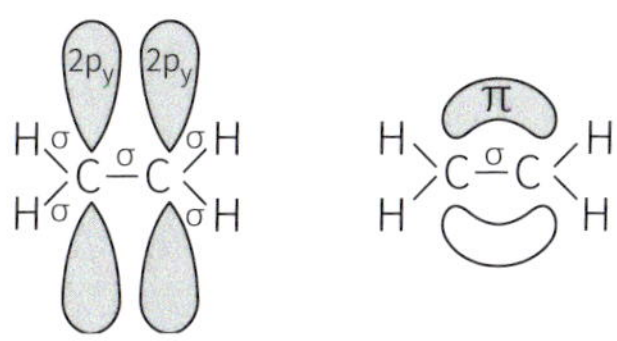

Tab. 2.3: Bildung der π-Bindung

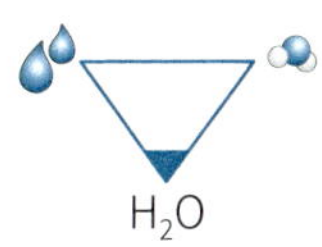

Die 2p-Orbitale der beiden C-Atome überlappen ober- und unterhalb der σ-Bindungsebene zur π-Bindung. Da sich die p-Orbitale nur gering durchdringen, benötigt man zum Aufspalten der π-Bindung weniger Energie als zur Aufspaltung der **σ-Bindung**. Damit p-Orbitale überlappen können, müssen sie dieselbe Orientierung im Raum haben.

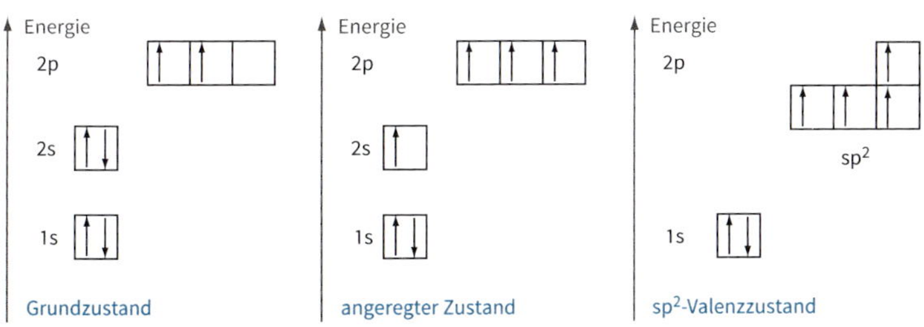

Abb. 2.16: sp^2-Hybridisierung des Kohlenstoffs

c) sp-Hybridisierung

Die Bindungswinkel im Ethin (HC≡CH) betragen 180° (→ Seite 158). Kohlenstoff ist im Ethin **sp-hybridisiert.** sp-Hybridorbitale entstehen durch Mischung von einem s- und einem p-Orbital.

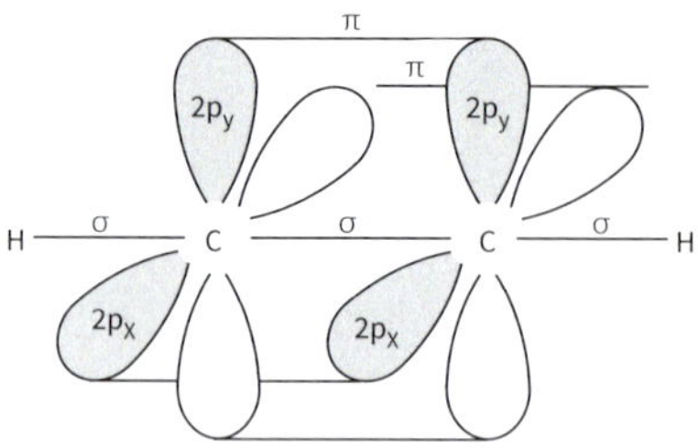

Abb. 2.17: σ- und π-Bindungen in Ethin

sp-Hybridisierung: Ein s- und ein p-Orbital mischen sich.
Die beiden sp-Hybridorbitale sind linear angeordnet.
Überlappungen:
2-mal C—H-σ-Bindung: sp-s-Überlappung;
1-mal C—C-σ-Bindung: sp-sp-Überlappung;
1-mal C—C-π-Bindung: $2p_y$-$2p_y$-Überlappung;
1-mal C—C-π-Bindung: $2p_z$-$2p_z$-Überlappung.
Die beiden π-Bindungen stehen senkrecht aufeinander.
Die Bindungswinkel betragen 180°.

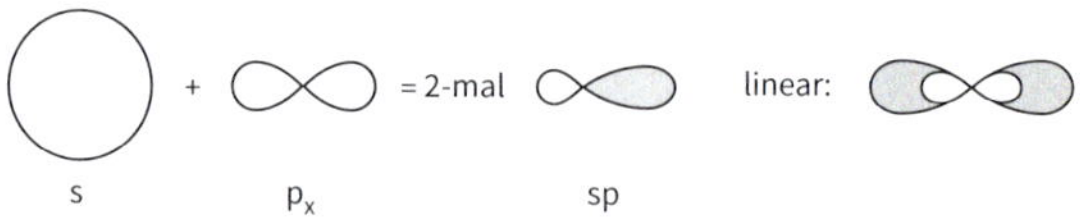

Abb. 2.18: Hybridorbitale/Molekülorbitalmodell von Ethin

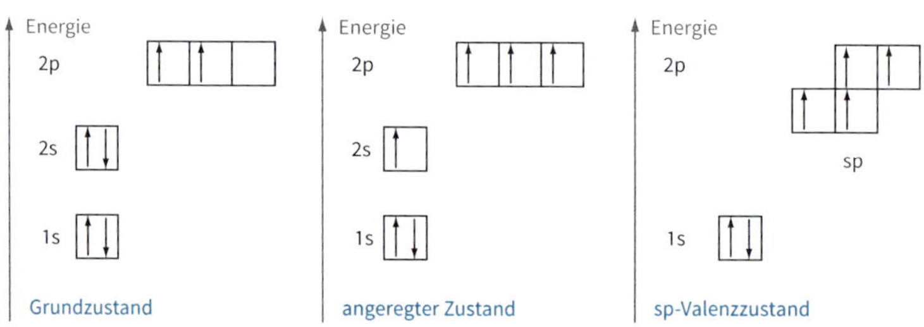

Abb. 2.19: sp-Hybridisierung des Kohlenstoffs

Auch im Kohlenstoffdioxid (CO_2) ist das Kohlenstoff-Atom sp-hybridisiert.
Das Molekül ist linear angeordnet: O=C=O
Die beiden π-Bindungen stehen senkrecht aufeinander.
Die Bindungswinkel betragen 180°.

Da p-Orbitale nicht so stark überlappen, benötigt man zur Aufspaltung einer π-Bindung weniger Energie als zur Aufspaltung einer σ-Bindung.

Bindung	Bindungslänge [pm = 10^{-12} m]	Bindungsenergie [kJ · mol^{-1}]
C−C	154	348
C=C	135	614
C≡C	120	839

Tab. 2.4: Vergleich von Einfach-, Doppel-, Dreifachbindung

Bindungsenergie: Energie, die zur Spaltung einer Elektronenpaarbindung erforderlich ist

Bindungslänge: Abstand zwischen den Atomkernen

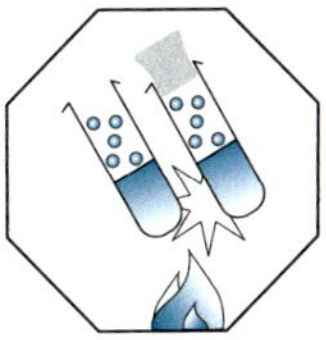

Strategie zur Anwendung des Molekülorbital-Modells

Tipp

- Lewis-Formel unter Beachtung der Oktettregel aufstellen. Nach dem Elektronenpaarabstoßungsmodell den ungefähren Bindungswinkel ermitteln.
- Bindungswinkel ≈ 109°: sp^3-Hybridisierung
  Bindungswinkel ≈ 120°: sp^2-Hybridisierung
  Bindungswinkel ≈ 180°: sp-Hybridisierung
- Elektronenkonfiguration für das Atom im Grundzustand aufstellen. Ist die Zahl einfach besetzter Orbitale geringer als die der Bindungen, so muss vor dem Hybridisieren promoviert werden.

Bindungswinkel	109°	120°	180°
Hybridisierung	sp^3	sp^2	sp
Molekülgeometrie	Tetraeder	trigonal-planar	linear
Anzahl der Elektroneneinheiten	4, z. B. nur Einfachbindungen am Atom	3, z. B. eine Doppelbindung am Atom	2, z. B. eine Dreifachbindung oder zwei Doppelbindungen am Atom
Beispiele	CH_4 (alle Alkane), NH_3, H_2O	Ethen (alle C-Atome der Alkene mit C=C-Doppelbindung), C-Atom und O-Atom der Carbonyl-Gruppe	Ethin, C-Atom im CO_2-Molekül

Tab. 2.5: Übersicht über die Hybridisierungen

Eine Bindung entsteht also durch Überlappung von einfach besetzten Orbitalen zweier Atome zu Molekülorbitalen.

Mesomerie

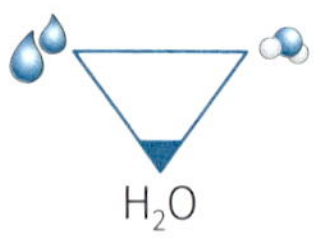

Für das Carbonat-Ion (CO_3^{2-}) ergibt sich unter Berücksichtigung des Elektronenpaarabstoßungsmodells als LEWIS-Formel die Darstellung wie in → Abb. 2.21 gezeigt. Experimentell wurde aber nachgewiesen, dass alle C–O-Bindungen gleich lang sind. Die Bindungswinkel betragen 120°. Der Kohlenstoff muss aufgrund des Bindungswinkels sp^2-hybridisiert sein. Da aber alle C–O-Bindungen gleichartig sind, lässt sich die Doppelbindung nicht lokalisieren.

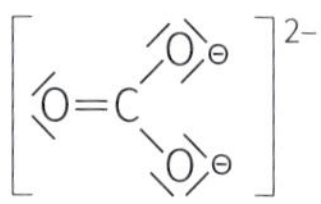

LEWIS-Formel

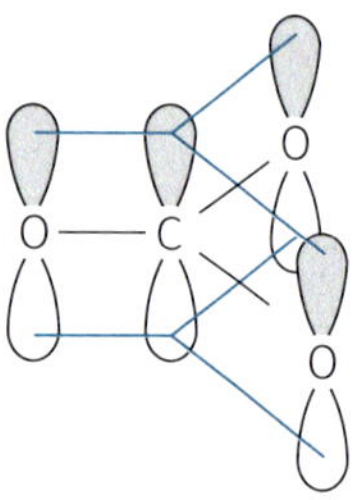

Molekülorbitalmodell

Abb. 2.21: Carbonat-Ion

Das 2p-Orbital des C-Atoms überlappt mit den 2p-Orbitalen der O-Atome zu einem π-Bindungssystem, das alle Atome des Carbonat-Ions umfasst. Die π-Elektronen sind **delokalisiert**. Diesen Bindungszustand bezeichnet man als **Mesomerie**. Er kann nicht mit nur einer LEWIS-Formel dargestellt werden.

Mesomerie beschreibt man im Formelbild, indem man (fiktive) **mesomere Grenzformeln** angibt und sie mit einem **Mesomeriepfeil** (↔) verbindet. Formal erhält man die mesomeren Grenzformeln einer Verbindung, indem man für eine der Grenzformeln die Lewis-Formel aufstellt und Elektronenpaare der π-Bindung durch „Umklappen" zwischen den Atomen verschiebt.

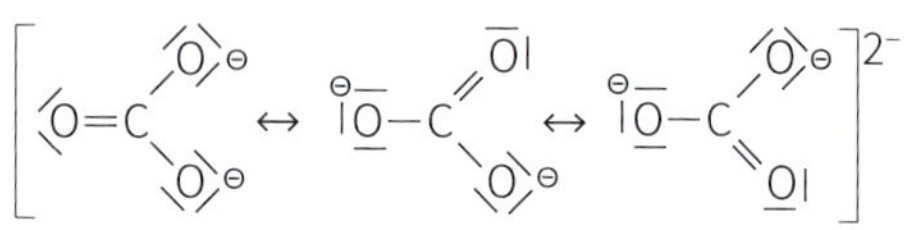

Abb. 2.20: Mesomere Grenzformeln des Carbonat-Ions

Teilchen mit delokalisierten π-Elektronen sind **mesomeriestabilisiert**, da den delokalisierten π-Elektronen mehr Raum zur Verfügung steht. Das mesomere System ist daher energieärmer als jede seiner (fiktiven) Grenzformeln. Je mehr mesomere Grenzformeln sich für ein Teilchen schreiben lassen, desto energieärmer und damit stabiler ist es.

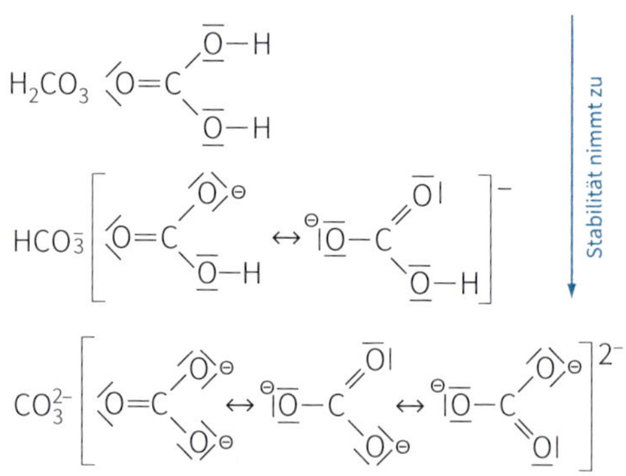

Abb. 2.22: Stabilität von H_2CO_3, HCO_3^- und CO_3^{2-}

Hinweis

Mesomerie gibt es nur, wenn Doppel- und Einfachbindung, die an der Delokalisierung der Elektronen beteiligt sind, in einer Ebene liegen.

Polare Atombindung und Dipolmoleküle

Besteht ein Molekül aus verschiedenen Atomen, so zieht oft eines der Atome die Bindungselektronen stärker an. Es erhält einen Überschuss an negativer Ladung, die jedoch kleiner ist als eine Elementarladung. Man nennt solche Teilladungen **Partialladungen**. Die positive **Partialladung** wird mit δ^+ (delta plus), die negative mit δ^- (delta minus) bezeichnet. Bei der Bindung handelt es sich dann um eine **polare Atombindung**.

Elektronegativität

Die **Elektronegativität** ist ein Maß für die Fähigkeit eines Atoms, Bindungselektronen anzuziehen.
Eine Bindung ist umso polarer, je größer die Elektronegativitäts-Differenz ist.
Bindungen zwischen zwei **gleichen Atomen** sind stets unpolar.

Beispiele

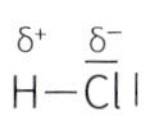

Elektronegativität (Cl) = 3,0
Elektronegativität (H) = 2,1
Elektronegativitäts-Differenz = 0,9 ⇒ polare Atombindung

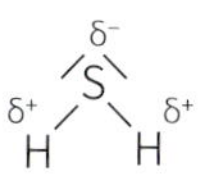

Elektronegativität (S) = 2,5
Elektronegativität (H) = 2,1
Elektronegativitäts-Differenz = 0,4 ⇒ schwach polare Atombindung

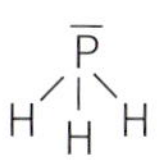

Elektronegativität (P) = 2,1
Elektronegativität (H) = 2,1
Elektronegativitäts-Differenz = 0 ⇒ unpolare Atombindung

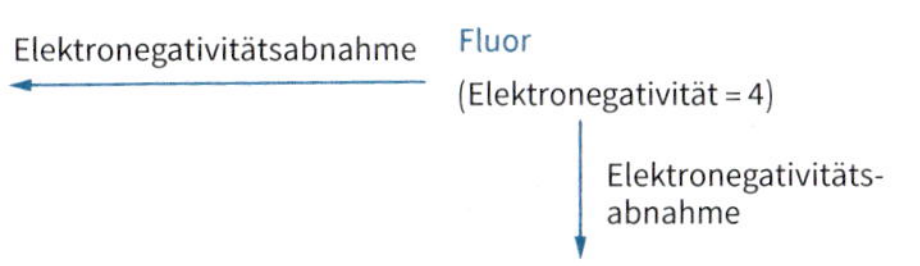

Abb. 2.23: Veränderung der Elektronegativitäts-Werte innerhalb des Periodensystems

Die Elektronegativitäts-Werte und damit das Bestreben, Bindungselektronen anzuziehen, nehmen innerhalb einer Gruppe des Periodensystems mit zunehmender Ordnungszahl ab, innerhalb einer Periode mit zunehmender Ordnungszahl zu. Elemente mit hoher Elektronegativität sind: F, O, N, Cl, Br. Fluor hat den höchsten Elektronegativitäts-Wert, da es sich bei F-Atomen um kleine, hoch geladene Atomrümpfe handelt. Moleküle mit Zentren positiver und negativer Ladung sind (permanente) **Dipole**.

Merke: Dipol

Ein Molekül ist ein Dipol, wenn
① polare Atombindungen vorliegen.
② das Molekül unsymmetrisch gebaut ist und daher die Ladungsschwerpunkte der positiven und negativen Partialladungen nicht zusammenfallen.

Beispiel

HCl, H_2O und NH_3 sind Dipolmoleküle, da die Atombindungen polar sind und der Ladungsschwerpunkt der positiven Partialladungen nicht mit dem Ladungsschwerpunkt der negativen Partialladungen zusammenfällt.
CCl_4 und CO_2 sind trotz polarer Atombindungen keine Dipole, da die Ladungsschwerpunkte zusammenfallen.
Bei CCl_4 liegen beide Ladungsschwerpunkte im Zentrum des Tetraeders, bei CO_2 in der Mitte des linearen Moleküls.

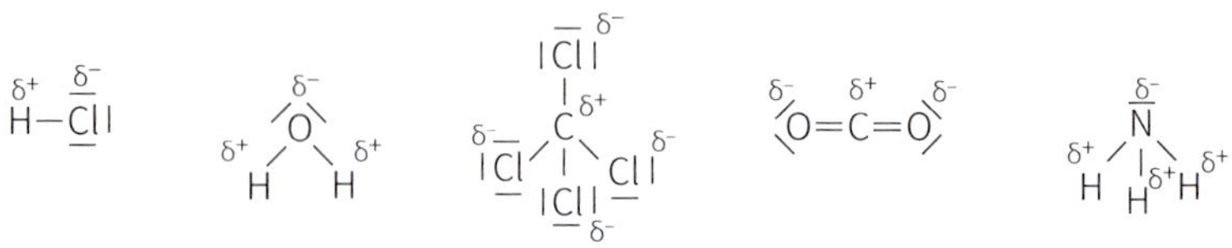

Abb. 2.24: LEWIS-Formeln einiger Moleküle mit Partialladungen

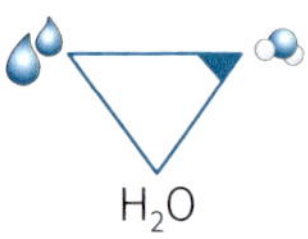

2.3 Metallische Bindung

In den Metallen sind die Atome als dichteste Kugelpackung angeordnet. Nach dem **Elektronengas-Modell** bewegen sich die Valenzelektronen wie Gasmoleküle frei zwischen den positiv geladenen Atomrümpfen.

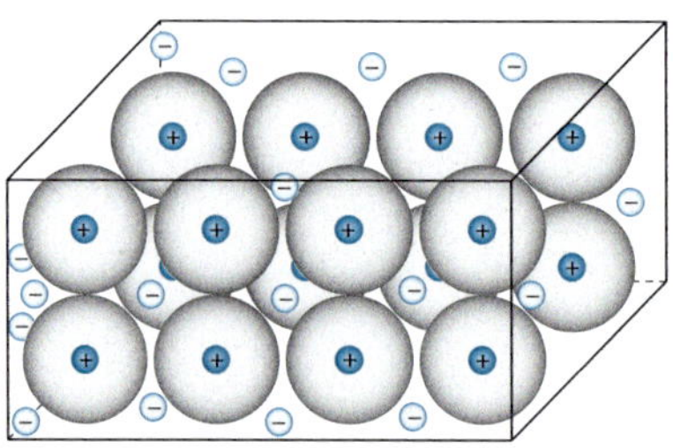

Abb. 2.25: Metallische Bindung

Metall-Atome bilden oft eine dichteste Kugelpackung.

2.4 Zwischenmolekulare Kräfte

Dipol-Dipol-Wechselwirkungen

Dipolmoleküle ziehen sich an. Solche Anziehungskräfte zwischen **permanenten Dipolen** bezeichnet man als **Dipol-Dipol-Wechselwirkungen**.
Je größer der Dipolcharakter eines Dipols ist, desto stärker ziehen sich die Moleküle an.

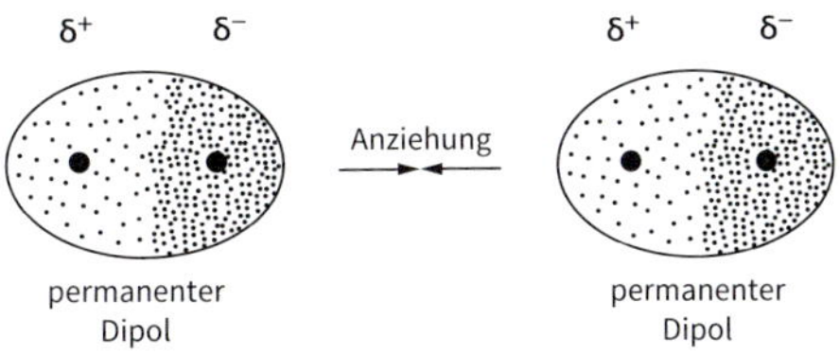

Abb. 2.26: Dipol-Dipol-Wechselwirkungen

VAN-DER-WAALS-Kräfte

In Molekülen, die keine Dipole sind, verteilen sich die Elektronen nicht immer symmetrisch. Durch eine unsymmetrische Elektronenverteilung kann für kurze Zeit spontan ein schwacher Dipol entstehen, der die Elektronen benachbarter Moleküle verschiebt und die Moleküle dadurch polarisiert. Die schwachen Anziehungskräfte zwischen diesen **induzierten** Dipolen nennt man **VAN-DER-WAALS-Kräfte**, die Moleküle – im Gegensatz zu den permanenten Dipolen – **temporäre** Dipole.

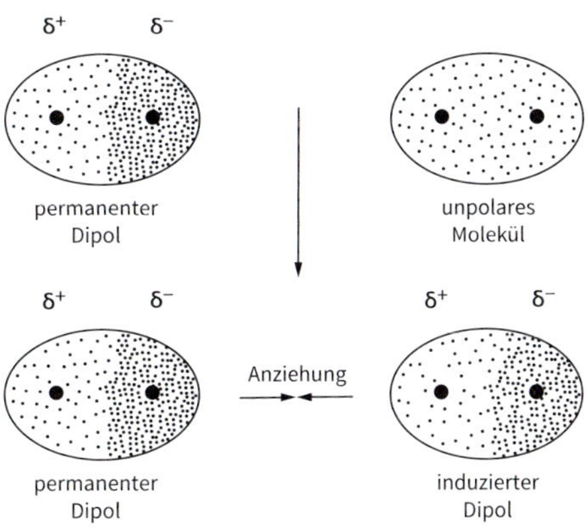

Abb. 2.27: VAN-DER-WAALS-Kräfte

JOHANNES DIDERIK VAN DER WAALS 1837 – 1923, holländischer Physiker

VAN-DER-WAALS-Kräfte sind schwache zwischenmolekulare Kräfte, die bei allen Molekülen auftreten. Bei großer Elektronenzahl der Teilchen – also bei großer Molekülmasse – können sie allerdings sehr groß sein, da große Moleküle leichter polarisierbar sind.

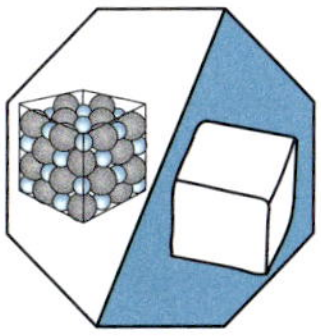

Beispiel

Das Iod-Molekül (I_2) besitzt aufgrund seiner hohen Molekülmasse starke VAN-DER-WAALS-Kräfte und ist daher bei Raumtemperatur fest.

Dipol-Dipol-Wechselwirkungen und VAN-DER-WAALS-Kräfte werden auch unter dem Oberbegriff **VAN-DER-WAALS-Bindung** zusammengefasst.

Wasserstoffbrückenbindungen

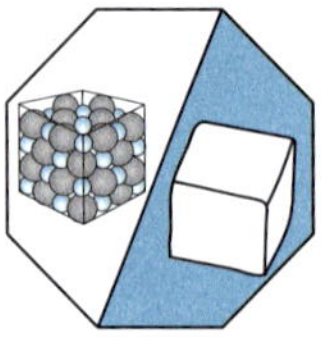

Zwischen Molekülen, in denen **H-Atome** an **F-, O- oder N-Atomen** (= Elemente mit hoher Elektronegativität) gebunden sind, kommt es zur Ausbildung von **Wasserstoffbrückenbindungen**. Fluor, Sauerstoff und Stickstoff ziehen die Bindungselektronen so weit an, dass der Wasserstoff sehr stark positiv polarisiert wird. Die hohe positive Partialladung am H-Atom eines Moleküls und die hohe negative Partialladung am F-, O- oder N-Atom eines anderen Moleküls ziehen sich sehr stark an. Jedes Wassermolekül kann zu Nachbarmolekülen zwei Wasserstoffbrückenbindungen ausbilden. Die Wasserstoffbrücke wird zwischen einem H-Atom und einem freien Elektronenpaar des Sauerstoff-Atoms gebildet.

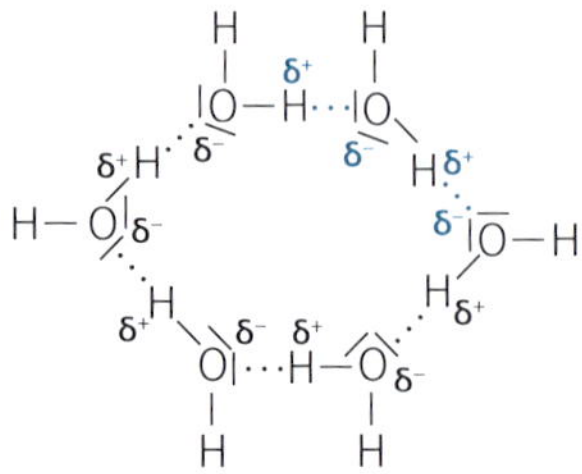

Abb. 2.28: Wasserstoffbrücken zwischen H_2O-Molekülen

Wasserstoffbrückenbindungen kommen vor bei:

- **Proteinen:** Stabilisierung der Sekundärstruktur (α-Helix und β-Faltblatt) sowie der Tertiärstruktur und Quartärstruktur
- **DNA:** komplementäre Basenpaarung in der Doppelhelix. Zwischen den Basen der beiden Einzelstränge bestehen Wasserstoffbrückenbindungen. Bei der Replikation der DNA werden diese aufgebrochen und die jeweils komplementären Basen lagern sich an.

Die Wasserstoffverbindungen der ersten Elemente der 5., 6. und 7. Hauptgruppe (NH_3, H_2O und HF) zeigen daher besonders hohe Siedetemperaturen.

Element	C	N	O	F
Wasserstoffverbindung	CH_4	NH_3	H_2O	HF
Siedetemperatur in °C	–162	–33	100	19

Tab. 2.6: Siedetemperaturen einiger Wasserstoffverbindungen

In festem Wasser (Eis) ist jedes O-Atom mit zwei H-Atomen des eigenen Moleküls über Atombindungen und mit zwei H-Atomen benachbarter Moleküle über Wasserstoffbrückenbindungen verknüpft.

2.5 Struktur-Eigenschafts-Konzept am Beispiel der Schmelz- und Siedetemperaturen

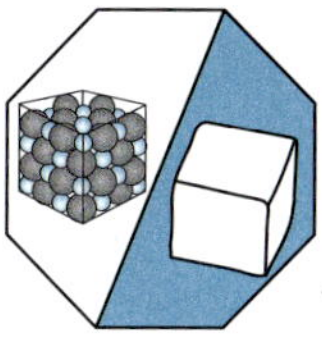

Art, Anordnung und Wechselwirkung der Teilchen bestimmen die Eigenschaften eines Stoffes. Dies entspricht dem **Struktur-Eigenschafts-Konzept**. So müssen beim Schmelzen und Sieden von Verbindungen, die aus Molekülen bestehen, die Anziehungskräfte zwischen den Molekülen überwunden werden. Schmelz- und Siedetemperaturen hängen daher bei diesen Verbindungen von den VAN-DER-WAALS-Kräften, den Dipol-Dipol-Wechselwirkungen und den Wasserstoffbrückenbindungen ab.

Vorsicht, Falle

Die zwischenmolekularen Kräfte dürfen nicht mit der Bindungsenergie (= Energie, die benötigt wird, um Atombindungen aufzuspalten) verwechselt werden.

Wissen

Moleküle, bei denen nur **VAN-DER-WAALS-Kräfte** als zwischenmolekulare Kräfte auftreten, schmelzen und sieden in der Regel bereits bei tieferen Temperaturen als Dipole mit ähnlicher Masse.
Moleküle, die **Wasserstoffbrückenbindungen** ausbilden, haben hohe Schmelz- und Siedetemperaturen.

VAN-DER-WAALS-Kräfte
- geringe Molekülmasse
- hohe Molekülmasse

Dipol-Dipol-Wechselwirkungen
Wasserstoffbrückenbindungen

↓ Zunahme von Siede- und Schmelztemperatur

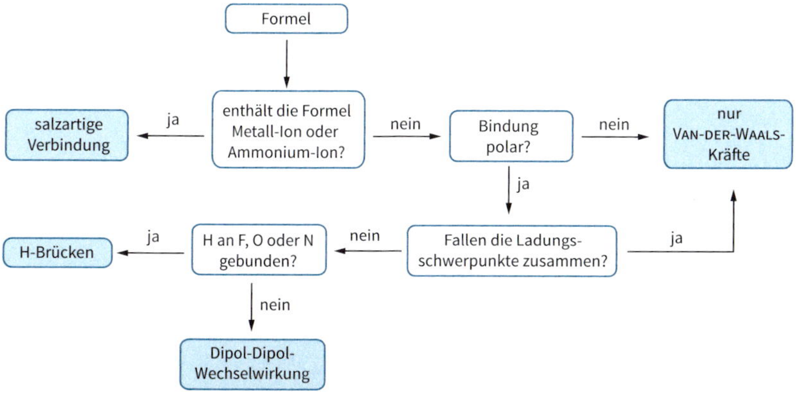

Abb. 2.29: Flussdiagramm zum Abschätzen der Siede- und Schmelztemperatur

Wissen

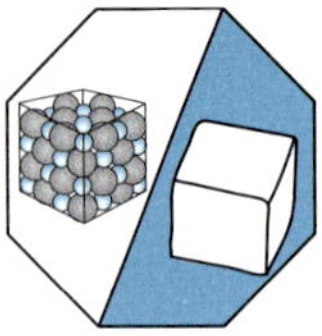

Strategie zum Ordnen von Verbindungen nach Schmelz- und Siedetemperaturen

- Enthält die chemische Formel der Verbindung **Metall und Nichtmetall**, so handelt es sich um eine salzartige Verbindung, deren Schmelz- und Siedetemperatur von der **Gitterenergie** und damit der Ladung und dem Radius der Ionen abhängt (→ „2.1 Ionenbindung“ auf Seite 18 f.).
  Ionenverbindungen schmelzen und sieden bei **hohen Temperaturen**.
- Enthält die chemische Formel der Verbindung **nur Nichtmetalle**, so hängen Schmelz- und Siedetemperatur von den zwischenmolekularen Kräften ab.
- Sind H-Atome an F-, O- oder N-Atome gebunden, existieren **Wasserstoffbrückenbindungen**.
- Handelt es sich bei dem Molekül um einen permanenten Dipol (polare Atombindungen und unsymmetrischer Bau des Moleküls), so herrschen **Dipol-Dipol-Wechselwirkungen** zwischen den Molekülen.
- Ist das Molekül symmetrisch gebaut oder sind die Atombindungen unpolar, so kommen nur **Van-der-Waals-Kräfte** zwischen den Molekülen vor. Je größer die Molekülmasse ist, desto höher liegen Schmelz- und Siedetemperatur.

Beispiel

Die Verbindungen H_2O, CaO, KI, CH_4, HCl, H_2 und NaCl sollen nach der Siedetemperatur geordnet werden.

Salzartige Verbindungen

CaO, NaCl, KI (geordnet nach Ladung und Ionenradius)

Moleküle

H_2O	Wasserstoffbrückenbindung
HCl	Dipol-Dipol-Wechselwirkungen
CH_4, H_2	VAN-DER-WAALS-Kräfte, $m(CH_4) = 16\,u$, $m(H_2) = 2\,u$

CaO, NaCl, KI, H_2O, HCl, CH_4, H_2

$\longrightarrow$

Siedetemperatur nimmt ab

2.6 Löslichkeit

Lösen von Salzen in Wasser

Beim Lösen salzartiger Stoffe in Wasser muss die Anziehung der entgegengesetzt geladenen Ionen im Ionengitter (Gitterenergie) überwunden werden. Die Dipole des Wassers lagern sich an den Ionen der Gitteroberfläche an und lösen sie aus dem Kristall heraus. In wässriger Lösung sind alle Ionen von einer Hülle aus Wassermolekülen, der **Hydrathülle**, umgeben: Sie sind **hydratisiert**. Bei der Bildung des **Hydratat-Ions** wird die **Hydratationsenergie** frei. Bei einem exothermen Lösevorgang erwärmt sich die Lösung (Beispiel: NaOH), bei einem endothermen Vorgang kühlt sich die Lösung ab (Beispiel: NH_4Cl).

Polare und unpolare Lösemittel

Verbindungen, die aus Molekülen bestehen, lösen sich dann gut in einem Lösemittel, wenn die Anziehungskräfte zwischen den Lösemittelteilchen von gleicher Größenordnung sind wie die Anziehungskräfte zwischen den Molekülen des zu lösenden Stoffes.

Dipole sind gut löslich in **polaren Lösemitteln** (z. B. Wasser).
Stoffe mit **unpolaren Atombindungen** oder **symmetrischem Molekülbau** sind gut löslich in **unpolaren Lösemitteln** (z. B. Hexan).

Merke: Gleiches löst sich in Gleichem

- Ethanol (C_2H_5OH, → Seite 170) ist gut wasserlöslich: Zwischen den Ethanol- und den Wasserteilchen können Wasserstoffbrückenbindungen ausgebildet werden. Die Anziehungskräfte zwischen den Ethanol- und den Wasserteilchen sind daher von derselben Größenordnung wie die Anziehungskräfte zwischen den einzelnen Wassermolekülen.
- Iod (I_2) ist schlecht wasserlöslich: Iod-Moleküle sind keine Dipole. Daher bestehen nur schwache Anziehungskräfte zwischen den Iod- und den Wassermolekülen, während zwischen den einzelnen Wasserteilchen die starken Wasserstoffbrückenbindungen herrschen. Iod ist hingegen gut löslich in Hexan, da zwischen Hexan-Molekülen nur schwache VAN-DER-WAALS-Kräfte existieren.

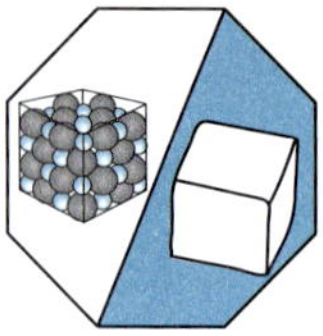

2.7 Zusammenfassung: Chemische Bindung

Die Ionenbindung kann als Extremfall einer polaren Atombindung aufgefasst werden. Die meisten Bindungen sind weder reine Ionenbindungen noch reine polare Atombindungen: Je größer die Elektronegativitäts-Differenz ist, desto mehr überwiegt einerseits der ionische Anteil der Bindung. Andererseits ziehen kleine hochgeladene Kationen (z. B. Al^{3+}-Ionen) die Elektronen der benachbarten (großen) Anionen an, sodass eine stark polare Atombindung entsteht.

Elemente in der Verbindung	**Teilchen**	**Bindung**	**Siede- und Schmelztemperatur abhängig von:**
Metall + Nichtmetall	Kationen und Anionen (in einem Ionengitter angeordnet)	Ionenbindung (elektrostatische Anziehung der Ionen)	Gitterenergie (Ladung und Radius der Ionen)
nur Nichtmetalle	Moleküle	Atombindung (gemeinsame Elektronenpaare, Molekülorbitale)	zwischenmolekulare Kräfte: – Wasserstoffbrückenbindungen (wenn ein H-Atom an F-, O- oder N-Atome gebunden ist) – Dipol-Dipol-Wechselwirkungen (wenn die Atombindung polar ist und das Molekül unsymmetrisch gebaut ist) – VAN-DER-WAALS-Kräfte
nur Metalle	Atomrümpfe und Elektronengas	metallische Bindung	Atomrümpfe (Ladung und Radius)

Tab. 2.7: Übersicht chemische Bindungen

Überblick

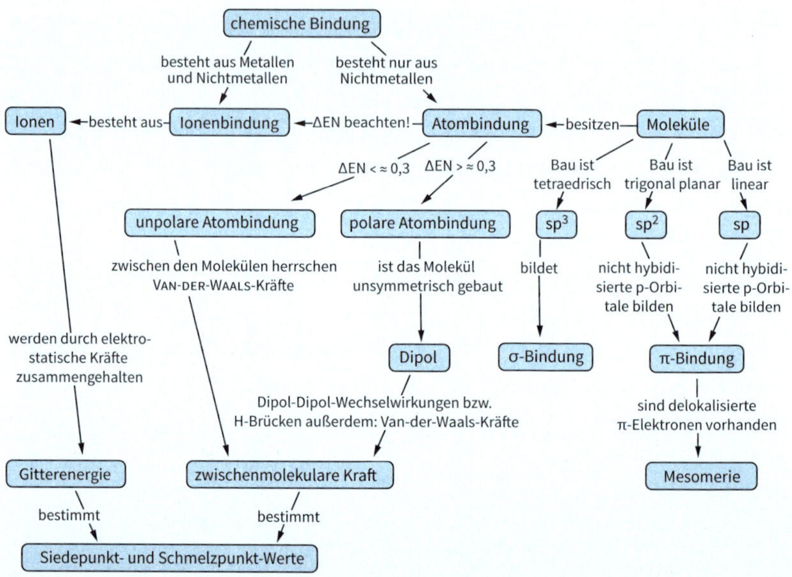

3 Chemische Reaktionen – energetisch betrachtet

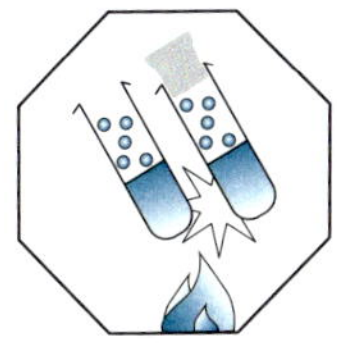

Das Basiskonzept Energie basiert auf der experimentellen Erkenntnis, dass Energie von einer Energieform in eine andere Energieform umgewandelt, aber weder erzeugt noch vernichtet werden kann. Eine weitere Grundlage ist die Tatsache, dass in einem von der Umwelt isolierten System der Ordnungszustand bei chemischen Prozessen konstant bleibt oder sich in Richtung Unordnung (Entropiezunahme) verändert.

Basiskonzept: Energie

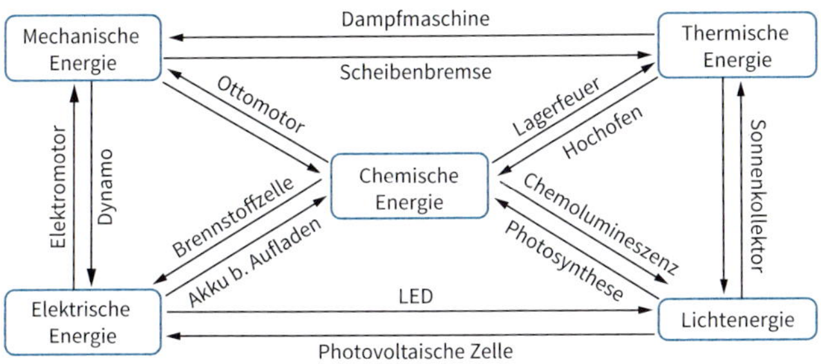

Abb. 3.1: Energiewandler, direkte Energieumwandlungen und Energieumwandlung bei chemischen Reaktionen

Alle chemischen Reaktionen sind mit Energieumsatz verbunden, dabei tendieren chemische Systeme zu einem Zustand, der möglichst energiearm und ungeordnet ist.

Alle chemischen Reaktionen sind mit Energieänderungen verknüpft. Daher sind Betrachtungen zum Energieumsatz einer chemischen Reaktion sowie die damit verbundenen Gesetzmäßigkeiten und Größen von wesentlicher Bedeutung für das Verständnis einer chemischen Reaktion. Sie werden im **Basiskonzept „Energie“** zusammengefasst.

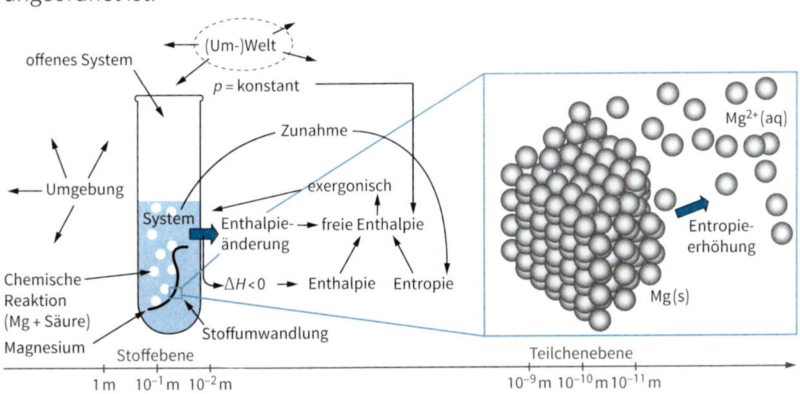

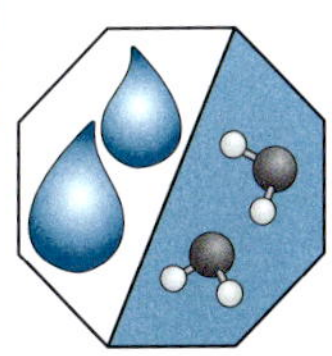

Abb. 3.2: Das Energie-Entropie-Konzept im Überblick anhand der Reaktion $Mg + 2HCl \rightarrow MgCl_2 + H_2$

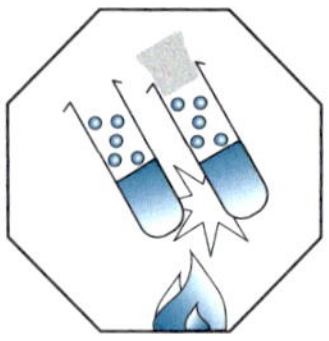

3.1 Enthalpie

Energie und Enthalpie

Bei allen chemischen Reaktionen sind neben Stoffumwandlungen auch **Energieänderungen** zu beobachten. Um Energieänderungen exakt messen zu können, müssen Experimente unter genau festgelegten Bedingungen ablaufen. Dabei wird immer nur ein genau begrenzter Teil der (Um-)Welt betrachtet, der als **System** bezeichnet wird.
Alles, was sich außerhalb des Systems befindet, nennt man **Umgebung**. So können 50 ml eines Reaktionsgemisches Mg/HCl in einem Reagenzglas als System angesehen werden, wobei die Reagenzglaswände selbst schon der Umgebung zuzurechnen sind.

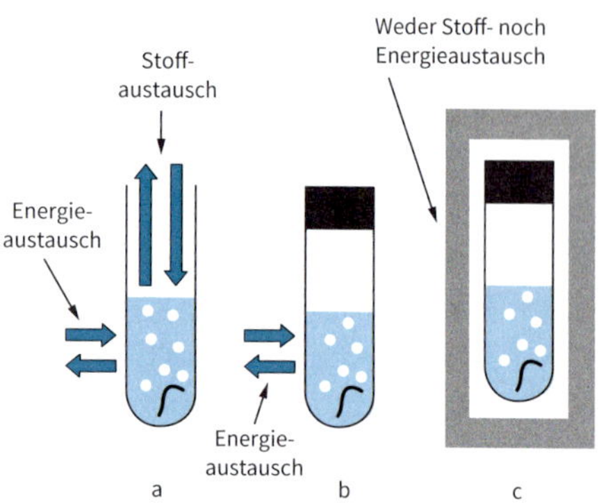

Abb. 3.3: Reaktion von Magnesiumdraht mit Salzsäure $(2\ HCl\ (aq) + Mg\ (s) \rightarrow H_2\ (g) + MgCl_2\ (aq))$ im offenen (a), geschlossenen (b) und isolierten System (c)

Man unterscheidet prinzipiell offene, geschlossene und isolierte Systeme (→ Abb. 3.3).

- Ein **offenes System** kann mit seiner Umgebung sowohl Energie als auch Materie austauschen, z. B. ein Becherglas mit kochendem Wasser.
- Ein **geschlossenes System** kann mit seiner Umgebung zwar keine Materie, aber Energie austauschen, beispielsweise eine Lösung in einem mit einem dichten Stopfen verschlossenen Reagenzglas, die man erhitzt und wieder abkühlen lässt.
- Ein **isoliertes oder abgeschlossenes System** kann mit seiner Umgebung weder Energie noch Materie austauschen. So stellt eine gasdicht verschlossene Thermoskanne ein annähernd isoliertes System dar.

Auf der Basis von Experimenten zur Umwandlung von Bewegungsenergie in Wärmeenergie fanden Julius Robert Mayer und unabhängig von ihm James Prescot Joule in der Mitte des 19. Jahrhunderts heraus, dass Wärme und Arbeit äquivalent sind und mithilfe eines Umrechnungsfaktors, dem sogenannten Wärmeäquivalent, ineinander überführt werden können. Somit kann man die Energie eines Systems als Maß für Fähigkeit des Systems umschreiben, Arbeit zu verrichten oder Wärme abzugeben. Auf der Grundlage dieser Experimente konnte etwas später Hermann von Helmholtz den sogenannten **Energieerhaltungssatz** herleiten, den man heutzutage folgendermaßen formuliert: „In einem isolierten System kann Energie weder erzeugt noch vernichtet, aber von einer Energieform in eine andere Energieform umgewandelt werden. Die Gesamtmenge der Energie bleibt dabei unverändert“.

1. Hauptsatz der Thermodynamik

Chemische Energie

Bei chemischen Reaktionen finden ebenfalls Energieumwandlungen statt. So wird beispielsweise die **chemische Energie**, die in den **chemischen Bindungen** und **zwischenmolekularen Wechselwirkungen** der Stoffportion der Edukte gespeichert ist, bei einer exothermen Reaktion in die freiwerdende thermische Energie (Reaktionswärme) und in die chemische Energie der Produkte umgewandelt, die aufgrund der Wärmeabgabe geringer als die chemische Energie der Edukte ist. Bei endothermen Reaktionen hingegen wird die zugeführte Energie als chemische Energie in den Produkten gespeichert. Dabei kann man den absoluten Wert der chemischen Energie einer Stoffportion nicht bestimmen, sondern nur die Änderungen der chemischen Energie bei chemischen Reaktionen messen.

Innere Energie
= Kernenergie
+ chemische Energie
+ thermische Energie

Der gesamte Energieinhalt einer Stoffportion wird als **innere Energie *U*** des stofflichen Systems bezeichnet. Darunter versteht man die Summe aus Kernenergie, chemischer Energie und thermischer Energie des stofflichen Systems. Auch bei der inneren Energie lässt sich kein Absolutwert messen.
Um Energie sinnvoll nutzen zu können, muss man sie vielfach von einer Energieform in eine andere umwandeln. Die Umwandlung verläuft aber niemals vollständig: So wird bei einem Dieselmotor höchstens 50 % der chemischen Energie des Dieselkraftstoffs in nutzbare Bewegungsenergie im Motor umgewandelt. Die restliche Energie wandelt sich in Wärmeenergie um, die zur Fortbewegung nicht weiter brauchbar ist. Der Quotient aus genutzter Energie und aufgewendeter Energie wird als **Wirkungsgrad η** (eta) bezeichnet:

Wirkungsgrad η

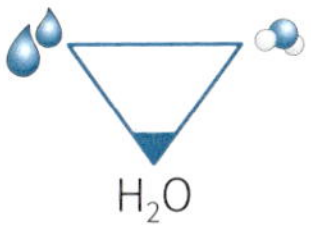

$$\eta = \frac{\text{genutzte Energie}}{\text{aufgewendete Energie}}$$

Für Energiewandler, wie beispielsweise Kraftwerke, Heizungen, Motoren, Brennstoffzellen, ist der Wirkungsgrad η eine wichtige Kenngröße.

Energie und Enthalpie

Bei chemischen Reaktionen können **Reaktionswärmen** entweder bei **konstantem Volumen** oder bei **konstantem Druck** gemessen werden.
Am Beispiel der Reaktion von Zink mit verdünnter Salzsäure nach der Reaktionsgleichung

$$Zn\,(s) + 2\,HCl\,(aq) \rightarrow ZnCl_2\,(aq) + H_2\,(g)$$

lässt sich der Unterschied veranschaulichen. Will man die Reaktionswärme bei konstantem Volumen messen, verwendet man ein geschlossenes System (Standkolben mit Stopfen), möchte man bei konstantem Druck messen, findet die Messung in einem offenen System (Standkolben mit Kolbenprober) statt.

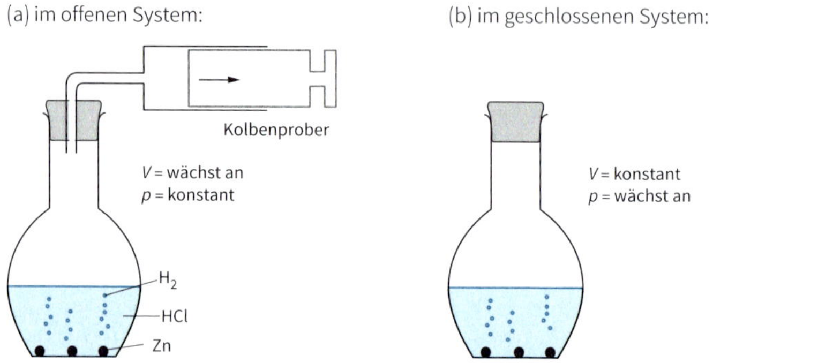

Abb. 3.4: Messung der Reaktionswärme im offenen (a) und geschlossenen (b) System

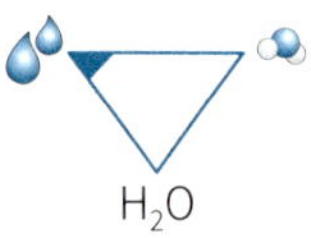

Im **offenen System** nimmt das Gesamtvolumen V aufgrund des durch die Wasserstoffentwicklung herausgedrückten Kolbens zu. Der Druck p, der dem Luftdruck entspricht, bleibt dadurch konstant.

Im **geschlossenen System** bleibt das Gesamtvolumen V konstant, jedoch nimmt der Druck aufgrund der Wasserstoffentwicklung innerhalb des geschlossenen Standkolbens zu.

Die Gesamtenergien sind in beiden Fällen gleich. Die Reaktionswärme im offenen System unterscheidet sich jedoch von der Reaktionswärme im geschlossenen System durch die Volumenarbeit W_V, die der entstehende Wasserstoff gegen den äußeren Luftdruck leisten muss:

$$W_V = -p \cdot \Delta V$$

Somit ist die Reaktionswärme um den Betrag von W_V kleiner als die Reaktionswärme im geschlossenen System. Die bei konstantem Volumen gemessene Reaktionswärme bezeichnet man als Reaktionsenergie ΔU, die bei konstantem Druck gemessene Reaktionswärme wird als Reaktionsenthalpie ΔH bezeichnet.

Reaktionsenergie ΔU
Reaktionsenthalpie ΔH

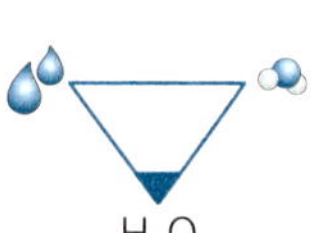

Für den Zusammenhang zwischen Reaktionsenergie und Reaktionsenthalpie gilt:

$$\Delta H = \Delta U + p \cdot \Delta V$$

Findet bei einer chemischen Reaktion keine Volumenänderung statt, ist

$$\Delta H = \Delta U.$$

Dabei ist es gleichgültig, ob das System offen oder geschlossen ist.

Da die meisten chemischen Reaktionen bei konstantem Druck – in der Regel bei Atmosphärendruck – ablaufen, werden vorzugsweise Reaktionsenthalpien gemessen und angegeben.

Aufgrund der Tatsache, dass der absolute Energieinhalt bzw. Enthalpieinhalt eines Systems sich weder messen noch berechnen lässt und somit nicht definiert ist, kann man nur Enthalpie**änderungen** angeben. Das Symbol „Δ" im Größenzeichen ΔH weist auf eben diese Enthalpie-**Differenz** hin.

exotherm: $\Delta H < 0$
endotherm: $\Delta H > 0$

Ihr Wert erhält bei **exothermen** Reaktionen ein negatives Vorzeichen: $\Delta H \leq 0$. Das System verliert Wärme Q an die Umgebung. Bei **endothermen** Reaktionen hat die Reaktionsenthalpie ein positives Vorzeichen: $\Delta H \geq 0$. Das System nimmt also Wärme Q aus der Umgebung auf. Reaktionsenthalpien lassen sich z. B. mithilfe eines Kalorimeters (→ Abb. 3.5) bestimmen.

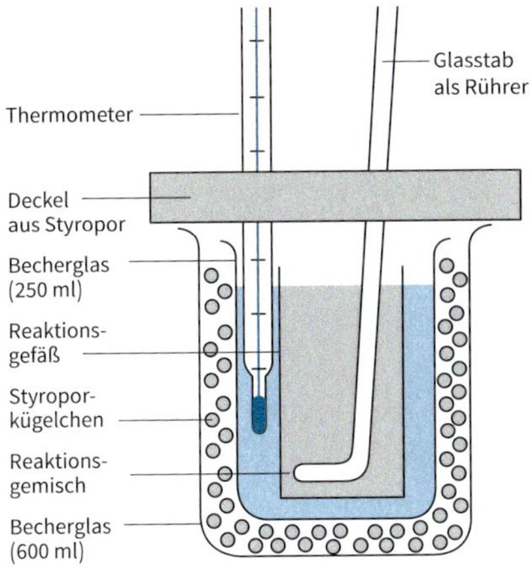

Abb. 3.5: Einfaches Kalorimeter

Auf der Grundlage der Beziehung $\Delta_R H = -Q_R = c_p \cdot m \cdot \Delta T$ kann man mithilfe eines Kalorimeters die Reaktionswärme Q_R experimentell bestimmen.

Bei einer exothermen Reaktion wird die Reaktionswärme über die Wand des Reaktionsgefäßes auf das Wasser im Kalorimeter übertragen. Die vom Wasser aufgenommene Wärmemenge Q_R ist proportional zur Temperaturdifferenz $\Delta T = T_2 - T_1$ (T_2 = Temperatur nach, T_1 = vor der Reaktion) und zur Masse m des Wassers. Der Proportionalitätsfaktor c_p wird als spezifische Wärmekapazität bezeichnet. Für Wasser beträgt $c_p = 4{,}18\ \mathrm{J \cdot g^{-1}}$.

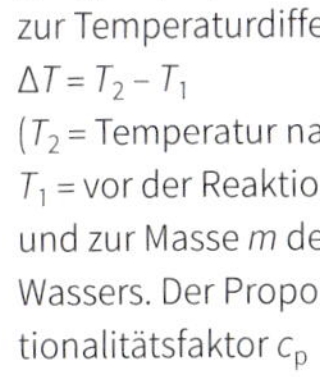

Berechnung von Reaktionsenthalpien

Enthalpieänderungen von Reaktionen können mit Werten der **molaren Standard-Bildungsenthalpien** $\Delta_f H^0_m$ („f": engl. formation = Bildung; „m": molar) berechnet werden, die aus Tabellenwerken entnommen werden können (→ Tab. 3.1).

Stoff	$\frac{\Delta_f H^0_m}{\mathrm{kJ \cdot mol^{-1}}}$	Stoff	$\frac{\Delta_f H^0_m}{\mathrm{kJ \cdot mol^{-1}}}$
H_2O (g)	−242	Cl (g)	+121
H_2O (l)	−285	Cl^- (aq)	−167
O_2 (g)	0	Cl_2 (g)	0
H_2 (g)	0	CO (g)	−111
H (g)	+218	H^+ (aq)	−92
$CaCO_3$ (s)	−1207	HCl (g)	−92
CaO (s)	−635	OH^- (aq)	−230
CO_2 (g)	−393	Na^+ (aq)	−240
Cu^{2+} (aq)	+65	NaCl (s)	−411
Ag^+ (aq)	+106	NaOH (s)	−425
SO_2 (g)	−297	Zn^{2+} (aq)	−153
SO_3 (g)	−396	Na (g)	+107

Tab. 3.1: Molare Standardbildungsenthalpien

Wissen

Energie kann weder geschaffen noch vernichtet werden. Energiearten können ineinander umgewandelt werden (1. Hauptsatz der Thermodynamik).

wichtige Definitionen und Umschreibungen

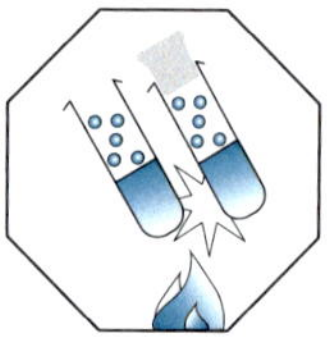

- Die **Energie eines Systems** ist ein Maß für die Fähigkeit dieses Systems, Arbeit zu verrichten oder Wärme abzugeben.
- **Einheit der Energie** ist das Joule: $1\ \text{J} = 1\ \text{N} \cdot \text{m} = 1\ \text{W} \cdot \text{s}$
- Unter **Wärme** versteht man die Energie, die aufgrund einer Temperaturdifferenz zwischen einem System und seiner Umgebung übertragen wird.
- **Erhaltungssatz:** Während einer chemischen Reaktion verändern sich weder Gesamtmasse noch die Gesamtenergie von Ausgangs- und Endstoffen.

Einige Energiearten:

- **Innere Energie:** Darunter versteht man die Summe aus Kernenergie, chemischer Energie und thermischer Energie eines stofflichen Systems. Bei 0 K ist der Betrag der thermischen Energie gleich null, das gilt nicht für die anderen Energieformen.
- **Chemische Energie:** Teil der Energie des Systems, der in chemischen Bindungen und zwischenmolekularen Wechselwirkungen gespeichert ist. Im Verlauf einer chemischen Reaktion wird durch Abbau und Neuaufbau von Bindungen ein Teil dieser chemischen Energie in andere Energiearten umgewandelt.
- **Kinetische Energie:** Energie, die ein Objekt aufgrund seiner Bewegung besitzt.
- **Wärmeenergie:** Energie, die ein Objekt aufgrund seiner Temperatur besitzt.

Molare Standard-Bildungsenthalpie

Definition

Die molare Standard-Bildungsenthalpie $\Delta_f H_m^0$ einer Verbindung entspricht der bei der Bildung von einem Mol der Verbindung bei Standardbedingungen aus den Elementen freigesetzten oder aufgenommenen Wärme.

Die Standardbedingungen („^{0}“) beinhalten einen Druck von $p = 1000\ \text{hPa}$ und eine Temperatur von $T = 298\ \text{K}$; die Einheit der molaren Standard-Bildungsenthalpie ist $\text{kJ} \cdot \text{mol}^{-1}$.
Die molaren Standard-Bildungsenthalpien der Elemente sind für die stabilste Modifikation per definitionem auf null gesetzt worden, da absolute Enthalpiewerte nicht messbar sind. Dabei ist auch zu beachten, dass die Werte der molaren Standard-Bildungsenthalpie immer für bestimmte Aggregatzustände der beteiligten Stoffe gelten. Ferner sind gebrochene Koeffizienten bei Reaktionsgleichungen erlaubt.

Zur Berechnung der molaren Standard-Bildungsenthalpie einer Verbindung wird die Summe der molaren Standard-Bildungsenthalpien der Edukte von der molaren Standard-Bildungsenthalpie der Produkte subtrahiert. Die Summe der molaren Standard-Bildungsenthalpien der Edukte ist in der Regel null, da die Standard-Bildungsenthalpien der Elemente null sind.

$\Delta_f H^0_m$
$= \Sigma \Delta_f H^0_m(\text{Produkte})$
$- \Sigma \Delta_f H^0_m(\text{Edukte})$

Beispielaufgabe

Berechnung der molaren Standard-Bildungsenthalpie von flüssigem Wasser

Reaktionsgleichung:

H_2 (g)	+	$\frac{1}{2} O_2$ (g) →	H_2O (l)

Standard-Bildungsenthalpien:

$0\,\text{kJ} \cdot \text{mol}^{-1}$	$0\,\text{kJ} \cdot \text{mol}^{-1}$	$-285\,\text{kJ} \cdot \text{mol}^{-1}$ (Wert aus der Tabelle entnommen)
Edukt	Edukt	Produkt

Berechnung:

$\Delta_f H^0_m(H_2O) = \Delta_f H^0_m(H_2O) - [\Delta_f H^0_m(H_2) + \Delta_f H^0_m(O_2)]$

$\Delta_f H^0_m(H_2O) = -285\,\text{kJ} \cdot \text{mol}^{-1} - [0\,\text{kJ} \cdot \text{mol}^{-1} + 0\,\text{kJ} \cdot \text{mol}^{-1}]$

$\Delta_f H^0_m(H_2O) = -285\,\text{kJ} \cdot \text{mol}^{-1}$

Von der molaren Standard-Bildungsenthalpie zur molaren Reaktionsenthalpie

Wenn die molaren Standard-Bildungsenthalpien von allen an der chemischen Reaktion beteiligten Stoffen bekannt ist, lässt sich die **molare Reaktionsenthalpie bei Standardbedingungen** $\Delta_R H^0_m$ („R": Reaktionsenthalpie) berechnen. Dabei wird die Summe der molaren Standard-Bildungsenthalpien der Edukte von der Summe der molaren Standard-Bildungsenthalpien der Produkte subtrahiert:

$$\Delta_R H^0_m = \sum \Delta_f H^0_m(\text{Produkte}) - \sum \Delta_f H^0_m(\text{Edukte})$$

H_2O

Die molare Reaktionsenthalpie $\Delta_R H_m$ erhält man, indem $\Delta_R H$ durch die umgesetzte Stoffmenge n dividiert wird: $\Delta_R H_m = \Delta_R H/n$

Vielfach hängt der Zahlenwert der molaren Reaktionsenthalpie davon ab, auf welchen Stoff man sich bezieht.

Beispielaufgabe

Berechnung der molaren Reaktionsenthalpie der Herstellung von Calciumoxid und Kohlenstoffdioxid aus Calciumcarbonat

Reaktionsgleichung:

$CaCO_3$ (s) →	CaO (s)	+	CO_2 (g)

Standard-Bildungsenthalpien:

$-1207\,\text{kJ} \cdot \text{mol}^{-1}$	$-635\,\text{kJ} \cdot \text{mol}^{-1}$	$-393\,\text{kJ} \cdot \text{mol}^{-1}$ (Werte aus Tabelle)
Edukt	Produkt	Produkt

Berechnung:

$\Delta_R H^0_m = \Delta_f H^0_m(CaO) + \Delta_f H^0_m(CO_2) - \Delta_f H^0_m(CaCO_3)$

$\Delta_R H^0_m = -635\,\text{kJ} \cdot \text{mol}^{-1} - 393\,\text{kJ} \cdot \text{mol}^{-1} - [-1207\,\text{kJ} \cdot \text{mol}^{-1}]$

$\Delta_R H^0_m = +179\,\text{kJ} \cdot \text{mol}^{-1}$ (endotherme Reaktion)

H_2O

Merke: Die molare Standard-Reaktionsenthalpie bezieht sich immer auf eine bestimmte Reaktionsgleichung:

Beispielaufgabe

Reduktion von in Wasser gelösten Silber-Ionen durch elementares Kupfer

a) **bezogen auf 1 mol Cu-Atome**

Reaktionsgleichung:

$Cu\,(s) + 2\,Ag^{+}\,(aq) \rightarrow Cu^{2+}\,(aq) + 2\,Ag\,(s)$

Berechnung: (Werte aus Tabelle entnommen)

$\Delta_R H_m^0 = \Delta_f H_m^0\,(Cu^{2+}) + 2 \cdot \Delta_f H_m^0\,(Ag) - [\Delta_f H_m^0\,(Cu) + 2 \cdot \Delta_f H_m^0\,(Ag^{+})]$

$\Delta_R H_m^0 = +65\,kJ \cdot mol^{-1} + 2 \cdot 0\,kJ \cdot mol^{-1} - [0\,kJ \cdot mol^{-1} + 2 \cdot 106\,kJ \cdot mol^{-1}]$

$\Delta_R H_m^0 = -147\,kJ \cdot mol^{-1}$

b) **bezogen auf 1 mol Ag^{+}-Ionen (gebrochene Koeffizienten sind hierbei erlaubt!)**

Reaktionsgleichung: (Werte aus Tabelle entnommen)

$\frac{1}{2}Cu\,(s) + Ag^{+}\,(aq) \rightarrow \frac{1}{2}Cu^{2+}\,(aq) + Ag\,(s)$

Berechnung:

$\Delta_R H_m^0 = \frac{1}{2}\Delta_f H_m^0\,(Cu^{2+}) + \Delta_f H_m^0\,(Ag) - \left[\frac{1}{2}\Delta_f H_m^0\,(Cu) + \Delta_f H_m^0\,(Ag^{+})\right]$

$\Delta_R H_m^0 = \frac{1}{2} \cdot (+65)\,kJ \cdot mol^{-1} + 0\,kJ \cdot mol^{-1} - \left[\frac{1}{2} \cdot 0\,kJ \cdot mol^{-1} + 106\,kJ \cdot mol^{-1}\right]$

$\Delta_R H_m^0 = -73{,}5\,kJ \cdot mol^{-1}$

Satz von HESS

GERMAIN HENRI HESS 1802 – 1850, schweizerisch-russischer Chemiker und Mineraloge

In vielen Fällen können gleiche chemische Produkte auf verschiedenen Reaktionswegen hergestellt werden. Da auch für chemische Reaktionen der Energieerhaltungssatz gilt, spielt der Reaktionsweg keine Rolle. Schon 1840 wurde der **Satz von HESS** formuliert: **Die Reaktionsenthalpie ist unabhängig vom Reaktionsweg, sie hängt nur vom Ausgangs- und Endzustand des Systems ab.**

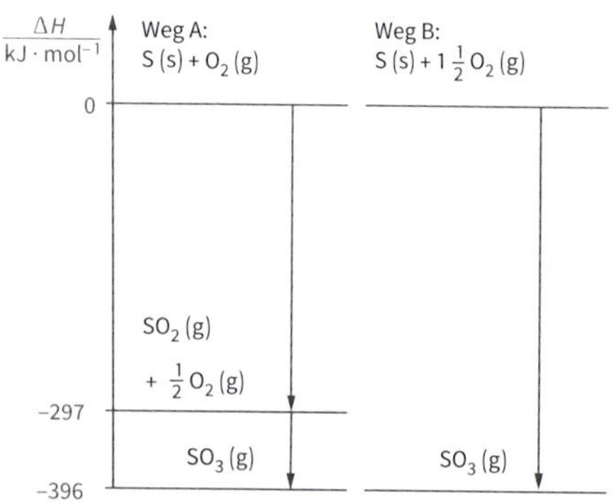

Abb. 3.6: Enthalpiediagramm der Reaktion von Schwefel mit Sauerstoff (Anwendung des Satzes von HESS)

Wie aus dem Enthalpiediagramm (→ Abb. 3.6) hervorgeht, beträgt die molare Reaktionsenthalpie für die Herstellung von SO_3 (g) auf 1 mol Schwefel bezogen immer $-396\,kJ \cdot mol^{-1}$, gleichgültig, ob der Reaktionsweg über das Zwischenprodukt SO_2 (g) verläuft oder Schwefel direkt zu SO_3 (g) oxidiert wird.

Eine Anwendung des Satzes von HESS ist der **BORN-HABER-Kreisprozess** (vgl. → Seite 19) zur Bestimmung der **Gitterenthalpie** für Ionengitter, da diese Größe experimentell nicht messbar ist.

Beispiel

Bildung von Kochsalz aus den Elementen:

$Na\,(s) + \frac{1}{2}Cl_2\,(g) \rightarrow NaCl\,(s)$;

$\Delta_f H_m^0 = -411\ kJ \cdot mol^{-1}$

Die Standard-Bildungsenthalpie setzt sich aus verschiedenen Enthalpiebeträgen zusammen (→ Abb. 3.7). Man muss Energie aufwenden, um Natrium zu verdampfen und zu ionisieren sowie um Chlor-Moleküle in Atome zu spalten.

Hingegen wird Energie frei, wenn die Chlor-Atome Elektronen aufnehmen und Cl^--Ionen bilden. Der größte und entscheidenden Enthalpiebetrag, die Gitterenthalpie, wird bei der Bildung des Ionengitters aus gasförmigen Na^+-Ionen und Cl^--Ionen freigesetzt. Die Gitterenthalpie ist ein Maß für die Festigkeit der Ionenbindung.

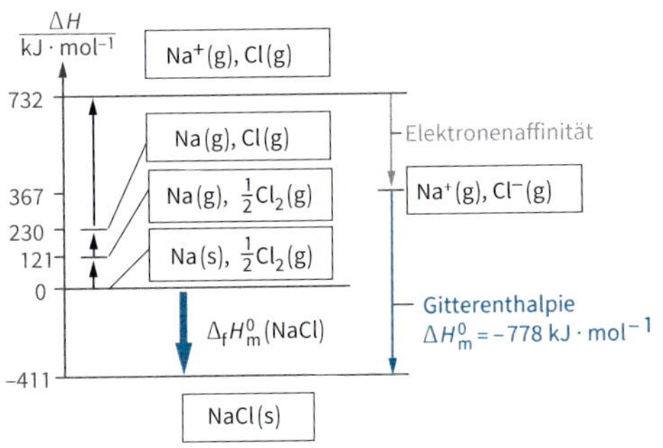

Abb. 3.7: BORN-HABER-Kreisprozess zur Bestimmung der Gitterenthalpie bei der Kochsalz-Bildung, vgl. → Seite 19

Bindungsenthalpien

Bei zweiatomigen Molekülen wie dem H_2-Molekül lässt sich die Energie, die benötigt wird, um die Elektronenpaarbindung zu spalten, experimentell bestimmen.

Definition

Die molare Standard-Bindungsenthalpie $\Delta_B H_m^0$ (oder einfach „Bindungsenthalpie") ist bei einem zweiatomigen Molekül die Energie, die man unter Standardbedingungen (25 °C; 1000 hPa) benötigt, um ein Mol Moleküle des gasförmigen Stoffes in Atome zu spalten (→ Tab. 3.2).

Beispiel

$H_2\,(g) \rightarrow 2\,H\,(g)$; $\Delta_B H_m^0 = +436\ kJ \cdot mol^{-1}$

H_2O

Einfachbindungen

	C	H	O	N
C	348	413	358	305
H	413	436	463	391
O	358	463	146	201
N	305	391	201	163

H—F	567	C—F	489	F—F	159
H—CL	431	C—Cl	339	Cl—Cl	242
H—Br	366	C—Br	285	Br—Br	193
H—I	298	C—I	218	I—I	151

Mehrfachbindungen

C=C	614	N=N	418	O=O	498
C=O	745	N=O	607		
N≡N	945	C≡C	839	C≡N	891

Tab. 3.2: Durchschnittliche molare Bindungsenthalpien Werte für 25 °C in $kJ \cdot mol^{-1}$

Merke

Um eine Bindung zu lösen, ist immer Energie zuzuführen, bei der Bildung einer Bindung wird immer Energie frei.

Die **Bindungs**enthalpie darf nicht mit der **Bildungs**enthalpie verwechselt werden!

Bei mehratomigen Molekülen lässt sich die Bindungsenthalpie nicht experimentell messen. Sie muss aus messbaren Größen berechnet werden. Man erhält einen Durchschnittswert, die **mittlere Bindungsenthalpie**. Will man die mittlere Bindungsenthalpie der C—H-Bindung im Methan-Molekül (CH_4) bestimmen, braucht man neben der Standard-Bildungsenthalpie von Methan die Sublimationsenthalpie $\Delta_S H_m^0$ von Kohlenstoff und die Bindungsenthalpie von Wasserstoff:

$$\begin{array}{ll} C\,(s) \rightarrow C\,(g); & \Delta_S H_m^0 = +717\,kJ \cdot mol^{-1} \\ 2\,H_2\,(g) \rightarrow 4\,H\,(g); & \Delta_B H_m^0 = +872\,kJ \cdot mol^{-1} \\ CH_4\,(g) \rightarrow C\,(s) + 2\,H_2\,(g); & \Delta_f H_m^0 = +75\,kJ \cdot mol^{-1} \\ \hline CH_4\,(g) \rightarrow C\,(g) + 4\,H\,(g); & \Delta_R H_m^0 = +1664\,kJ \cdot mol^{-1} \end{array}$$

Die Bindungsenthalpie einer einzigen C—H-Bindung entspricht einem Viertel dieser Energie, also $416\,kJ \cdot mol^{-1}$. Nach dieser Methode kann man die mittlere Bindungsenthalpie der C—H-Bindung auch in anderen Molekülen berechnen. Der Tabellenwert für die C—H-Bindung von $413\,kJ \cdot mol^{-1}$ (→ Tab. 3.2) ist ein Mittelwert für eine Fülle von Kohlenwasserstoffen.

3.2 Entropie

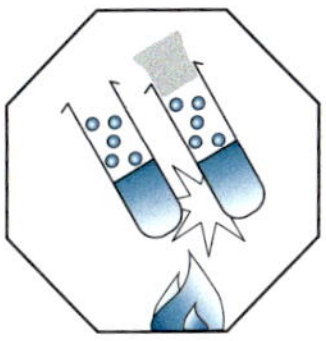

Es gibt viele endotherme chemische Reaktionen, die freiwillig ablaufen. So löst sich z. B. Kaliumnitrat unter Abkühlung in Wasser:

$$KNO_3\,(s) \xrightarrow{\text{Wasser}} K^+\,(aq) + NO_3^-\,(aq);\ \Delta_R H_m^0 = +35\,kJ \cdot mol^{-1}$$

Ein weiteres Beispiel für eine spontan ablaufende endotherme Reaktion ist die Umsetzung von festem Natriumhydrogencarbonat mit Salzsäure, bei der Kohlenstoffdioxid, Wasser und gelöstes Kochsalz entstehen:

$$NaHCO_3\,(s) + HCl\,(aq) \rightarrow Na^+\,(aq) + Cl^-\,(aq) + CO_2\,(g) + H_2O\,(l)$$

Die Tatsache der spontan ablaufenden endothermen Reaktionen widersprach der Erkenntnis von MARCELLIN BERTHELOT und JULIUS THOMSEN von 1878: Eine chemische Reaktion läuft nur dann freiwillig ab, wenn sie exotherm ist, d. h. die Enthalpie ist die Triebkraft einer chemischen Reaktion.

Da diese chemischen Reaktionen ablaufen, obwohl sie nicht exotherm sind, kann die Enthalpie nicht der einzige Faktor für die Triebkraft einer chemischen Reaktion sein.

Bei der genauen Untersuchung spontan ablaufender endothermer Reaktionen fällt auf, dass sich die Edukte meist in einem höher geordneten Zustand als die Produkte befinden. Die Edukte liegen häufig als Feststoffe in einem Kristallgitter vor, die Produkte treten meist im gasförmigen oder flüssigen Zustand auf. Das heißt, im Endzustand der betrachteten Reaktionen herrscht eine größere Unordnung als im Ausgangszustand. **Die Zunahme der Unordnung ist** neben der Enthalpie **ein weiterer Faktor für die Triebkraft einer chemischen Reaktion.**

Zur Beschreibung des Ordnungszustandes eines Systems wird der Begriff **Entropie** verwendet. Die Entropie ist eine Größe, deren Wert mit steigender Unordnung zunimmt. Wenn also bei einer Reaktion aus einer Flüssigkeit ein Gas entsteht, nimmt der Unordnungsgrad zu und somit steigt die Entropie (→ Abb. 3.8).

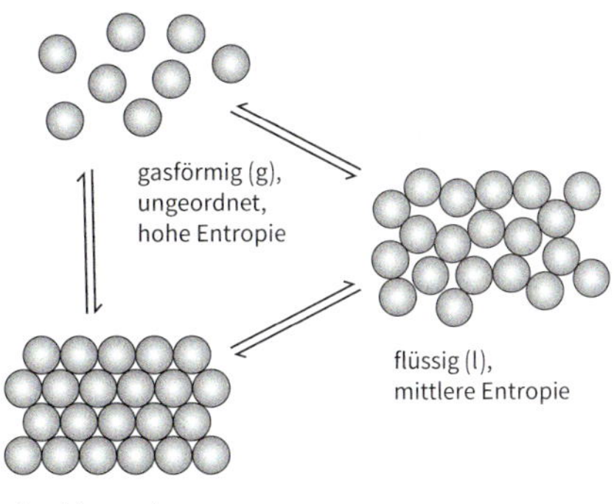

Abb. 3.8: Aggregatzustand und Entropie

Entropie ist neben der Enthalpie ein weiterer Faktor für die Triebkraft einer chemischen Reaktion.

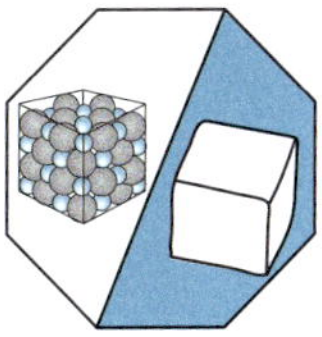

BOLTZMANN hat eine Beziehung formuliert, mit der man die **Entropie *S*** einer Substanz bei jeder beliebigen Temperatur berechnen kann:

$$S = k \cdot \ln W$$

Die **BOLTZMANN-Konstante *k*** ist der Quotient aus der allgemeinen Gaskonstante und der AVOGADRO-Konstante: $k = R \cdot N_A^{-1}$. Ihr Wert beträgt

$$1{,}38 \cdot 10^{-23}\,J \cdot K^{-1}$$

LUDWIG EDUARD BOLTZMANN 1844 – 1906, österreichischer Physiker und Philosoph

Gleichung zur Berechnung der Entropie

„*W*“ steht für die Unordnung des Systems und gibt an, auf wie viele verschiedene Arten sich Atome oder Moleküle einer Portion – ohne Änderung der Gesamtenergie – anordnen lassen.

Die Entropie nimmt zu:
- bei Erhöhung der Temperatur
- wenn die Teilchenzahl bei den Produkten höher wird als bei den Edukten
- beim Wechsel des Aggregatzustands von fest nach flüssig und von flüssig nach gasförmig
- beim Auflösen eines (Ionen-)Gitters in einem Lösemittel

Dies kann man sich an einem perfekt geordneten, also idealen Kristall aus einer Portion von zehn HCl-Molekülen am absoluten Nullpunkt folgendermaßen vorstellen:

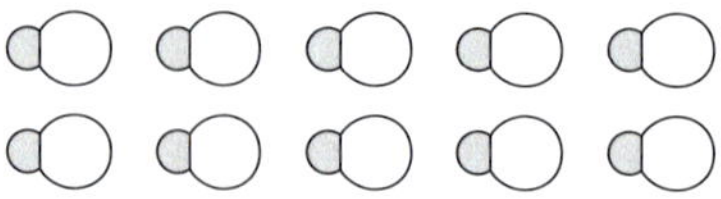

Abb. 3.9: Portion von zehn HCl-Molekülen, die in einem idealen Kristall angeordnet sind: Die Moleküle sind gleichmäßig ausgerichtet. $T = 0\,K$, $S = 0$, da höchste Ordnung vorliegt.

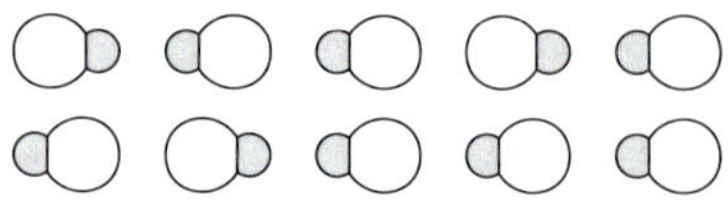

Abb. 3.10: 4,7ortion von zehn HCl-Molekülen in einem Kristall, wobei die Moleküle unterschiedlich ausgerichtet sind. $T = 0\,K$, $S > 0$, da Unordnung vorhanden ist.

Am absoluten Nullpunkt ($T = 0\,K$) bewegen sich die HCl-Teilchen im Gitter nicht mehr, das Volumen ist das kleinstmögliche. Die Teilchen sind im Gitter absolut gleichmäßig ausgerichtet (→ Abb. 3.9). Da keine Unordnung in der HCl-Portion herrscht, ist die Entropie null. Aufgrund der Tatsache, dass es nur **eine** mögliche Anordnung der Moleküle zu einem perfekten Kristall gibt, wird *W* gleich 1 gesetzt. Der natürliche Logarithmus von 1 ist null, somit wird *S* ebenfalls null:

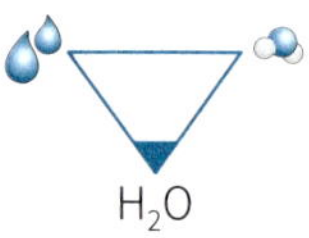

$$S = k \cdot \ln 1$$
$$S = 1{,}38 \cdot 10^{-23}\,J \cdot K^{-1} \cdot 0 = 0$$

In einer weiteren Betrachtung soll jedes Teilchen in diesem Kristall zwei Ausrichtungsmöglichkeiten annehmen können (→ Abb. 3.10). Für die zehn Teilchen gibt es dann zusammen

$W = 2 \cdot 2 \cdot 2 \cdot 2 \cdot \ldots = 2^{10}$ Möglichkeiten, sich zu orientieren.

Daher ist die Entropie des nunmehr ungeordneten Kristalls:

$$S = k \cdot \ln 2^{10}$$
$$S = 1{,}38 \cdot 10^{-23}\,J \cdot K^{-1} \cdot \ln 2^{10}$$
$$S = 9{,}565 \cdot 10^{-23}\,J \cdot K^{-1}$$

Die Entropie ist somit größer als null. Da Teilchenportionen in der Regel in Größenordnungen von 10^{23} vorliegen, ergeben sich normalerweise Werte für die Entropie, die sich im Einer- bis Hunderterbereich bewegen. Darüber hinaus zeigt das Beispiel, dass absolute Entropiewerte existieren.

Entropieänderungen ΔS bei chemischen Reaktionen können mithilfe der Werte der **molaren Standard-Bildungsentropie** ΔS_m^0 (1000 hPa, 298 K) berechnet werden, die aus Tabellenwerken zu entnehmen sind. Die Werte sind in $J \cdot mol^{-1} \cdot K^{-1}$ angegeben. Die molare Standard-Bildungsentropie ist als die Entropieänderung, die mit der Bildung von einem Mol einer Verbindung bei Standardbedingungen aus den Elementen einhergeht, definiert. Die **molare Standard-Reaktionsentropie** $\Delta_R S_m^0$ lässt sich in folgender Weise aus den molaren Standard-Bildungsentropien berechnen:

$$\Delta_R S_m^0 = \Sigma S_m^0 \text{(Produkte)} - \Sigma S_m^0 \text{(Edukte)}$$

Ist $\Delta_R S_m^0$ positiv, so nimmt die Entropie beim Ablauf der Reaktion zu, es entsteht also ein System mit einem geringeren Ordnungsgrad. Ist der Wert für $\Delta_R S_m^0$ negativ, so nimmt die Entropie ab.

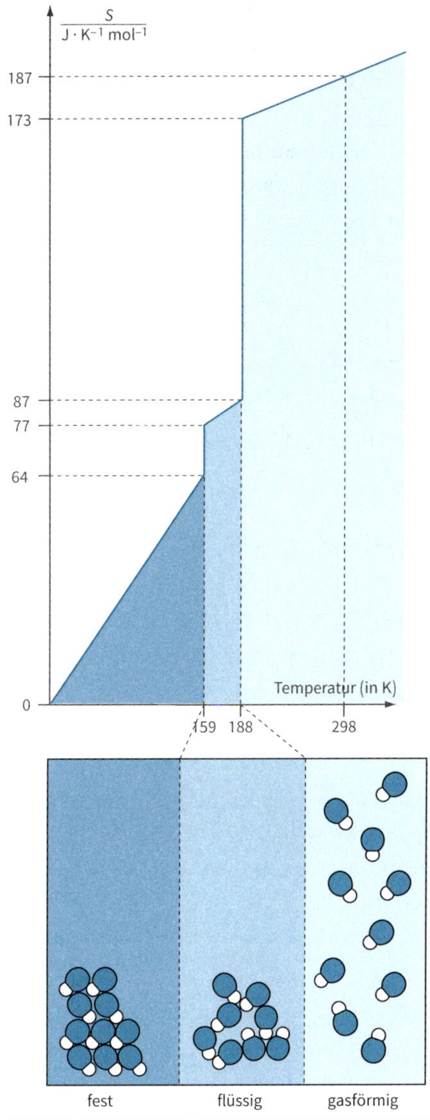

Abb. 3.11: Abhängigkeit der Entropie von der Temperatur bei Chlorwasserstoff

Molare Standard-Bildungsentropie ΔS_m^0 Einheit: $J \cdot mol^{-1} \cdot K^{-1}$

Molare Standard-Reaktionsentropie $\Delta_R S_m^0$

Da bei exothermen Reaktionen Energie in die Umgebung freigesetzt wird, erhöht sich die Wärmebewegung der Teilchen in der Umgebung und somit auch die Temperatur T. Die Erhöhung der Entropie in der Umgebung ist umgekehrt proportional zu Temperatur. $\Delta S_{Umgebung} = \Delta H/T$

Für chemische Reaktionen gilt allgemein: Bei jedem spontan ablaufenden Vorgang ist die Summe der Entropieänderungen eines **Systems und dessen Umgebung** größer Null. Die Entropie kann sich folglich nur erhöhen. Dieser Zusammenhang wird auch als **2. Hauptsatz der Thermodynamik** bezeichnet:

$$\Delta S_{gesamt} = \Delta S_{System} + \Delta S_{Umgebung}$$

$$\Delta S_{gesamt} > 0 \text{ (Prinzip des Entropie-Maximums)}$$

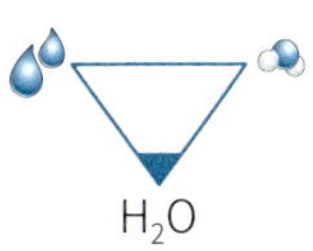

3.3 Freie Enthalpie

JOSIAH WILLARD GIBBS 1839–1903, US-amerikanischer Physiker

HERMANN LUDWIG FERDINAND VON HELMHOLTZ 1821–1894, deutscher Physiologe und Physiker

GIBBS und HELMHOLTZ verknüpften unabhängig voneinander Enthalpie und Entropie zu einer neuen Größe *G*, der **freien Enthalpie** oder **GIBBS'schen Energie**. Dabei ist die freie Enthalpie die Differenz aus der (Gesamt-)Enthalpie *H* und dem Produkt aus Temperatur *T* und Entropie *S* eines Systems:

$$G = H - T \cdot S$$

Die freie Enthalpie *G* wird deswegen als **frei** bezeichnet, weil sie denjenigen Anteil der Gesamtenthalpie *H* eines Systems darstellt, welcher noch soweit geordnet ist, dass er für eine Arbeit **frei** zur Verfügung steht. Das Entropieglied „$T \cdot S$" hingegen beschreibt den Anteil an der Gesamtenthalpie *H*, der bereits ungeordnet ist und nicht mehr in Arbeit umgewandelt werden kann. Änderungen von Enthalpie und Entropie führen bei einem Vorgang, der bei konstanter Temperatur und bei konstantem Druck abläuft, zur Änderung der freien Enthalpie:

H_2O

$$\Delta G = \Delta H - T \cdot \Delta S$$ **(GIBBS-HELMHOLTZ-Gleichung)**

Entsprechend gilt für chemische Reaktionen:

$$\Delta_R G_m = \Delta_R H_m - T \cdot \Delta_R S_m$$

Die Änderung der **molaren freien Reaktionsenthalpie** $\Delta_R G_m^0$ ist gleich der maximal möglichen Arbeit, die das stoffliche System im Verlauf einer Reaktion verrichten kann. Das Entropieglied „$T \cdot \Delta S$" ist der Anteil der (Gesamt-)Enthalpieänderung des Systems, der als thermische und chemische Energie in den Teilchen gespeichert wird und somit dem System nicht verloren geht.
Auch die molare freie Standard-Reaktionsenthalpie $\Delta_R G_m^0$ kann mithilfe von tabellierten Werten der **molaren freien Standard-Bildungsenthalpien** $\Delta_f G_m^0$ berechnet werden:

$$\Delta_R G_m^0 = \sum \Delta_f G_m^0 \,\textbf{(Produkte)} - \Delta_f G_m^0 \,\textbf{(Edukte)}$$

exergonisch: $\Delta_R G_m^0 \leq 0$

endergonisch: $\Delta_R G_m^0 \geq 0$

Wenn die Änderung der freien Enthalpie $\Delta_R G_m^0$ negativ ist ($\Delta_R G_m^0 \leq 0$), läuft eine Reaktion **freiwillig** ab und es kann dabei physikalisch Arbeit geleistet werden. Derartige Reaktionen bezeichnet man als **exergonisch**. Ist $\Delta_R G_m^0 \geq 0$, so kann die Reaktion **nicht spontan** ablaufen, sie kann aber durch Arbeit erzwungen werden. Solche Reaktionen werden als **endergonisch** bezeichnet.

Merke

Die Begriffe **endergonisch** und **exergonisch** dürfen nur in Zusammenhang mit dem Begriff **„freie Enthalpie"** verwendet werden,
wohingegen **exotherm** und **endotherm** nur in Verknüpfung mit dem Begriff **„Enthalpie"** gebraucht werden dürfen.

3.4 Entropie und Enthalpie im Zusammenspiel

Reaktionen laufen immer **spontan**, das heißt, freiwillig ab, wenn die Enthalpie abnimmt ($\Delta H \leq 0$) und die Entropie zunimmt. Typisches Beispiel hierfür ist die Verbrennungsreaktion von Pentan mit Sauerstoff (→ Abb. 3.12). Die Reaktion ist stark exotherm, durch die Anzahl der dabei entstehenden gasförmigen Teilchen steigt die Entropie an.

$C_5H_{12}\,(l) + 8\,O_2\,(g) \rightarrow 5\,CO_2\,(g) + 6\,H_2O\,(g);\ \Delta_R G_m^0 = -3336\,kJ \cdot mol^{-1}$

Für den spontanen erfolgreichen Ablauf einer Reaktion ist es also günstig, wenn nach dem Prinzip des Energieminimums $\Delta H \leq 0$ und wenn nach dem Prinzip des Entropiemaximums $\Delta S \geq 0$ ist.

Chemisches Gleichgewicht und chemische Energie

Mithilfe der molaren freien Standard-Bildungsenthalpie $\Delta_f G_m^0$ kann die Gleichgewichtskonstante einer chemischen Reaktion bestimmt werden (vgl. Kapitel 5). Zunächst berechnet man die molare freie Standard-Reaktionsenthalpie $\Delta_R G_m^0$. Diese Größe steht mit dem Logarithmus des Zahlenwertes der temperaturabhängigen Gleichgewichtskonstanten $K(T)$ in folgender Beziehung:
$\lg K(T) = \frac{1}{2{,}3 \cdot R \cdot T} \cdot \Delta_R G_m^0$
Dieser Zusammenhang gilt gleichermaßen für Gasreaktionen mit K_p und für Reaktionen in Lösungen mit K_c.

Reaktionen laufen **nie freiwillig** ab, wenn die Enthalpie zunimmt ($\Delta H \geq 0$) und die Entropie abnimmt ($\Delta S \leq 0$). So reagiert Sauerstoff nie freiwillig zu Ozon, da die Reaktion endotherm ist und die Teilchenzahl kleiner wird, das heißt die Ordnung zunimmt (→ Abb. 3.13).

$3\,O_2\,(g) \rightarrow 2\,O_3\,(g);\ \Delta_R G_m = +327\,kJ \cdot mol^{-1}$

Endotherme Reaktionen können nur ablaufen, wenn eine bestimmte Temperatur überschritten wird, sodass das Produkt „$T \cdot \Delta S$“ größer als ΔH und auf diese Weise ΔG negativ wird. Mit steigender Temperatur wächst der Einfluss von ΔS auf den Reaktionsverlauf. Als Beispiel hierfür kann man die Reaktion von Wasser mit Kohlenstoff nennen, die bei Zimmertemperatur nicht abläuft, aber bei 1000 K aufgrund des hohen Entropiewertes möglich wird, obwohl die Reaktion endotherm ist (→ Abb. 3.14).

$H_2O\,(g) + C\,(s) \rightarrow CO\,(g) + H_2\,(g);$
$\Delta_R G_m^0\,(298\,K) = +92\,kJ \cdot mol^{-1};$
$\Delta_R G_m^0\,(1000\,K) = -3\,kJ \cdot mol^{-1}$

H_2O

Exotherme Reaktionen mit abnehmender Entropie können nur unterhalb einer bestimmten Temperatur freiwillig ablaufen, solange $|T \cdot \Delta S| \leq |\Delta H|$ ist, z. B. reagiert Stickstoffdioxid bei Zimmertemperatur exotherm zu Distickstofftetraoxid. Bei 400 K läuft diese Reaktion jedoch nicht mehr ab, da sie nun endergonisch geworden ist (→ Abb. 3.15).

$2\,NO_2\,(g) \rightarrow N_2O_4\,(g)$
$\Delta_R G_m^0\,(298\,K) = -5\,kJ \cdot mol^{-1}$
$\Delta_R G_m^0\,(400\,K) = +13\,kJ \cdot mol^{-1}$

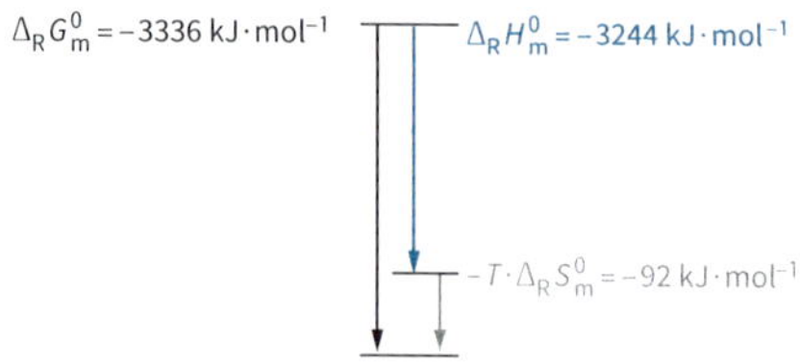

Die Reaktion läuft immer feiwillig ab:

$\Delta H < 0$; $T \cdot \Delta S > 0$; $\Delta G < 0$

$C_5H_{12}(l) + 8\ O_2(g) \rightarrow 5\ CO_2(g) + 6\ H_2O(g)$

Abb. 3.12: Spontan ablaufende Reaktion

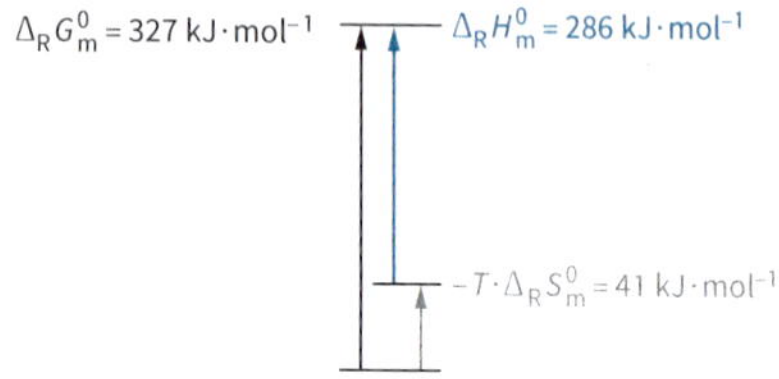

Die Reaktion läuft nie feiwillig ab:

$\Delta H > 0$; $T \cdot \Delta S < 0$; $\Delta G > 0$

$3\,O_2(g) \rightarrow 2\,O_3(g)$

Abb. 3.13: Nicht freiwillig ablaufende Reaktion

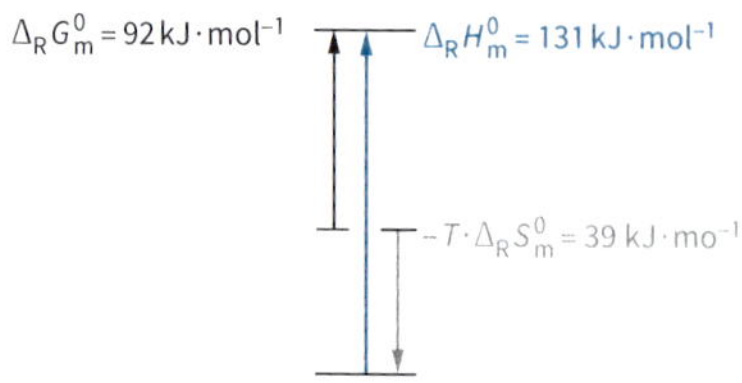

Die Reaktion läuft bei 298 K nicht ab:

$T \cdot \Delta S < \Delta H$; $\Delta G > 0$

$H_2O(g) + C(s) \rightarrow CO(g) + H_2(g)$

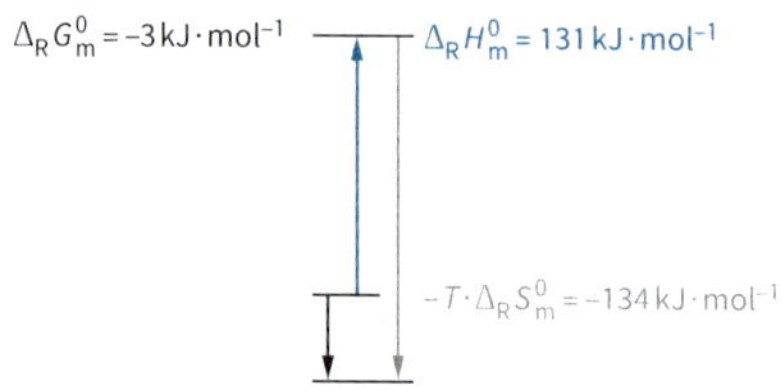

Die Reaktion läuft bei 1000 K ab:

$T \cdot \Delta S > \Delta H$; $\Delta G < 0$

Abb. 3.14: Endotherme Reaktion

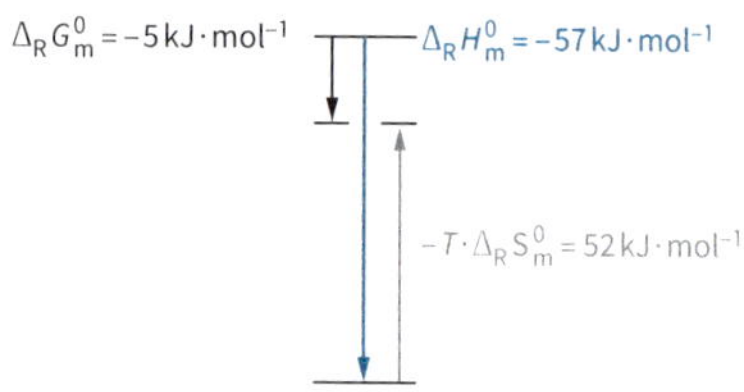

Die Reaktion läuft bei 298 K ab:

$\Delta H < 0$; $\Delta S < 0$; $|T \cdot \Delta S| < |\Delta H|$; $\Delta G < 0$

$2\ NO_2(g) \rightarrow N_2O_4(g)$

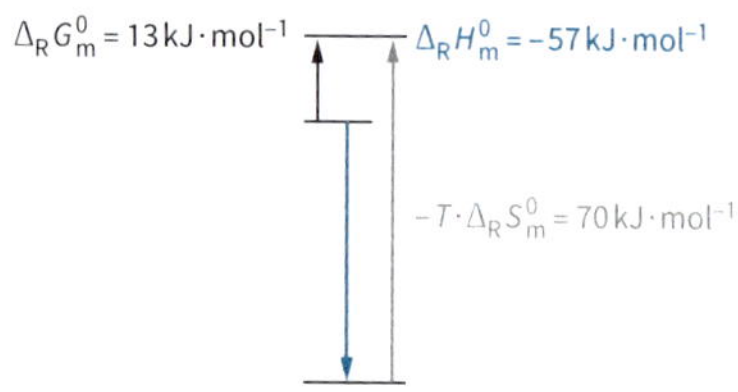

Die Reaktion läuft bei 400 K nicht ab:

$\Delta H < 0$; $\Delta S < 0$; $|T \cdot \Delta S| > |\Delta H|$; $\Delta G > 0$

Abb. 3.15: Exotherme Reaktion

Zusammenfassung und Rückblick

Bei tiefen Temperaturen entscheidet hauptsächlich ΔH über den Ablauf einer chemischen Reaktion, bei hohen Temperaturen gewinnt ΔS zunehmend an Bedeutung. Das Entropieglied $T \cdot \Delta S$ ist also unter Umständen in der Lage, den Verlauf einer chemischen Reaktion umzukehren.

Die Triebkraft chemischer Reaktionen besteht in der Abnahme der Enthalpie und der Zunahme der Entropie. Beide Faktoren sind in der freien Enthalpie zusammengefasst. **Somit liegt die Triebkraft chemischer Reaktionen in der Abnahme der freien Enthalpie.**

Enthalpie-änderung ΔH	Entropie-änderung ΔS	T	Freie Enthalpieänderung $\Delta G = \Delta H - T \cdot \Delta S$	Erläuterung
≤ 0; exotherm	≥ 0; Zunahme	klein groß	≤ 0; exergonisch ≤ 0; exergonisch	in beiden Fällen spontane Reaktionen
≤ 0; exotherm	≤ 0; Abnahme	klein groß	≤ 0; exergonisch ≥ 0; endergonisch	spontane Reaktion nur bei niedrigen Temperaturen
≥ 0; endotherm	≤ 0; Abnahme	klein groß	≥ 0; endergonisch ≥ 0; endergonisch	in keinem Fall spontane Reaktionen
≥ 0; endotherm	≥ 0; Zunahme	klein groß	≥ 0; endergonisch ≤ 0; exergonisch	nur bei hohen Temperaturen spontaner Reaktionsablauf

Tab. 3.3: Auswirkung von Enthalpie- und Entropieänderung auf den freiwilligen Ablauf von chemischen Reaktionen

Überblick

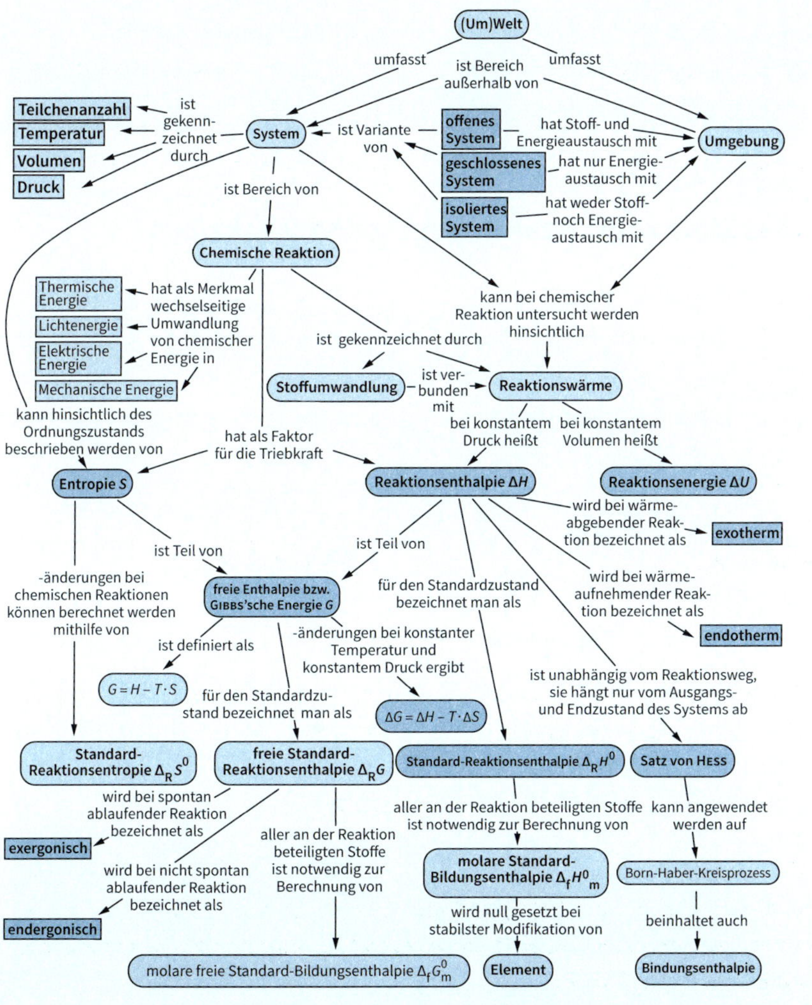

4 Reaktionsgeschwindigkeit

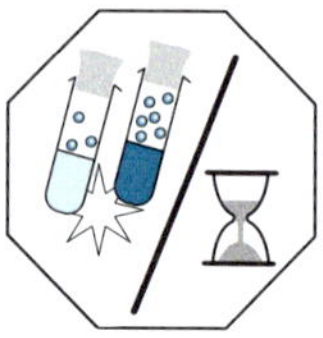

Mithilfe des Energiekonzepts kann man berechnen, ob eine chemische Reaktion freiwillig abläuft oder nicht. Wie schnell sie allerdings abläuft, lässt sich mit Energiebetrachtungen nicht vorhersagen, da der Faktor „Zeit", der Bestandteil der Größe „Geschwindigkeit" ist, hier keine Berücksichtigung findet.
Die Reaktionsgeschwindigkeit verschiedener chemischer Reaktionen ist unterschiedlich groß und wird von den Faktoren Zerteilungsgrad, Konzentration, Temperatur und Katalysator beeinflusst.
Auf der Teilchenebene sind diese Faktoren genauso bedeutsam. So müssen die reagierenden Teilchen eine genügend große Geschwindigkeit besitzen und räumlich richtig zueinander orientiert sein, damit sich beim Zusammenstoß eine neue Verbindung ergibt.

Basiskonzept: Reaktionsgeschwindigkeiten

Genaue Analysen in Zusammenhang mit der Reaktionsgeschwindigkeit tragen bei vielen chemischen Reaktionen zur Klärung des Reaktionsmechanismus bei. Durch Anwendung des Reaktionsgeschwindigkeits-Konzepts bei chemischen Produktionsprozessen kann die Herstellung von Produkten optimiert und so Energie eingespart werden.

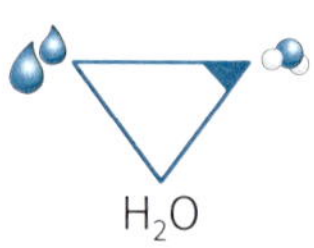

Die Reaktionsgeschwindigkeit verschiedener chemischer Reaktionen ist unterschiedlich groß und wird von den Faktoren Zerteilungsgrad, Konzentration, Temperatur und Katalysator beeinflusst.

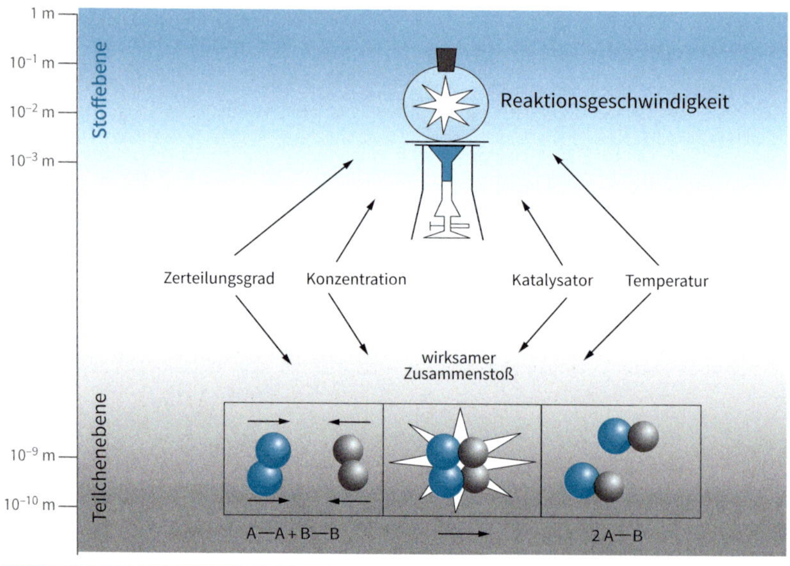

Abb. 4.1: Basiskonzept Reaktionsgeschwindigkeit im Überblick

4.1 Definition

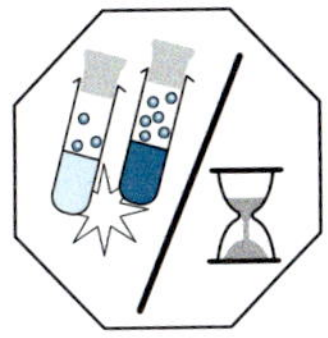

Die Geschwindigkeit einer Reaktion entspricht der zeitlichen Änderung der Konzentration eines an der Reaktion beteiligten Stoffes.

Die **Reaktionsgeschwindigkeit** *v* ist der Quotient aus dem Betrag der Konzentrationsänderung eines Reaktionspartners und der dazu benötigten Zeit.

$$v = \frac{\Delta c}{\Delta t}$$

Die Geschwindigkeit einer Reaktion kann auch bestimmt werden, indem man die Änderung des Volumens eines Stoffes während der Reaktion betrachtet.

4.2 Abhängigkeit vom Zerteilungsgrad (von der Oberfläche)

Damit reaktionsfähige Teilchenarten miteinander reagieren können, müssen sie zusammenstoßen. Je größer die Zahl (erfolgreicher) Zusammenstöße pro Zeiteinheit ist, desto größer ist die Reaktionsgeschwindigkeit.

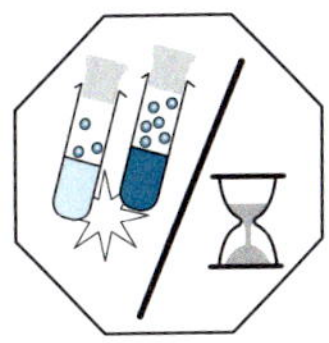

Bei Stoffen, die in verschiedenen Phasen vorliegen, können Teilchen nur dann reagieren, wenn sie an der Phasengrenzfläche miteinander zusammenstoßen.

Mit dem Zerteilungsgrad eines Stoffes wird die Oberfläche und damit die Phasengrenzfläche größer. Die Reaktionsgeschwindigkeit nimmt daher mit dem Zerteilungsgrad zu.

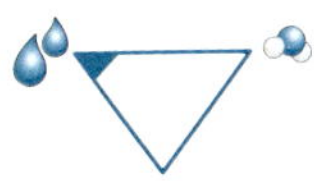

H_2O

Staubexplosionen entstehen, wenn feinverteilte feste Partikel an der Luft z. B. durch einen Funken gezündet werden.
Beispiele für solche Staubexplosionen, bei denen sich die bei der Verbrennung entstehenden Gase sehr stark ausdehnen:

- Mehlstaubexplosion in Getreidemühlen
- Kohlenstaubexplosionen im Steinkohlebergbau, bei denen Kohlenstaub sich entzündet: $C + O_2 \rightarrow CO_2$

4.3 Konzentrationsabhängigkeit und Geschwindigkeitsgleichung

Trägt man die Reaktionsgeschwindigkeit in Abhängigkeit von der Konzentration des reagierenden Stoffes auf, so erhält man ein Geschwindigkeits/Konzentrations-Diagramm. Die Reaktionsgeschwindigkeit ist dabei proportional zur Konzentration: $v \sim c$.

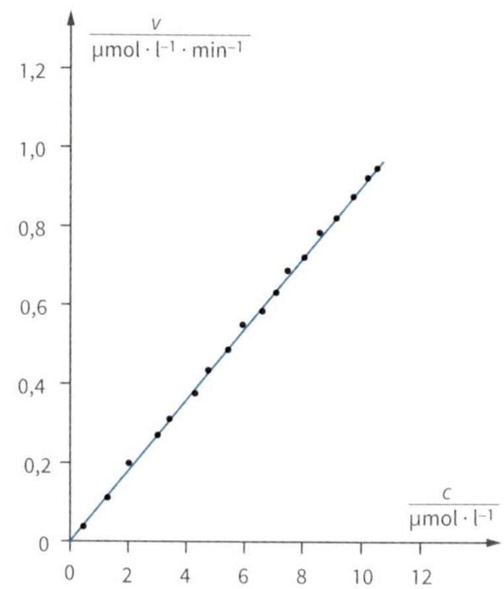

Abb. 4.2: Reaktionsgeschwindigkeit in Abhängigkeit von der Konzentration

Es gilt daher die Geschwindigkeitsgleichung $v = k \cdot c$. Da bei Gasen die Konzentration proportional dem Druck bzw. Partialdruck ist, gilt für Gase entsprechend $v = k \cdot p$.

Die **Proportionalitätskonstante *k*** ist dabei die **Geschwindigkeitskonstante**. Sie ist charakteristisch für eine Reaktion bei konstanter Temperatur.

Der **Partialdruck** ist der Druck, den eine Gaskomponente eines Gasgemischs auf die Gefäßwand ausüben würde, wenn sie sich allein im Gefäß befände.

Die Reaktionsgeschwindigkeitskonstante *k* ist abhängig von der Temperatur, von den beteiligten Stoffen, aber nicht von der Stoffmengenkonzentration oder dem (Partial-)Druck.

Reagieren zwei Teilchenarten A und B miteinander, so nimmt die Zahl erfolgreicher Zusammenstöße zwischen Teilchenart A und Teilchenart B mit der Konzentration an A und B zu. Die Reaktionsgeschwindigkeit ist proportional zum Produkt der Konzentrationen an A und an B (Stoßtheorie). Es gilt daher die **Geschwindigkeitsgleichung**

$$v = k \cdot c(\mathrm{A}) \cdot c(\mathrm{B}).$$

Dies belegen auch Überlegungen zur **Stoßtheorie**. Dabei betrachtet man die Stoßwahrscheinlichkeit zwischen Teilchen A und Teilchen B.

Abb. 4.3: Bei der Stoßtheorie betrachtet man die Stoßwahrscheinlichkeit zwischen Teilchen A (blau dargestellt) und Teilchen B (grau dargestellt).

4.4 Temperaturabhängigkeit

Trägt man die Reaktionsgeschwindigkeit in Abhängigkeit von der Temperatur auf, so gilt für viele Reaktionen die **R**eaktions**g**eschwindigkeits/**T**emperatur-Regel (**RGT-Regel**): Die Reaktionsgeschwindigkeit steigt auf das Doppelte bis Vierfache, wenn man die Temperatur um 10 °C erhöht.

Nach BOLTZMANN haben gleichartige Teilchen auch bei gleichbleibender Temperatur unterschiedliche Energie. Für einen erfolgreichen Zusammenstoß müssen die Teilchen aber eine bestimmte Mindestenergie E_{min} besitzen. Erhöht man die Temperatur, so nimmt der Bruchteil der Teilchen mit dieser Mindestenergie zu, die Reaktionsgeschwindigkeit steigt daher bei Erwärmung exponentiell an.

LUDWIG EDUARD BOLTZMANN 1844–1906, österreichischer Physiker und Philosoph

Energieverteilungskurven erhält man, wenn man die Anzahl der Teilchen mit gleicher Energie in Abhängigkeit von der kinetischen Energie darstellt.
Nimmt die Temperatur zu, so ist der Kurvenverlauf flacher, das Maximum liegt bei einer höheren Energie.

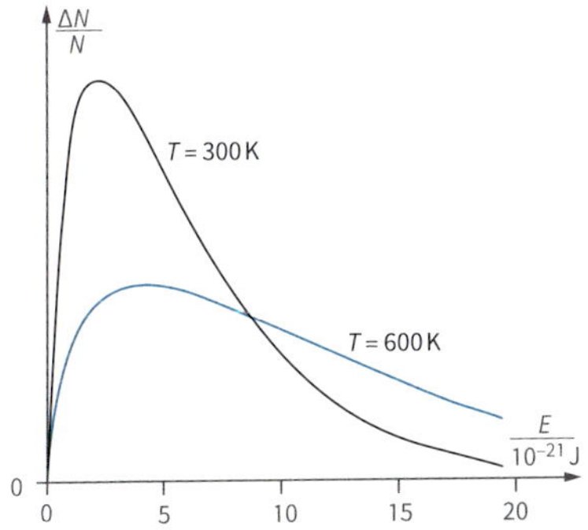

Abb. 4.4: Energieverteilungskurven nach BOLTZMANN für verschiedene Temperaturen

H_2O

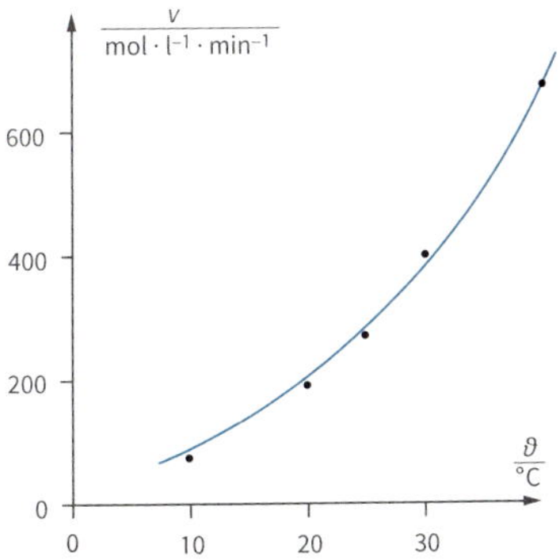

Abb. 4.5: Reaktionsgeschwindigkeit in Abhängigkeit von der Temperatur

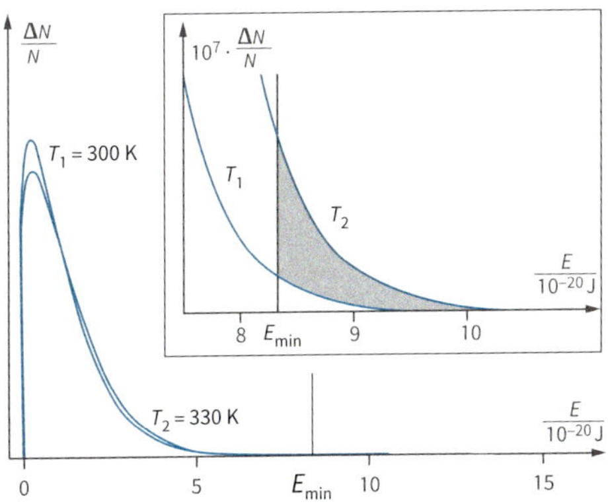

Abb. 4.6: Energieverteilung nach BOLTZMANN für verschiedene Temperaturen

4.5 Katalysatoren

Definition Katalysatoren sind Stoffe, die eine Reaktion beschleunigen, am Ende aber wieder in der ursprünglichen Form unverbraucht vorliegen.

H₂O

Im Reaktionsverlauf sind **Katalysatoren** an der Bildung von Zwischenstufen beteiligt. Dadurch ergibt sich ein Reaktionsweg mit geringerer **Aktivierungsenergie** und daher mit einer größeren Reaktionsgeschwindigkeit. Die Aktivierungsenergie entspricht gerade der Mindestenergie E_{min} der zusammenstoßenden Teilchen. Bei einer **heterogenen Katalyse** liegen Katalysator und Edukte in verschiedenen Aggregatzuständen vor.

Beispiele:

a) $2\,H_2 + O_2 \xrightarrow{\text{Platin}} 2\,H_2O$

In Gegenwart von Platin entzündet sich Wasserstoff an der Luft schon bei Raumtemperatur: Die Wasserstoff-Moleküle dissoziieren an der Platinoberfläche. Der so gebildete atomare Wasserstoff reagiert dann mit an der Metalloberfläche gebundenen Sauerstoff-Molekülen.

b) $2\,H_2O_2 \xrightarrow{MnO_2} 2\,H_2O + O_2$

H_2O

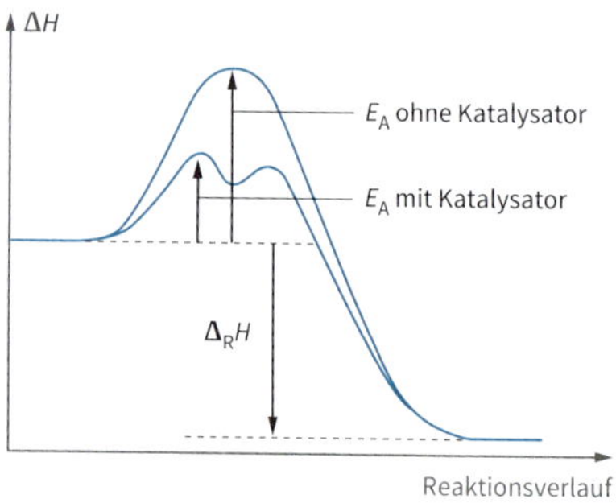

Abb. 4.7: Energiediagramm einer Reaktion mit und ohne Katalysator

Bei einer **homogenen Katalyse** liegen Katalysator und Edukt in gleicher Phase vor.

Beispiel:

$2\,H_2O_2 \xrightarrow{\text{Iodid-Ionen}} 2\,H_2O + O_2$

Der Zerfall von Wasserstoffperoxid in wässriger Lösung wird von vielen Katalysatoren beschleunigt. Dabei wird z. B. bei Iodid-Ionen als Katalysator die Zwischenverbindung IO^- gebildet.

Katalysatorgifte verringern die Katalysatorwirkung oder heben sie auf Dauer auf. So zerstört Blei die Abgaskatalysatoren in Fahrzeugen.

Enzyme sind **Biokatalysatoren**, die von lebenden Organismen gebildet werden. Katalase z. B. katalysiert den Zerfall von Wasserstoffperoxid zu Sauerstoff und Wasser. Katalase kommt in allen lebenden Zellen vor.

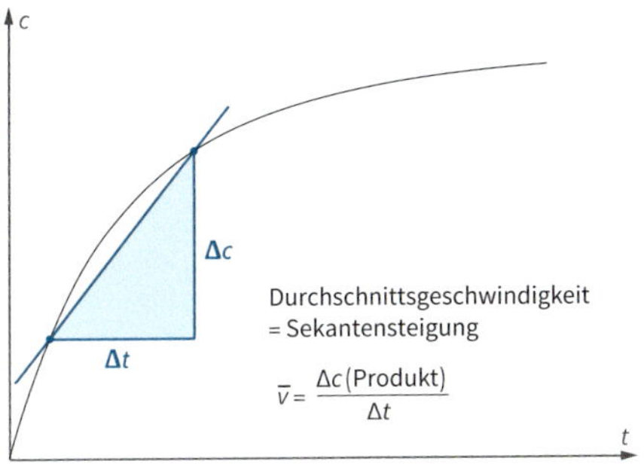

Abb. 4.8: Grafische Bestimmung der Durchschnittsgeschwindigkeit

Die Reaktionsgeschwindigkeit eines Stoffes hängt also ab

- vom Zerteilungsgrad des Stoffes,
- von der Konzentration des Stoffes,
- von der Temperatur – dabei gilt die RGT-Regel,
- von der Gegenwart eines Katalysators.

Überblick

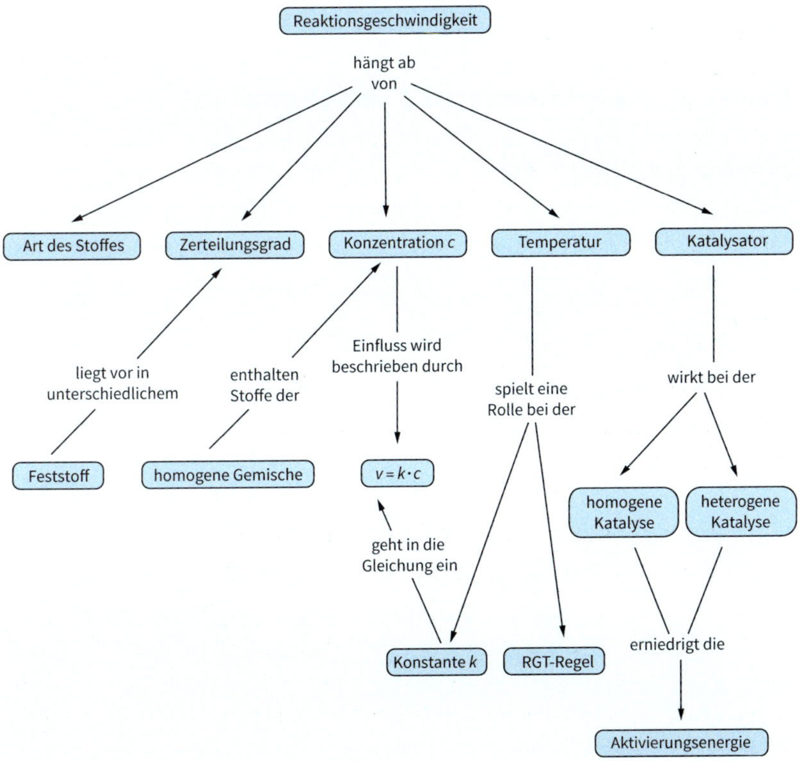

5 Chemisches Gleichgewicht

In geschlossenen Systemen laufen viele chemische Reaktionen nicht vollständig ab. Es stellt sich ein stabiles Konzentrationsverhältnis zwischen Ausgangs- und Endstoffen ein, das sich mathematisch beschreiben lässt. Vorhersagen über den quantitativen Verlauf einer chemischen Reaktion in einem geschlossenen System sind somit möglich. Obwohl sich nach Einstellung dieses statisch erscheinenden Gleichgewichts auf der Stoffebene der Eindruck vermittelt, die chemische Umsetzung sei abgeschlossen, laufen auf der Teilchenebene immer noch Hin- und Rückreaktion ab, wobei die Reaktionsgeschwindigkeiten der Hin- und Rückreaktion gleich groß sind. Aufgrund dieser Dynamik auf Teilchenebene wird das chemische Gleichgewicht auch als dynamisches Gleichgewicht bezeichnet. Durch Änderung der Faktoren wie Temperatur, Druck und Konzentration kann das chemische Gleichgewicht gestört werden, was zu einer Verschiebung der Gleichgewichtslage in die Richtung führt, in der die Folgen der Störung verringert werden.

Basiskonzept: Chemisches Gleichgewicht

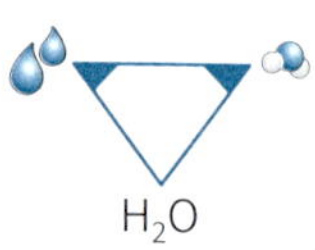

Bei vielen reversiblen chemischen Reaktionen stellt sich im geschlossenen System ein dynamischer Gleichgewichtszustand zwischen Ausgangs- und Endstoffen ein.

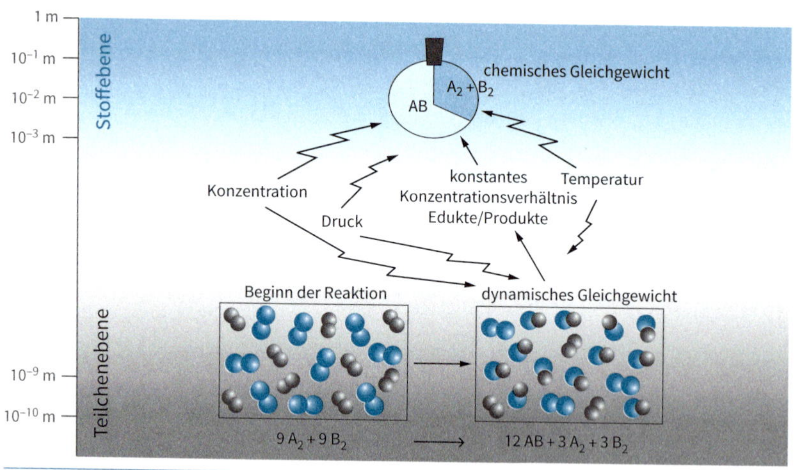

Abb. 5.1: Basiskonzept des chemischen Gleichgewichts

5.1 Umkehrbare Reaktionen und chemisches Gleichgewicht

Reaktionen sind prinzipiell umkehrbar. Dabei wird bei der **Rückreaktion** derselbe Energiebetrag umgesetzt wie bei der **Hinreaktion**, allerdings mit umgekehrtem Vorzeichen.

Beispiele

$I_2(g) + H_2(g) \rightarrow 2\,HI(g)$; $\Delta_R H^0_m = -10\,kJ \cdot mol^{-1}$ (exotherme Reaktion)
$2\,HI(g) \rightarrow H_2(g) + I_2(g)$; $\Delta_R H^0_m = +10\,kJ \cdot mol^{-1}$ (endotherme Reaktion)

Chemisches Gleichgewicht
In einem **geschlossenen System** stellt sich für eine **umkehrbare Reaktion** bei konstanter Temperatur und bei konstantem Druck ein gleichbleibendes Stoffmengenverhältnis zwischen den Edukten (Ausgangsstoffen) und den Produkten (Endstoffen) ein.

H_2O

Das **chemische Gleichgewicht** ist ein **dynamisches Gleichgewicht:** Pro Zeiteinheit entstehen durch die Hinreaktion genauso viele Teilchen des Endstoffes, wie Teilchen durch die Rückreaktion wieder zum Ausgangsstoff reagieren. Die Geschwindigkeiten von Hin- und Rückreaktion sind gleich groß: $v_{hin} = v_{rück}$.

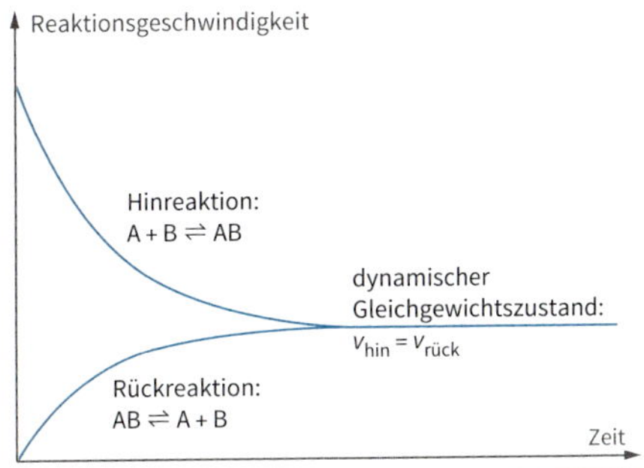

Abb. 5.2: Zeitlicher Verlauf der Gleichgewichtseinstellung

H_2O

Schreibweise für eine Reaktion im chemischen Gleichgewicht: $A + B \leftrightharpoons AB$

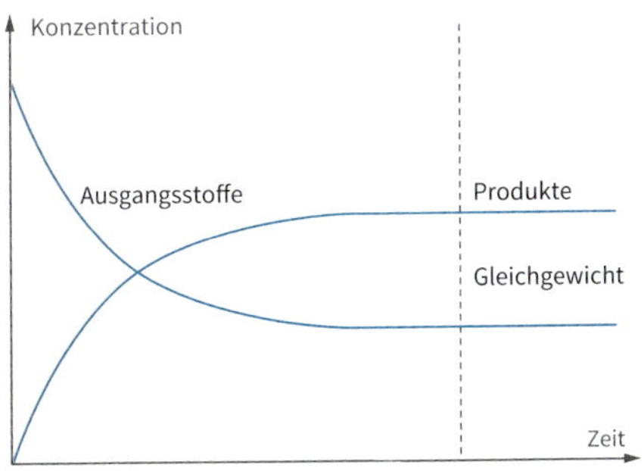

Abb. 5.3: Zeitlicher Verlauf der Konzentrationen an Ausgangsstoffen und Produkten

5.2 Das Massenwirkungsgesetz

Ist $A + B \leftrightarrows C + D$ eine Reaktion im chemischen Gleichgewicht, so gilt für die Geschwindigkeit der Hinreaktion: $v_{hin} = k_{hin} \cdot c(A) \cdot c(B)$.
Für die Geschwindigkeit der Rückreaktion gilt: $v_{rück} = k_{rück} \cdot c(C) \cdot c(D)$,
wobei v_{hin}, $v_{rück}$ die Reaktionsgeschwindigkeiten und k_{hin}, $k_{rück}$ die Reaktionsgeschwindigkeitskonstanten bedeuten.
Im dynamischen Gleichgewicht gilt: $v_{hin} = v_{rück}$

$$\Rightarrow k_{hin} \cdot c(A) \cdot c(B) = k_{rück} \cdot c(C) \cdot c(D) \Rightarrow \frac{k_{hin}}{k_{rück}} = \frac{c(C) \cdot c(D)}{c(A) \cdot c(B)} \text{ oder } K_c = \frac{c(C) \cdot c(D)}{c(A) \cdot c(B)}$$

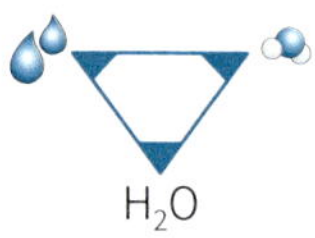

Für eine Reaktion $aA + bB \leftrightarrows cC + dD$ im chemischen Gleichgewicht gilt:

$$K_c = \frac{c^c(C) \cdot c^d(D)}{c^a(A) \cdot c^b(B)}$$

Massen-wirkungs-gesetz (MWG)

Bei einem homogenen System im chemischen Gleichgewicht ist das Produkt der Konzentrationen der rechts stehenden Teilchen dividiert durch das Produkt der Konzentrationen der links stehenden Teilchen bei einer bestimmten Temperatur konstant.

Beispiel: $H_2(g) + I_2(g) \leftrightarrows 2\,HI(g)$; $K_c = \frac{c^2(HI)}{c(H_2) \cdot c(I_2)}$

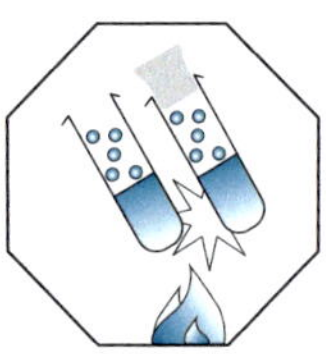

Die **Gleichgewichtskonstante** K_c ist temperaturabhängig. Tabellierte Werte gelten für 298 K (25 °C). Die Einheit von K_c muss für jede Reaktion berechnet werden. Für Reaktionen im Gaszustand wird oft statt des K_c-Wertes der K_p-Wert angegeben. Zur Berechnung von K_p werden statt der Konzentrationen die Partialdrücke der Gase in das Massenwirkungsgesetz eingesetzt.

Beispiel: $N_2O_4(g) \leftrightarrows 2\,NO_2(g)$

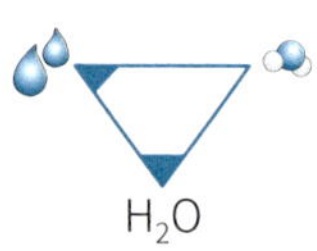

$K_p = \frac{p^2(NO_2)}{p(N_2O_4)}$; $p(NO_2)$, $p(N_2O_4)$: Partialdruck von NO_2, N_2O_4

Bedingungen für das Massenwirkungsgesetz

- geschlossenes System
- umkehrbare Reaktion
- chemisches Gleichgewicht
- **homogenes System:** Die beteiligten Stoffe müssen in Lösung oder als Gase vorkommen. Bei heterogenen Systemen werden feste Stoffe nicht berücksichtigt.

Beispiel: $Ag^+(aq) + Fe^{2+}(aq) \leftrightarrows Ag(s) + Fe^{3+}(aq)$; $K_c = \frac{c(Fe^{3+})}{c(Ag^+) \cdot c(Fe^{2+})}$

5.3 Verschieben der Gleichgewichtslage und das Prinzip von LE CHATELIER

Die **Lage des Gleichgewichts** ist abhängig von Temperatur, Druck und den Konzentrationen der Reaktionspartner.

$A + B \rightleftharpoons AB$: Gleichgewichtslage ist nach rechts (zugunsten der Endstoffe) verschoben.

$A + B \leftrightharpoons AB$: Gleichgewichtslage ist nach links (zugunsten der Ausgangsstoffe) verschoben.

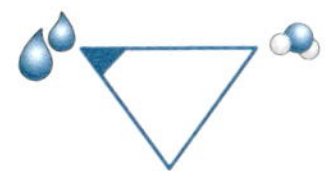

H_2O

Temperaturabhängigkeit

Eine Temperaturerhöhung begünstigt die endotherme (energieverbrauchende), eine Temperaturerniedrigung die exotherme Reaktionsrichtung.

Beispiel:

$N_2O_4\,(g) \leftrightarrows 2\,NO_2\,(g);\ \Delta_R H_m^0 = +57\ kJ \cdot mol^{-1}$

farblos braun

Erhöht man die Temperatur, so wird die endotherme Bildung des braunen NO_2 begünstigt: Beim Erwärmen vertieft sich daher die Färbung des Gasgemisches N_2O_4/NO_2.

Erniedrigt man die Temperatur, so verschiebt sich die Lage des Gleichgewichts zugunsten des farblosen N_2O_4. Beim Abkühlen kommt es daher zur Aufhellung des Gasgemisches.

Druckabhängigkeit

H_2O

AVOGADRO'sches Gesetz: Gasförmige Stoffe enthalten bei gleichem Volumen, gleichem Druck und gleicher Temperatur gleich viele Teilchen.

Eine Druckerhöhung begünstigt die Reaktionsrichtung, bei der Stoffe mit kleinerem Volumen gebildet werden. Bei Gasen sind dies die Stoffe mit kleinerer Teilchenzahl.

Beispiel:

$N_2O_4\,(g) \underset{\text{Druckerhöhung}}{\overset{\text{Druckerniedrigung}}{\rightleftharpoons}} 2\,NO_2\,(g)$

Beim Zerfall von N_2O_4 in NO_2 verdoppelt sich die Teilchenzahl und damit das Volumen, da gleiche Volumina verschiedener Gase bei gleichem Druck und gleicher Temperatur gleich viele Teilchen enthalten.

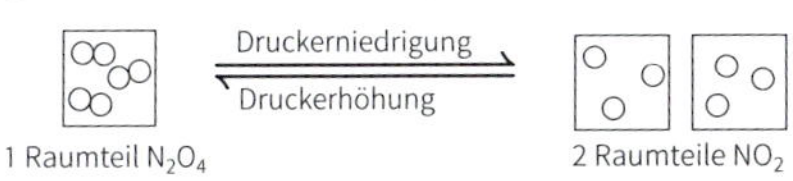

Bei der Betrachtung der Raumteile spielen natürlich nur die Stoffe eine Rolle, die sich im gasförmigen Zustand befinden.

Beispiel:

$2\,CO\,(g) \underset{\text{Druckerniedrigung}}{\overset{\text{Druckerhöhung}}{\rightleftharpoons}} CO_2\,(g) + C\,(s)$

Konzentrationsabhängigkeit

Eine Konzentrationserhöhung eines Reaktionspartners begünstigt die Reaktionsrichtung, in der dieser Stoff verbraucht wird.

Beispiel:

$Fe^{3+}(aq) + 3\,SCN^{-}(aq) \leftrightharpoons Fe(SCN)_3(aq)$

Erhöht man die Konzentration von Fe^{3+}- oder SCN^{-}-Ionen, kommt es zur Farbvertiefung, da die Bildung von rotem $Fe(SCN)_3$ bevorzugt abläuft.

H_2O

Damit Ausgangsstoffe vollständig umgesetzt werden, das Gleichgewicht also vollständig zugunsten eines Produkts verschoben wird, muss dieses Produkt oder ein Produktpartner ständig aus dem Reaktionsgemisch entfernt werden, um eine Rückreaktion zu verhindern. Dies ist z. B. dann der Fall, wenn eines der Reaktionsprodukte als Gas entweicht.

Prinzip von Le Chatelier

(Prinzip vom kleinsten Zwang)

Jede Störung eines Gleichgewichts durch die Änderung der äußeren Bedingungen (Temperatur-, Druck- oder Konzentrationsänderung) führt zu einer Verschiebung des Gleichgewichts, die der Störung entgegenwirkt.

Henry-Louis Le Châtelier 1850–1936, französischer Chemiker

Dies spielt eine Rolle bei großtechnischen Verfahren, wie z. B. der Ammoniak-Synthese:

$$N_2(g) + 3\,H_2(g) \underset{\text{Druckerniedrigung}}{\overset{\text{Druckerhöhung}}{\rightleftharpoons}} 2\,NH_3(g)$$

Da der Raumbedarf des Ammoniakgases geringer ist als der der Ausgangstoffe, benötigt man einen hohen Druck.

Die Bildung von Ammoniak erfolgt exotherm. Daher sollte die Reaktion bei geringer Temperatur ablaufen.

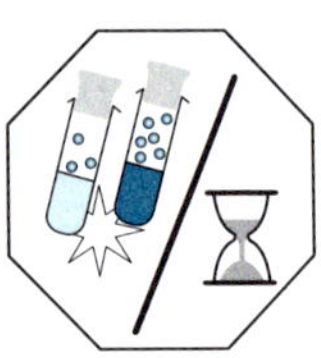

Man benötigt aber eine hohe Temperatur, da sonst die **Reaktionsgeschwindigkeit** (→ Seite 56 ff.) zu gering ist.

Bei der **Schwefelsäureherstellung** wird zuerst Schwefel zu SO_2 verbrannt. SO_2 und O_2 reagieren dann in einer exothermen Reaktion zu SO_3.

$$S(s) + O_2(g) \rightarrow SO_2(g) \qquad \Delta H < 0$$

$$2\,SO_2(g) + O_2(g) \leftrightharpoons 2\,SO_3(g) \qquad \Delta H < 0$$

Bei hoher Temperatur ist daher die Ausbeute an SO_3 gering. Bei geringer Temperatur ist allerdings die Reaktionsgeschwindigkeit zu klein. Daher setzt man Vanadiumoxid als Katalysator ein.

5.4 Löslichkeitsprodukt

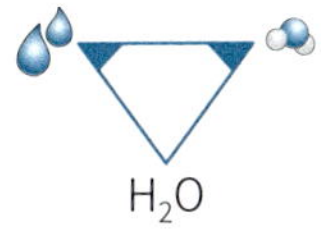

In einer **gesättigten** wässrigen Lösung einer **salzartigen Verbindung** sind die Konzentrationen an Ionen für eine bestimmte Temperatur konstant.
Das **Löslichkeitsgleichgewicht** ist ein dynamisches Gleichgewicht: Pro Zeiteinheit gehen in einer gesättigten Lösung genauso viele Ionen in Lösung wie sich aus der Lösung im Bodenkörper ablagern.
Die Lage des Löslichkeitsgleichgewichts wird durch das **Löslichkeitsprodukt** $\boldsymbol{K_L}$ beschrieben.

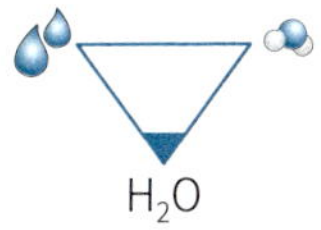

Salz vom Formeltyp AB
$AB\,(s) \leftrightharpoons A^+\,(aq) + B^-\,(aq);\; K_L\,(AB) = c\,(A^+) \cdot c\,(B^-)$
Beispiel:
$AgCl\,(s) \leftrightharpoons Ag^+\,(aq) + Cl^-\,(aq)$
$K_L\,(AgCl) = c\,(Ag^+) \cdot c\,(Cl^-)$

Salz vom Formeltyp AB_2
$AB_2\,(s) \leftrightharpoons A^{2+}\,(aq) + 2\,B^-\,(aq)$
$K_L\,(AB_2) = c\,(A^{2+}) \cdot c^2(B^-)$
Beispiel:
$Ca(OH)_2\,(s) \leftrightharpoons Ca^{2+}\,(aq) + 2\,OH^-\,(aq)$
$K_L\,(Ca(OH)_2) = c\,(Ca^{2+}) \cdot c^2\,(OH^-)$
pK_L = negativer dekadischer Logarithmus des Zahlenwertes von K_L.
Beispiel:
$K_L(AgCl) = 2 \cdot 10^{-10}\ mol^2 \cdot l^{-2};\; pK_L = 9{,}7$
Ein kleiner K_L-Wert (ein großer pK_L-Wert) bedeutet niedrige Ionenkonzentration in der Lösung, also eine schlechte Löslichkeit des Salzes.

Stoffmengenkonzentration c:
$c = \frac{n\,(\text{gelöster Stoff})}{V\,(\text{Lösung})}$
Einheit: $mol \cdot l^{-1}$
c: Stoffmengenkonzentration in $mol \cdot l^{-1}$
n: Stoffmenge in mol
V: Volumen in l

Strategie beim Lösen von Aufgaben zum Löslichkeitsprodukt
① Löslichkeitsgleichgewicht formulieren
② Löslichkeitsprodukt K_L aufstellen
③ Die Gleichung für das Löslichkeitsprodukt enthält drei Größen. Sind zwei der Größen angegeben, so lässt sich die dritte Größe berechnen. Kennt man nur eine der drei Größen, so muss man eine der beiden unbekannten Größen durch die andere unbekannte ersetzen.

Aufgabenbeispiele

Beispiel 1

Berechnen Sie die Konzentrationen von Ca^{2+}- und F^--Ionen in einer gesättigten CaF_2-Lösung, wenn $pK_L(CaF_2) = 10{,}4$ ist.

Lösung:

K_L ist bekannt, $c(Ca^{2+})$ und $c(F^-)$ sind unbekannt.

$K_L = 10^{-10{,}4}\ mol^3 \cdot l^{-3} = 4 \cdot 10^{-11}\ mol^3 \cdot l^{-3}$

$$\underset{}{CaF_2\,(s)} \leftrightharpoons \underset{1\,mol}{Ca^{2+}\,(aq)} + \underset{2\,mol}{2\,F^-\,(aq)}$$

$$\frac{c(Ca^{2+})}{c(F^-)} = \frac{1}{2};\ c(Ca^{2+}) = \frac{1}{2}\,c(F^-)$$

$c(F^-) = 2 \cdot c(Ca^{2+})$; $K_L = c(Ca^{2+}) \cdot c^2(F^-)$

$c(F^-)$ wird durch $c(Ca^{2+})$ ersetzt:

$c(Ca^{2+}) \cdot (2 \cdot c(Ca^{2+}))^2 = 4 \cdot 10^{-11}\ mol^3 \cdot l^{-3}$

$$c(Ca^{2+}) = \sqrt[3]{\frac{1}{4} \cdot 4 \cdot 10^{-11}\ mol^3 \cdot l^{-3}}$$

$c(Ca^{2+}) = 2{,}15 \cdot 10^{-4}\ mol \cdot l^{-1}$

$c(F^-) = 4{,}3 \cdot 10^{-4}\ mol \cdot l^{-1}$

Beispiel 2

Wie hoch muss die Konzentration an Ag^+-Ionen sein, damit aus einer NaCl-Lösung mit der Stoffmengenkonzentration $c(NaCl) = 0{,}1\ mol \cdot l^{-1}$ das schwerlösliche AgCl ausfällt? $pK_L(AgCl) = 9{,}7$.

Lösung:

K_L und $c(Cl^-)$ sind bekannt, $c(Ag^+)$ ist unbekannt.

$K_L = 10^{-9{,}7}\ mol^2 \cdot l^{-2} = 2 \cdot 10^{-10}\ mol^2 \cdot l^{-2}$

$c(Cl^-) = 0{,}1\ mol \cdot l^{-1}$

$AgCl\,(s) \leftrightharpoons Ag^+\,(aq) + Cl^-\,(aq)$

$K_L = c(Ag^+) \cdot c(Cl^-)$

$$c(Ag^+) = \frac{K_L}{c(Cl^-)} = \frac{2 \cdot 10^{-10}\ mol^2 \cdot l^{-2}}{0{,}1\ mol \cdot l^{-1}} = 2 \cdot 10^{-9}\ mol \cdot l^{-1}$$

Vorsicht, Falle

Nur bei Salzen **vom gleichen Formeltyp** kann man anhand der pK_L-Werte die Löslichkeiten direkt miteinander vergleichen.

Will man die Löslichkeit eines Salzes vom Typ AB mit der Löslichkeit eines Salzes vom Typ AB_2 vergleichen, so muss man für beide Salze die Konzentrationen $c(A)$ berechnen. Das Salz mit der höheren Konzentration $c(A)$ ist das besser lösliche Salz.

Überblick

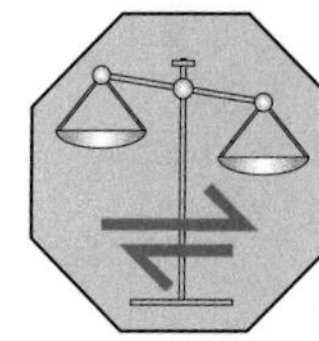

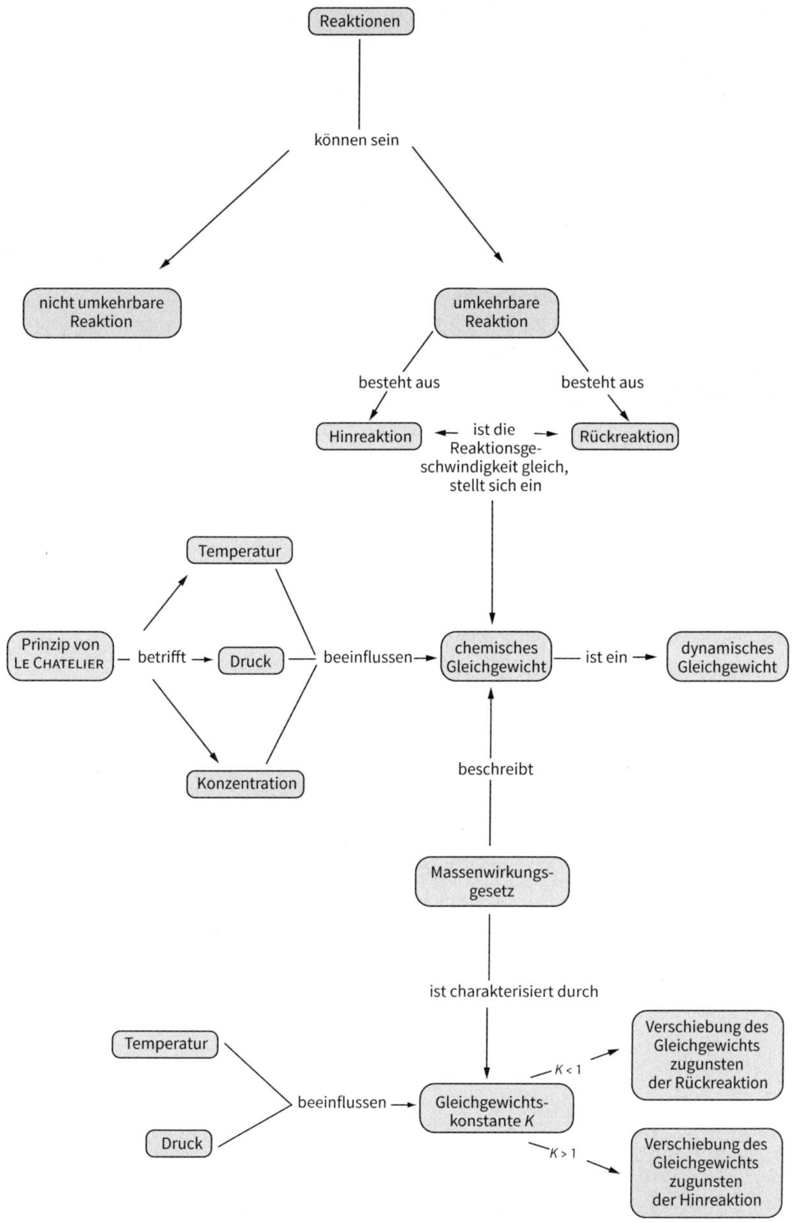
Reaktionen
können sein
nicht umkehrbare Reaktion
umkehrbare Reaktion
besteht aus
besteht aus
Hinreaktion
ist die Reaktionsgeschwindigkeit gleich, stellt sich ein
Rückreaktion
Temperatur
Prinzip von Le Chatelier
betrifft
Druck
beeinflussen
chemisches Gleichgewicht
ist ein
dynamisches Gleichgewicht
Konzentration
beschreibt
Massenwirkungsgesetz
ist charakterisiert durch
Temperatur
Druck
beeinflussen
Gleichgewichtskonstante K
K < 1
Verschiebung des Gleichgewichts zugunsten der Rückreaktion
K > 1
Verschiebung des Gleichgewichts zugunsten der Hinreaktion

6 Säure/Base-Reaktionen: Protonenübergänge

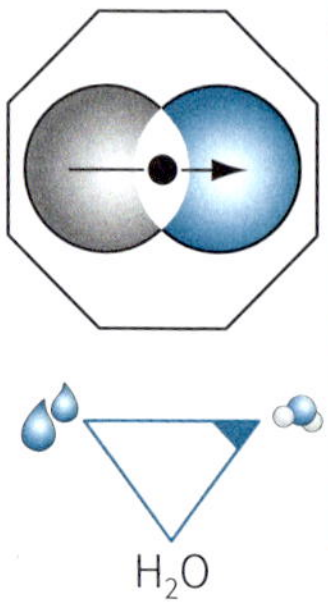

Säure/Base-Reaktionen findet man in großer Vielfalt in Natur und Technik. Blickt man auf die Teilchenebene, stellt man fest, dass alle Säure/Base-Reaktionen nach demselben Muster ablaufen: Teilchen tauschen bei Zusammenstößen Protonen aus. Das Proton-abgebende Teilchen wird als Donator (oder genauer als Protonendonator), das Proton-aufnehmende Teilchen als Akzeptor (bzw. als Protonenakzeptor) bezeichnet.

Basiskonzept: Donator-Akzeptor-Konzept

Säure/Base-Reaktionen lassen sich auf Teilchenebene als Protonenübergänge nach dem Donator-Akzeptor-Prinzip beschreiben.

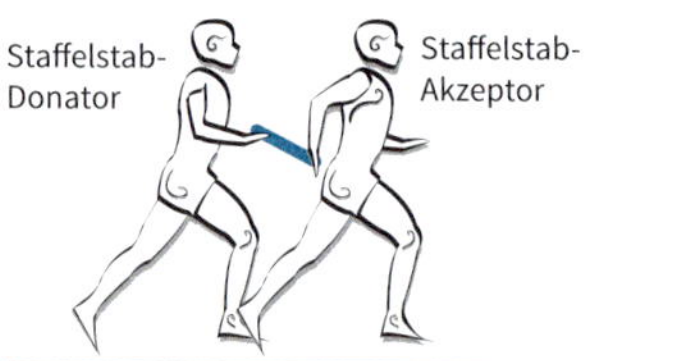

Abb. 6.1: Staffelübergabe von Hand zu Hand als Analogie zum Donator-Akzeptor-Prinzip. Der Staffelstab symbolisiert das auszutauschende Teilchen: das **Proton** bei einer Säure/Base-Reaktion.

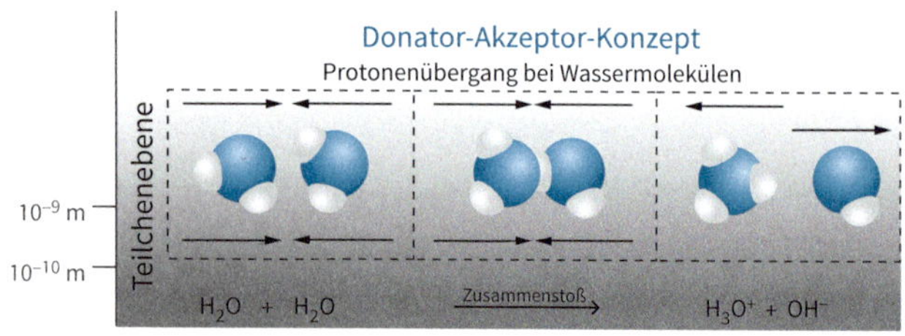

Abb. 6.2: Protonenübergang beim Zusammenstoß von Wassermolekülen. Die Wassermoleküle sind im Kalottenmodell dargestellt.

„Donator“ (von lat. *donare*) = Geber, Spender

Akzeptor (von lat. *accipere* = annehmen, aufnehmen) bedeutet Empfänger, Aufnehmer“.

Der Protonenübergang nach dem Donator-Akzeptor-Prinzip lässt sich durch die **Staffelstabübergabe von Hand zu Hand** bei einem Staffellauf versinnbildlichen (→ Abb. 6.1): Die Läufer müssen in direkten körperlichen Kontakt treten, um den Staffelstab übergeben zu können. Auch der Protonenübergang ist nur bei einem direkten Zusammentreffen, einem Zusammenstoß der beteiligten Teilchen möglich (→ Abb. 6.2), da freie Protonen z. B. in Flüssigkeiten nicht existent sind.

6.1 Wichtige Definitionen nach der Brönsted-Säure/Base-Theorie

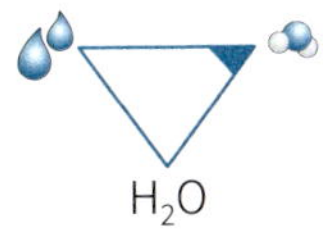

Nach **Brönsted** bezeichnet man ein Teilchen, das ein H^+-Ion (Proton) abgibt, als **Säure**. Eine **Brönsted-Base** nimmt ein H^+-Ion (Proton) auf.

Säure: Protonendonator

Base: Protonenakzeptor

Nach dem **Donator-Akzeptor-Konzept** lassen sich Säure/Base-Reaktionen als Protonenübergänge beschreiben (→ Redoxreaktionen, Seite 86 ff.).

Ein Teilchen, das sowohl als Säure als auch als Base reagieren kann, heißt **Ampholyt** (amphoteres Teilchen (H_2O, HCO_3^-, HSO_4^-)). Das Reaktionsverhalten hängt dabei vom Partner ab.

Beispiele:

$H_2O + HCl \leftrightharpoons H_3O^+ + Cl^-$

$H_2O + NH_3 \leftrightharpoons OH^- + NH_4^+$

Zwei Teilchen, die sich nur durch ein H^+-Ion unterscheiden, werden **korrespondierendes Säure/Base-Paar** genannt.
(Beispiele: HCl/Cl^-, H_2O/OH^-, H_3O^+/H_2O.)

Wissen

Den Protonenübergang zwischen einer Brönsted-Säure HA und einer Brönsted-Base B bezeichnet man als **Protolyse**.

Protolysen sind **Gleichgewichtsreaktionen**:

$HA + B \leftrightharpoons A^- + HB^+$

Vorsicht, Falle

Bei einer Protolyse wird jeweils nur ein H^+-Ion übertragen.

Die Brönsted-Definition ist unabhängig vom Wasser als Lösemittel.
Reagieren z. B. HCl-Gas und Ammoniak-Gas miteinander, so reagiert das Chlorwasserstoff-Teilchen als Brönsted-Säure, das NH_3-Teilchen als Brönsted-Base.

Johannes Nicolaus Brönsted 1879 – 1947, dänischer Chemiker

$NH_3\,(g) + HCl\,(g) \leftrightharpoons NH_4^+Cl^-\,(s)$

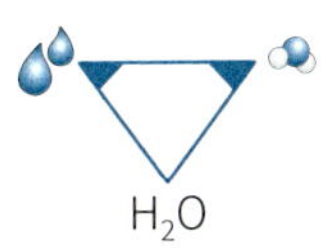

Im Gegensatz zu dem Arrhenius-Konzept, bei dem **Stoffe** Säure- oder Base-Eigenschaft (z. B. Salzsäure oder Natronlauge) besitzen, bezieht sich das Brönsted-Konzept auf das Reaktionsverhalten von **Teilchen**.

Svante August Arrhenius 1859 – 1927, schwedischer Physiker

6.2 pH-Wert

Definition

Der pH-Wert ist der negative dekadische Logarithmus des Zahlenwertes der Hydronium-Ionen-Konzentration ($c(H_3O^+)$):

$$\mathbf{pH = -\lg \frac{c(H_3O^+)}{mol \cdot l^{-1}}} \text{ und } \mathbf{c(H_3O^+) = 10^{-pH}\, mol \cdot l^{-1}}$$

Herleitung des pH-Wertes

Autoprotolyse des Wassers:

$$H_2O\,(l) + H_2O\,(l) \rightleftharpoons H_3O^+\,(aq) + OH^-\,(aq)$$

$$K_c = \frac{c(H_3O^+) \cdot c(OH^-)}{c^2(H_2O)}, \text{ da } c(H_2O) = \text{const., gilt:}$$

Ionenprodukt des Wassers bei 25° C:

$$K_W = c(H_3O^+) \cdot c(OH^-) = 10^{-14} \cdot mol^2 \cdot l^{-2}$$

Das Produkt von $c(H_3O^+)$ und $c(OH^-)$ ist also immer konstant. Da in reinem Wasser H_3O^+-Ionen nur durch die Autoprotolyse des Wassers entstehen, beträgt $c(H_3O^+)$ in reinem Wasser 10^{-7} mol·l^{-1}, pH = 7.

Die pH-Skala reicht von 0 bis 14:

sauer	**neutral**	**alkalisch = basisch**
pH < 7	pH = 7	pH > 7

Tab. 6.1: Die pH-Skala

Analog zum pH-Wert wird der **pOH-Wert** definiert:

$$pOH = -\lg \frac{c(OH^-)}{mol \cdot l^{-1}} \text{ und } c(OH^-) = 10^{-pOH}\, mol \cdot l^{-1}$$

Es gilt: $pH + pOH = pK_W = 14$

wobei $pK_W = -\lg \frac{K_W}{mol^2 \cdot l^{-2}}$

Vorsicht, Falle

pH-Werte gelten nur für verdünnte wässrige Lösungen ($c \leq 1$ mol·l^{-1}), da bei höher konzentrierten Lösungen $c(H_2O)$ nicht mehr konstant ist und daher das Ionenprodukt des Wassers nicht mehr gilt.

pH-Werte lassen sich nur für starke und schwache Säuren und Basen berechnen, da bei mittelstarken und sehr schwachen Säuren und Basen die Vereinfachungen nicht mehr gelten.

6.3 Die Stärke von Säuren und Basen

Der pH-Wert ist als Maß für die Säure- bzw. Basestärke nicht geeignet, da er konzentrationsabhängig ist. Ein Maß für die Stärke einer Säure (Base) ist die **Säurekonstante K_S (Basenkonstante K_B)**.
Starke Säuren und Basen sind in Wasser (fast) vollständig protolysiert. Schwache Säuren und Basen protolysieren in Wasser unvollständig; es stellt sich ein Protolysengleichgewicht ein.

H_2O

Herleitung des K_S-Wertes

$HA\,(aq) + H_2O\,(l) \leftrightharpoons H_3O^+\,(aq) + A^-\,(aq)$

HA: Säure

$$K_S = K_c \cdot c(H_2O) = \frac{c(H_3O^+) \cdot c(A^-)}{c(HA)}$$

und $pK_S = -\lg \frac{K_S}{mol \cdot l^{-1}}$

Je größer also K_S und je kleiner pK_S ist, desto mehr ist die Lage des Protolysengleichgewichts nach rechts verschoben und desto stärker ist die Säure.

Herleitung des K_B-Wertes

$B\,(aq) + H_2O\,(l) \leftrightharpoons HB^+\,(aq) + OH^-\,(aq)$

B: Base

$$K_B = K_c \cdot c(H_2O) = \frac{c(HB^+) \cdot c(OH^-)}{c(B)}$$

und $pK_B = -\lg \frac{K_B}{mol \cdot l^{-1}}$

Je größer also K_B und je kleiner pK_B ist, desto mehr ist die Lage des Protolysegleichgewichts nach rechts verschoben und desto stärker ist die Base.

pK_S bzw. pK_B	Stärke der Säure bzw. Base
≤ 0	sehr stark
0 bis 4	mittelstark
4 bis 10	schwach
≥ 10	sehr schwach

Tab. 6.2: Einteilung der Säuren und Basen nach der Stärke

Für ein korrespondierendes Säure/Base-Paar gilt: $\mathbf{pK_S(HA) + pK_B(A^-) = 14}$

Beispiel:

$pK_S(NH_4^+) + pK_B(NH_3) = 14$

$9{,}37 \quad + \quad 4{,}63 \quad = 14$

6.4 Voraussage von Protolysegleichgewichten

Die Lage des Gleichgewichts $HA + B \rightleftharpoons A^- + HB^+$ lässt sich ermitteln, indem man $pK_S(HA)$ mit $pK_S(HB^+)$ vergleicht: Ist HA die stärkere Säure und besitzt daher einen kleineren pK_S-Wert als HB^+, so ist die Lage des Gleichgewichts nach rechts verschoben. Ist $pK_S(HB^+) < pK_S(HA)$, so ist die Lage des Gleichgewichts nach links verschoben. Je größer die Differenz zwischen $pK_S(HA)$ und $pK_S(HB^+)$ ist, desto mehr ist die Gleichgewichtslage zugunsten einer Richtung verschoben.

Beispiele

$CH_3COOH + NH_3 \rightleftharpoons CH_3COO^- + NH_4^+$
$pK_S = 4{,}65$ $\qquad pK_S = 9{,}37$

$HPO_4^{2-} + HCOO^- \rightleftharpoons PO_4^{3-} + HCOOH$
$pK_S = 11{,}7$ $\qquad pK_S = 3{,}65$

$H_2PO_4^- + ClO^- \rightleftharpoons HPO_4^{2-} + HClO$
$pK_S = 6{,}9$ $\qquad pK_S = 7{,}25$

Hinweis: Für die Lage des Gleichgewichts ist auch entscheidend, ob bei der Reaktion Stoffe als Gase oder durch eine Fällung aus dem Gleichgewicht entfernt werden (→ Prinzip von LE CHATELIER, Seite 65 f.).

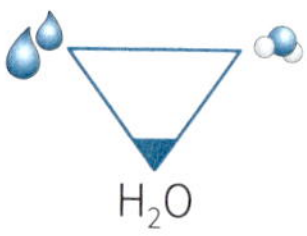

6.5 Wichtige Beziehungen zwischen *n*, *M*, *c*, *m* und *β*

Stoffmenge *n*:

$$n = \frac{m\,(\text{Masse})}{M\,(\text{molare Masse})};$$ Einheit: mol

Massenkonzentration *β*:

$$\beta = \frac{m\,(\text{gelöster Stoff})}{V\,(\text{Lösung})};$$ Einheit: $mg \cdot l^{-1}$ oder $g \cdot l^{-1}$

Stoffmengenkonzentration *c*:

$$c = \frac{n\,(\text{gelöster Stoff})}{V\,(\text{Lösung})};$$ Einheit: $mol \cdot l^{-1}$

6.6 pH-Berechnungen

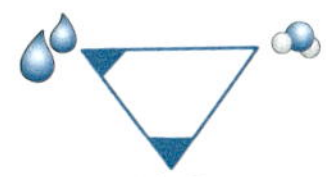

pH-Werte lassen sich nur für starke Säuren/Basen (pK_S, $pK_B \leq 0$) und für schwache Säuren/Basen ($4 \leq pK_S$, $pK_B \leq 10$) berechnen, da sonst keine Vereinfachungen bei der pH-Berechnung gelten.

pH-Berechnung einer starken Säure/Base in wässriger Lösung (pK_S, $pK_B \leq 0$)

a) Starke Säure

$HA\,(aq) + H_2O\,(l) \rightarrow H_3O^+\,(aq) + A^-\,(aq)$

Vereinfachungen:

① HA ist (fast) vollständig protolysiert:
$c(H_3O^+) \approx c_0(HA)$, wobei $c_0(HA)$ die Anfangskonzentration von HA ist.

② Die H_3O^+-Ionen aus der Autoprotolyse des Wassers werden vernachlässigt.

$$\mathbf{pH = -\lg \frac{c_0(HA)}{mol \cdot l^{-1}}}$$

Wichtige starke Säuren: $HClO_4$, HI, HCl, HNO_3.

> **Beispiel**
> $pK_S(HCl) = -6$.
> Berechnen Sie den pH-Wert einer Salzsäure mit $c_0(HCl) = 0{,}5\ mol \cdot l^{-1}$.
> $pH = -\lg 0{,}5 = 0{,}3$

b) Starke Base

$B\,(aq) + H_2O\,(l) \rightarrow HB^+\,(aq) + OH^-\,(aq)$

Vereinfachungen:

① B ist (fast) vollständig protolysiert:
$c(OH^-) \approx c_0(B)$, wobei $c_0(B)$ die Anfangskonzentration von B ist.

② Die OH^--Ionen aus der Autoprotolyse des Wassers werden vernachlässigt.

$$\mathbf{pOH = -\lg \frac{c_0(B)}{mol \cdot l^{-1}}},$$

oder aufgrund von $pH + pOH = 14$:

$$\mathbf{pH = 14 + \lg \frac{c_0(B)}{mol \cdot l^{-1}}}.$$

Stärkste (stabile) Base in wässriger Lösung: OH^- z. B. NaOH (aq), KOH (aq)

> **Beispiel**
> Berechnen Sie die Stoffmengenkonzentration einer Natronlauge mit pH = 12,5.
> pOH = 1,5
> $c_0 = 10^{-1{,}5}\ mol \cdot l^{-1} = 0{,}032\ mol \cdot l^{-1}$

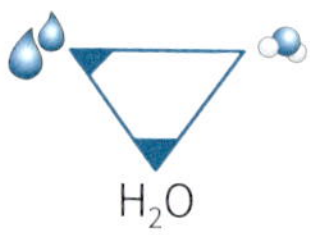

pH-Berechnung einer schwachen Säure/Base in wässriger Lösung ($4 \leq pK_S, pK_B \leq 10$)

a) Schwache Säure

$HA\,(aq) + H_2O\,(l) \rightleftharpoons H_3O^+\,(aq) + A^-\,(aq)$

Vereinfachungen:

① HA ist kaum protolysiert: $c\,(HA) = c_0(HA)$, wobei $c_0(HA)$ die Anfangskonzentration von HA ist.

② Die H_3O^+-Ionen aus der Autoprotolyse des Wassers werden vernachlässigt. Es gilt daher: $c\,(H_3O^+) = c\,(A^-)$

$K_S = \frac{c^2(H_3O^+)}{c_0(HA)}$ und

$\mathbf{pH = \frac{1}{2} \cdot (pK_S - \lg c_0(HA))}$.

Wichtige schwache Säuren: CH_3COOH (Essigsäure), H_2S, NH_4^+, die meisten organischen Säuren.

Beispiel	Berechnen Sie den pH-Wert einer Essigsäure-Lösung mit $c_0(CH_3COOH) = 0{,}1\ mol \cdot l^{-1}$, wenn der pK_S dieser Säure 4,65 beträgt. $pH = \frac{1}{2} \cdot (4{,}65 - \lg 0{,}1) = 2{,}8$

b) Schwache Base

$B\,(aq) + H_2O\,(l) \rightleftharpoons HB^+\,(aq) + OH^-\,(aq)$

Vereinfachungen:

① B ist kaum protolysiert: $c\,(B) = c_0(B)$, wobei $c_0(B)$ die Anfangskonzentration von B ist.

② Die OH^--Ionen aus der Autoprotolyse des Wassers werden vernachlässigt. Es gilt daher: $c\,(OH^-) = c\,(HB^+)$.

$K_B = \frac{c^2(OH^-)}{c_0(B)}$ und

$\mathbf{pOH = \frac{1}{2} \cdot (pK_B - \lg c_0(B))}$

oder $\mathbf{pH = 14 - \frac{1}{2} \cdot (pK_B - \lg c_0(B))}$

Wichtige schwache Basen: NH_3, CH_3COO^- (Acetat), HS^-.

Beispiel	Berechnen Sie die Stoffmengenkonzentration einer Ammoniaklösung mit $pH = 11$; $pK_B(NH_3) = 4{,}63$. $\lg c_0 = 2 \cdot pH - 28 + pK_B = -1{,}37$ $c_0 = 10^{-1{,}37}\ mol \cdot l^{-1} = 0{,}043\ mol \cdot l^{-1}$

6.7 Experimentelle Bestimmung des pH-Wertes: Indikatoren

H_2O

Bei **Indikatoren** handelt es sich um farbige organische (schwache) Säuren oder Basen, deren korrespondierende Basen bzw. Säuren eine andere Farbe besitzen. In wässriger Lösung stellt sich ein Protolysengleichgewicht ein:

$HIn\,(aq) + H_2O\,(l) \leftrightharpoons H_3O^+\,(aq) + In^-\,(aq).$

HIn: Farbe 1; In^-: Farbe 2

Die Mischfarbe zwischen Farbe 1 und Farbe 2 entsteht, wenn $c(HIn) = c(In^-)$.
Am **Umschlagspunkt** gilt also: $pH = pK_S$.
Das Auge erkennt einen Farbwechsel aber erst, wenn eine der beiden Farben mit ca. zehnfachem Überschuss vorliegt.
Für den Umschlagsbereich eines Indikators gilt daher: $pH = pK_S \pm 1$

Indikator	pK_S	Farbe von HIn	Farbe von In^-
Methylorange	4,0	rot	orange
Methylrot	5,8	rot	gelb
Lackmus	6,8	rot	blau
Bromthymolblau	7,1	gelb	blau
Phenolphthalein	8,4	farblos	magenta

Tab. 6.3: Übersicht über wichtige Indikatoren

Der Umschlagspunkt von Indikatoren liegt also nicht unbedingt beim Neutralpunkt.

Vorsicht, Falle

Universalindikatoren oder pH-Teststäbchen erlauben eine ungefähre Bestimmung des pH-Wertes. Exakt lässt sich der pH-Wert aber nur mit einem pH-Meter bestimmen.

Der Wert wird elektrochemisch über eine Elektrode bestimmt. Die Messung mit dem pH-Meter ist zwar genau, aber vor der Messung muss eine Kalibrierung erfolgen.
Ein pH-Meter kann außerdem auch in farbigen Lösungen erfolgen.

Bromthymolblau besitzt zwei Umschlagsbereiche:
Im Bereich von $pH = 1$ bis 2 schlägt die Farbe von Rot nach Gelb um,
im Bereich von $pH = 6$ bis 8 von Gelb nach Blau.

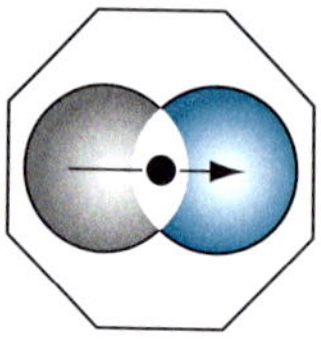

6.8 Protolysen von Ionen mit Wasser

H_2O

Die Ionen, aus denen Salze bestehen, sind selbst BRÖNSTED-Säuren oder BRÖNSTED-Basen, die mit Wasser reagieren können und dabei H_3O^+- oder OH^--Ionen bilden. Salzlösungen sind daher nicht unbedingt neutral.

Beispiele

Salze, die sauer reagieren

a) NH_4Cl (aq); $pK_S(NH_4^+) = 9{,}4$

$NH_4^+(aq) + H_2O(l) \rightleftharpoons NH_3(aq) + H_3O^+(aq)$

Cl^- ist als korrespondierende Base einer sehr starken Säure extrem schwach und daher ohne Einfluss auf den pH-Wert der Salzlösung. Da H_3O^+-Ionen gebildet werden: pH < 7.

b) $FeCl_3$ (aq)

Alle Ionen in wässriger Lösungen sind von einer Hydrathülle umgeben.
Bei dreifach geladenen Kationen (Fe^{3+}, Al^{3+}) werden die Wasser-Moleküle der Hydrathülle durch die hohe Ladung des Kations stark polarisiert.
H^+ kann leicht abgespalten werden, das hydratisierte Kation wirkt als Säure.

$[Fe(H_2O)_6]^{3+}(aq) + H_2O(l) \rightleftharpoons [Fe(H_2O)_5OH]^{2+}(aq) + H_3O^+(aq)$

Da H_3O^+-Ionen gebildet werden und Cl^- eine extrem schwache Base ist: pH < 7.

Salz, das basisch reagiert

$CH_3COO^-Na^+$ (aq); $pK_B(CH_3COO^-) = 9{,}35$

$CH_3COO^-(aq) + H_2O(l) \rightleftharpoons CH_3COOH(aq) + OH^-(aq)$

Na^+-Ionen sind in hydratisierter Form eine extrem schwache Säure und daher ohne Einfluss auf den pH-Wert der Salzlösung.
Da OH^--Ionen gebildet werden: pH > 7.

Salze, die neutral reagieren

a) NaCl (aq)

Na^+-Ionen sind in hydratisierter Form eine extrem schwache Säure, Cl^- ist als korrespondierende Base einer sehr starken Säure extrem schwach.
Der pH-Wert der Salzlösung wird also nur von der Autoprotolyse des Wassers bestimmt: pH = 7.

b) $CH_3COO^-NH_4^+$ (aq);

$pK_S(NH_4^+) \approx pK_B(CH_3COO^-)$

CH_3COO^- wirkt als Base, NH_4^+ als Säure.
Da die Base genauso stark ist wie die Säure, wird der pH-Wert nur von der Autoprotolyse des Wassers bestimmt: pH = 7.

6.9 Puffer

Unter einer Pufferlösung versteht man eine wässrige Lösung, deren pH-Wert sich bei Zusatz nicht allzu großer Mengen an Säuren oder Basen oder bei Verdünnung nur unwesentlich ändert.

Definition Pufferlösung

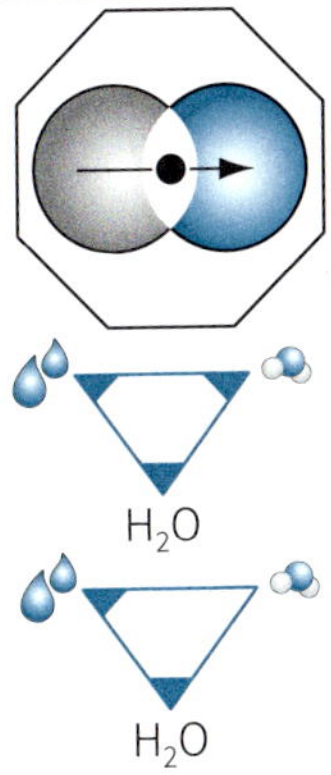

Puffer enthalten Teilchen, die H_3O^+- und OH^--Ionen binden können. Die Puffersysteme bestehen meist aus einer schwachen Säure ($4 \leq pK_S \leq 10$) und ihrer korrespondierenden schwachen Base ($4 \leq pK_B \leq 10$).

Beispiele für Pufferlösungen:

- Essigsäure/Acetat-Puffer ($CH_3COOH/CH_3COO^-Na^+$)
- Ammoniumchlorid/Ammoniak-Puffer (NH_4Cl/NH_3)

Für eine schwache Säure gilt folgendes Protolysengleichgewicht:

$$HA\,(aq) + H_2O\,(l) \rightleftharpoons H_3O^+\,(aq) + A^-\,(aq)$$

$$K_S = \frac{c(H_3O^+) \cdot c(A^-)}{c(HA)} \Leftrightarrow c(H_3O^+) = K_S \frac{c(HA)}{c(A^-)}$$

Da für eine schwache Säure und eine schwache Base gilt:

$$c(HA) \approx c_0(HA),\; c(A^-) \approx c_0(A^-)$$

$$\Rightarrow \textbf{Puffergleichung: } \mathbf{pH = p}\boldsymbol{K}_\mathbf{S} \mathbf{+ lg} \frac{c_0(\mathbf{A^-})}{c_0(\mathbf{HA})}$$ (Henderson-Hasselbalch)

Enthält eine Pufferlösung gleiche Stoffmengen an Säure und korrespondierender Base, so gilt: $c_0(HA) = c_0(A^-)$.

Daraus folgt: $pH = pK_S$

Für eine Pufferlösung, die gleiche Stoffmengen an Essigsäure und Acetat enthält, gilt also: $pH = pK_S(CH_3COOH) = 4{,}65$

Beispiel: Pufferwirkung am Beispiel des Essigsäure/Acetat-Puffers

- „Abfangen" von H_3O^+-Ionen durch den Puffer bei Zugabe von Säure:
  $CH_3COO^- + H_3O^+ \rightleftharpoons CH_3COOH + H_2O$
- „Abfangen" von OH^--Ionen durch den Puffer bei Zugabe von Base:
  $CH_3COOH + OH^- \rightleftharpoons CH_3COO^- + H_2O$

Die Menge an Säure oder Base, die ohne wesentliche Änderung des pH-Wertes zugesetzt werden kann, hängt von der Menge der gelösten Puffersubstanzen ab (**Pufferkapazität**).

Puffer werden z. B. in der Praxis verwendet, um pH-Elektroden zu kalibrieren. Im Organismus wird durch Puffersysteme (z. B. CO_2/HCO_3^-) der pH-Wert des Blutes (7,4) konstant gehalten.

Beispielaufgabe

Leiten Sie unter Verwendung des Massenwirkungsgesetzes die HENDERSON-HASSELBALCH-Gleichung (Puffergleichung) für den Essigsäure/Acetat-Puffer her.

(Quelle: Saarländisches Abitur 2016)

$CH_3COOH = HAc$

$CH_3COO^- = Ac^-$

$CH_3COOH + H_2O \rightleftarrows CH_3COO^- + H_3O^+$

$$K = \frac{c(Ac^-) \cdot c(H_3O^+)}{c(HAc) \cdot c(H_2O)} \qquad | \cdot c(H_2O), \text{ da } c(H_2O) \text{ konstant}$$

$$\Leftrightarrow K \cdot c(H_2O) = \frac{c(Ac^-) \cdot c(H_3O^+)}{c(HAc)}$$

$$\Leftrightarrow K_S = \frac{c(Ac^-) \cdot c(H_3O^+)}{c(HAc)} \qquad | -\lg$$

$$\Leftrightarrow pK_S = -\lg \frac{c(Ac^-)}{c(HAc)} - \lg(c(H_3O^+))$$

$$\Leftrightarrow pK_S = -\lg \frac{c(Ac^-)}{c(HAc)} + pH$$

$$\Leftrightarrow pH = pK_S + \lg \frac{c(Ac^-)}{c(HAc)}$$

Beispielaufgabe

Ein Liter eines Essigsäure/Acetat-Puffers enthält 0,5 mol Essigsäure und 0,5 mol Acetat. Hinzu kommt Natronlauge mit einer Stoffmenge $n(NaOH) = 0{,}2$ mol.

Eine Volumenveränderung kann vernachlässigt werden.

Berechnen Sie den pH-Wert der Pufferlösung vor und nach Zugabe der Natronlauge.

Angaben: $pK_S(\text{Essigsäure}) = 4{,}76$

(Quelle: Saarländisches Abitur 2016)

pH-Wert vor Zugabe der Natronlauge:

$$pH = pK_s + \lg \frac{c(Ac^-)}{c(HAc)}; \; c(Ac^-) = c(HAc)$$

$$pH = pK_s = 4{,}76$$

pH-Wert nach Zugabe der Natronlauge:

Neue Acetatkonzentration: 0,7 mol/l

Neue Essigsäurekonzentration: 0,3 mol/l

$$pH = pK_S(HAc) + \lg \frac{c(Ac^-)}{c(HAc)}$$

$$= 4{,}76 + \lg \frac{0{,}7}{0{,}3}$$

$$= 5{,}12$$

6.10 Säure/Base-Titrationen

Maßanalyse

H_2O

Die **Titration** stellt ein maßanalytisches Verfahren zur quantitativen Bestimmung der in einer Probelösung enthaltenen Stoffmenge eines bekannten Stoffes dar. Die Säure/Base-Titration beruht auf einer Neutralisationsreaktion. Ist die Probelösung vollständig umgesetzt, so ist der **Äquivalenzpunkt** erreicht.

Verfahren

① In der Bürette (Messpipette mit regulierbarem Ablauf) befindet sich die **Maßlösung** (Säure oder Lauge einer bekannten Konzentration).
② Ein bestimmtes Volumen der **Probelösung** wird mit einer Vollpipette in den Titrierkolben gegeben.
③ Der Probelösung werden einige Tropfen Indikator zugesetzt.
④ Die Maßlösung wird der Probelösung bis zum Farbumschlag des Indikators zugetropft (**Äquivalenzpunkt**).
⑤ Das Volumen der zugetropften Maßlösung wird an der Bürette abgelesen.

Beispiel

Auswertung am Beispiel der Titration einer Salzsäure (50 ml) mit einer Natronlauge ($c = 1$ mol/l). Bis zum Farbumschlag müssen 5 ml Natronlauge zugetropft werden:

① Reaktionsgleichung aufstellen

$$\mathrm{HCl\,(aq)} + \mathrm{NaOH\,(aq)} \rightarrow \mathrm{H_2O\,(l)} + \mathrm{NaCl\,(aq)}$$

1 mol 1 mol

② Stoffmengenverhältnis aufstellen und Stoffmengenkonzentration berechnen

$n(\mathrm{HCl}) : n(\mathrm{NaOH}) = 1:1$

da $n = c \cdot V$:

$$\Rightarrow c(\mathrm{HCl}) \cdot V(\mathrm{HCl}) = c(\mathrm{NaOH}) \cdot V(\mathrm{NaOH})$$

$$\Rightarrow c(\mathrm{HCl}) = \frac{c(\mathrm{NaOH}) \cdot V(\mathrm{NaOH})}{V(\mathrm{HCl})} = \frac{1\ \mathrm{mol} \cdot \mathrm{l}^{-1} \cdot 5 \cdot 10^{-3}\ \mathrm{l}}{50 \cdot 10^{-3}\ \mathrm{l}} = 0{,}1\ \mathrm{mol} \cdot \mathrm{l}^{-1}$$

Bei der **praktischen Durchführung** ist Folgendes zu beachten:

- Die **Maßlösung** muss eine **starke** Säure (HCl) oder Lauge (NaOH, KOH) sein, damit der Stoffumsatz vollständig ist.
- Es sollten nur wenige Tropfen Indikator zugegeben werden, da der Indikator selbst als Säure bzw. Base reagiert.
- Die Maßlösung sollte höher konzentriert sein als die Probelösung.

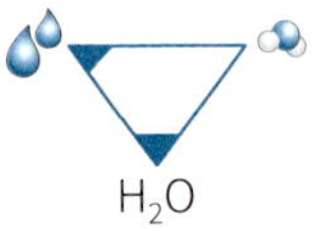

Titrationskurven

Titrationskurven erhält man, indem man die mit einem pH-Meter gemessenen pH-Werte in Abhängigkeit von der zugegebenen Maßlösung grafisch aufträgt. Die Titrationskurven weisen je nach der titrierten Probelösung einen charakteristischen Kurvenverlauf auf.

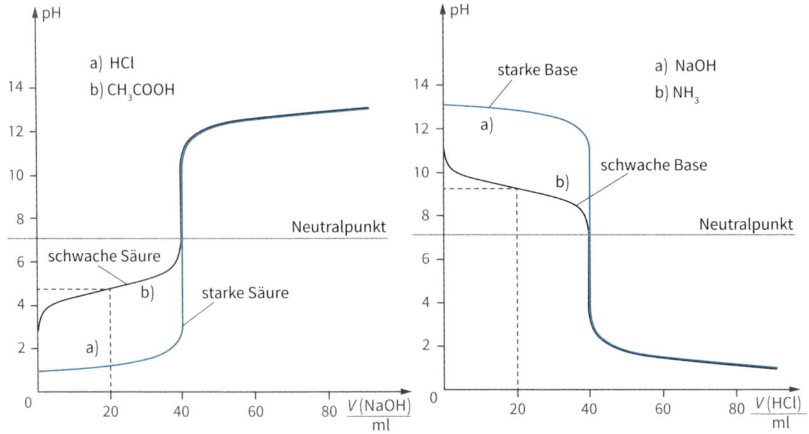

Abb. 6.3: Titrationskurven

Merke

Die Titrationskurve einer starken Säure/Base besitzt nur einen Wendepunkt.
Die Titrationskurve einer schwachen Säure/Base besitzt zwei Wendepunkte

Vorsicht, Falle

Neutralpunkt und Äquivalenzpunkt stimmen nur dann überein, wenn es sich bei der Probelösung um eine starke Säure oder Base handelt.

Ist die Probelösung eine schwache Säure (z. B. CH_3COOH)
⇒ Äquivalenzpunkt ist ins Basische verschoben

Ist die Probelösung eine schwache Base (z. B. NH_3)
⇒ Äquivalenzpunkt ist ins Saure verschoben

Beispiel

Starke Säure (HCl):
Äquivalenzpunkt
= Neutralpunkt
Es gilt immer:
n (Probelösung)
= *n* (Maßlösung)
Schwache Säure
(CH_3COOH, $pK_S = 4{,}76$)
Halbäquivalenzpunkt
$pH = pK_S$
Schwache Base
(NH_3, $pK_B = 4{,}75$)
Halbäquivalenzpunkt
$pH = 14 - pK_B$

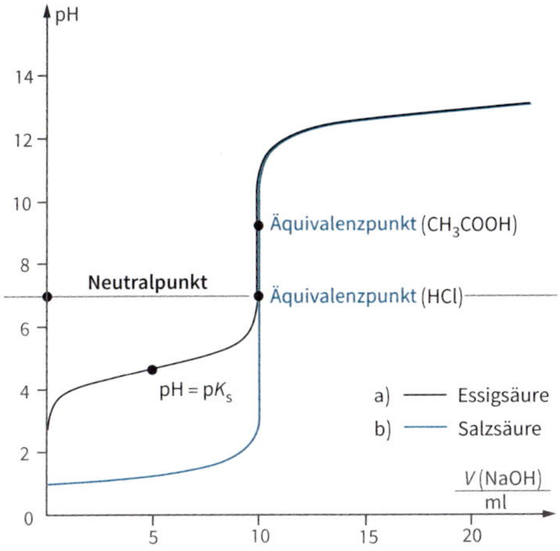

Abb. 6.4: Lage von Äquivalenz- und Halbäquivalenzpunkt

Maßlösung: starke Base (NaOH)
Probelösung
a) Salzsäure (starke Säure)
   $HCl + NaOH \rightarrow NaCl + H_2O$
b) Essigsäure (schwache Säure)
   $CH_3COOH + NaOH \rightarrow CH_3COONa + H_2O$

Im Falle von Salzsäure als Probelösung liegt am Äquivalenzpunkt NaCl vor. Da NaCl-Lösung neutral reagiert (→ „6.8 Protolysen von Ionen mit Wasser“ auf Seite 78), stimmt der Äquivalenzpunkt mit dem Neutralpunkt überein.
Im Falle von Essigsäure als Probelösung liegt am Äquivalenzpunkt CH_3COONa vor. Da Na-Acetat alkalisch reagiert (→ „6.8 Protolysen von Ionen mit Wasser“ auf Seite 78), ist der Äquivalenzpunkt ins Basische verschoben.

Im Bereich des Äquivalenzpunktes ändert sich der pH-Wert sehr stark (**pH-Sprung**). Der Äquivalenzpunkt liegt dabei in der Mitte des **pH-Sprungs**. Ein Indikator ist dann für die Endpunktanzeige der Titration geeignet, wenn sein Umschlagsintervall innerhalb des pH-Sprungs liegt.

Der pH-Sprung ist umso größer, je stärker die Probelösung und je kleiner damit ihr p*K*-Wert ist. Handelt es sich bei der Probelösung um eine starke Säure bzw. eine starke Base, so liegt der Äquivalenzpunkt bei $pH = 7$. Handelt es sich bei der Probelösung um eine schwache Säure, so liegt der Äquivalenzpunkt im basischen, bei einer schwache Base liegt er im sauren Bereich.

H_2O

Die Titrationskurven schwacher Säuren bzw. Basen weisen neben dem Äquivalenzpunkt einen zweiten Wendepunkt (**Halb-Äquivalenzpunkt**) auf. Er wird erreicht, wenn gerade die Hälfte der bis zum Erreichen des Äquivalenzpunktes benötigten Maßlösung zugegeben wurde. Im Falle der Titration von Essigsäure (schwache Säure) gilt am Halb-Äquivalenzpunkt:

$$c(CH_3COOH) = c(CH_3COO^-).$$

Da $K_S = \frac{c(H_3O^+) \cdot c(CH_3COO^-)}{c(CH_3COOH)}$

folgt: $K_S = c(H_3O^+)$ oder $\mathbf{pK_S = pH}$.

Im Falle der Titration von Ammoniak (schwache Base) gilt am Halb-Äquivalenzpunkt:

$$c(NH_3) = c(NH_4^+).$$

Da $K_B = \frac{c(OH^-) \cdot c(NH_4^+)}{c(NH_3)}$

folgt $K_B = c(OH^-)$ oder $\mathbf{pK_B = pOH}$,

da $pH + pOH = 14 \Rightarrow pH = 14 - pK_B$.

Durch **Halbtitration** einer schwachen Säure bzw. Base lässt sich also der pK-Wert bestimmen.

Aufgrund des entstehenden Gemischs aus schwacher Säure und korrespondierender schwacher Base (→ „6.9 Puffer“ auf Seite 79) ändert sich bei Zugabe von Maßlösung der pH-Wert im Bereich des Halb-Äquivalenzpunktes nur sehr wenig.

	Probelösung		
	starke Säure bzw. Base	**schwache Säure**	**schwache Base**
Beispiel	HCl, NaOH, KOH	CH_3COOH	NH_3
Kurvenverlauf	ein Wendepunkt (Äquivalenzpunkt)	zwei Wendepunkte (Äquivalenzpunkt, Halb-Äquivalenzpunkt)	zwei Wendepunkte (Äquivalenzpunkt, Halb-Äquivalenzpunkt)
Äquivalenzpunkt	pH = 7	ins Basische verschoben	ins Saure verschoben
Halb-Äquivalenzpunkt	–	$pH = pK_S$	$pOH = pK_B$; $pH = 14 - pK_B$
geeigneter Indikator	Lackmus, Phenolphthalein, Methylorange, Bromthymolblau, Methylrot	Phenolphthalein	Methylorange, Methylrot

Tab. 6.4: Vergleich der Titrationskurven

Überblick

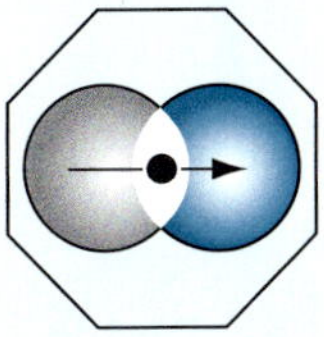

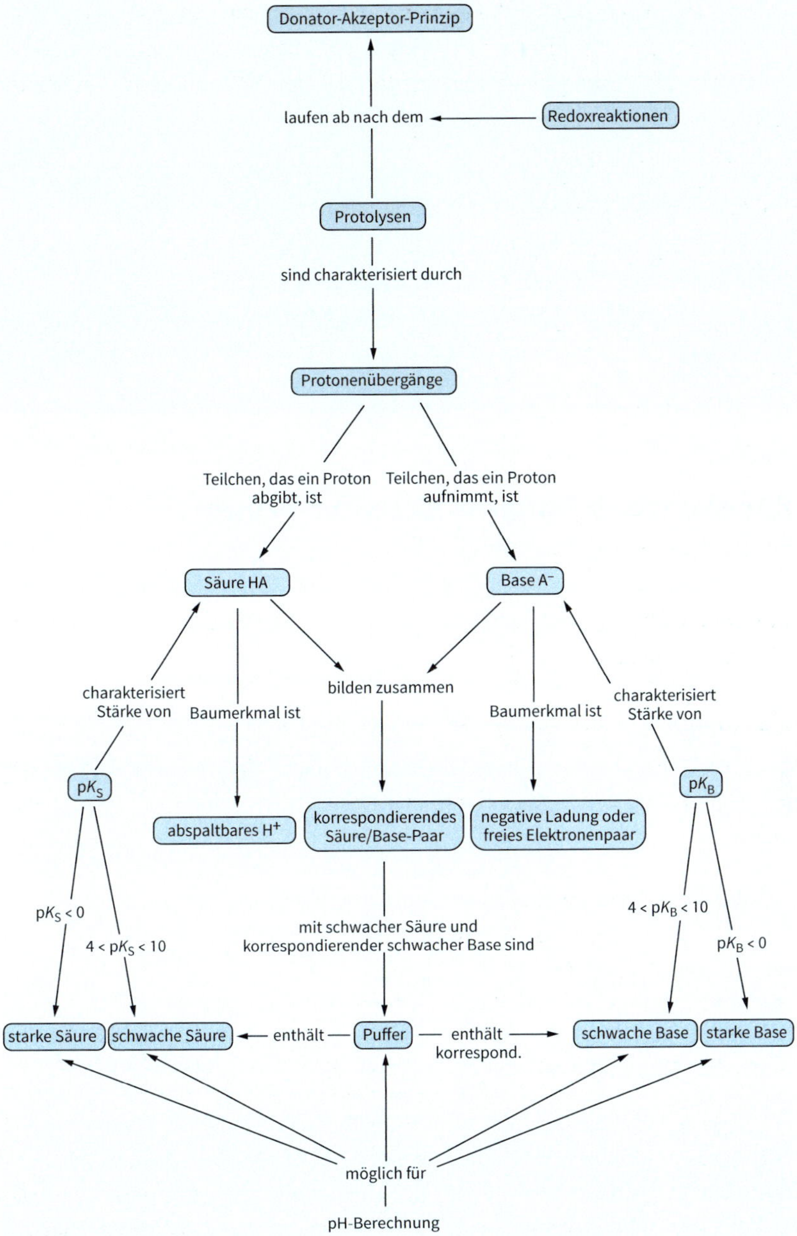
Donator-Akzeptor-Prinzip
laufen ab nach dem
Redoxreaktionen
Protolysen
sind charakterisiert durch
Protonenübergänge
Teilchen, das ein Proton abgibt, ist
Teilchen, das ein Proton aufnimmt, ist
Säure HA
Base A^-
charakterisiert Stärke von
Baumerkmal ist
bilden zusammen
Baumerkmal ist
charakterisiert Stärke von
pK_S
abspaltbares H^+
korrespondierendes Säure/Base-Paar
negative Ladung oder freies Elektronenpaar
pK_B
$pK_S < 0$
$4 < pK_S < 10$
mit schwacher Säure und korrespondierender schwacher Base sind
$4 < pK_B < 10$
$pK_B < 0$
starke Säure
schwache Säure
enthält
Puffer
enthält korrespond.
schwache Base
starke Base
möglich für
pH-Berechnung

7 Redoxreaktionen: Elektronenübergänge

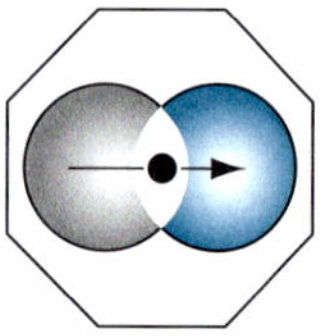

In der belebten wie unbelebten Natur sowie bei technischen Prozessen spielen Redox-Reaktionen eine große Rolle.
Trotz der großen Vielfalt auf der stofflichen Ebene laufen auf der Teilchenebene Redox-Reaktionen immer nach dem gleichen Muster ab:
Teilchen tauschen bei Zusammenstößen Elektronen aus.
Die Elektronen-abgebenden Teilchen werden als Elektronendonator, die Elektronen-aufnehmenden Teilchen als Elektronenakzeptor bezeichnet.

Basiskonzept: Donator-Akzeptor-Prinzip

Redoxreaktionen lassen sich auf Teilchenebene als Elektronenübergänge nach dem Donator-Akzeptor-Prinzip beschreiben.

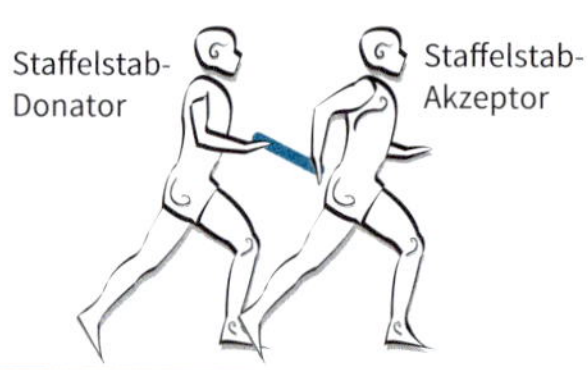

Abb. 7.1: Staffelübergabe von Hand zu Hand als Analogie zum Donator-Akzeptor-Prinzip.
Der Staffelstab symbolisiert das zu übergebende Teilchen: das Elektron bei einer Redoxreaktion.

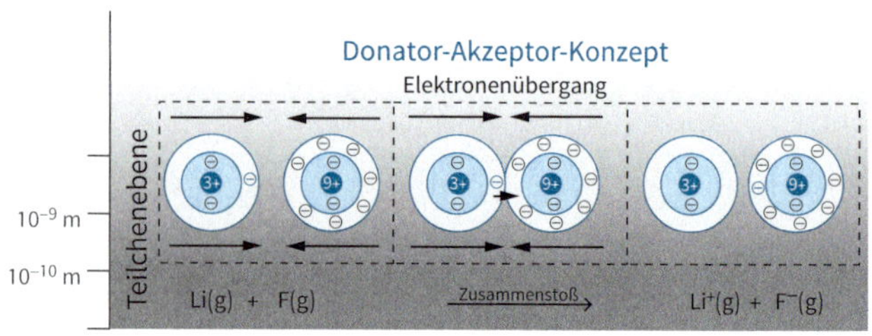

Abb. 7.2: Elektronenübergang beim Zusammenstoß eines gasförmigen Lithium-Atoms mit einem Fluor-Atom (Atome schematisch mit Elektronenanordnung nach einem einfachen Schalenmodell)

Der Elektronenübergang nach diesem Geber/Nehmer-Prinzip kann man mit der Staffelstabübergabe von Hand zu Hand bei einem Staffellauf vergleichen. Die Läufer müssen sich treffen, um den Staffelstab zu übergeben. Dies gilt auch für den Elektronenübergang. Da es keine freien Elektronen z. B. in Flüssigkeiten gibt, kann ein Elektronenübergang nur bei einem direkten Zusammenstoß von Teilchen stattfinden.

7.1 Oxidation und Reduktion

Ähnlich wie der Säure/Base-Begriff hat auch der Redox-Begriff im Laufe der Zeit einen Bedeutungswandel erfahren.

Der Begriff **Oxidation** wurde erstmals 1777 von ANTOINE LAURENT DE LAVOISIER eingeführt.

Historische Bedeutung

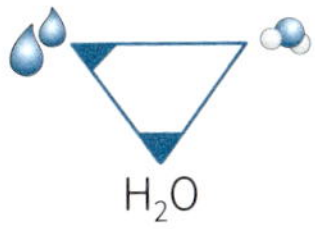

Als **Oxidation** wurde ursprünglich eine Reaktion bezeichnet, bei der sich ein Stoff mit Sauerstoff verbindet, wie bei der Reaktion

$$2\,Mg\,(s) + O_2\,(g) \rightarrow 2\,MgO\,(s).$$

Eine Reaktion, bei der ein Stoff Sauerstoff abgibt, wurde als **Reduktion** bezeichnet, wie beispielsweise:

$$2\,CuO\,(s) \rightarrow 2\,Cu\,(s) + O_2\,(g).$$

Der Begriff „**Redoxreaktion**“ wurde einer Reaktion zugeordnet, bei der Sauerstoff zwischen den Reaktionspartnern ausgetauscht wird, z. B.

$$CuO\,(s) + Mg\,(s) \rightarrow Cu\,(s) + MgO\,(s).$$

Moderne, erweiterte Bedeutung

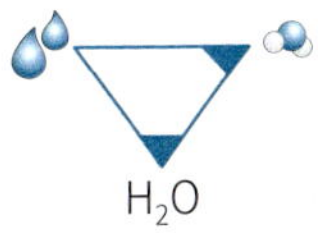

Die Redoxreaktion

$$CuO\,(s) + Mg\,(s) \rightarrow Cu\,(s) + MgO\,(s)$$

lautet in Ionenschreibweise:

$$Cu^{2+}O^{2-} + Mg \rightarrow Cu + Mg^{2+}O^{2-}$$

Bei genauerem Hinsehen fällt auf, dass sich das O^{2-}-Ion während der Reaktion nicht verändert und nur zwischen den Metallen ausgetauscht wird, wohingegen das Cu^{2+}-Ion zwei Elektronen aufnimmt und Magnesium zwei Elektronen abgibt. Wesentlich ist nicht mehr die Sauerstoffaufnahme oder -abgabe, sondern **im Mittelpunkt der Betrachtung stehen Elektronenabgabe und -aufnahme.** Von dieser Sichtweise her lässt sich, bezogen auf das Beispiel, eine **neue Bedeutung des Redox-Begriffs** herleiten, **die nicht mehr an Sauerstoff gebunden ist**: Magnesium gibt zwei Elektronen ab und wird somit oxidiert, das Cu^{2+}-Ion nimmt zwei Elektronen auf und wird reduziert. Es findet ein **Elektronenübergang** bei der Reaktion statt.

Der Vorteil des erweiterten Redox-Begriffs liegt darin, dass er auf Reaktionen ohne Sauerstoff als Reaktionspartner anwendbar ist.

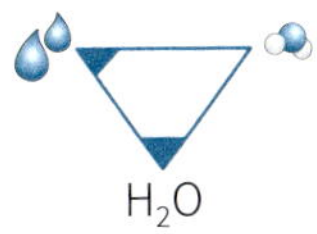

Dies soll am Beispiel der Reaktion von Magnesium mit Chlor – die Stoffe setzen sich zu Magnesiumchlorid um – gezeigt werden:

Stoffgleichung

$$Mg\,(s) + Cl_2\,(g) \rightarrow MgCl_2\,(s)$$

Stoffgleichung in Ionenschreibweise

$$Mg + Cl_2 \rightarrow Mg^{2+} + 2\,Cl^-$$

Wissen

Oxidation: **Elektronenabgabe**

$Mg(s) \Rightarrow Mg^{2+} + 2\,e^-$

Reduktion: **Elektronenaufnahme**

$Cl_2(g) + 2\,e^- \Rightarrow 2\,Cl^-$

Redoxreaktion: **Elektronenübergangsreaktion**

$Mg(s) + Cl_2(g) \rightarrow MgCl_2(s)$

Oxidationszahlen als Hilfsmittel

Ein Hilfsmittel, um komplizierte Redoxreaktionen einfach formulieren zu können, sind **Oxidationszahlen**, die fiktive Ladungszahlen darstellen. Sie werden in römischen Ziffern über dem Elementsymbol geschrieben. Zur Ermittlung der richtigen Oxidationszahlen sind bestimmte Regeln zu beachten.

Redoxreaktion als Reaktion mit

Sauerstoffübergang (historisch)	**Elektronenübergang (modern)**	**Änderung der Oxidationszahl (modern)**
gleichzeitige Bindung von Sauerstoff (Oxidation) und Abgabe von Sauerstoff (Reduktion)	gleichzeitige Abgabe von Elektronen (Oxidation) und Aufnahme von Elektronen (Reduktion)	gleichzeitige Erhöhung der Oxidationszahl eines Atoms (Oxidation) und Erniedrigung der Oxidationszahl (Reduktion) eines anderen Atoms
Oxidation: C → CO_2 $2\,Fe_2O_3 + 3\,C \rightarrow 4\,Fe + 3\,CO_2$ Reduktion: Fe_2O_3 → Fe	Oxidation (e^--Abgabe): C → CO_2 $2\,Fe_2O_3 + 3\,C \rightarrow 4\,Fe + 3\,CO_2$ Reduktion (e^--Aufnahme): Fe_2O_3 → Fe	Oxidationszahl wird erhöht: C (0) → CO_2 (+IV) $2\,\overset{+III}{Fe_2}O_3 + 3\,\overset{0}{C} \rightarrow 4\,\overset{0}{Fe} + 3\,\overset{+IV}{C}O_2$ Oxidationszahl wird erniedrigt: Fe_2O_3 (+III) → Fe (0)

Tab. 7.1: Übersicht über Redoxreaktionen

Regeln zur Ermittlung von Oxidationszahlen

Hinweis: Die Regeln sind streng in der Reihenfolge 1 bis 5 anzuwenden. Dabei dominiert die vorhergehende Regel immer über die nachfolgende.

① Metalle haben in Verbindungen immer positive Oxidationszahlen, auch Bor und Silicium.

② Fluor hat in Verbindungen immer die Oxidationszahl –I.

③ Wasserstoff hat in Verbindungen die Oxidationszahl +I.

④ Sauerstoff hat in Verbindungen die Oxidationszahl –II.

⑤ Chlor, Brom, Iod haben in Verbindungen immer die Oxidationszahl –I.

Beachte:

- Die Oxidationszahl von Atomen elementarer Stoffe ist null.
- Bei Verbindungen ist die Summe der Oxidationszahlen aller Atome null.
- Bei Ionen ist die Summe der Oxidationszahlen aller Atome gleich der Ionenladung.

- Bindungselektronen einer polaren Elektronenpaarbindung werden dem elektronegativeren Atom zugeordnet.
- Bindungselektronen einer unpolaren Elektronenpaarbindung werden den beiden Atomen je zur Hälfte zugeordnet.

Oxidationszahlen

Beispiele (→ Abb. 7.3):

$\overset{+IV\,-I}{SiH_4}$ 1. Regel dominiert über 3. Regel

$\overset{+II\,-I}{OF_2}$ 2. Regel dominiert über 4. Regel

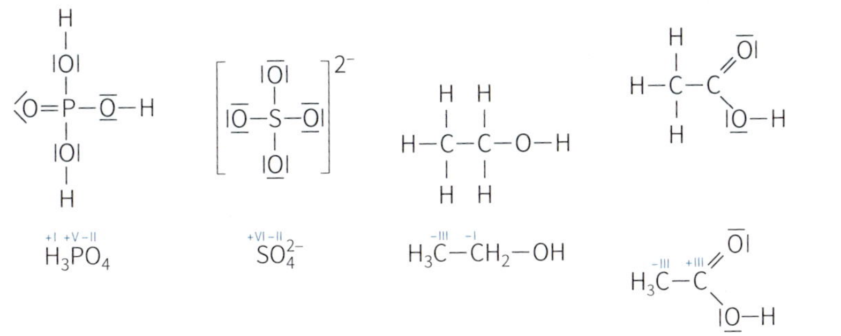

Abb. 7.3: Ermittlung von Oxidationszahlen

Definition des Redoxbegriffs mithilfe von Oxidationszahlen

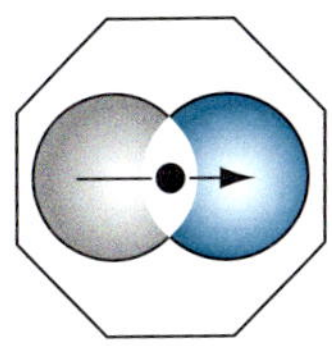

Mithilfe von Oxidationszahlen lässt sich der Redox-Begriff nun noch umfassender definieren:

- **Oxidation:** Teilreaktion, bei der die Oxidationszahl eines Atoms erhöht wird.
- **Reduktion:** Teilreaktion, bei die Oxidationszahl eines Atoms erniedrigt wird.
- **Oxidationsmittel:** Reaktionsteilnehmer, dessen Oxidationszahl durch Elektronenaufnahme erniedrigt wird. Das Oxidationsmittel ist **Elektronenakzeptor** und wird aufgrund dessen bei der Redoxreaktion reduziert.
- **Reduktionsmittel:** Reaktionsteilnehmer, dessen Oxidationszahl durch Elektronenabgabe erhöht wird. Das Reduktionsmittel ist **Elektronendonator** und wird deswegen bei der Redoxreaktion oxidiert.
- **Korrespondierendes Redoxpaar:** Reduktionsmittel und Oxidationsmittel gehen bei Redoxreaktionen ineinander über:

  $$\text{Reduktionsmittel} \underset{\text{Reduktion}}{\overset{\text{Oxidation}}{\rightleftharpoons}} \text{Oxidationsmittel} + z\,e^-$$

  z: Anzahl der pro Formelumsatz ausgetauschten Elektronen

  Beispiel: $Zn \underset{\text{Reduktion}}{\overset{\text{Oxidation}}{\rightleftharpoons}} Zn^{2+} + 2\,e^-$

Nach der Redoxreaktion liegen das Oxidationsmittel reduziert und das Reduktionsmittel oxidiert vor.

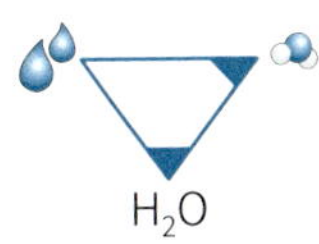

Einrichten von Reaktionsgleichungen für Redoxreaktionen

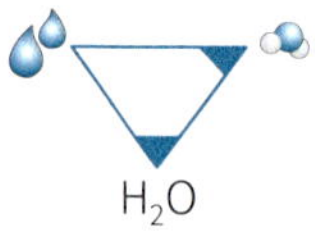

Kompliziertere Redoxgleichungen kann man nach dem Beispiel in → der Tab. 7.2 aufstellen.

Beispiel: In eine mit Schwefelsäure versetzte violette Kaliumpermanganat-Lösung wird farblose Eisen(II)-sulfat-Lösung gegeben. Hierbei entfärbt sich die violette Lösung und wird gelblich, da Fe^{3+}-Ionen entstehen. Als weitere Reaktionsprodukte können Mn^{2+}-Ionen und Sulfat-Ionen nachgewiesen werden.

1. Erstellung der Angabe der Reaktion	$H^+ (aq), MnO_4^- + Fe^{2+} \Rightarrow Mn^{2+} + Fe^{3+}$
2. Berechnung der Oxidationszahl für alle an der Redoxreaktion beteiligten Atome	$\overset{+VII\,-II}{MnO_4^-} + \overset{+II}{Fe^{2+}} \Rightarrow \overset{+II}{Mn^{2+}} + \overset{+III}{Fe^{3+}}$
3. Identifizierung der oxidierten und reduzierten Teilchen durch Vergleich der Oxidationszahlen	$\overset{+II}{Fe^{2+}} \dashrightarrow \overset{+III}{Fe^{3+}}$ Erhöhung der Oxidationszahl: Oxidation $\overset{+VII}{MnO_4^-} \dashrightarrow \overset{+II}{Mn^{2+}}$ Erniedrigung der Oxidationszahl: Reduktion
4. Erstellung der Teilgleichungen für Oxidation und Reduktion **a)** Ausgleich der Oxidationszahlen mit Elektronen	+II → +III: 1 e⁻ Unterschied **Oxidation:** $Fe^{2+} \dashrightarrow Fe^{3+} + \mathbf{1\,e^-}$ +VII +II: 5 e⁻ Unterschied **Reduktion:** $MnO_4^- + \mathbf{5\,e^-} \dashrightarrow Mn^{2+}$
b) Ausgleich der Ladungsdifferenz je nach Milieu im Sauren mit H^+ (aq), im Neutralen mit H^+ (aq) oder OH^- (aq), im Alkalischen mit OH^- (aq) und in Schmelzen mit O^{2-}	Saures Milieu (Schwefelsäure): **Oxidation:** 2 positive Ladungen ⇢ 2 positive Ladungen: Keine Ladungsdifferenz $Fe^{2+} \dashrightarrow Fe^{3+} + \mathbf{1\,e^-}$ **Reduktion:** 6 negative Ladungen ⇢ 2 positive Ladungen: Ergänzung von **8 positiven Ladungen** $MnO_4^- + \mathbf{5\,e^-} + \mathbf{8\,H^+(aq)} \dashrightarrow Mn^{2+}$
c) Ausgleich der Teilgleichungen mit H_2O	Oxidation: $Fe^{2+} \dashrightarrow Fe^{3+} + \mathbf{1\,e^-}$ **nicht notwendig** Reduktion: $MnO_4^- + \mathbf{5\,e^-} + \mathbf{8\,H^+(aq)} \dashrightarrow Mn^{2+} + \mathbf{4\,H_2O}$
5. Kontrolle der Teilgleichungen auf Übereinstimmung beider Seiten bezüglich – Gesamtladung und – Anzahl der einzelnen Atome	Gesamtladung: Oxidation: 2+ ⇢ 2+ Reduktion: 2+ ⇢ 2+ Anzahl der einzelnen Atome: Oxidation: 1-mal Fe ⇢ 1-mal Fe Reduktion: 1-mal Mn, 4-mal O, 8-mal H ---> 1-mal Mn, 4-mal O, 8-mal H
6. Erweiterung der Teilgleichungen durch Multiplikation insoweit, dass sie in der Elektronenzahl (e^-) übereinstimmen	Oxidation: $Fe^{2+} \dashrightarrow Fe^{3+} + \mathbf{1\,e^-}$ $\mid \cdot 5$ Reduktion: $MnO_4^- + \mathbf{5\,e^-} + \mathbf{8\,H^+(aq)} \dashrightarrow Mn^{2+} + \mathbf{4\,H_2O}$ $\mid \cdot 1$
7. Addition der Teilgleichungen zur Gesamtgleichung	$MnO_4^- + \mathbf{5\,e^-} + \mathbf{8\,H^+(aq)} + 5\,Fe^{2+} \dashrightarrow Mn^{2+} + \mathbf{4\,H_2O} + 5\,Fe^{3+} + \mathbf{5\,e^-}$
8. Streichung von Teilchen, die auf beiden Seiten der Gesamtgleichung vorkommen	$MnO_4^- + \mathbf{8\,H^+(aq)} + 5\,Fe^{2+} \dashrightarrow Mn^{2+} + \mathbf{4\,H_2O} + 5\,Fe^{3+}$ (Streichung der **5 e⁻** auf beiden Seiten)

9. Kontrolle der Gesamtgleichung auf Übereinstimmung beider Seiten bezüglich – Gesamtladung und – Anzahl der einzelnen Atome	Gesamtladung: 17 + ⇢ 17 + Anzahl der einzelnen Atome: 1-mal Mn, 4-mal O, 8-mal H, 5-mal Fe ⇢ 1-mal Mn, 4-mal O, 8-mal H, 5-mal Fe
10. Ergänzung der an der Redoxreaktion beteiligten Ionen durch Gegenionen	$MnO_4^- + 8\ H^+(aq) + 5\ Fe^{2+} \dashrightarrow Mn^{2+} + 4\ H_2O + 5\ Fe^{3+}$ $1\ K^+ \quad 4\ SO_4^{2-} \quad 5\ SO_4^{2-} \quad 1\ SO_4^{2-} \qquad 8\ SO_4^{2-} \quad 1\ K^+$
11. Erweiterung Redoxgleichung, sodass die Stoffgleichung mit ungebrochenen Koeffizienten geschrieben werden kann	$MnO_4^- + 8\ H^+(aq) + 5\ Fe^{2+} \rightarrow Mn^{2+} + 4\ H_2O + 5\ Fe^{3+}$ **|·2** $1\ K^+ \quad 4\ SO_4^{2-} \quad 5\ SO_4^{2-} \quad 1\ SO_4^{2-} \qquad 8\ SO_4^{2-} \quad 1\ K^+$ **|·2**
12. Formulierung der Stoffgleichung	$2\ KMnO_4 + 8\ H_2SO_4 + 10\ FeSO_4 \rightarrow 2\ MnSO_4 + 8\ H_2O + 5\ Fe_2(SO_4)_3 + K_2SO_4$

Tab. 7.2: Vorgehensweise beim Einrichten von Reaktionsgleichungen für komplizierte Redoxreaktionen

Disproportionierung – Synproportionierung

H_2O

Disproportionierung und Synproportionierung sind Begriffe, die im Zusammenhang mit Redoxreaktionen häufig gebraucht werden:

Disproportionierung nennt man einen Vorgang, bei dem ein und derselbe Stoff zugleich oxidiert und reduziert wird.

Beispiel:

$$4\ K\overset{+V}{Cl}O_3 \rightarrow K\overset{-I}{Cl} + 3\ K\overset{+VII}{Cl}O_4$$

Im Edukt hat Chlor die Oxidationsstufe +V, in den Produkten –I und +VII.

Synproportionierung (auch Komproportionierung) nennt man einen Vorgang, bei dem Verbindungen höherer und niedrigerer Oxidationsstufen desselben Elements miteinander unter Bildung von Verbindungen mittlerer Oxidationsstufe reagieren.

Beispiel:

$$H_2\overset{+VI}{S}O_4 + 3\ H_2\overset{-II}{S} \rightarrow 4\ \overset{0}{S} + 4\ H_2O$$

In den Edukten hat Schwefel die Oxidationszahlen +VI und –II, im Produkt 0.

7.2 Redoxreihen

Metalle

Metalle zeichnen sich durch
- hohe elektrische Leitfähigkeit,
- hohe Wärme-leitfähigkeit,
- Duktilität und
- Spiegelglanz

als Stoffeigenschaft aus (→ Kapitel 2).

Metalle unterscheiden sich in ihrer Wirkungsfähigkeit als Oxidations- oder Reduktionmittel. Durch systematische Versuchsreihen ist man in der Lage, sie entsprechend ihrem Redoxreaktionsvermögen in eine Reihe einzuordnen. Die nachfolgend beschriebenen Versuche zeigen beispielhaft die Vorgehensweise zum Erhalt einer Redoxreihe der Metalle.

Versuch a): Taucht man einen blanken Eisennagel in eine Kupfer(II)-sulfat-Lösung ein, so scheidet sich am Nagel elementares Kupfer ab und es lassen sich Fe^{2+}-Ionen nachweisen.

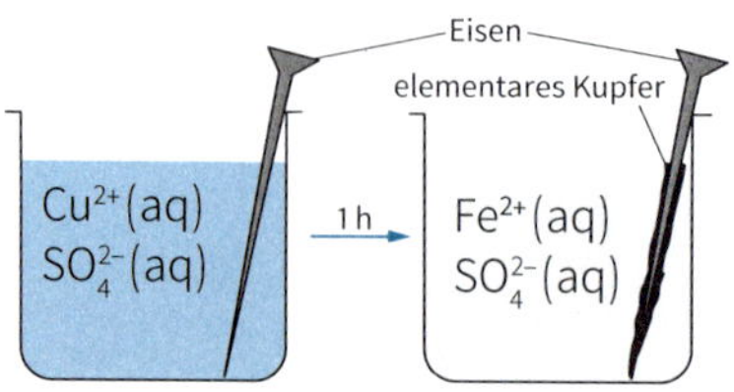

Abb. 7.4: Eisennagel in Kupfer(II)-sulfat-Lösung

Oxidation: $Fe\,(s) \Rightarrow Fe^{2+}\,(aq) + 2\,e^-$
Reduktion: $Cu^{2+}\,(aq) + 2\,e^- \Rightarrow Cu\,(s)$
Redoxreaktion: $Fe\,(s) + Cu^{2+}\,(aq) \rightarrow Fe^{2+}\,(aq) + Cu\,(s)$
Reduktionsmittel: $Fe\,(s)$
Oxidationsmittel: $Cu^{2+}\,(aq)$

Versuch b): Gibt man jedoch einen Kupernagel in eine Eisen(II)-sulfat-Lösung, so ist keine Reaktion zu beobachten. Kupfer ist nicht in der Lage, Fe^{2+}-Ionen zu reduzieren.

Schlussfolgerungen aus den beiden Versuchen:
- Metallisches Eisen ist ein stärkeres Reduktionsmittel als metallisches Kupfer.
- Cu^{2+}-Ionen sind ein stärkeres Oxidationsmittel als Fe^{2+}-Ionen.
- ⇒ Kupfer ist ein edleres Metall als Eisen.

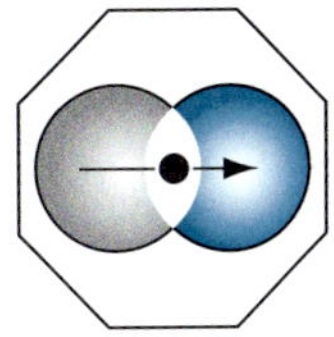

Bei systematischer Durchführung derartiger Versuche mit weiteren Metallen und ihren Salzlösungen kann man die Metalle nach der Stärke ihrer Reduktionswirkung und die hydratisierten Metall-Ionen nach der Stärke ihrer Oxidationswirkung ordnen. Man erhält auf diese Weise die **Redoxreihe der Metalle:**

Redoxreihe der Metalle

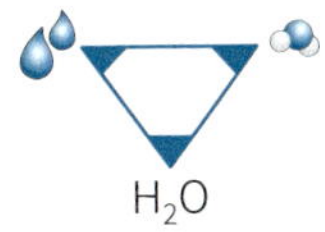

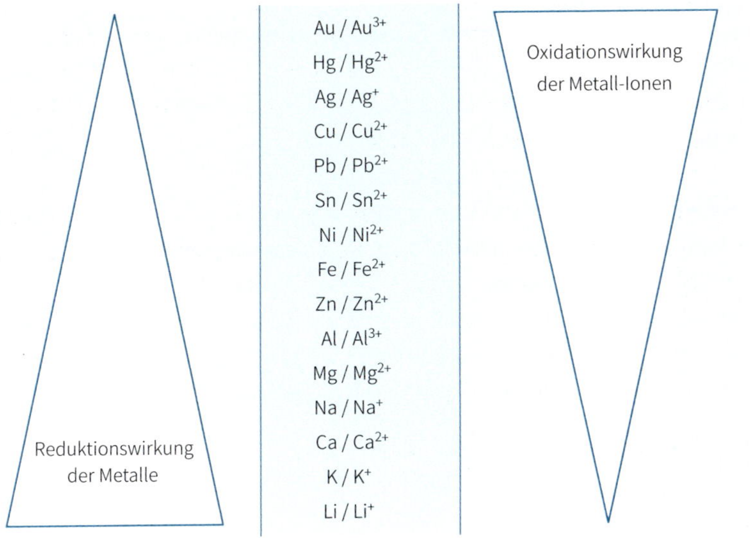

Abb. 7.5: Redoxreihe der Metalle

Aus der Redoxreihe lässt sich entnehmen, dass ein Metall alle hydratisierten Metall-Ionen reduzieren kann, die oberhalb von ihm in der Redoxreihe angeordnet sind, und umgekehrt, dass ein hydratisiertes Metall-Ion alle Metalle, die unterhalb von ihm in der Redoxreihe angeordnet sind, oxidieren kann.
Ein Metall „Me“ und das zugehörige hydratisierte Metall-Ion „Me^{z+}“ wird als **Redoxpaar** bezeichnet. Die Kurzschreibweise lautet: Me^{z+}/Me (z: Zahl der Ladungen).

Nichtmetalle

Mit analogen Versuchen kann eine Redoxreihe des Typs „Nichtmetall/Nichtmetall-Ion“ aufgestellt werden.

Redoxreihe der Nichtmetalle

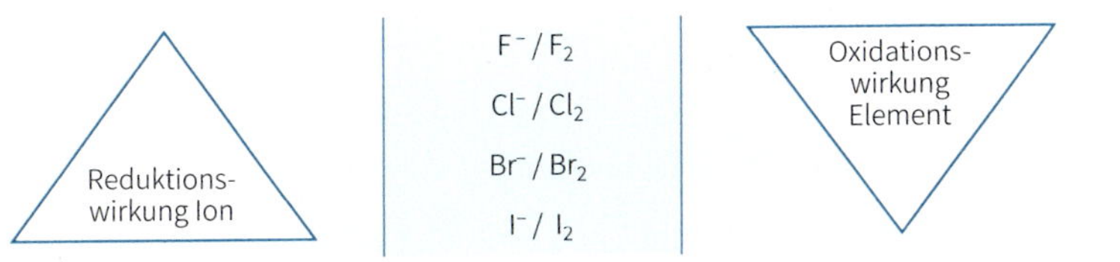

Abb. 7.6: Redoxreihe der Nichtmetalle

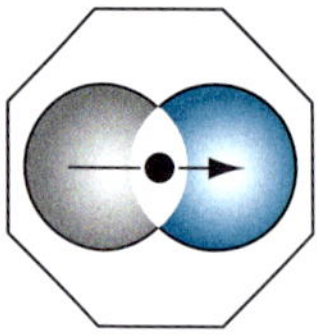

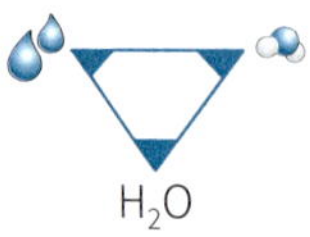

7.3 Galvanische Zellen

Taucht man einen Zinkstab in eine Kupfersulfat-Lösung, so scheidet sich Kupfer ab:

$$Zn\,(s) + Cu^{2+}\,(aq) \rightarrow Zn^{2+}\,(aq) + Cu\,(s)$$

Bei genauerer Betrachtung der Reaktion ergeben sich folgende Teilgleichungen:

Oxidation: $Zn\,(s) \Rightarrow Zn^{2+}\,(aq) + 2\,e^-$

Reduktion: $Cu^{2+}\,(aq) + 2\,e^- \Rightarrow Cu\,(s)$

Einheiten

Coulomb: Einheit der elektrischen Ladung: C = 1 A · 1 s

Elektrischer Strom ist gleichbedeutend für das Fließen von elektrischer Ladung. Er wird in **Ampere** gemessen, wobei 1 Ampere dem Fließen einer elektrischen Ladung von 1 C pro Sekunde entspricht: $1\,A = 1\,C \cdot s^{-1}$

Die Elektronen fließen vom elementaren Zink zu den hydratisierten Cu^{2+}-Ionen: **Im atomaren Bereich ist ein elektrischer Strom vorhanden.** Um diesen elektrischen Strom in der Praxis zu nutzen, werden Zinkstab und Kupfersulfat-Lösung räumlich voneinander getrennt; gleichzeitig wird die Elektronenübertragung, über einen Metalldraht als leitende Verbindung, ermöglicht. Dieses System, das nun elektrische Energie liefern kann, wird als **galvanische Zelle** bezeichnet.

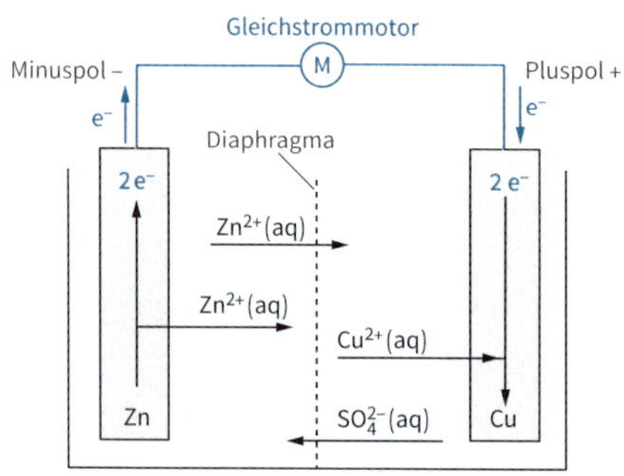

Zinkhalbzelle	**Kupferhalbzelle**
unedleres Metall, größerer Lösungsdruck, höherer Elektronendruck ⇒ Minuspol	edleres Metall, kleinerer Lösungsdruck, geringerer Elektronendruck ⇒ Pluspol
Elektronen-Donatorhalbzelle	Elektronen-Akzeptorhalbzelle
Halbzellenreaktion: Anode (Oxidation): $Zn\,(s) \Rightarrow Zn^{2+}\,(aq) + 2\,e^-$	Halbzellenreaktion: Kathode (Reduktion): $Cu^{2+}\,(aq) + 2\,e^- \Rightarrow Cu\,(s)$

Zelldiagramm: $Zn/Zn^{2+}\,//\,Cu^{2+}/Cu$

Abb. 7.7: Daniell-Element

Die Spannung oder Potentialdifferenz zwischen den Polen zweier kombinierter Halbzellen wird in **Volt** gemessen. Die Spannung entspricht der übertragenen Menge an Energie in Joules, wenn 1 Coulomb elektrischer Ladung durch den Stromkreis einer galvanischen Zelle fließt: $1\,V = 1\,J \cdot C^{-1}$

Aufbau einer galvanischen Zelle am Beispiel des DANIELL-Elements

JOHN FREDERIC DANIELL
1790 – 1845,
englischer Chemiker

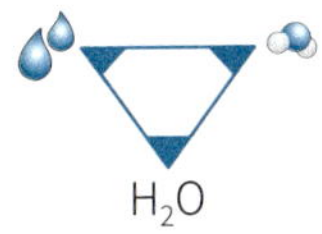

Erläuterungen (→ Abb. 7.7)

- Der Zinkstab (Zink-Elektrode) taucht in eine Zinksulfat-Lösung, sodass die bei der Redoxreaktion entstehenden Zn^{2+} (aq)-Ionen ungehindert abgegeben werden können.
- Die leitende äußere Verbindung (Metalldraht), die von der Zink-Elektrode ausgeht, endet in einem Kupferstab (Kupfer-Elektrode), der in die Kupfersulfat-Lösung taucht. So können die Cu^{2+}-Ionen ohne Nebenreaktionen und -effekte ungestört am Kupferstab entladen werden und sich als Cu (s) abscheiden.
- Das Diaphragma trennt die Elektrolytlösungen räumlich voneinander und ermöglicht die für den Ladungsausgleich notwendigen Ionenwanderungen der Zn^{2+} (aq)- und SO_4^{2-} (aq)-Teilchen.

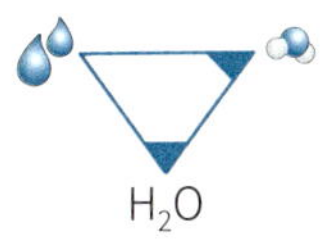

Entstehung der Spannung in einer galvanischen Zelle

An den Elektroden der verschiedenen Halbzellen entsteht jeweils eine elektrochemische Doppelschicht aus negativen und positiven Ladungsträgern. NERNST beschrieb diese Vorgänge anschaulich als elektrochemisches Gleichgewicht zwischen dem **Lösungsdruck** des Metalls und dem **Abscheidungsdruck** der hydratisierten Metall-Kationen: Der Lösungsdruck ist eine bei jedem Metall unterschiedlich ausgeprägte Eigenschaft, in die wässrige Lösung Metall-Atome als Kationen abzugeben, wobei die bei der Bildung der Kationen entstandenen Elektronen im Metall bleiben. Kationen werden solange in die Lösung abgegeben, bis die dadurch entstandene elektrische Potentialdifferenz zwischen dem negativ geladenen Metall und den positiven Metall-Ionen in der Lösung eine weitere Bildung von Metall-Kationen aufgrund der elektrostatischen Anziehung verhindert (Elektrochemische Doppelschicht, → Abb. 7.8). Die hydratisierten Metall-Kationen diffundieren aufgrund der Anziehung auch wieder zurück zum Metall und entladen sich (Abscheidungsdruck). Es stellt sich so ein elektrochemisches Gleichgewicht ein, bei dem pro Zeiteinheit gleich viele Kationen in beiden Richtungen durch die Phasengrenze „Lösung/Metall" treten. Diese Vorgänge führen zu unterschiedlichen negativen Aufladungen der Elektroden in den verschiedenen Halbzellen und damit zur Ausbildung von messbaren Elektrodenpotentialen.

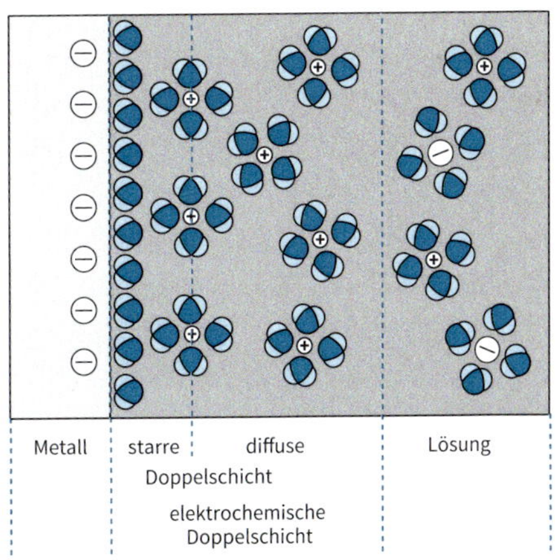

Abb. 7.8: Elektrochemische Doppelschicht an einer Metall-Elektrode, die in eine Lösung taucht

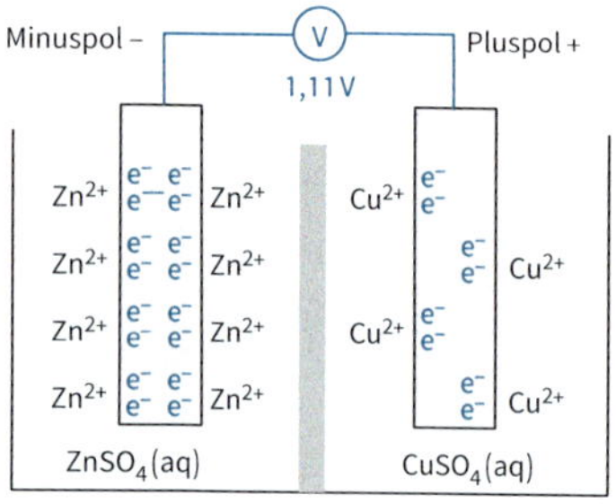

Abb. 7.9: Elektrochemische Doppelschicht an den Elektroden des DANIELL-Elements

Beispiel DANIELL-Element

An der Kupfer-Elektrode werden weniger Kationen als an der Zink-Elektrode aufgrund des unterschiedlichen Lösungsdrucks der beiden Metalle gebildet. Somit werden in der Kupfer-Elektrode (edleres Metall) auch weniger Elektronen von den entstandenen hydratisierten Kationen als in der Zink-Elektrode (unedleres Metall) zurückgelassen (→ Abb. 7.9). Daher herrscht im Zinkstab ein höherer **„Elektronendruck“** als im Kupferstab. Verbindet man die beiden Elektroden mit einem Draht, fließen die Elektronen vom Elektronendonator Zink (höherer „Elektronendruck“) zum Elektronenakzeptor Kupfer (geringerer „Elektronendruck“). Der Elektronendruckunterschied äußert sich in einer messbaren elektrischen Potentialdifferenz, das heißt in einer Spannung. Da aufgrund des höheren Elektronendrucks der Zink-Stab stärker negativ geladen ist als der Kupferstab, wird er zum Minuspol und der Kupferstab zum Pluspol. Verwendet man beim DANIELL-Element Salzlösungen der Stoffmengenkonzentration $c = 1\ mol \cdot l^{-1}$, so zeigt eine Zink/Kupfer-Zelle eine Zellspannung von 1,1 V.

Der Begriff „Elektrode“ ist mehrdeutig: 1. Das Redoxsystem einer Halbzelle, bei der das Elektronen leitende Metall direkt an der Bildung des Elektrodenpotentials beteiligt ist, 2. Das nichtreaktive, Elektronen zu- oder ableitende Material aus Platin oder Graphit, das in die Elektrolytlösung einer Halbzelle eintaucht (Platin- oder Graphitelektrode)

Kombination verschiedener Halbzellen

Bei Kombination der Halbzellen Ag/Ag^+, Zn/Zn^{2+}, Cu/Cu^{2+} und Pb/Pb^{2+}, bei denen die entsprechenden Salzlösungen in einer Stoffmengenkonzentration von $c = 1\ mol \cdot l^{-1}$ vorliegen, kann man folgende Potentialdifferenzen in Volt messen:

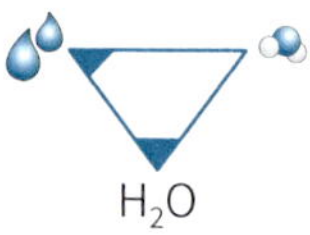

Galvanische Zelle	Spannung U (V)	⊕-Pol *	⊖-Pol **
$Cu/Cu^{2+}//Ag/Ag^+$	0,46	Ag	Cu
$Pb/Pb^{2+}//Ag/Ag^+$	0,93	Ag	Pb
$Pb/Pb^{2+}//Cu/Cu^{2+}$	0,47	Cu	Pb
$Zn/Zn^{2+}//Ag/Ag^+$	1,56	Ag	Zn
$Zn/Zn^{2+}//Cu/Cu^{2+}$	1,1	Cu	Zn
$Zn/Zn^{2+}//Pb/Pb^{2+}$	0,63	Pb	Zn

Tab. 7.3: * Akzeptorhalbzelle, kleinerer Elektronendruck, edleres Metall;
**Donatorhalbzelle, größerer Elektronendruck, unedleres Metall

Wissen

Die „unedlere“ Halbzelle einer galvanischen Zelle hat einen größeren Lösungsdruck, der einen höheren Elektronendruck bewirkt.
Dadurch wird sie zum Minuspol.
Aufgrund des größeren Lösungsdrucks findet in der unedleren Halbzelle die Oxidationsreaktion statt, die das Kennzeichen für die Anode ist.

7.4 Standard-Elektrodenpotentiale

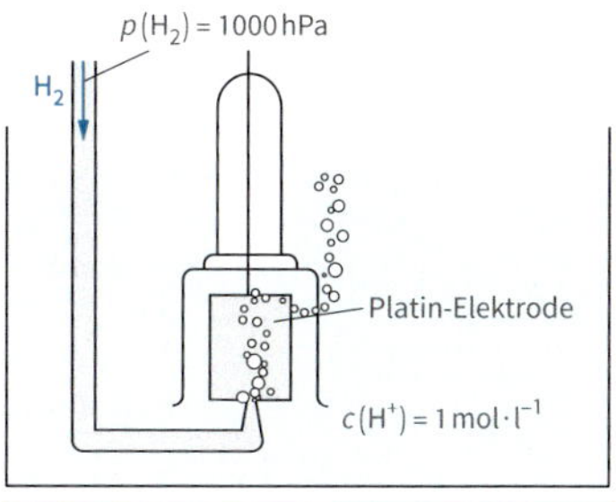

Abb. 7.10: Standard-Wasserstoff-Halbzelle

Da es nicht möglich ist, die Potentiale von Redoxpaaren absolut zu messen, vereinbarte man die **Standard-Wasserstoff-Halbzelle** als Bezugshalbzelle. Alle Halbzellenpotentiale werden auf die Standard-Wasserstoff-Halbzelle bezogen. Das Potential der Standard-Wasserstoff-Halbzelle ist definitionsgemäß 0 V. Ihr Aufbau entspricht einer typischen Halbzelle von nichtmetallischen Redoxpaaren, an denen eine gasförmige Phase beteiligt ist. Insgesamt sind bei der Standard-Wasserstoff-Halbzelle drei Phasen zu unterscheiden:

- **gasförmige Phase:** H_2 (g); bei Standardbedingungen $p = 1000$ hPa, $T = 298$ K
- **wässrige Phase:** H^+ (aq); $c(H^+ (aq)) = 1$ mol·l^{-1}.
  Die bei einer Reaktion entstehenden H^+ (aq)-Ionen müssen von einer Säure mit definierter Konzentration aufgefangen werden, bzw. es muss eine bestimmte Konzentration an H^+ (aq)-Ionen zur eventuellen H_2-Bildung zur Verfügung stehen.
- **feste Phase:** platiniertes Platinblech; inerte Elektrode (Ableitelektrode), Adsorption von H_2, Katalysatorwirkung, Zu- bzw. Ableitung der Elektronen.

Eine **Phase** ist ein homogener stofflicher Bereich mit gleichen physikalischen und chemischen Eigenschaften.

Funktionsweise: Das platinierte (Oberflächenvergrößerung!) Platinblech wird von Wasserstoff bei einem Druck von 1000 hPa umspült; ein Teil des Gases wird am Platin adsorbiert und reagiert folgendermaßen,

a) falls die andere Halbzelle edler ist: $H_2 (g) \Rightarrow 2\,H^+ (aq) + 2\,e^-$

b) falls die andere Halbzelle unedler ist: $2\,H^+ (aq) + 2\,e^- \Rightarrow H_2 (g)$

Der Ablauf dieser Reaktionen wird durch das inerte Platin katalysiert.

Wissen

Die Kurzbezeichnung der Standard-Wasserstoffelektrode lautet:
$H^+/\frac{1}{2}H_2(Pt)$ bzw. $\frac{1}{2}H_2(Pt)/H^+$

Wird eine andere Halbzelle unter Standardbedingungen ($c = 1$ mol·l^{-1}, $T = 298$ K) mit der Standard-Wasserstoff-Halbzelle zu einer galvanischen Zelle verbunden, so bezeichnet man die gemessene Potentialdifferenz als **Standardelektrodenpotential**, kurz **Redoxpotential**, U^0_H. Der Index „H“ weist auf die Wasserstoff-Halbzelle als Bezugshalbzelle hin.

Messung von Standard-Potentialen

Beispiele: Messung des Standard-Elektrodenpotentials von Cu/Cu^{2+} (→ Abb. 7.11): Es wird ein Redoxpotential von $U_H^0 = 0{,}34\ V$ gemessen. Bestimmung des Standardelektrodenpotentials von $Cl_2/2\ Cl^-\ (aq)$: Es wird ein Redoxpotential von $U_H^0 = 1{,}36\ V$ gemessen, → Abb. 7.12.

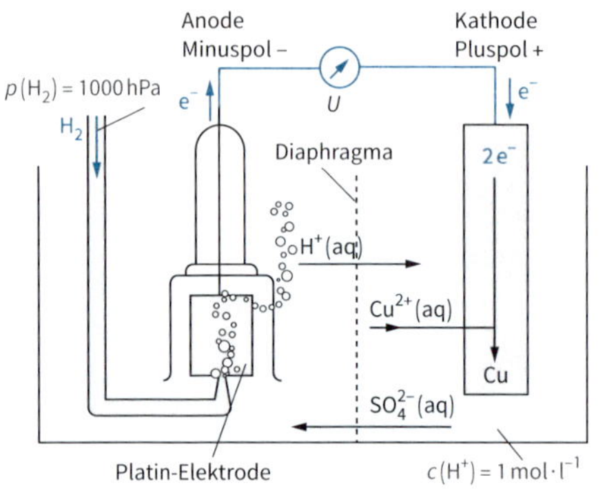

Abb. 7.11: Bestimmung des Standardpotentials von Cu^{2+}/Cu.
Anode (Oxidation): $H_2\ (g) \Rightarrow 2\ H^+\ (aq) + 2\ e^-$;
Kathode (Reduktion): $Cu^{2+}\ (aq) + 2\ e^- \Rightarrow Cu\ (s)$;
$U_H^0 = 0{,}34\ V$

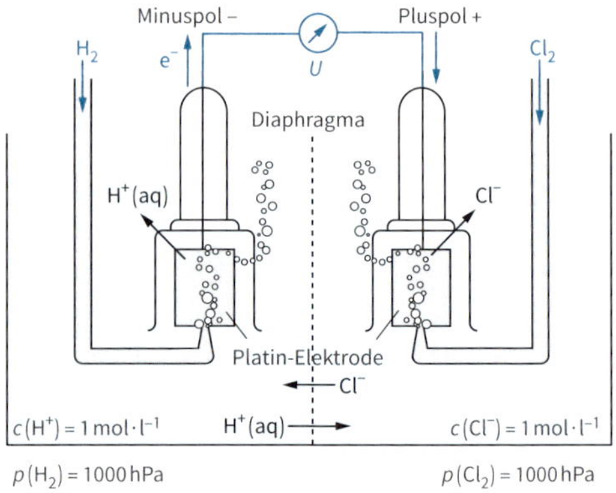

Abb. 7.12: Bestimmung des Standardpotentials von Cl_2/Cl^-;
Minuspol, Anode (Oxidation): $H_2\ (g) \Rightarrow 2\ H^+\ (aq) + 2\ e^-$,
Pluspol, Kathode (Reduktion): $Cl_2\ (g) + 2\ e^- \Rightarrow 2\ Cl^-\ (aq)$;
$U_H^0 = 1{,}36\ V$

Die Zellspannung U zwischen verschieden Halbzellen einer galvanischen Zelle kann aus den Standardpotentialen U_H^0 berechnet werden:

Wissen

$U = U_H^0$ (Akzeptorhalbzelle) – U_H^0 (Donatorhalbzelle)
bzw. $U = U_H^0$ (Kathode) – U_H^0 (Anode)
bzw. $U = U_H^0$ (Pluspol) – U_H^0 (Minuspol)

Beispiel: Berechnung der Zellspannung der galvanischen Zelle „$\frac{1}{2}H_2(Pt)/H^+//Cu^{2+}/Cu$“:

$$U = U_H^0\ (Cu^{2+}/Cu) - U_H^0 \left(H^+/\tfrac{1}{2}H_2(Pt)\right)$$
$$U = 0{,}34\ V - 0\ V = +\,0{,}34\ V$$

Das Kathodenpotential ist dabei immer größer als das Anodenpotential:

$$U_H^0\ (\text{Kathode}) > U_H^0\ (\text{Anode})$$

Spontan und freiwillig laufen nur solche Redoxreaktionen ab, für die U einen positiven Wert hat.

Ordnet man alle Redoxpaare nach ihren Standard-Elektrodenpotentialen, erhält man die sogenannte **Spannungsreihe**, → Tab. 7.4.

Spannungsreihe

oxidierte Form ⇌ reduzierte Form		U_H^0/V
$Li^+(aq) + e^-$	⇋ $Li(s)$	−3,04
$K^+(aq) + e^-$	⇋ $K(s)$	−2,92
$2\,H_2O(l) + 2\,e^-$	⇋ $H_2(g) + 2\,OH^-(aq)$	−0,83
$Zn^{2+}(aq) + 2\,e^-$	⇋ $Zn(s)$	−0,76
$Pb^{2+}(aq) + 2\,e^-$	⇋ $Pb(s)$	−0,13
$2\,H^+(aq) + 2\,e^-$	⇋ $H_2(g)$	0,00
$Cu^{2+}(aq) + 2\,e^-$	⇋ $Cu(s)$	0,34
$O_2(g) + 2\,H_2O(l) + 4\,e^-$	⇋ $4\,OH^-(aq)$	0,40
$I_2(aq) + 2\,e^-$	⇋ $2\,I^-(aq)$	0,54
$Ag^+(aq) + e^-$	⇋ $Ag(s)$	0,80
$Br_2(l) + 2\,e^-$	⇋ $2\,Br^-(aq)$	1,09
$Cl_2(g) + 2e^-$	⇋ $2\,Cl^-(aq)$	1,36
$H_2O_2(aq) + 2\,H^+(aq) + 2\,e^-$	⇋ $2\,H_2O(l)$	1,77
$S_2O_8^{-2}(aq) + 2\,e^-$	⇋ $2\,SO_4^{2-}(aq)$	2,01
$F_2(g) + 2\,e^-$	⇋ $2\,F^-(aq)$	2,87

Tab. 7.4: Spannungsreihe einiger Standard-Elektrodenpotentiale

Wissen

Je kleiner das Standard-Elektrodenpotential ist, desto stärker reduzierend wirkt das Redoxsystem; je größer das Standard-Elektrodenpotential ist, desto stärker oxidierend wirkt das Redoxsystem.

Beispiel:

Stärkstes Reduktionsmittel ist das Alkalimetall Lithium $\left(U_H^0\,(Li^+/Li) = -3{,}04\ V\right)$, stärkstes Oxidationsmittel ist das Halogen Fluor $\left(U_H^0\,(F_2/F^-) = 2{,}87\ V\right)$.

Der Begriff „Elektrode" ist mehrdeutig:
1. Das Redoxsystem einer Halbzelle, bei der das Elektronen leitende Metall direkt an der Bildung des Elektrodenpotentials beteiligt ist,
2. Das nichtreaktive, Elektronen zu- oder ableitende Material aus Platin oder Graphit, das in die Elektrolytlösung einer Halbzelle eintaucht (Platin- oder Graphitelektrode), vergleiche → Seite 96, Marginalspalte.

Halbzelltypen im Überblick

- **Metall-Halbzelle**, z. B.: Cu^{2+}/Cu oder Zn^{2+}/Zn (→ Abb. 7.7 und Abb. 7.15).
  Die Metalle sind an der Reaktion beteiligt und dienen gleichzeitig als Zu- bzw. Ableitelektrode für Elektronen.
- **Nichtmetall-Halbzelle**, z. B.: $H^+/\frac{1}{2}H_2(Pt)$, $\frac{1}{2}Cl_2/Cl^-(Pt)$ (→ Abb. 7.12 und Abb. 7.16).
  Das inerte Platin dient nur als Zu- bzw. Ableitelektrode für Elektronen und hat katalytische Funktion.
- **Halbzelle mit homogenen Redoxsystemen**, z. B.: $Fe^{3+}(Pt)/Fe^{2+}$, $Cr_2O_7^{2-}/Cr^{3+}(Pt)$ (→ Abb. 7.17).
  Das inerte Platin dient nur als Zu- bzw. Ableitelektrode für Elektronen und hat katalytische Funktion.

7.5 Konzentrationsabhängigkeit der Elektrodenpotentiale

Kombiniert man zwei gleiche Halbzellen desselben Redoxsystems, so zeigt sich kein Spannungsunterschied. Sind jedoch die **Elektrolyten** der Halbzellen desselben Redoxsystems **unterschiedlich konzentriert**, so ist ein Potentialunterschied festzustellen. Im Falle eines Metall-Halbzellen-Systems Me^{n+}/Me ist die Halbzelle mit der höheren Elektrolytkonzentration der Pluspol, da aufgrund des höheren Abscheidungsdrucks der in der Lösung vorliegenden Metall-Kationen nicht so viele Kationen von der Metall-Elektrode aus in Lösung gehen können und sich somit ein niedrigerer Elektronendruck in der Elektrode einstellt.

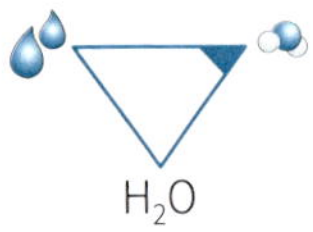

Eine derartige galvanische Zelle wird als **Konzentrationszelle** bezeichnet. Mit der Zeit nimmt der Konzentrationsunterschied aufgrund der Elektrodenreaktionen ab und infolgedessen sinkt die Spannung. Wenn beide Halbzellen gleich konzentriert sind, kommt der Stromfluss zum Erliegen (→ Abb. 7.13).

Konzentrationszellen

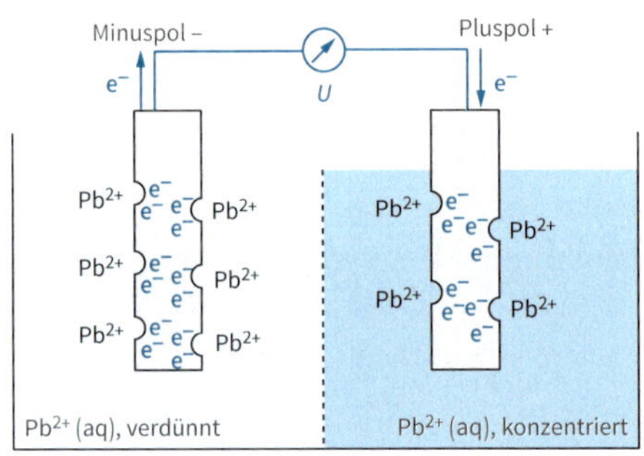

geringere Konzentration der Pb^{2+}-Ionen, ⇒	**höhere Konzentration der Pb^{2+}-Ionen, ⇒**
geringerer Abscheidungsdruck der Pb^{2+}-Ionen	höherer Abscheidungsdruck der Pb^{2+}-Ionen
höherer Lösungsdruck (-tension) des Pb	geringerer Lösungsdruck (-tension) des Pb
höherer Elektronendruck	niedrigerer Elektronendruck
Minus-Pol	Plus-Pol
Elektronendonator	Elektronenakzeptor
Anode	Kathode
Oxidation	Reduktion
$Pb \leftrightharpoons Pb^{2+} + 2\,e^-$	$Pb^{2+} + 2\,e^- \leftrightharpoons Pb$

Abb. 7.13: Potentialdifferenz in einer Blei-Konzentrationszelle (Halbzellen mit unterschiedlicher Elektrolytkonzentration)

Den quantitativen Zusammenhang zwischen der Elektrolytkonzentration *c* und dem Elektrodenpotential stellt die **NERNST-Gleichung** her. Mit dieser Gleichung lässt sich die Konzentrationsabhängigkeit des Redoxpotentials eines Redoxpaares beschreiben, das heißt, man kann das Potential einer Halbzelle mit beliebiger Elektrolytkonzentration berechnen.

Die allgemeine Form der NERNST-Gleichung für die **allgemeine Elektrodenreaktion**

Red $\leftrightharpoons$ Ox + z e^- lautet:

$$U_{\mathrm{H}}(\mathrm{Ox/Red}) = U_H^0(\mathrm{Ox/Red}) + \frac{R \cdot T}{z \cdot F} \cdot \ln \frac{c(\mathrm{Ox})}{c(\mathrm{Red})}.$$

R: universelle Gaskonstante ($8{,}314\ \mathrm{J \cdot K^{-1} \cdot mol^{-1}}$)
T: Temperatur in K
z: Anzahl der pro Formelumsatz ausgetauschten Elektronen
F: FARADAY-Konstante ($96\,500\ \mathrm{C \cdot mol^{-1}}$)
ln: natürlicher Logarithmus
(Ox), (Red): nach den Regeln des **Massenwirkungsgesetzes** gebildete Terme für oxidierte bzw. reduzierte Form des Redoxpaars

Aus der Gleichung geht hervor, dass das Elektrodenpotential vom Druck, von der Stoffmengenkonzentration und auch von der Temperatur abhängt.

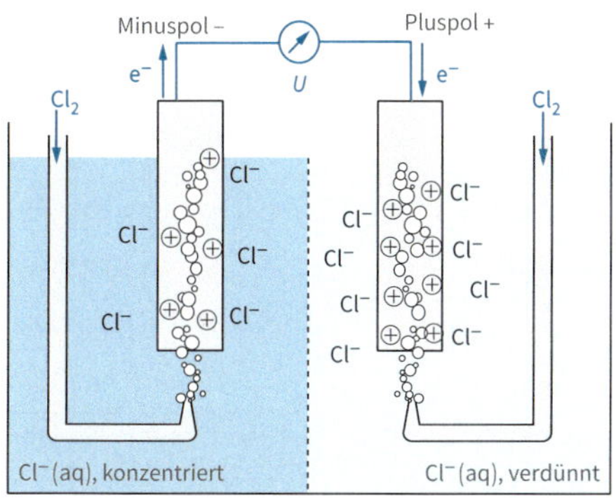

höhere Konzentration an Cl^--Ionen, ⇒	**geringere Konzentration an Cl^--Ionen, ⇒**
höherer e^--Abgabedruck der Cl^--Ionen (Abscheidungsdruck)	geringerer e^--Abgabedruck der Cl^--Ionen (Abscheidungsdruck)
geringerer Lösungsdruck des Cl_2 (Bildung von weniger Cl^--Ionen)	höherer Lösungsdruck des Cl_2 (Bildung von mehr Cl^--Ionen)
höherer Elektronendruck	niedrigerer Elektronendruck
Minuspol	Pluspol
Elektronendonator	Elektronenakzeptor
Anode	Kathode
Oxidation	Reduktion
$2\,Cl^- \Rightarrow Cl_2 + 2\,e^-$	$Cl_2 + 2\,e^- \Rightarrow 2\,Cl^-$

Abb. 7.14: Potentialdifferenz in einer Chlor-Konzentrationszelle

Anwendung der NERNST-Gleichung

Für spezielle Anwendungen bei 25 °C vereinfacht sich die NERNST-Gleichung (siehe nachfolgende Übersichten a) bis c):

a) Metall-Halbzelle und Wasserstoff-Halbzelle

$$U_H(Me^{z+}/Me) = U_H^0(Me^{z+}/Me) + \frac{0{,}059\ V}{z} \cdot \lg \frac{c\,Me^{z+}}{mol \cdot l^{-1}}$$

Beispiel Metall-Halbzelle:

$$U_H(Zn^{2+}/Zn)$$
$$= U_H^0(Zn^{2+}/Zn) + \frac{0{,}059\ V}{2} \cdot \lg \frac{c(Zn^{2+})}{mol \cdot l^{-1}}$$
$$= -0{,}76\ V + \frac{0{,}059\ V}{2} \cdot (-3)$$
$$= -0{,}848\ V$$

Beispiel Wasserstoff-Halbzelle:

$$U_H(H^+/H_2)$$
$$= U_H^0(H^+/H_2) + \frac{0{,}059\ V}{1} \cdot \lg \frac{c(H^+)}{mol \cdot l^{-1}}$$

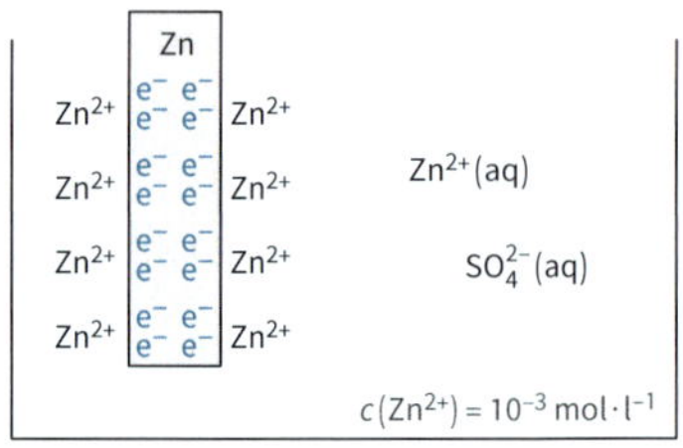

Abb. 7.15: $Zn^{2+}(aq) + 2\,e^- \leftrightharpoons Zn(s)$

b) Nichtmetall-Halbzelle

$$U_H(X_2/X^{z-})$$
$$= U_H^0(X_2/X^{z-}) + \frac{0{,}059\ V}{z} \cdot \lg c\,X^{z-}$$

Beispiel:

$$U_H(Cl_2/Cl^-)$$
$$= U_H^0(Cl_2/Cl^-) + \frac{0{,}059\ V}{1} \cdot \lg c(Cl^-)$$
$$= +1{,}36 - 0{,}059\ V \cdot (-4) = 1{,}596\ V$$

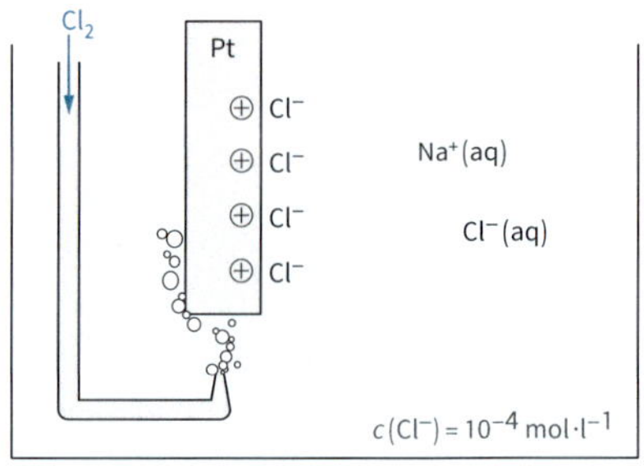

Abb. 7.16: $Cl_2(g) + 2\,e^- \leftrightharpoons 2\,Cl^-(aq)$

Hinweis: Eine Erhöhung der Konzentration an H^+-Ionen in diesem Beispiel hat eine Verschiebung des Gleichgewichts zur Seite der Produkte zur Folge und somit eine Erniedrigung des Elektronendrucks. Da ein kleiner Elektronendruck einem positiveren Elektrodenpotential gleichkommt, steigt das Potential.

c) Halbzelle mit homogenem Redoxsystem

$$U_H(Ox/Red)$$
$$= U_H^0(Ox/Red) + \frac{0{,}059\ V}{z} \cdot \lg \frac{c(Ox)}{c(Red)}$$

Beispiel:

$$U_H(Cr_2O_7^{2-}/Cr^{3+})$$
$$= U_H^0(Cr_2O_7^{2-}/Cr^{3+})$$
$$+ \frac{0{,}059\ V}{6} \cdot \lg \frac{c(CrO_7^{2-} \cdot c^{14}(H^+)}{c^2(Cr^{3+})}$$
$$= 1{,}33\ V + \frac{0{,}059\ V}{6} \cdot \lg \frac{10^{-1}(10^{-2})^{14}}{(10^{-4})^2}$$
$$= 1{,}12\ V$$

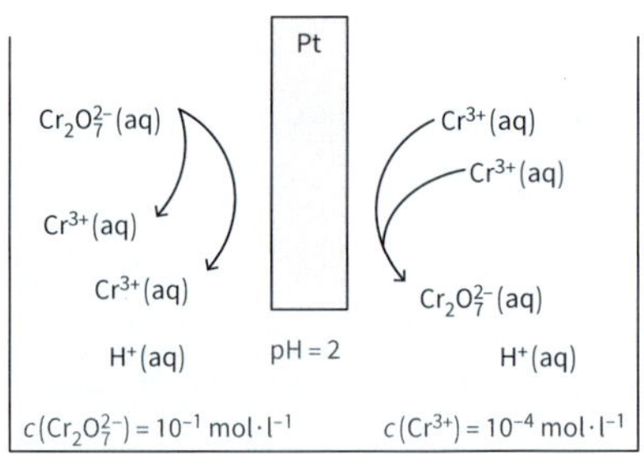

Abb. 7.17: $Cr_2O_7^{2-}(aq) + 6\,e^- + 14\,H^+(aq) \leftrightharpoons 2\,Cr^{3+}(aq) + 7\,H_2O(l)$

Wissen

Potentiale von Redoxreaktionen, an denen H^+-Ionen bzw. OH^--Ionen beteiligt sind, hängen vom pH-Wert des Elektrolyten ab.

7.6 Redoxreaktionen in der Analytik

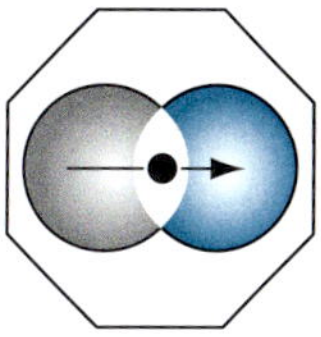

Redoxreaktionen sind bei vielen analytischen Untersuchungen von Bedeutung. Enthalten Lösungen oxidierbare oder reduzierbare Substanzen, kann der Anteil dieser Stoffe mithilfe einer Redoxtitration bestimmt werden. Bei diesem Titrationstyp wird der Elektronenübergang zwischen den Teilchen der Maßlösung und der Probelösung verfolgt. Den Endpunkt der Redoxreaktion (den Äquivalenzpunkt) kann man bei farbigen Titrationsmitteln, wie beispielsweise bei Permanganat-Ionen oder Iod, optisch gut erkennen.

Die Redoxtitration ist ein maßanalytisches Verfahren zur Bestimmung der Konzentration von Stoffen, die sich oxidieren und reduzieren lassen.

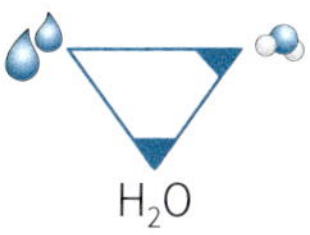

Manganometrie – quantitative Analyse von reduzierenden Stoffen

Die violette Permanganat-Maßlösung wird bei der Titration einer Probe, die einen oxidierbaren Stoff enthält, nach folgender Reaktionsgleichung entfärbt:

$$MnO_4^- (aq) + 8\,H^+ (aq) + 5\,e^- \Rightarrow Mn^{2+} (aq) + 4\,H_2O\,(l);\; U_H^0 = 1{,}51\,V$$

Endpunktsanzeige der Titration: Der erste überschüssige Tropfen Permanganat-Maßlösung färbt die Lösung schwach rosa. MnO_4^- (aq) ist hierbei Oxidationsmittel. Aus dem Volumen der verbrauchten Kaliumpermanganat-Lösung lässt sich die Konzentration des Reduktionsmittels berechnen.

Anwendung: Bestimmung des Gehalts

- von Ca^{2+}, Fe^{2+}, Fe^{3+}, Mn^{2+}, H_2O_2, Nitrit, Oxalat, Phosphat und anderen Stoffen, die als Reduktionsmittel gegenüber Permanganat fungieren.
- an leicht oxidierbaren organischen Stoffen in Gewässern.

Iodometrie – quantitative Analyse von reduzierenden und oxidierenden Stoffen

Da das Redoxpaar I_2/I^- ein mittleres Redoxpotential von $U_H^0 = 0{,}54\,V$ in der Spannungsreihe hat, kann man sowohl reduzierende als auch oxidierende Stoffe mithilfe der Iodometrie bestimmen.

a) Analyse von reduzierenden Stoffen.

Die braune Iod-Maßlösung wird bei der Titration einer Probe entfärbt, die einen oxidierbaren Stoff enthält:

$$I_2 (aq) + 2\,e^- \Rightarrow 2\,I^- (aq)$$

Endpunktsanzeige der Titration: Der erste überschüssige Tropfen Iod-Maßlösung bildet mit zugesetzter Stärke-Lösung den tiefblauen Iod-Stärke-Komplex. Das elementare Iod ist in diesem Fall Oxidationsmittel.

Anwendung: Beispielsweise Bestimmung des Gehalts von Sulfit-Ionen.

b) Analyse von oxidierenden Stoffen.

Die Probe wird mit Kaliumiodid-Lösung im Überschuss versetzt; dabei bildet sich eine der Probe äquivalente Menge Iod:

$2\,I^-\,(aq) \Rightarrow I_2\,(aq) + 2\,e^-$

Das Iod-Ion ist hierbei Reduktionsmittel. Die entstandene Iodmenge wird durch Titration mit Natriumthiosulfat-Maßlösung bestimmt:

$I_2\,(aq) + 2\,S_2O_3^{2-}\,(aq) \Rightarrow 2\,I^-\,(aq) + S_4O_6^{2-}\,(aq)$

Endpunktsanzeige: Durch Entfärbung des tiefblauen Iod-Stärke-Komplexes.

Anwendung der Iodometrie: Bestimmung des Gehalts von freiem Chlor oder Brom in wässriger Lösung, von Wasserstoffperoxid oder auch Peroxiden wie Perborat.

Iod-Stärke-Komplex

Beim Iod-Stärke-Komplex lagern sich in Kaliumiodid-Lösung $(K^+\,(aq)\ I^-\,(aq))$ gelöste Iodmoleküle (I_2) mit den Iodid-Ionen in die Helix eines Stärkemoleküls (Amylose) ein. Dadurch bildet sich in Wechselwirkung mit dem Amylose-Molekül ein tiefblaues Iod-Iodid-Aggregat (I_3^-, I_5^-, I_7^-, I_8^-) mit delokalisierten Valenzelektronen, das im langwelligeren Bereich Licht absorbiert und blau-schwarz erscheint. Durch die **Einschlussverbindung** kann man Iod in der Massenkonzentration von 0,13 mg Iod auf 100 ml Wasser noch nachweisen. Die Reaktion ist umkehrbar, da der Iod-Stärke-Komplex durch Verdünnen oder Erhitzen zerfallen kann.

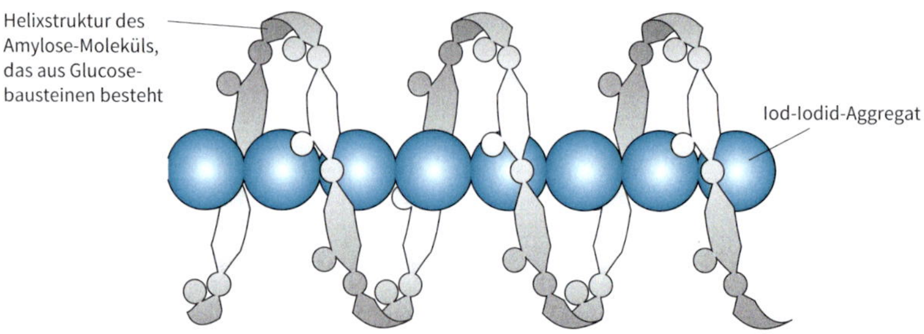

Abb. 7.18: Jod-Stärke-Komplex

Merke

Die Redoxtitration ist ein Titrationstyp, die auf einer Redoxreaktion zwischen der Maßlösung und der Probelösung basiert.
Mit ihr kann man die Konzentration von Stoffen in der Probelösung bestimmen.
Der Endpunkt der Titration kann durch einen zugesetzten Redoxindikator oder durch Farbänderung eines an der Reaktion beteiligten Stoffe angezeigt werden.

Redoxsystem	U_H^0
$2\,CO_2 + 2\,H^+ + 2\,e^- \leftrightharpoons H_2C_2O_4$	−0,49 V
$S_4O_6^{2-} + 2\,e^- \leftrightharpoons 2\,S_2O_3^{2-}$	+0,08 V
$SO_4^{2-} + 2\,H^+ + 2\,e^- \leftrightharpoons SO_3^{2-} + H_2O$	+0,17 V
$I_2\,(s) + 2\,e^- \leftrightharpoons$ **2 I–**	**+0,54 V**
$O_2\,(g) + 2\,H^+ + 2\,e^- \leftrightharpoons H_2O_2$	+0,68 V
$Fe^{3+} + e^- \leftrightharpoons Fe^{2+}$	+0,77 V
$NO_3^- + 2\,H^+ + 2\,e^- \leftrightharpoons NO_2^- + H_2O$	+0,94 V
$IO_3^- + 6\,H^+ + 6\,e^- \leftrightharpoons I^- + 3\,H_2O$	+1,09 V
$BrO_3^- + 6\,H^+ + 6\,e^- \leftrightharpoons Br^- + 3\,H_2O$	+1,44 V
MnO4 – $+ 8\,H^+ + 5\,e^- \leftrightharpoons Mn^{2+} + 4\,H_2O$	**+1,51 V**

Abb. 7.19: Manganometrisch und iodometrisch bestimmbare Stoffe

7.7 Redoxreaktionen und Säure/Base-Reaktionen im Vergleich

Kriterium	Säure/Base-System	Redoxsystem
grundlegender Mechanismus	Donator-Akzeptor-Prinzip Protonenübergang	Donator-Akzeptor-Prinzip Elektronenübergang
Donatorfunktion	Säure „HA" = Protonendonator	Reduktionsmittel „Red" = Elektronendonator
Akzeptorfunktion	Base „A^-" = Protonenakzeptor	Oxidationsmittel „Ox" = Elektronenakzeptor
korrespondierendes Paar	$HB \leftrightharpoons B^- + H^+$	$Red \leftrightharpoons Ox + n \cdot e^-$
Funktionsschema (zwei korrespondierende Paare)	Säure 1 + Base 2 ⇋ Base 1 + Säure 2 $HA + B^- \leftrightharpoons A^- + HB$	Red 1 + Ox 2 ⇋ Ox 1 + Red 2
Donator- als auch Akzeptor-funktion	Ampholyt (amphoteres Teilchen) z. B. H_2O	Atom mit mittlerer Oxidationsstufe z. B. H_2O_2
Disproportionierung	Autoprotolyse: $2\,HA \leftrightharpoons H_2A^+ + A^-$	RedOx ⇋ Red + Ox
Größe für das Potential bzw. die Stärke der Donator-Akzeptorfunktion	Säure-/Baseexponent pK_S/pK_B, gegebenenfalls pH-Wert	Standardpotential U_H^0
Einordnung der Größe des Potentials (Stärke)	pK_S/pK_B-Reihe	elektrochemische Spannungsreihe
Konzentrationsabhängigkeit des Potentials	$pH = pKs + \lg \frac{c(A^-)}{c(HA)}$ Henderson-Hasselbalch-Gleichung	$U_H = U_H^0(Ox/Red) + \frac{0{,}059V}{z} \cdot \lg c(Ox)/c(Red)$ Nernst-Gleichung

Abb. 7.20: Redoxreaktionen und Säure/Base-Reaktionen im Vergleich

Überblick

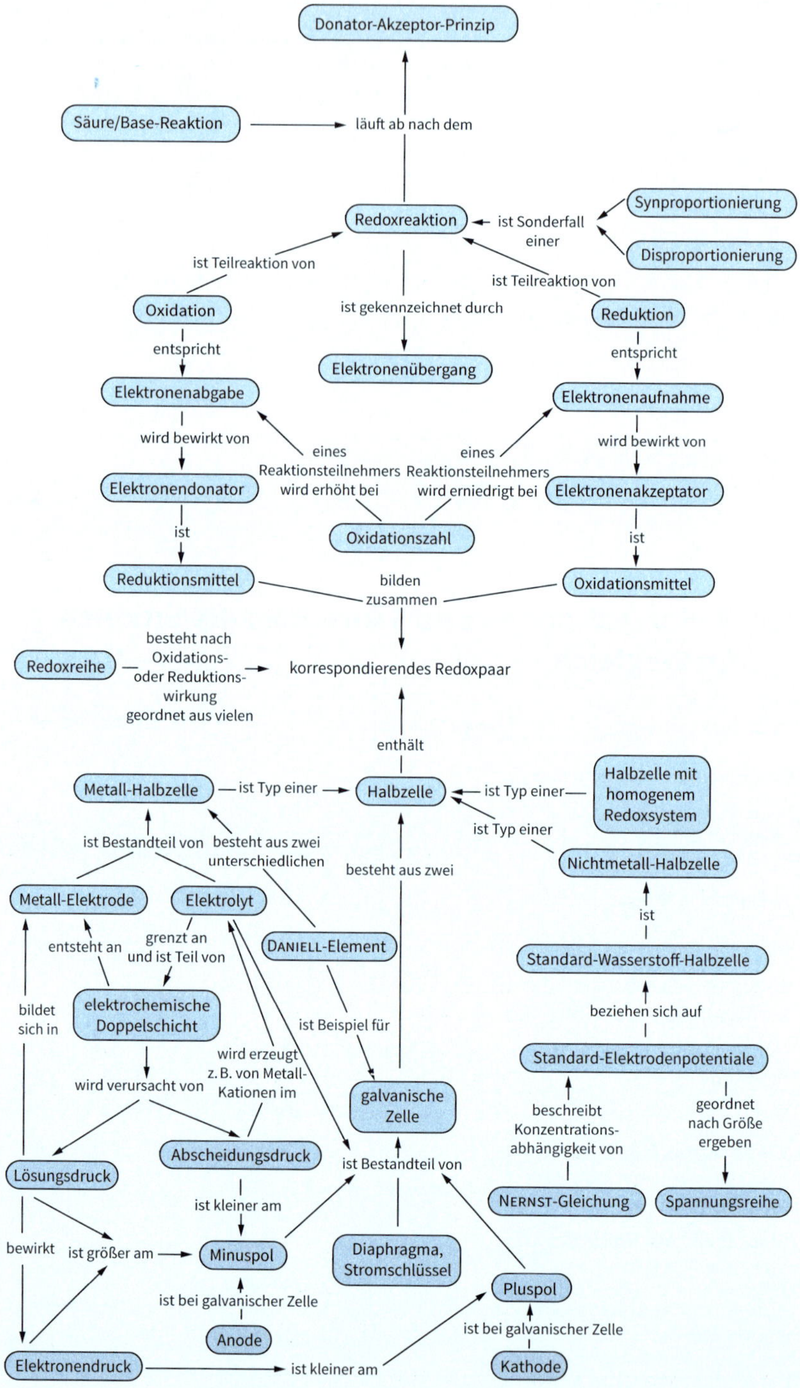
Donator-Akzeptor-Prinzip
Säure/Base-Reaktion
läuft ab nach dem
Redoxreaktion
ist Sonderfall einer
Synproportionierung
Disproportionierung
ist Teilreaktion von
ist Teilreaktion von
Oxidation
ist gekennzeichnet durch
Reduktion
entspricht
Elektronenübergang
entspricht
Elektronenabgabe
Elektronenaufnahme
wird bewirkt von
eines Reaktionsteilnehmers wird erhöht bei
eines Reaktionsteilnehmers wird erniedrigt bei
wird bewirkt von
Elektronendonator
Elektronenakzeptator
ist
Oxidationszahl
ist
Reduktionsmittel
bilden zusammen
Oxidationsmittel
Redoxreihe
besteht nach Oxidations- oder Reduktions-wirkung geordnet aus vielen
korrespondierendes Redoxpaar
enthält
Metall-Halbzelle
ist Typ einer
Halbzelle
ist Typ einer
Halbzelle mit homogenem Redoxsystem
ist Typ einer
ist Bestandteil von
besteht aus zwei unterschiedlichen
besteht aus zwei
Nichtmetall-Halbzelle
Metall-Elektrode
Elektrolyt
ist
entsteht an
grenzt an und ist Teil von
DANIELL-Element
Standard-Wasserstoff-Halbzelle
bildet sich in
elektrochemische Doppelschicht
ist Beispiel für
beziehen sich auf
wird erzeugt z. B. von Metall-Kationen im
Standard-Elektrodenpotentiale
wird verursacht von
galvanische Zelle
beschreibt Konzentrations-abhängigkeit von
geordnet nach Größe ergeben
Abscheidungsdruck
Lösungsdruck
ist Bestandteil von
ist kleiner am
NERNST-Gleichung
Spannungsreihe
bewirkt
ist größer am
Minuspol
Diaphragma, Stromschlüssel
Pluspol
ist bei galvanischer Zelle
ist bei galvanischer Zelle
Anode
Elektronendruck
ist kleiner am
Kathode

8 Redoxreaktionen in Alltag und Technik

In Alltag und Technik begegnet man vielen elektrochemischen Vorgängen, die auf Elektronenübergängen nach dem Donator-Akzeptor-Konzept beruhen, wie elektrochemische Produktionsverfahren, Korrosion und mobile Energiequellen.

Basiskonzept: Donator-Akzeptor-Prinzip

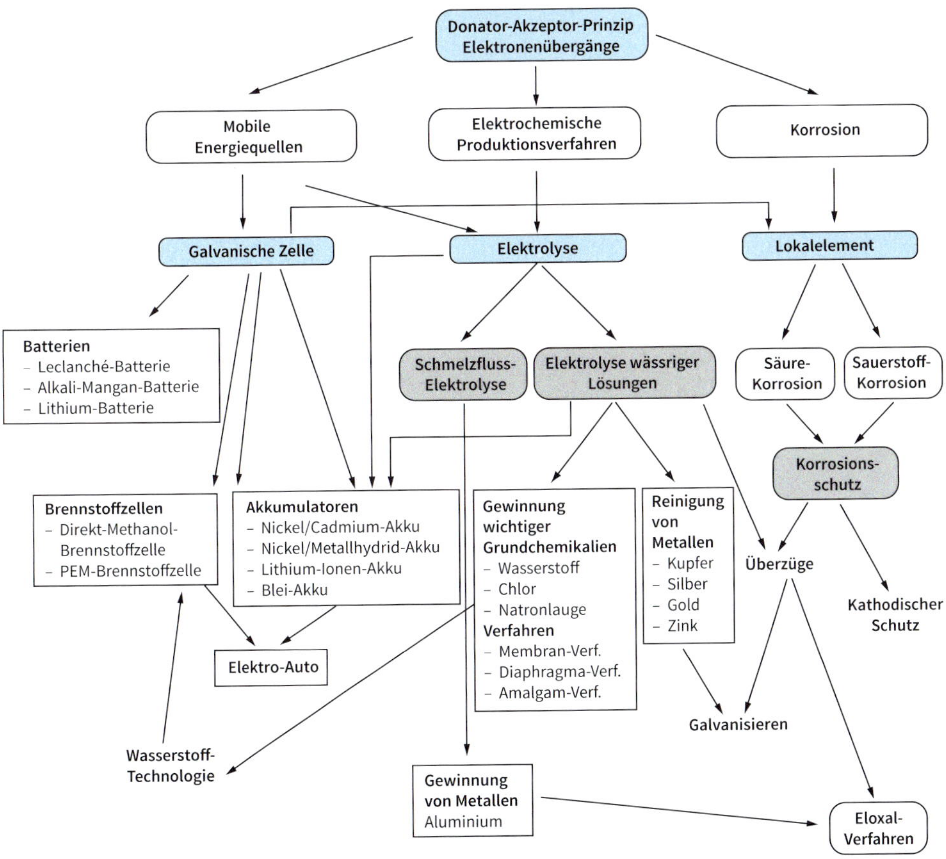

Abb. 8.1: Redoxreaktionen in Alltag und Technik – ein Überblick

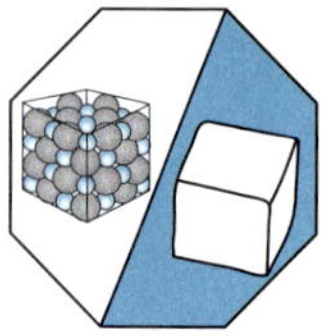

Hinsichtlich der chemischen Basiskonzepte dominieren bei Elektrolysen aufgrund der Elektronenübergänge das Donator-Akzeptor- Prinzip und wegen der notwendigen Zuführung von elektrischer Energie das Energieprinzip.

8.1 Elektrolyse – erzwungene Redoxreaktionen

Elektrolyse wässriger Lösungen

In einer galvanischen Zelle laufen Redoxreaktionen freiwillig ab, dabei wird chemische Energie in elektrische Energie umgewandelt.
Die Umkehrung einer spontan ablaufenden Redoxreaktion ist nur unter Einsatz elektrischer Energie möglich, die von außen zugeführt werden muss. Die zugeführte elektrische Arbeit wird als chemische Energie in den entstehenden Produkten gespeichert. Ein solcher erzwungener Vorgang wird als **Elektrolyse** bezeichnet.

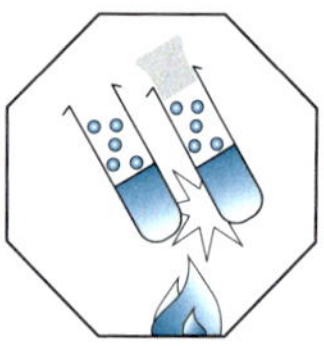

Pluspol ist bei der galvanischen Zelle und der Elektrolysezelle immer die Elektrode mit dem höheren (Standard-)Potential.

Taucht man zwei Graphit-Elektroden in eine wässrige Zinkbromid-Lösung und legt eine entsprechend hohe äußere Gleichspannung an, scheiden sich an der Kathode Zink und an der Anode elementares Brom ab. An der Kathode werden folglich Zink-Ionen zu Zink reduziert, an der Anode Bromid-Ionen zu Brom oxidiert (→ Abb. 8.2).
Aufgrund der äußeren angelegten Gleichspannung **fließen die Elektronen** im Vergleich zur galvanischen Zelle **in umgekehrter Richtung**, sodass am Minuspol nun die Reduktion und am Pluspol die Oxidation stattfindet. Der Minuspol wird im Vergleich zur galvanische Zelle somit zur Kathode (kathodische Reduktion) und der Pluspol zur Anode (anodische Oxidation).

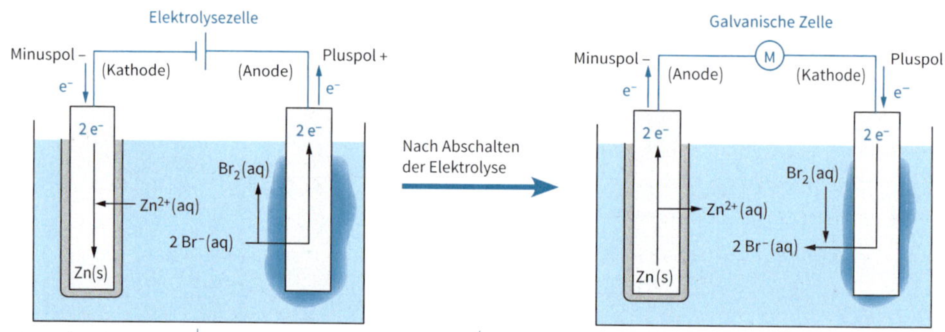

Minuspol, Kathode (Reduktion):
$Zn^{2+}(aq) + 2\,e^- \Rightarrow Zn(s)$

Pluspol, Anode (Oxidation):
$2\,Br^-(aq) \Rightarrow Br_2(aq) + 2\,e^-$

Gesamtreaktion: $ZnBr_2(aq) \rightarrow Zn(s) + Br_2(aq)$

Minuspol, Anode (Oxidation):
$Zn(s) \Rightarrow Zn^{2+} + 2\,e^-$

Pluspol, Kathode (Reduktion):
$Br_2(aq) + 2\,e^- \Rightarrow 2\,Br^-(aq)$

Gesamtreaktion: $Zn(s) + Br_2(aq) \rightarrow ZnBr_2(aq)$

Zelldiagramm:
$Zn/Zn^{2+}(Graphit)//Br_2/Br^-(Graphit)$

$U = U^0_H(\text{Kathode}) - U^0_H(\text{Anode})$
$U = U^0_H(Br^-/Br_2) - U^0_H(Zn^{2+}/Zn)$
$U = 1{,}09\ V - (-0{,}76\ V) = 1{,}85\ V$

Abb. 8.2: Vorgänge in einer Elektrolysezelle und in der durch Elektrolyse entstandenen galvanischen Zelle

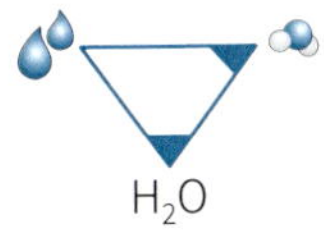

Elektrodenreaktionen

Pluspol, Anode (Oxidation): $2\,Br^- (aq) \Rightarrow Br_2 (g) + 2\,e^-$

Minuspol, Kathode (Reduktion): $Zn^{2+} (aq) + 2\,e^- \Rightarrow Zn (s)$

Polarisation der Elektroden: Veränderung der Elektrodeneigenschaften aufgrund einer Elektrolyse

Unterbricht man die Elektrolyse und trennt die Elektroden von der äußeren Spannungsquelle, lässt sich zwischen den Elektroden eine Spannung von ungefähr 1,8 V messen. Durch die vorangegangene Elektrolyse ist eine galvanische Zelle entstanden: Die Graphit-Kathode wurde zur Zink-Elektrode und die Graphit-Anode zur Brom-Elektrode. Diese Veränderung der Elektrodeneigenschaften aufgrund einer Elektrolyse wird als **Polarisation** der Elektroden bezeichnet (→ Abb. 8.2). Schaltet man zwischen die Elektroden einen kleinen Elektromotor (→ Abb. 8.2, rechts), so reicht die elektrische Energie der entstandenen galvanischen Zelle aus, um ihn für kurze Zeit zu betreiben. Dabei lösen sich sowohl die Zink-Anode als auch die Brom-Kathode wieder auf: Zink wird zu Zn^{2+} oxidiert und Brom wird zu Br^- reduziert.

Wissen

Bei einer Elektrolyse in wässriger Lösung laufen unter Aufwendung elektrischer Energie die umgekehrten chemischen Vorgänge ab wie in einer galvanischen Zelle. Dabei bleibt im Vergleich zur galvanischen Zelle die Zuordnung von Minus- und Pluspol bestehen, jedoch wird der Minuspol zur Kathode (Reduktionsreaktion) und der Pluspol zur Anode (Oxidationsreaktion).

Elektrolyse einer Salzschmelze

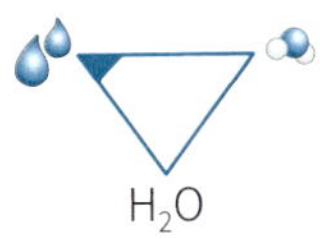

Neben wässrigen Lösungen kann man auch Salzschmelzen elektrolysieren. Dieses Verfahren setzt man bei hochreaktiven Stoffen wie den Alkalimetallen ein, die sich im wässrigen System nicht gewinnen lassen, da sie sich sofort mit Wasser umsetzen würden. Natrium-Metall wird beispielsweise aus einer gereinigten Steinsalzschmelze hergestellt. Man mischt noch etwas Bariumchlorid und Calciumchlorid zu, wodurch sich der Schmelzpunkt von 800 auf 600 °C erniedrigt. Die Elektrolyse wird in einem aus feuerfesten Steinen gemauerten Eisenbehälter durchgeführt. Durch das Anlegen einer Spannung von 7 Volt und einer Stromstärke von 35 000 A kann man die Elektrolyse in Gang setzen.

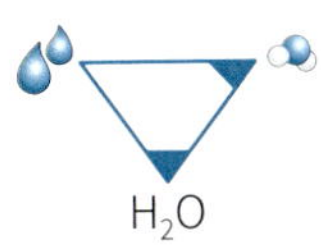

Elektrodenreaktionen

Kathode (Minuspol, Eisen): $2\,Na^+ (l) + 2\,e^- \Rightarrow 2\,Na (l)$

Anode (Pluspol, Graphit): $2\,Cl^- (l) \Rightarrow Cl_2 (g) + 2\,e^-$

Das gebildete Chlorgas entweicht über eine Metallglocke, das flüssige Natrium sammelt sich aufgrund seiner geringeren Dichte in einer Rinne.

Stromstärke-Spannungskurven in wässrigen Lösungen

H_2O

Bei der Elektrolyse einer Zinkbromid-Lösung (→ Abb. 8.2) muss man für eine merkliche elektrolytische Abscheidung eine höhere Gleichspannung anlegen, als bei der galvanischen Zelle (1,85 V) erzeugt wird. Dies kann man bei zahlreichen weiteren Elektrolysen beobachten.

Elektrolyse einer Kupfersulfat-Lösung mit Kupfer-, Graphit- und Platin-Elektroden: Stromstärkespannungskurven

Die Ursachen hierfür sollen an der Elektrolyse einer Kupfersulfat-Lösung $\left(c(CuSO_4) = 1\ mol \cdot l^{-1}\right)$ mit jeweils a) Kupfer-, b) Graphit- und c) Platin-Elektroden näher untersucht werden. In der Praxis erhöht man dazu von null Volt ausgehend in kleinen Schritten die Spannung U und misst jeweils die Stromstärke I in der Elektrolysezelle. Stellt man die Stromstärke in Abhängigkeit von der angelegten Spannung grafisch dar, erhält man eine **Stromstärkespannungskurve** (→ Abb. 8.3).

a) Elektrolyse einer Kupfersulfat-Lösung mit Kupfer-Elektroden

Die Kupfermenge, die an der Anode in Lösung geht, entspricht derjenigen, die sich an der Kathode abscheidet. Die Anode löst sich auf, die Kathode wächst. Je größer die Spannung U_1, umso größer die Stromstärke I, desto mehr Kupfer geht an der Anode (Pluspol) in Lösung und scheidet sich an der Kathode (Minuspol) ab, desto größer die abgeschiedene Stoffmenge pro Zeit: Die Stromstärkespannungskurve ist eine Gerade mit positiver Steigung und hat ihren Ursprung im Nullpunkt. Der OHM'sche Widerstand R der Zelle ist konstant, da die Konzentration an Cu^{2+}-Ionen über die Zeit hin unverändert bleibt (→ Abb. 8.3).

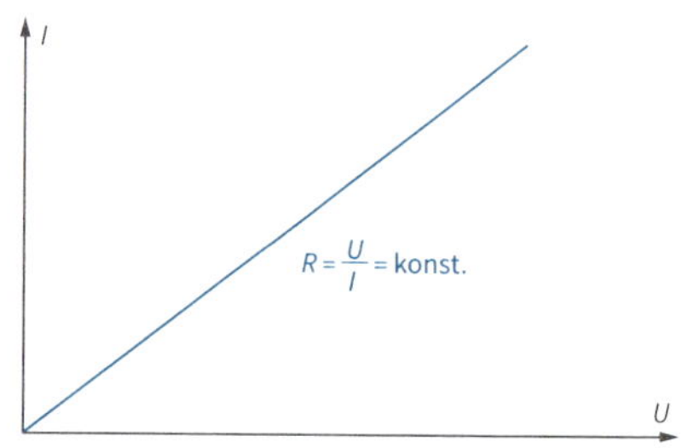

Abb. 8.3: Stromstärkespannungskurve der Elektrolyse einer Kupfersulfat-Lösung mit Kupfer-Elektroden

H_2O

Elektrodenreaktionen

Pluspol, Anode (Oxidation): $Cu\ (s) \Rightarrow Cu^{2+}\ (aq) + 2\ e^-$

Minuspol, Kathode (Reduktion): $Cu^{2+}\ (aq) + 2\ e^- \Rightarrow Cu\ (s)$

Auf diesem Elektrolyseverfahren basiert die Kupfer-Raffination (Reinigung von Kupfer, (→ Seite 118) und die Kupferbeschichtung bei der Galvano-Plastik.

b) Elektrolyse einer Kupfersulfat-Lösung an einer Kupfer- und einer Graphit-Elektrode

Ersetzt man die Kupfer-Elektrode am Pluspol durch eine Graphit-Elektrode, verläuft die Stromstärkespannungskurve zunächst sehr flach und steigt bei einer bestimmten Spannung U_Z, (**Zersetzungsspannung**), steil an (→ Abb. 8.4). Dabei ist an der Anode die Abscheidung von Sauerstoff zu beobachten, der aus der Elektrolyse des Wassers der Kupfersulfatlösung herrührt. An der Kathode scheidet sich Kupfer ab.

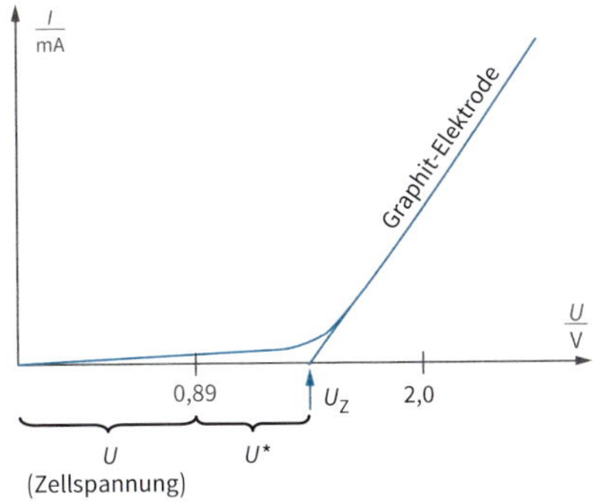

Abb. 8.4: Stromstärkespannungskurve: Zellspannung, Überspannung U^* und Zersetzungsspannung U_Z bei der Elektrolyse von $CuSO_4$-Lösung mit Graphit-Elektrode als Anode

H_2O

Elektrodenreaktionen

Pluspol, Anode (Oxidation):

$2\,H_2O\,(l) \Rightarrow O_2\,(g) + 4\,H^+\,(aq) + 4\,e^-$

Minuspol, Kathode (Reduktion):

$Cu^{2+}\,(aq) + 2\,e^- \Rightarrow Cu\,(s)$

Die eigentliche Elektrolyse beginnt also bei U_Z.

Die flache Steigung der Kurve *vor* der Zersetzungsspannung U_Z ist damit zu erklären, dass aufgrund der geringen Spannung nur ein kleiner Elektrolysestrom entsteht, der zum Abscheiden von nur wenig Sauerstoff an der Graphit-Elektrode und wenig Kupfer an der Kupfer-Elektrode führt. Die gebildeten Teilchen werden an den Elektroden adsorbiert, sodass eine galvanische Zelle $Cu/Cu^{2+}//O_2/H_2O$ (Graphit) mit einer Zellspannung von

$U = U_H^0(\text{Kathode}) - U_H^0(\text{Anode})$

$U = U_H^0(O_2/H_2O\,(\text{Graphit})) - U_H^0(Cu/Cu^{2+})$

$U = 1{,}23\,V - 0{,}34\,V$

$U = 0{,}89\,V$

entsteht.

Die Spannung dieser durch die Elektrolyse entstandenen galvanischen Zelle wird auch als **Zellspannung** oder **Polarisationsspannung** bezeichnet. Sie wirkt der Elektrolysespannung entgegen, sodass anfangs theoretisch kein Strom fließen sollte. Der dennoch gemessene schwache Strom entsteht dadurch, dass in geringem Maße Sauerstoff von der Elektrode in die Lösung diffundiert und durch Elektrolyse nachgebildet wird. Die Elektrolysespannung muss jedoch noch deutlich über die Zellspannung hinaus erhöht werden, damit nennenswerte Elektrolyseprodukte erhalten werden. Mit ein Hauptgrund hierfür ist der

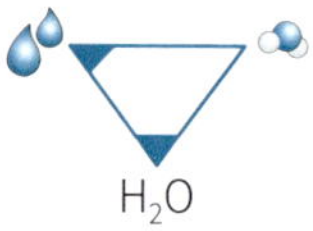

Vorgang der Sauerstoffabscheidung an der Graphit-Elektrode. Diese Differenz zwischen der Zellspannung und der an den Elektroden gemessenen Zersetzungsspannung wird als **Überspannung U^*** bezeichnet:

$$U^* = U_Z - U_{Zellspannung}$$

Bei weiterer Erhöhung der Spannung über die Zersetzungsspannung U_Z hinaus steigt dann die Stromstärke analog der Elektrolyse an den beiden Kupfer-Elektroden (vergleiche: a)).

c) Elektrolyse einer Kupfersulfat-Lösung an einer Kupfer- und einer Platin-Elektrode

Verwendet man statt einer Graphit-Elektrode eine platinierte Platin-Elektrode, verläuft die Elektrolyse analog zu b) (→ Abb. 8.4), nur ist die Überspannung bedeutend geringer (→ Abb. 8.5). Ansonsten laufen die gleichen Reaktionen wie bei b) ab.

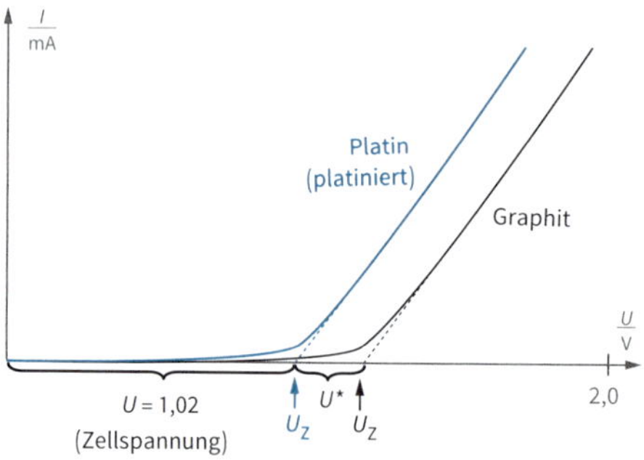

Abb. 8.5: Stromstärkespannungskurven: Elektrolyse einer $CuSO_4$-Lösung mit Graphit- und platinierter Platin-Elektrode als Anode im Vergleich

Die einzelnen Spannungswerte, die bei einer Elektrolyse auftreten, lassen sich anschaulich in **Spannungsdiagrammen** darstellen (→ Abb. 8.6).

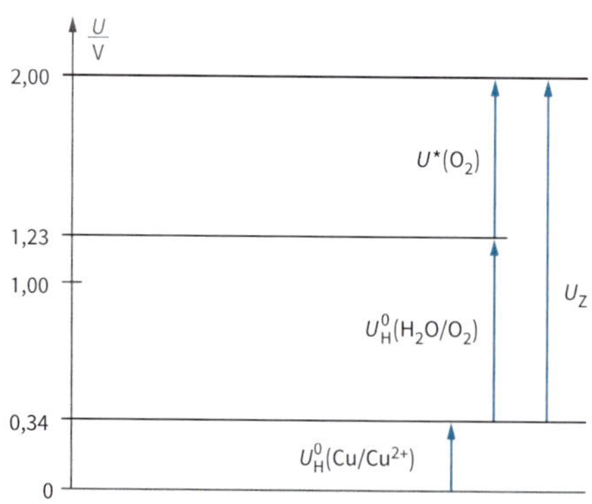

Abb. 8.6: Spannungsdiagramm der Elektrolyse einer Kupfersulfat-Lösung mit Platin-Elektrode

Überspannung

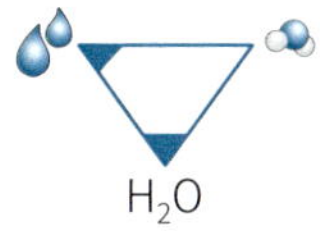

Der Überspannungsanteil einer Elektrodenreaktion hängt von der Temperatur, vom abzuscheidenden Stoff, der Elektrolytkonzentration, vom Elektrodenmaterial und dessen Oberflächenbeschaffenheit ab. Auch die Stromdichte an den Elektroden stellt einen wichtigen Faktor dar. Die Stromdichte ist der Quotient aus Stromstärke und Elektrodenoberfläche. Mit zunehmender Stromdichte steigt die Überspannung an.

Ursache für Überspannung können kinetische Hemmungen einzelner Reaktionsschritte an den Elektroden sein, z.B. bei der Abscheidung von Stoffen, sein. Damit die Reaktion abläuft, sind erhöhte Aktivierungsenergien notwendig. Diese können je nach katalytischer Wirkung der Elektroden unterschiedlich groß sein. Bei der Abscheidung von Gasen wie bei Wasserstoff, Sauerstoff und Chlor treten in der Regel erheblich Überspannungen auf (→ Tab. 8.1). Bei Reaktionen, die zur Abscheidung von Metallen führen, sind Überspannungen in der Regel vernachlässigbar.

Gas	**Elektrodenmaterial**	**Stromdichte in $A \cdot cm^{-2}$**			
		10^{-3}	**10^{-2}**	**10^{-1}**	**10^{-0}**
Wasserstoff	Pt (platiniert)	- 0,02	- 0,04	- 0,05	- 0,07
	Pt (blank)	- 0,12	- 0,23	- 0,35	- 0,47
	Graphit	- 0,60	- 0,78	- 0,97	- 1,03
	Quecksilber	- 0,94	- 1,04	- 1,15	- 1,25
Sauerstoff	Pt (platiniert)	0,40	0,52	0,64	0,77
	Pt (blank)	0,72	0,85	1,28	1,49
	Graphit	0,53	0,90	1,09	1,24
Chlor	Pt (platiniert)	0,006	0,016	0,026	0,08
	Pt (blank)	0,008	0,03	0,054	0,24
	Graphit	0,1	0,12	0,25	0,50

Tab. 8.1: Überspannungsanteile U^* in Volt für die Abscheidung einiger Gase

Wissen

Wird eine wässrige Lösung unter Zuführung von elektrischer Energie elektrolysiert, laufen die im Vergleich zur galvanischen Zelle umgekehrten Redoxreaktionen ab. Dabei werden die gewünschten Elektrolyseprodukte in merklichen Mengen erst oberhalb der Zersetzungsspannung erhalten. Scheiden sich Gase ab, ist mit Überspannungen zu rechnen.

Vorhersage der Elektrodenreaktionen bei Elektrolysen mithilfe von Abscheidungspotentialen

Die bei Elektrolysen an den Elektroden ablaufenden Reaktionen sind vorhersagbar. Anhand der Elektrolyse einer Natriumsulfat-Lösung ($c = 1\ mol \cdot l^{-1}$; pH = 7) an Platin-Elektroden soll gezeigt werden, inwieweit dies möglich ist.

H_2O

1. Mögliche Redoxreaktionen

In einem *ersten Schritt* bildet man für alle in der zu elektrolysierenden Lösung vorkommenden Teilchen mögliche korrespondierende Redoxpaare mit den dazugehörigen Standardpotentialen.

Mögliche korrespondierende **Redoxpaare:**

- Na^+ (aq)/Na (s) — $U^0_H = -2{,}71\ V$
- $S_2O_8^{2-}$ (aq)/SO_4^{2-} (aq) — $U^0_H = 2{,}01\ V$
- H_2O (l)/H_2 (g) pH = 7 — $U_H = -0{,}41\ V$
- O_2 (g)/H_2O (l) pH = 7 — $U_H = 0{,}82\ V$

2. Zuordnung der Redoxreaktionen

In einem *zweiten Schritt* werden der Anode denkbare Oxidationsreaktionen und der Kathode mögliche Reduktionsreaktionen zugeordnet:

Anode (Pluspol)

- Der Sauerstoff im Wasser-Molekül kann nur zu O_2 (g) oxidiert werden, die Reaktion kann daher nur an der Anode ablaufen.
- SO_4^{2-} (aq) kann zu $S_2O_8^{2-}$ (aq) oxidiert werden, die Reaktion kann daher nur an der Anode ablaufen.

Kathode (Minuspol)

- Der Wasserstoff im Wasser-Molekül kann zu H_2 (g) reduziert werden, die Reaktion kann daher nur an der Kathode ablaufen.
- Na^+ (aq) kann zu Na (s) reduziert werden, die Reaktion kann daher nur an der Kathode ablaufen.

3. Überspannungen

Bei Gasreaktionen müssen in einem *dritten Schritt* noch die Überspannungen an den beiden Platin-Elektroden berücksichtigt werden:

- $U^*(O_2)$ (Pt, blank): $0{,}72\ V$; bei einer Stromdichte von $10^{-3}\ A \cdot cm^{-2}$
- $U^*(H_2)$ (Pt, blank): $-0{,}12\ V$; bei einer Stromdichte von $10^{-3}\ A \cdot cm^{-2}$

4. Abscheidungspotentiale

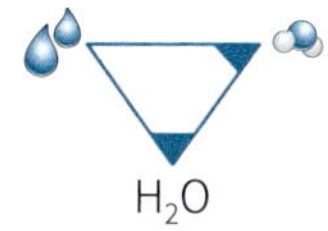

Somit ergeben sich folgende Abscheidungspotentiale für die an den Elektroden denkbaren Reaktionen:

Pluspol, Anode (Oxidation):

- $2\,SO_4^{2-}\,(aq) \Rightarrow S_2O_8^{2-}\,(aq) + 2\,e^-$; $U_H^0 = 2{,}01\,V$
- $2\,H_2O\,(l) \Rightarrow O_2\,(g) + 4\,H^+\,(aq) + 4\,e^-$;
  $U_H = 0{,}82\,V + U^*(O_2) = 0{,}82\,V + 0{,}72\,V = 1{,}54\,V$

Folgerung: Das Elektrodenpotential für die Bildung von Sauerstoff aus Wasser (1,54 V) ist niedriger als das Elektrodenpotential für die Bildung von Peroxoidsulfat aus Sulfat (2,01 V). Wasser gibt also bei der Oxidation leichter seine Elektronen ab als Sulfat. Theoretisch würde $SO_4^{2-}\,(aq)$ seine Elektronen erst dann abgeben, wenn das gesamte Wasser oxidiert wäre. Somit wird an der Anode Wasser zu gasförmigen Sauerstoff oxidiert.

Vorhersage von Elektrolysereaktionen
1. Mögliche Redoxpaare
↓
2. Zuordnung zu Anode und Kathode
↓
3. Überspannungen?
↓
4. Abscheidungspotentiale
↓
5. Elektrolyse-Reaktion!

Minuspol, Kathode (Reduktion):

- $Na^+\,(aq) + e^- \Rightarrow Na\,(s)$; $U_H^0 = -2{,}71\,V$
- $2\,H_2O\,(l) + 2\,e^- \Rightarrow H_2(g) + 2\,OH^-\,(aq)$;
  $U_H = -\,0{,}41\,V + U^*\,(H_2) = -0{,}41\,V + (-0{,}12\,V) = -\,0{,}53\,V$

Folgerung: Das Elektrodenpotential für die Bildung von Wasserstoff aus Wasser (−0,53 V) ist höher als das Elektrodenpotential für die Bildung von Natrium aus Natrium-Kationen (−2,71 V). Daher nimmt der Wasserstoff im Wasser bei der Reduktionsreaktion zuerst die Elektronen auf und wird zu Wasserstoff reduziert. Theoretisch könnten die Natrium-Kationen erst dann Elektronen aufnehmen, wenn das gesamte Wasser zu Wasserstoff reduziert wäre.

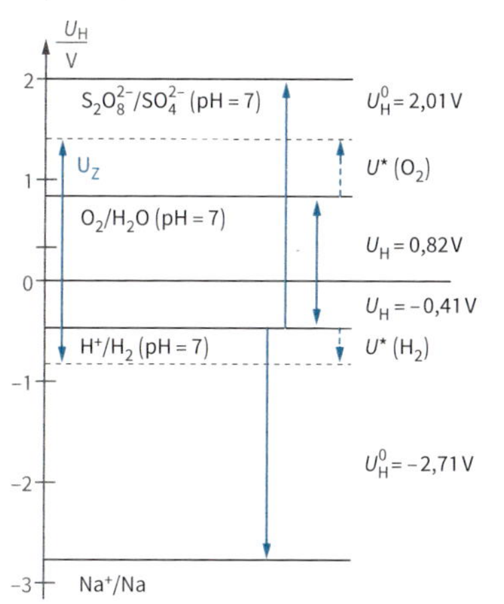

Abb. 8.7: Spannungsdiagramm zur Elektrolyse von Natriumsulfat-Lösung

Fazit

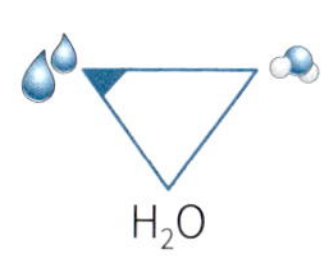

Bei der Durchführung des entsprechenden Experiments wird am Pluspol (Anode) eine Sauerstoffentwicklung an der Platin-Elektrode zu beobachten sein. Am Minuspol (Kathode) wird sich an der Platin-Elektrode Wasserstoffgas entwickeln (→ Abb. 8.7).

H$_2$O

Berechnung der Zersetzungsspannung

(bei einer Stromdichte von $10^{-3}\,A \cdot cm^{-2}$, → Tab. 8.1):

$U_Z = [U_H(\text{Anode}) + U^*(\text{Anode})] - [U_H(\text{Kathode}) + U^*(\text{Kathode})]$

$U_Z = [U_H(O_2\,(g)/H_2O\,(l);\,pH = 7) + U^*(O_2;\,\text{Pt, blank})]$

$\quad - [U_H(H_2O\,(l)/H_2\,(g);\,pH = 7) + U^*(H_2;\,\text{Pt, blank})]$

$U_Z = [0{,}82\,V + 0{,}72\,V] - [-0{,}41\,V + (-0{,}12\,V)]$

$U_Z = 1{,}54\,V + 0{,}53\,V = 2{,}07\,V$

Wissen

- Bei **Elektrolysen** laufen immer diejenigen Reaktionen ab, welche die kleinste Zersetzungsspannung erfordern.
- An der Anode (Pluspol) wird die Verbindung mit dem kleinsten Abscheidungspotential oxidiert.
- An der Kathode (Minuspol) wird die Verbindung mit dem größten Abscheidungspotential reduziert.
- Die **Zersetzungsspannung** wird folgendermaßen berechnet:
  $U_Z = [U_H(\text{Anode}) + U^*(\text{Anode})] - [U_H(\text{Kathode}) + U^*(\text{Kathode})]$

Hinweis: Mithilfe der Formel

$U_Z = [U_H\,(\text{Pluspol}) + U^*\,(\text{Pluspol})] - [U_H\,(\text{Minuspol}) + U^*\,(\text{Minuspol})]$

kann man ebenfalls die Zersetzungsspannung berechnen.

H$_2$O

Abscheidungspotentiale von Wasserstoff und Sauerstoff

Laufen Elektrolysen in einem wässrigen System ab, ist Wasser vielfach an den Elektrodenreaktionen beteiligt. Interessanterweise betragen die Abscheidungspotentiale von Sauerstoff und Wasserstoff ohne Berücksichtigung der Überspannung bei jedem pH-Wert immer 1,23 V, da die Abscheidungspotentiale von Wasserstoff und Sauerstoff in gleichem Maße vom pH-Wert abhängig sind. Somit sind sie quasi unabhängig vom pH-Wert des Elektrolyten.

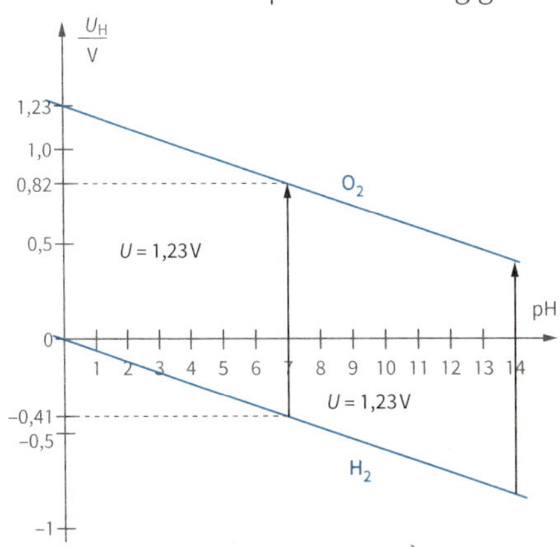

Abb. 8.8: pH-Abhängigkeit der Abscheidungspotentiale von Wasserstoff und Sauerstoff

FARADAY-Gesetze

Um herauszufinden, welche Stoffmengen sich unter bestimmten Elektrolysebedingungen abscheiden, führte MICHAEL FARADAY Anfang des 19. Jahrhunderts als erster eine Vielzahl von Elektrolyse-Versuchen durch, bei denen er Stromstärke und Elektrolysedauer variierte und die abgeschiedenen Stoffmassen bestimmte. Diese und weitere Untersuchungen fanden ihren Niederschlag in den FARADAY-Gesetzen:

H_2O

1. FARADAY-Gesetz

Die elektrolytisch abgeschiedenen Stoffmengen n sind der durch den Elektrolyten geflossenen Ladungsmenge Q proportional: $n \sim Q$

Folglich erhält man bei der Elektrolyse einer Kupfersulfat-Lösung die doppelte Stoffmenge Kupfer, wenn man die Elektrolysezeit t oder die Stromstärke I verdoppelt, da dann die doppelte Ladungsmenge Q durch die Elektrolysezelle fließt: $Q = I \cdot t$.

2. FARADAY-Gesetz

Zur elektrolytischen Abscheidung von 1 mol Teilchen eines Stoffes ist die Ladungsmenge $Q = 1\ \text{mol} \cdot z \cdot F$ erforderlich.
(z: Zahl der Elektronen, die bei der Abscheidung eines Teilchens an der Elektrode ausgetauscht werden;
F: Faraday-Konstante $= 96\,485\ \text{C} \cdot \text{mol}^{-1} = 96\,485\ \text{A} \cdot \text{s} \cdot \text{mol}^{-1}$).

Beispiel
Schaltet man eine Kupfersulfat-Elektrolysezelle hinter eine Silbernitrat-Elektrolysezelle, so dass in einer bestimmt Zeit die gleiche Ladungsmenge durch die beiden Elektrolysezellen fließt, so erhält man nur die Hälfte der Stoffmenge n an Kupfer wie an Silber, da bei der Abscheidung von Kupfer die zweifache Menge an Elektronen ausgetauscht werden muss.

$$Ag^+ + e^- \Rightarrow Ag;\ Cu^{2+} + 2\ e^- \Rightarrow Cu;\ n(Ag) : n(Cu) = 1 : \frac{1}{2}$$

Somit gilt für die abgeschiedene Stoffmenge n: $n = \frac{I \cdot t}{Z \cdot F}$

H_2O

Die **Elementarladung eines Elektrons** kann man mithilfe des 2. Faraday-Gesetzes ebenfalls bestimmen. So werden zur Entladung von Silber-Ionen der Stoffmenge 1 mol $6{,}022 \cdot 10^{23}$ Elektronen mit der Ladungsmenge $96\,485\ \text{C}$ gebraucht. Hieraus ergibt sich, dass ein einzelnes Elektron eine Ladung von $1{,}602 \cdot 10^{-19}\ \text{C}$ hat. Diese Ladung wird unabhängig vom Vorzeichen als **Elementarladung** bezeichnet und gilt somit auch für positive Ladungen.

Wissen

Mithilfe der FARADAY-Gesetze kann man bei Elektrolysen umgesetzte Ladungs- und Stoffmengen quantitativ bestimmen.

Kupfer-Raffination

Kupfer-Raffination = Elektrolyse einer sauren Kupfersulfat-Lösung mit Kupfer-Elektroden (→ Abschnitt a), Seite 110)

Die elektrische Leitfähigkeit von Kupfer hängt in hohem Maße von der Reinheit des Metalls ab. Ein Anteil von nur 0,07 % Arsen vermindert die Leitfähigkeit bereits um etwa ein Drittel. 99%iges Rohkupfer, wie es bei der Kupferverhüttung anfällt, ist nicht rein genug. Es enthält noch edlere Metalle wie Silber, Gold und Platin und unedle Metalle wie Eisen, Blei, Zink, Zinn oder Arsen. Diese Verunreinigungen werden durch eine Kupfer-Raffination weitestgehend entfernt. Bei diesem elektrolytischen Verfahren sind in saurer Lösung an den Elektroden folgende Reaktionen denkbar:

H_2O

Pluspol, Anode (Oxidation):

$Cu\,(roh) \Rightarrow Cu^{2+}\,(aq) + 2\,e^-$; $U_H^0 = 0{,}34\ V$

$2\,H_2O\,(l) \Rightarrow O_2\,(g) + 4\,H^+\,(aq) + 4\,e^-$; $U_H^0 = 1{,}23\ V$

$Au\,(s) \Rightarrow Au^{3+}\,(aq) + 3\,e^-$; $U_H^0 = 1{,}68\ V$

$SO_4^{2-}\,(aq) \Rightarrow S_2O_8^{2-}\,(aq) + 2\,e^-$; $U_H^0 = 2{,}01\ V$

Minuspol, Kathode(Reduktion):

$Cu^{2+}\,(aq) + 2\,e^- \Rightarrow Cu\,(rein)$; $U_H^0 = 0{,}34\ V$

$As^{3+}\,(aq) + 3\,e^- \Rightarrow As\,(s)$; $U_H^0 = 0{,}30\ V$

$2\,H^+\,(aq) + 2\,e^- \Rightarrow H_2\,(g)$; $U_H^0 = 0{,}00\ V$

Da an der Anode der Stoff mit dem kleinsten Abscheidungspotential oxidiert und an der Kathode der Stoff mit dem größten Abscheidungspotential reduziert wird, ergibt sich die geringste Zersetzungsspannung, wenn Kupfer-Ionen an der Kathode reduziert werden und das Kupfer der Anode oxidiert wird: Die Anode aus Rohkupfer löst sich dabei auf und an der Kathode, die häufig aus Edelstahl besteht, scheidet sich hochreines Kupfer ab.

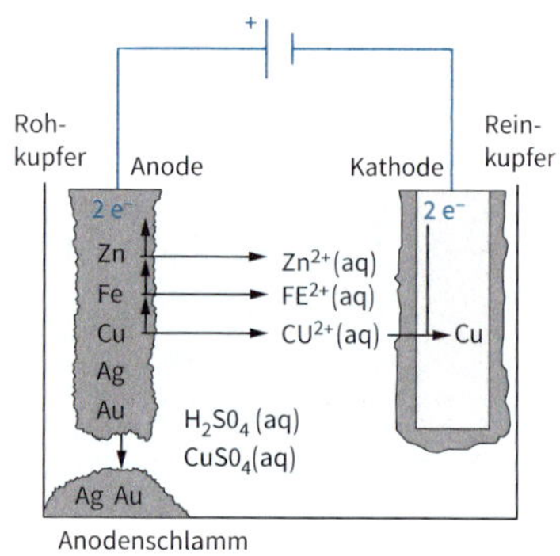

Abb. 8.9: Elektrolytische Raffination von Kupfer

Der Elektrolyt besteht aus Kupfersulfat in verdünnter Schwefelsäure-Lösung. Die Spannung beträgt etwa 0,3 V, sodass nur Kupfer und alle unedleren Bestandteile der Rohkupfer-Anode wie Zink, Nickel, Kobalt, Arsen und Eisen oxidiert und gelöst werden. Die edleren Metalle fallen als unlöslicher Anodenschlamm zu Boden. Aus diesem werden Metalle wie Silber und Gold gewonnen, die ebenfalls elektrolytisch gereinigt werden.

Nach der Elektrolyse wird das gewonnene Reinkupfer eingeschmolzen und als 99,99%iges Elektrolyt-Kupfer in Form von Zylindern, Platten oder Barren in den Handel gebracht.

Chloralkali-Elektrolyse

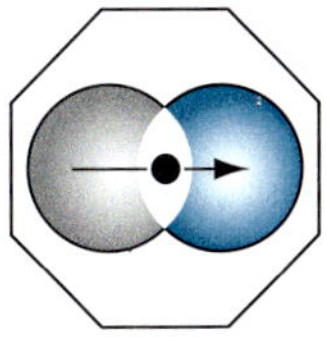

Bei der Chloralkali-Elektrolyse wird in großtechnischem Maßstab wässrige Kochsalz-Lösung elektrolysiert, die aus Steinsalz hergestellt wird. Die Elektrolyseprodukte Natronlauge, Chlor und Wasserstoff, die nach folgender Reaktionsgleichung erzeugt werden, dienen in der chemischen Industrie als Grundstoffe:

$2\,NaCl\,(aq) + 2\,H_2O\,(l) \rightarrow Cl_2\,(g) + 2\,NaOH\,(aq) + H_2\,(g);\ \Delta_R H^0_m = 446\ kJ \cdot mol^{-1}$

Von den in einer Natriumchlorid-Lösung vorliegenden Teilchen können Natrium-Kationen und die Wasserstoff-Atome im Wasser-Molekül bei einer Elektrolyse nur reduziert werden, Chlorid und das Sauerstoffatom im Wasser nur oxidiert werden. Somit sind an den Elektroden folgende Reaktionen denkbar:

H_2O

Pluspol, Anode (Oxidation):

$2\,Cl^-\,(aq) \Rightarrow Cl_2\,(g) + 2\,e^-;$ $U^0_H = 1{,}36\ V$

$2\,H_2O\,(l) \Rightarrow O_2\,(g) + 4\,H^+\,(aq) + 4\,e^-;$ $U_H = 0{,}82\ V\ (pH = 7)$

Minuspol, Kathode (Reduktion):

$Na^+\,(aq) + e^- \Rightarrow Na\,(s);$ $U^0_H = -2{,}71 V$

$2\,H_2O\,(l) + 2\,e^- \Rightarrow 2\,OH^-\,(aq) + H_2\,(g);$ $U_H = -0{,}41\ V\ (pH = 7)$

H_2O/O_2 hat ein geringeres Potential (0,82 V) als Cl_2/Cl^- (aq) (1,36 V) und somit gibt es seine Elektronen bei der Oxidation leichter als Chlorid ab. Folglich würde an der Anode Wasser zu gasförmigem Sauerstoff oxidiert werden. Da der Wasserstoff im Wassermolekül ein höheres Potential (– 0,41 V) als Na^+ (aq) (– 2,71 V) hat wird es an der Kathode zu gasförmigen Wasserstoff reduziert. Ohne besondere technische Kniffe würden bei der Chlor-Alkali-Elektrolyse als Produkte nur Sauerstoff und Wasserstoff entstehen.

H_2O

Von der Industrie gewünschte Produkte wie Natronlauge und Chlorgas lassen sich daher bei dieser Versuchsanordnung nur durch Ausnutzung von Überspannungseffekten an den Elektroden sowie der pH-Abhängigkeit und der Konzentrationsabhängigkeit der Potentiale erhalten. Dies wird bei den wichtigsten Herstellungsverfahren, wie den über 100 Jahre alten Amalgam- und Diaphragma-Verfahren sowie dem neuen umweltfreundlichen Membran-Verfahren, über unterschiedliche Strategien erreicht.

H_2O

a) Amalgam-Verfahren

Die Amalgam-Elektrolysezelle besteht aus einem leicht geneigten Stahltrog. Über dessen Boden fließt als Kathode ein etwa 3 mm dicker Quecksilberfilm. In den Deckel der Zelle sind bis zu 180 Titan-Anoden eingelassen, die mit Rutheniumoxid beschichtet sind. Dadurch wird katalytisch die Chlor-Bildung gefördert. Der Abstand zwischen Anode und Kathode beträgt nur 2 mm. Er muss gleich bleiben, damit die Elektrolyse bei konstanter Spannung von etwa 4 V durchgeführt werden kann.

Anode: Da an den Titan-Anoden die Überspannung von Sauerstoff sehr viel größer als die Überspannung von Chlor ist, scheidet sich das gewünschte Chlorgas ab.

Kathode: Sehr reine Natronlauge erhält man, wenn metallisches Natrium mit Wasser reagiert. Daher ist man bestrebt, an der Kathode metallisches Natrium zu erzeugen. Dies wird erreicht, indem man einerseits das Abscheidungspotential von Wasserstoff ($U_H = -0{,}41$ V bei pH = 7) negativer, andererseits das von Natrium ($U_H^0 = 2{,}71$ V) positiver werden lässt.

Das Abscheidungspotential von Wasserstoff wird negativer durch

- die Überspannung von Wasserstoff an Quecksilber: $U^*(H_2(Hg)) = -1{,}2$ V bei einer Stromdichte von $0{,}5\ A \cdot cm^{-2}$
- einen alkalischen pH-Wert an der Kathode, der durch die entstehenden OH^--Ionen bei der anfänglichen Wasserstoff-Abscheidung entsteht:
  $U(H^+/H^2) = -0{,}71$ V bei pH = 12

So erhält man ein Wasserstoff-Abscheidungspotential von – 1,91 V:

$$U(H^+/H_2) + U^*(H_2(Hg)) = -1{,}91\ V.$$

Das Abscheidungspotential von Natrium wird positiver durch die Bildung von flüssigem Natriumamalgam, einer Natrium-Quecksilber-Legierung, da die Amalgambildung ein Energie freisetzender Prozess ist (entspricht 0,87 V). Somit muss für die Elektrolyse weniger elektrische Energie aufgewendet werden:

$$U(Na^+/Na) = -2{,}71\ V + 0{,}87\ V = -1{,}84\ V.$$

An der Kathode entsteht daher metallisches Natrium, das sich im Quecksilber löst. Das Quecksilber fließt beständig durch die Elektrolysezelle. Im **Amalgamzersetzer** reagiert das Natriumamalgam mit Wasser zu reiner Natronlauge und Wasserstoff. Graphitstäbe beschleunigen dabei die Reaktion, indem sie die Überspannung für die Abscheidung von Wasserstoff herabsetzen. Das natriumfreie Quecksilber wird in die Elektrolysezelle zurückgeleitet, womit sich der Kreislauf schließt.

Überblick über die Reaktionen beim Amalgamverfahren

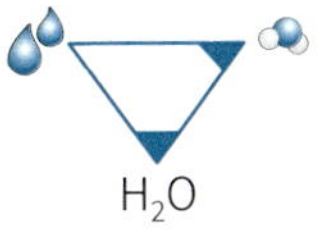

Anode: $2\,Cl^-(aq) \Rightarrow Cl_2(g) + 2\,e^-$

Kathode: $2\,Na^+(aq) + 2\,e^- \Rightarrow 2\,Na\,(s)$

$2\,Na\,(s) + x\,Hg\,(l) \rightarrow 2\,NaHg_X$

Amalgamzersetzer:

$2\,NaHg_X(l) + 2\,H_2O\,(l) \rightarrow 2\,Na^+(aq) + 2\,OH^-(aq) + x\,Hg\,(l) + H_2(g)$

$2\,Na^+(aq) + 2\,Cl^-(aq) + 2\,H_2O \rightarrow 2\,Na^+(aq) + 2\,OH^-(aq) + Cl_2(g) + H_2(g)$

$\Delta_R H_m^0 = +454\,kJ \cdot mol^{-1}$

b) Diaphragma-Verfahren

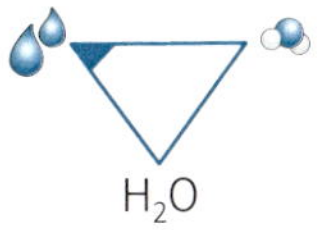

Beim Diaphragma-Verfahren wird anstelle von Quecksilber eine Kathode aus feinem Eisennetz verwendet, das auf einem Eisenrost liegt. Da die Überspannung von Wasserstoff an Eisen viel geringer ist als an Quecksilber, wird Wasserstoff und nicht Natrium abgeschieden. An den mit Rutheniumoxid beschichteten Anoden aus Titan bildet sich wie beim Amalgam-Verfahren Chlor.

Elektrodenreaktionen

Pluspol, Anode (Oxidation): $2\,Cl^-(aq) \Rightarrow Cl_2(g) + 2\,e^-$

Minuspol, Kathode (Reduktion): $2\,H_2O\,(l) + 2\,e^- \Rightarrow H_2(g) + 2\,OH^-(aq)$

Um zu verhindern, dass die an der Kathode gebildeten Hydroxid-Ionen zur Anode gelangen und sich dort mit dem entstandenen Chlor in einer **Disproportionierungsreaktion** zu Chlorid und Hypochlorit (OCl^-) umsetzen, unterteilt man die Elektrolysezelle mit einem Diaphragma (poröse Scheidewand) in den Kathodenraum und Anodenraum. Das Diaphragma besteht aus mit Kunststofffasern verdichtetem Asbest oder aus Kunststoff. Es behindert die Ionenwanderung im elektrischen Feld nur wenig, sodass der elektrische Widerstand der Zelle kaum erhöht ist. Für Gasbläschen ist das Diaphragma dagegen praktisch undurchlässig, sodass sich Wasserstoff und Chlor nicht zu Chlorknallgas vermischen können. Damit eine Diffusion der Hydroxid-Ionen in den Anodenraum darüber hinaus erschwert wird, stellt man über die Fließgeschwindigkeit der Sole im Anodenraum einen höheren Flüssigkeitspegel ein, sodass sich über den hydrostatischen Druck eine Flüssigkeitsbewegung vom Anodenraum in den Kathodenraum einstellt.

Disproportionierung (→ Kapitel 7, Seite 91)

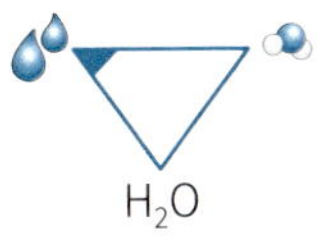

c) Membran-Verfahren

Das Membran-Verfahren arbeitet wie das Amalgam- und Diaphragma-Verfahren ebenfalls mit Rutheniumoxid beschichteten Titan-Anoden. Als Kathodenmaterial findet Edelstahl oder Nickel Verwendung. Beide sind mit einer für die Wasserstoffbildung katalytisch wirksamen Nickel-Aluminium-Legierung überzogen. An den Elektroden laufen die gleichen chemischen Reaktionen ab wie beim Diaphragma-Verfahren.

Anoden- und Kathodenraum sind durch eine nur 0,1 mm dünne chlor- und laugenbeständige **Kationenaustauscher-Membran** getrennt. Sie besteht aus Polytetrafluorethen mit negativ geladenen SO_3-Resten. Durch diese Membran gelangen Natrium-Kationen im Austausch mit H^+ (aq) zum Ladungsausgleich in den Kathodenraum. Für Hydroxid-Ionen und Chlorid-Ionen sowie für Chlor ist die Membran praktisch undurchlässig. Damit wird die Disproportionierung von Chlor im Kathodenraum vermieden. Die so erzeugte, etwa 35%ige Natronlauge ist daher fast frei von Chlorid-Ionen. Die Sole im Anodenraum wird im Kreislauf geführt und von außen mit Kochsalz angereichert. Auch der Elektrolyt im Kathodenraum fließt im Kreislauf; hierbei wird ein Teil der erzeugten Natronlauge ausgeleitet und Wasser wird zugegeben.

	Amalgam-Verfahren	**Diaphragma-Verfahren**	**Membran-Verfahren**
Anodenmaterial	**mit Rutheniumoxid überzogenes Titan**		
Kathodenmaterial	Quecksilber	Eisen oder Stahl	Mit Ni-Al-Legierung beschichteter Edelstahl oder Nickel
Diaphragma	–	mit Kunststofffasern verdichteter Asbest	ionenselektive Kationenaustauschmembran
Umweltbelastung	Quecksilber	Asbest	–
Chlor	sehr rein	verunreinigt (O_2)	verunreinigt (O_2)
Natronlauge	sehr rein	verunreinigt (NaCl)	sehr rein
Wasserstoff	sehr rein	verunreinigt (O_2)	rein
Energieverbrauch	relativ hoch	günstig	günstig
Verbreitung EU (2011)	ca. 32 %	ca. 14 %	ca. 51,5 %

Tab. 8.2: Verfahren der Chloralkali-Elektrolyse im Vergleich

Galvanisieren

Beim Galvanisieren wird ein Gegenstand mit einer Schicht eines Metalls elektrolytisch überzogen. Das Verfahren wird beispielsweise beim **Korrosionsschutz** (→ Seite 129) angewandt, um auf ein zu schützendes Metall eine Schicht eines widerstandfähigeren Metalls abzuscheiden.

Eine wesentliche Voraussetzung für gut haftende galvanische Überzüge ist die sorgfältige Vorbehandlung der Grundmetalle. Zunächst wird die Oberfläche durch Säuren wie Salzsäure oder Schwefelsäure von Oxidschichten befreit. Anschließend wird das Werkstück glattgeschliffen, poliert und entfettet.

Das gereinigte Werkstück wird in eine Salzlösung des Überzugsmaterials getaucht und als Kathode geschaltet. Als Anode dient ein Stück des Überzugmetalls, das sich bei dem Vorgang langsam auflöst. Auf diese Weise bleibt die Konzentration der Ionen im Elektrolyten konstant, denn es gehen genauso viele Ionen in Lösung, wie an der Kathode abgeschieden werden.

Gewinnung von Aluminium mithilfe der Schmelzfluss-Elektrolyse

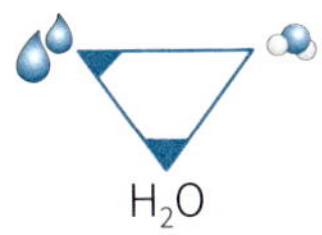

Ausgangsstoff für die Herstellung von Aluminium ist Bauxit. Die Hauptbestandteile von Bauxit lassen sich näherungsweise durch die Formeln $Al(OH)_3$ und $AlO(OH)$ beschreiben. In der Regel enthält Bauxit auch Silicium- und Titan-Verbindungen sowie wasserhaltiges Eisen(III)-oxid, das die Rotfärbung des Bauxits verursacht. Bauxit muss in einem speziellen Verfahren (→ Abb. 8.10) zu sehr reinem Aluminiumoxid aufgearbeitet werden.

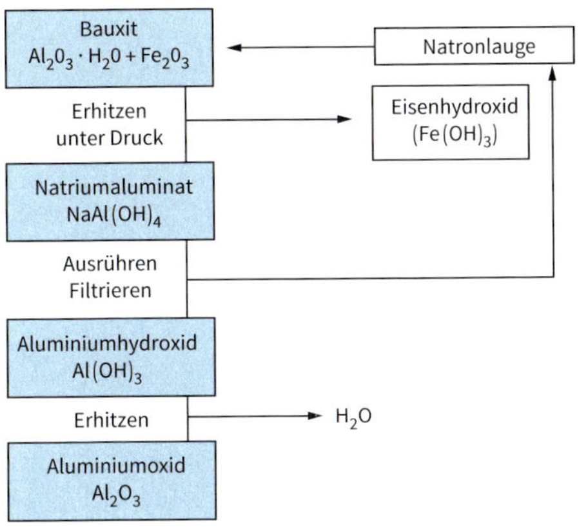

Abb. 8.10: Gewinnung von Aluminiumoxid aus Bauxit

Schmelzfluss-Elektrolyse

Aus Aluminiumoxid wird mithilfe der Schmelzfluss-Elektrolyse Aluminium hergestellt. Dies geschieht in einer mit Graphit ausgekleideten Eisenwanne. Die Graphitauskleidung bildet die Kathode der Elektrolysezelle. Als Anode dienen Graphitblöcke. Sie sind oberhalb der Wanne beweglich angebracht.

Da Aluminiumoxid eine sehr hohe Schmelztemperatur von 2045 °C hat, wird es in geschmolzenem Kryolith (Natriumhexafluoroaluminat Na_3AlF_6) gelöst. Dadurch erfolgt eine Schmelztemperaturerniedrigung auf 940 °C sowie eine Leitfähigkeitserhöhung und damit eine Verbesserung der Stromausbeute. Die Temperatur der Schmelze beträgt während der Elektrolyse etwa 960 °C, die Elektrolysespannung liegt bei 4,5 bis 5 V. Die Schmelztemperatur von Aluminium beträgt 659 °C.

Vereinfacht dargestellt laufen an den Elektroden folgende Reaktionen ab.

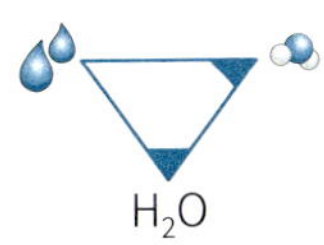

Pluspol, Anode (Oxidation):

$$3\,C + 6\,O^{2-} \Rightarrow 3\,CO_2 + 12\,e^-$$

Minuspol, Kathode (Reduktion):

$$4\,Al^{3+} + 12\,e^- \Rightarrow 4\,Al\,(l)$$

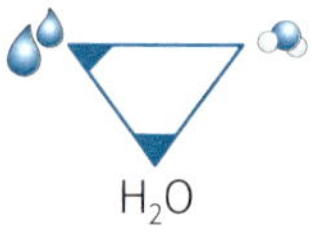

Gesamtreaktion:

$$2\,Al_2O_3\,(l) + 3\,C\,(s) \rightarrow 4\,Al\,(l) + 3\,CO_2\,(g);\ \Delta_R H_m^0 = +2160\ kJ \cdot mol^{-1}$$

An der Anode scheidet sich nicht Sauerstoff ab, sondern es bilden sich durch elektrochemische Oxidation der Graphit-Anode in Kontakt mit der Schmelze Kohlenstoffdioxid (CO_2) und geringe Mengen von Kohlenstoffmonoxid (CO). Dadurch löst sich die Graphitanode während der Elektrolyse auf und muss laufend nachgeführt werden.

Das gebildete flüssige Aluminium sammelt sich auf dem Boden der Wanne und wird zur Kathode. Dadurch ist es auch vor Oxidation geschützt. Das Aluminium wird täglich abgesaugt und nach einer Entgasungsphase in Barren gegossen. Es hat eine Reinheit von 99,5 % bis 99,9 %.

Aluminium wird wie Natrium (→ Seite 109) im großtechnischen Maßstab durch Schmelzfluss-Elektrolyse erzeugt. Ausgangsstoff ist bei der Aluminiumproduktion Aluminiumoxid.

Die Herstellung von Aluminium ist sehr umweltbelastend. Einerseits entstehen als Abgase CO_2, CO und HF aus dem Kryolith, andererseits beträgt der Energieverbrauch etwa 14 kWh je kg Aluminium.

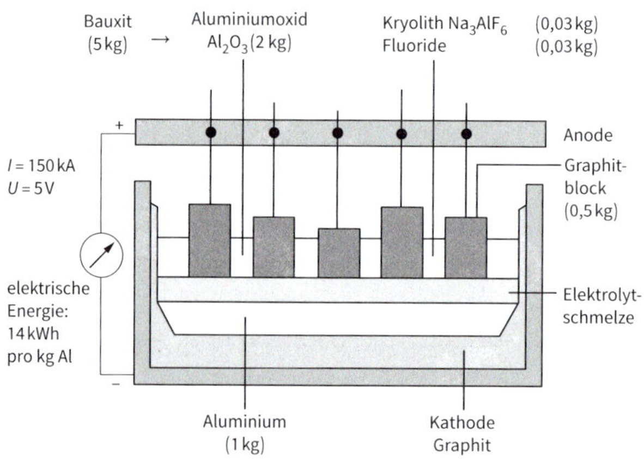

Abb. 8.11: Herstellung von Aluminium (Verbrauchswerte für 1 kg)

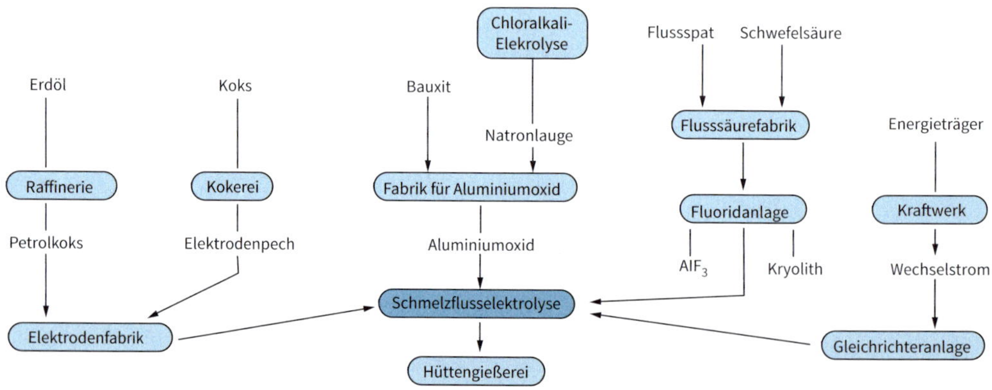

Abb. 8.12: Versorgung einer Aluminiumhütte mit elektrischer Energie und Rohstoffen

Eloxal-Verfahren

Das unedle Aluminium ist an Luft beständig, da es mit dem Luftsauerstoff eine etwa 5 bis 10 nm dicke, harte und durchsichtige Oxidschicht bildet, die es vor weiterer Oxidation schützt. Aufgrund dieser Oxidschicht reagiert Aluminium trotz seines unedlen Charakters auch nicht mit Wasser. Man sagt, Aluminium ist **passiviert**. Saure und alkalische Lösungen zerstören allerdings den dünnen Schutzfilm schnell und oxidieren dann das Aluminium vollständig. Um die Beständigkeit von Aluminium zu verbessern, verstärkt man die natürliche Oxidschicht durch das **Eloxal-Verfahren** (**el**ektrolytische **Ox**idation des **Al**uminiums).

H_2O

Eloxieren dient dem Korrosionsschutz von Aluminium.

Elektrolyse

Beim Eloxal-Verfahren wird der zu eloxierende Gegenstand in einer Elektrolyse-Apparatur als Anode geschaltet (→ Abb. 8.13).
Verdünnte Schwefelsäure bildet den Elektrolyten, die Kathode besteht aus Blei oder Aluminium.

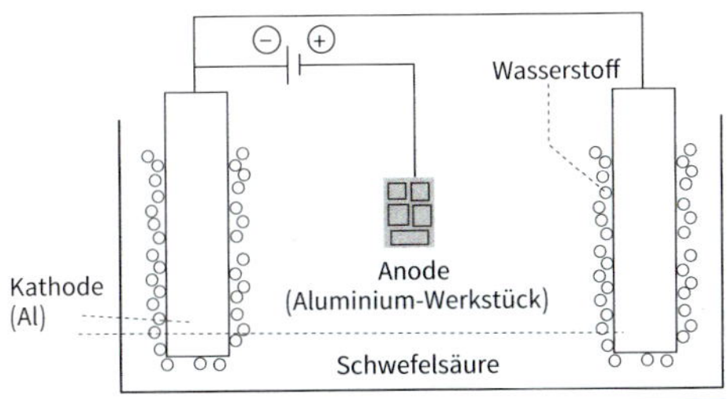

Abb. 8.13: Eloxal-Verfahren (schematisch)

Um eine gleichmäßige Dicke der Oxidschicht am Aluminiumwerkstück zu erhalten, muss die Stromdichte bei der Elektrolyse überall relativ gleich sein. Hierzu kann man das anodisch geschaltete Werkstück zwischen zwei Kathoden positionieren. Bei der Elektrolyse bildet sich an den Kathoden Wasserstoff. Die Vorgänge an der **Aluminium-Anode** sind kompliziert. Direkt an der Metaloberfläche entstehen durch Abgabe von Elektronen Al^{3+}-Ionen, die durch feine Poren der Oxidschicht die Lösung erreichen. Vereinfacht läuft dort die folgende Reaktion ab:

H_2O

$$2\,Al^{3+}\,(aq) + 3\,H_2O\,(l) \rightarrow Al_2O_3\,(s) + 6\,H^+\,(aq)$$

Die Oxidschicht wächst somit in das Metall hinein. Es bilden sich dicht nebeneinander liegende Poren mit wabenähnlicher Struktur. Der behandelte Gegenstand wird dabei etwas dicker, denn die Oxidbildung ist mit einer Volumenzunahme verbunden. Bei den üblichen Verfahren wird die erzeugte Schicht gegenüber der natürlichen Oxidschicht um den Faktor Fünftausend auf etwa 0,025 mm verstärkt. In die Poren der Oxidschicht lassen sich Farbstoffe einlagern. Man kann eine breite Skala von Farben bis hin zu Messing-, Bronze- und Goldtönen erzielen.

H_2O

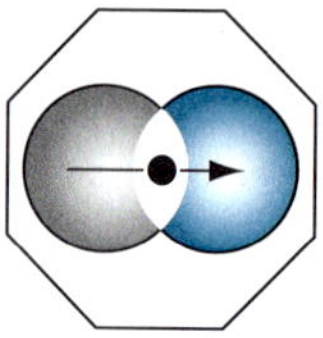

Galvanische Zelle und Elektrolysezelle im Vergleich

	galvanische Zelle	Elektrolysezelle
Ablauf der Redoxreaktion in der Zelle	freiwillig (exergonisch)	erzwungen (endergonisch)
Spannung	Zellspannung U = Elektrodenpotential (Kathode) – Elektrodenpotential (Anode)	Theoretische Zersetzungsspannung U_Z = Abscheidungspotential (Anode) – Abscheidungspotential (Kathode)
Auswirkung der Überspannung	Zellspannung bei Stromfluss durch Überspannung vermindert	Zersetzungs- und damit Elektrolysespannung durch Überspannung erhöht
Art der Energieumwandlung	Umwandlung chemischer Energie in elektrische Energie	Umwandlung von elektrischer Energie in chemische Energie, die in den Elektrolyseprodukten enthalten ist
Elektrodenreaktionen	Pluspol (Kathode ⇢ Reduktion) Minuspol (Anode ⇢ Oxidation)	Pluspol (Anode ⇢ Oxidation) Minuspol (Kathode ⇢ Reduktion)

Tab. 8.3: Vergleich von galvanischer Zelle und Elektrolysezelle

Überblick

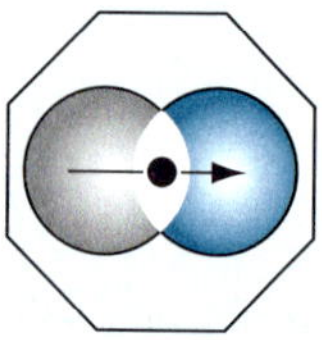

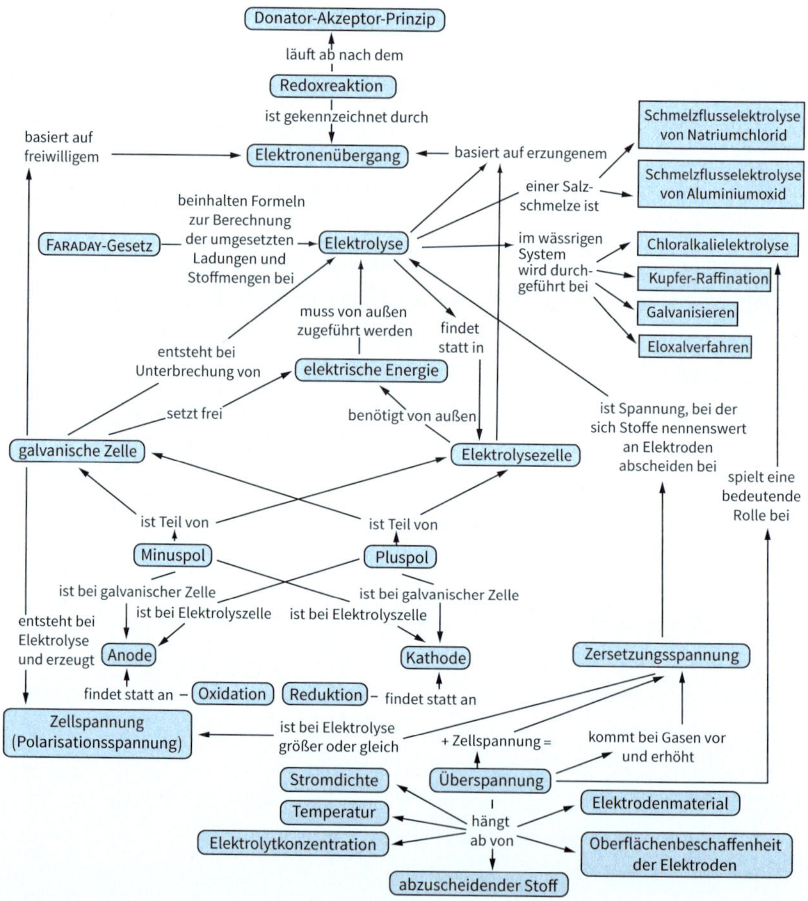

8.2 Korrosion und Korrosionsschutz

Definition

Unter Korrosion versteht man die Zerstörung von Metallen von der Oberfläche her durch elektrochemische Reaktionen mit ihrer Umgebung. Bei diesem Prozess geben die Metalle Elektronen ab und bilden Kationen. Man unterscheidet hauptsächlich zwischen Säure- und Sauerstoff-Korrosion.

Säure-Korrosion

corrodere (lat.) = zernagen, zerfressen

Unter Säure-Korrosion versteht man die Zerstörung von Metallen durch die Hydronium-Ionen einer Elektrolytlösung unter Wasserstoffentwicklung.
Beispiel: Gibt man eine Zink-Granalie und einen Kupfer-Draht in verdünnte Säure, bleibt das edlere Kupfer unverändert. Nur am unedlen Zink bilden sich langsam Wasserstoff-Bläschen: Das Zink wird oxidiert und geht dabei unter Abgabe von Elektronen in Lösung (→ Abb. 8.14). Berühren sich Zinkgranalie und Kupferdraht direkt, zeigt sich eine sehr viel stärkere Gasentwicklung am Kupferdraht: Dabei fließen die Elektronen unmittelbar vom Zink zum Kupfer und stehen dort für die Entladung der Hydronium-Ionen zu gasförmigen Wasserstoff zur Verfügung. Dadurch läuft die Redoxreaktion schneller. Durch den direkten Kontakt von unedlem Zink und edlerem Kupfer im sauren Elektrolyten entsteht ein sogenanntes **Lokalelement**, eine kurzgeschlossene galvanische Zelle (→ Abb. 8.15).

Oxidation (Lokalanode): $Zn\,(s) \Rightarrow Zn^{2+}\,(aq) + 2\,e^-$

Reduktion (Lokalkathode): $2\,H^+\,(aq) + 2\,e^- \Rightarrow H_2\,(g)$

Die Bildung von Lokalelementen ist typisch für elektrochemische Korrosion. Lokalelemente entstehen auch, wenn ein Metall mit geringen Mengen eines anderen Metalls verunreinigt ist.

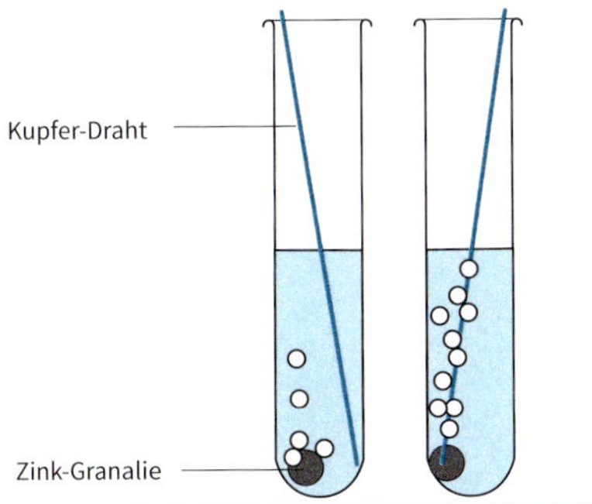

Abb. 8.14: Säure-Korrosion und Lokalelement-Bildung auf der Stoffebene

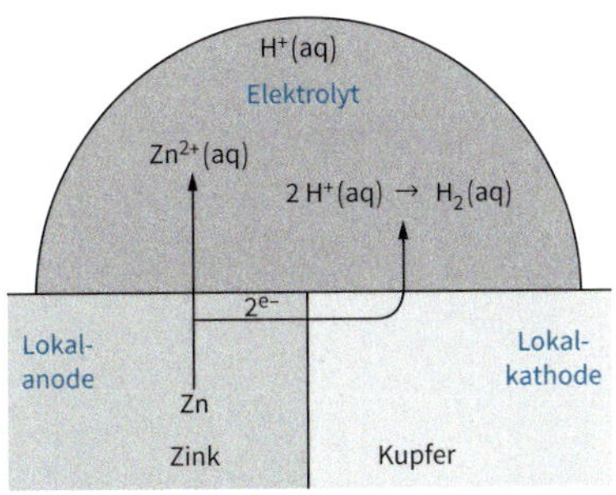

Abb. 8.15: Deutung der Säure-Korrosion und Lokalelement-Bildung auf der Teilchenebene

Wissen

Voraussetzungen für die Säure-Korrosion

- Elektrolyt-Lösung: sauer (H^+ (aq)), gelöste Salze
- Metall: unedles Metall in Kontakt mit einem edleren Metall (Lokalelement)

Sauerstoff-Korrosion

Unter Sauerstoff-Korrosion versteht man die Zerstörung von Metallen, bei der in der Elektrolytlösung gelöster Sauerstoff kathodisch zu Hydroxid-Ionen reduziert wird.

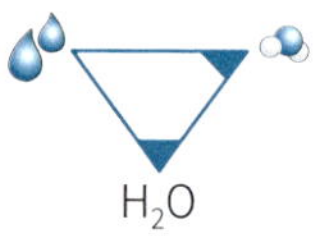

Beispiel, Rosten des Eisens: Der insgesamt komplizierte Vorgang der Sauerstoff-Korrosion von Eisen, „das Rosten des Eisens“, kann durch folgende Reaktionen vereinfacht wiedergegeben werden:

Oxidation (Lokalanode):

$2\ Fe\ (s) \Rightarrow 2\ Fe^{2+}\ (aq) + 4\ e^-;$ $\qquad U^0_H = -0{,}44\ V$

Reduktion (Lokalkathode):

$O_2\ (aq) + 2\ H_2O\ (l) + 4\ e^- \Rightarrow 4\ OH^-\ (aq);$ $\qquad U^0_H = 0{,}40 V$

Redoxreaktion:

$2\ Fe\ (s) + O_2\ (aq) + 2\ H_2O\ (l) \rightarrow 2\ Fe^{2+}\ (aq) + 4\ OH^-\ (aq)$

Fe(II)-Ionen entstehen hauptsächlich in sauerstoffarmen Zonen, wohingegen Hydroxid-Ionen bevorzugt in sauerstoffreichen Bereichen entstehen (→ Abb. 8.16). Treffen Hydroxid- und Fe^{2+}-Teilchen aufgrund von Diffusion aufeinander, bildet sie einen schwerlöslichen Niederschlag von Eisen(II)-hydroxid:

$2\ Fe^{2+}\ (aq) + 4\ OH^-\ (aq) \rightarrow 2\ Fe(OH)_2\ (s)$

In einer Folgereaktion wird $Fe(OH)_2\ (s)$ von Luftsauerstoff zu rotbraunem Eisen(III)-oxid-hydroxid (Rost) oxidiert:

$4\ Fe(OH)_2\ (s) + O_2\ (g) \rightarrow 4\ FeO(OH) + 2\ H_2O\ (l)$

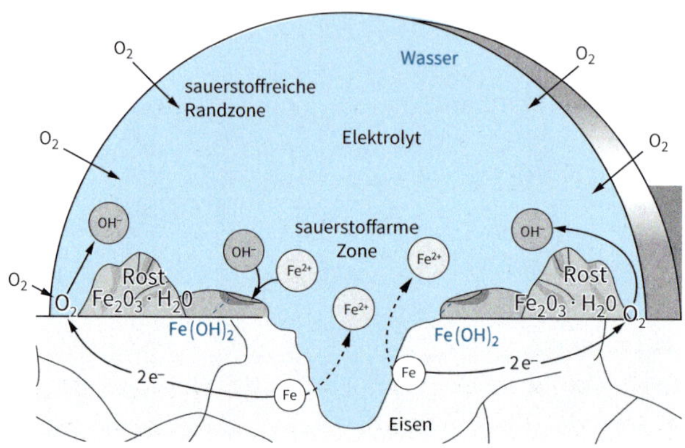

Abb. 8.16: Sauerstoff-Korrosion: Rosten des Eisens

Heterogenes Gemisch: Gemisch, bei dem mehr als eine Phase (vergl. Seite 97, Marginalspalte) erkennbar ist.

Für FeO(OH) verwendet man häufig die vereinfachte Formel $Fe_2O_3 \cdot H_2O$ ($2\ FeO(OH) \triangleq Fe_2O_3 \cdot H_2O$).

Schwarze Rostüberzüge sind wasserarm und bestehen aus einem heterogenen Gemisch von FeO(OH) und $FeO \cdot Fe_2O_3$.

Sauerstoff-Korrosion wird begünstigt durch:

- höhere Konzentrationen an gelösten Salzen im Elektrolyten, da hierdurch die elektrische Leitfähigkeit erhöht und der Ladungstransport in der Lösung erleichtert wird.
- edlere Fremdmetalle im Eisen oder auch Eisenoxid aufgrund der Bildung von Lokalelementen.
- in Wasser gelöste Gase wie Schwefeldioxid, Kohlenstoffdioxid oder Stickstoffdioxid. Es entstehen durch die Reaktion der gelösten Gase mit Wasser saure Elektrolyte, die die Säure-Korrosion fördern.

Voraussetzungen für Sauerstoff-Korrosion — Wissen

- Elektrolytlösung: salzhaltig neutral oder alkalisch (OH^-)
- Sauerstoff: gelöst in der Elektrolytlösung
- Metall: Das Potential Me^{Z+}/Me liegt unterhalb des Potentials des Redoxpaares O_2/OH^- ($U_H^0 = 0{,}40$ V) bzw. des Redoxpaars O_2/H_2O, das bei pH 7 $U = 0{,}82$ V beträgt; ($O_2\,(g) + 4\,H^+\,(aq) + 4\,e^- \Rightarrow 2\,H_2O\,(l)$).
  Diese Voraussetzung erfüllt z. B. Eisen (Fe/Fe^{2+} bzw. Fe^{2+}/Fe^{3+}).

Korrosionsschutz

Metall-Korrosion kann erhebliche wirtschaftliche und auch ökologische Schäden verursachen. Zur Verhinderung der Korrosion schützt man die Oberfläche des Metalls durch metallische oder nichtmetallische Überzüge

a) Überzüge aus Nichtmetallen

Zu den Nichtmetallschutzschichten zählen Kunstharzlack-Anstriche, Anstriche von Zinkphosphat ($Zn_3(PO_4)_2$) oder Zinkchromat ($ZnCrO_4$). Mit gut haftenden glasigen Emaille-Schichten schützt man Badewannen und Haushaltsgeräte aus Stahl und Gusseisen. Waffen und Maschinenteile werden häufig zum Schutz vor Korrosion mit (Paraffin-)Ölen behandelt.

b) Metallschutzschichten

Zink, Aluminium (→ „Eloxal-Verfahren" auf Seite 125), Chrom und Nickel bilden auf der Oberfläche dünne, festhaftende und sehr undurchlässige Metalloxid-Schichten und verhindern dadurch die Korrosion des darunter liegenden Metalls. Man bezeichnet dieses Phänomen als **Passivierung**. Diese Eigenschaft nutzt man, um das korrosionsanfällige Eisen mit einer Schutzschicht dieser Metalle zu überziehen. Beim Aufbringen von Metallschutzschichten unterscheidet man grundsätzlich zwei Verfahren: das Schmelztauchen und das Galvanisieren (→ „Galvanisieren" auf Seite 122).

- Beim **Schmelztauchen** werden die zu schützenden Metalle, vor allem Eisen- und Stahlbleche, in eine Schmelze von flüssigem Metall getaucht, beispielsweise in flüssiges Zink beim Feuerverzinken von Autokarosserien oder in flüssiges Zinn bei der Feuerverzinnung.
- Beim **Galvanisieren** werden Metalle durch elektrolytische Abscheidung (→ „Galvanisieren“ auf Seite 122) auf das zu schützende Metall aufgebracht, das als Kathode geschaltet wird. Wichtige Verfahren sind unter anderem das Vergolden, Vernickeln, Verchromen und Verzinnen. Bei der Verzinnung wird zur Herstellung von Weißblech für Konservendosen Zinn elektrolytisch abgeschieden. Wenn Metallschutzschichten beschädigt werden, setzt bei entsprechenden Umweltbedingungen Korrosion ein. In → Abb. 8.17 ist die Säure-Korrosion bei verzinktem und bei verzinntem Eisen (Weißblech) dargestellt. Beim verzinkten Eisen geht aufgrund des negativeren Potentials Zink, beim Weißblech aufgrund des negativeren Potentials Eisen in Lösung. In beiden Fällen scheidet sich Wasserstoff ab.

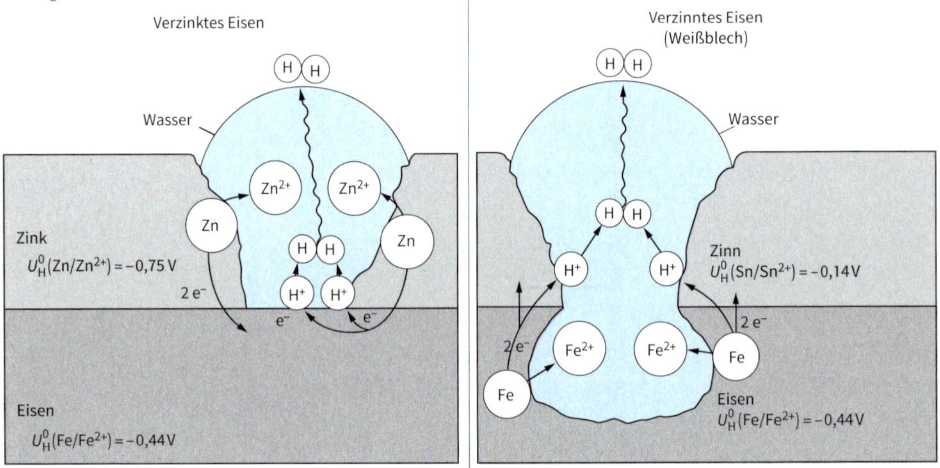

Oxidation (Lokalanode): $Zn(s) \Rightarrow Zn^{2+}(aq) + 2\,e^-$

Reduktion (Lokalkathode): $2H^+(aq) + 2\,e^- \Rightarrow H_2(g)$

Eisen ist edler als Zink. Daher wird Zink oxidiert, die Wasserstoff-Ionen werden am Eisen reduziert

Oxidation (Lokalanode): $Fe(s) \Rightarrow Fe^{2+}(aq) + 2\,e^-$

Reduktion (Lokalkathode): $2\,H^+(aq) + 2\,e^- \Rightarrow H_2(g)$

Zinn ist edler als Eisen. Daher wird Eisen oxidiert, die Wasserstoff-Ionen werden am Zinn reduziert.

Abb. 8.17: Säure-Korrosion bei verzinktem und bei verzinntem Eisen

Wissen

Wird bei einem Werkstkück der Schutzüberzug aus einem edleren Metall verletzt, so löst sich das unedlere Metall aufgrund von Lokalelementbildung schneller auf als ohne Schutzüberzug.

Kathodischer Korrosionsschutz

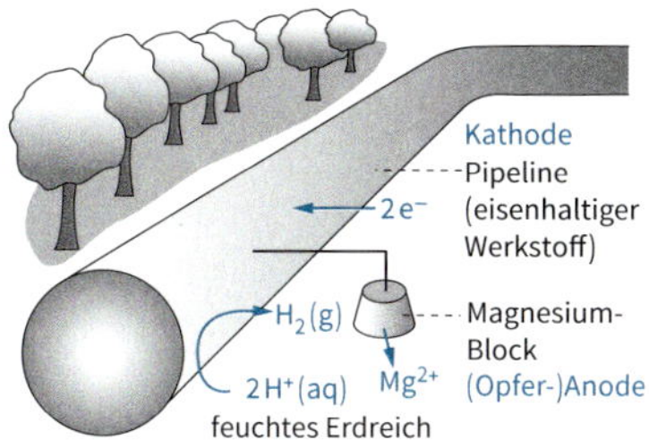

Abb. 8.18: Kathodischer Korrosionsschutz einer Rohrleitung

Konstruktionen, die nicht durch Galvanisierung geschützt werden können, wie beispielsweise unterirdische Rohrleitungen, Öltanker, Öl-Bohrplattformen und Brücken, werden elektrisch leitend mit einem unedleren Metall verbunden, das sich in direkter Nähe ebenfalls im Wasser oder in feuchter Erde befindet. Hierfür verwendet man Zink- oder Magnesiumplatten, die in der kurzgeschlossenen galvanischen Zelle als Anode oxidiert werden, und der Kathode – z. B. Stahl – Elektronen für Reduktionsprozesse liefern. Dabei löst sich die Anode auf – man spricht von einer Opferanode. Dadurch ist die Kathode vor Korrosion geschützt und bleibt unbeschädigt (→ Abb. 8.18).

Überblick

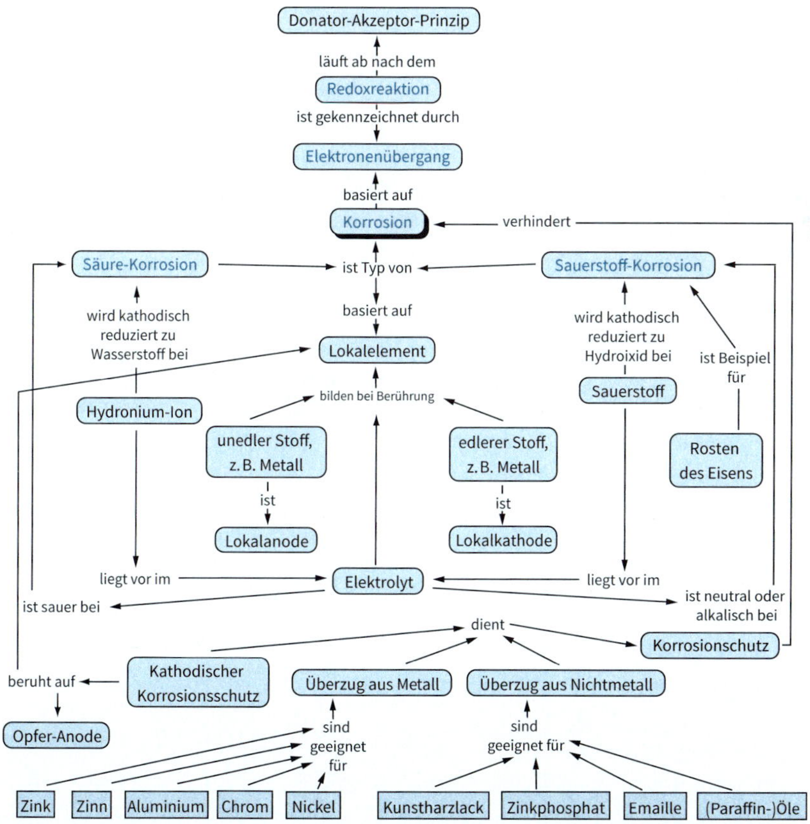

8.3 Mobile Energiequellen

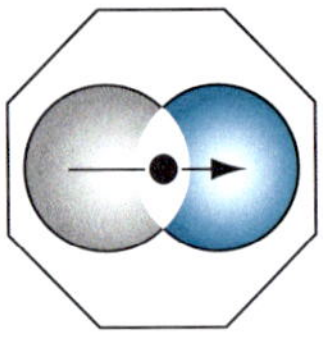

Galvanische Zellen, die zum Betreiben ortsunabhängiger Elektrogeräte dienen, werden nach dem Funktionsprinzip in Primär-, Sekundärzellen und Brennstoffzellen unterschieden.

- **Primärzellen** (Primärelemente) sind galvanische Zellen, deren Zellreaktion nicht umkehrbar ist, das heißt sie lassen sich nur entladen, aber nicht mehr aufladen.
- **Sekundärzellen** (Sekundärelemente) stellen galvanische Zellen dar, deren Zellreaktion umkehrbar ist. Sie lassen sich mehrfach entladen und mit einer fremden Stromquelle wieder aufladen. Sie werden auch als Akkumulatoren oder „Akkus“ bezeichnet
- **Brennstoffzellen** sind Primärzellen, bei denen die Reaktanden von außen kontinuierlich zugeführt und an Elektroden mit Katalysatorwirkung elektrochemisch umgesetzt werden.

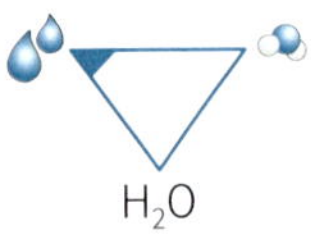

Kapazität einer Batterie oder eines Akkus: Maß für die Fähigkeit, elektrische Ladungen zu speichern oder abzugeben.

Konstruktionsprinzipien bei Primär- und Sekundärzellen

Um hohe Spannungen zu erreichen, muss man ein möglichst unedles Metall wie Lithium oder Zink am Minuspol mit einem möglichst starken Oxidationsmittel am Pluspol kombinieren. Stromstärke und Kapazität werden durch die Größe der Elektroden und die Art der Elektrolytlösung beeinflusst.

Primärzellen

Batterie
- ursprünglich: Zusammenschaltung von mehreren galvanischen Zellen, um beispielsweise die Spannung zu erhöhen
- seit geraumer Zeit: einzelne galvanische Zellen (Monozellen)
- neuerdings: Akkus

a) LECLANCHÉ-Element (Zink/Kohle-Batterie)

Das LECLANCHÉ-Element (Zink/Kohle-Batterie, Trockenelement, Monozelle) wurde 1867 zum ersten Mal der Öffentlichkeit vorgestellt und ist auch heutzutage neben der Alkali/Mangan-Batterie die Standard-Batterie für den Haushalt (→ Abb. 8.19). Minuspol ist der kunststoff- oder stahlummantelte Zinkbecher. Den Pluspol bildet ein Graphitstab, der in ein Gemisch aus Graphitpulver und Braunstein taucht. Eine 20%ige, durch Stärke eingedickte Ammoniumchlorid-Lösung dient als Elektrolyt. Die Batterie liefert eine Spannung von 1,5 V.

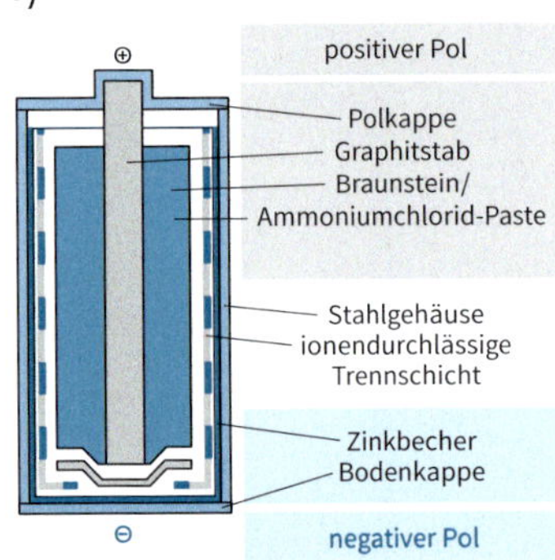

Abb. 8.19: Schnitt durch ein LECLANCHÉ-Element

Elektrodenreaktionen:
Minuspol, Anode (Oxidation):

$$Zn\,(s) \Rightarrow Zn^{2+}\,(aq) + 2\,e^-; \quad U_H^0 = -0{,}76\ V$$

Zink wird oxidiert. Die Zink-Ionen gehen in den Elektrolyten über.
Die Reaktionen am Pluspol sind komplizierter. Letztlich wird Braunstein (MnO_2) zu Mangan (III)-Oxidhydroxid reduziert, wobei Hydroxid-Ionen entstehen.
Pluspol, Kathode (Reduktion):

$$2\,\overset{IV}{Mn}O_2\,(s) + 2\,H_2O\,(l) + 2\,e^- \Rightarrow 2\,\overset{III}{Mn}OOH\,(s) + 2\,OH^-; \quad U_H^0 = 1{,}01\ V$$

Primärzellen sind **Energiewandler** (Kapitel 3, Seite 39, Abb. 3.1), da sie chemische Energie in elektrische Energie umwandeln, und **Energiespeicher**, da die umzusetzenden Stoffe in ihnen enthalten sind.

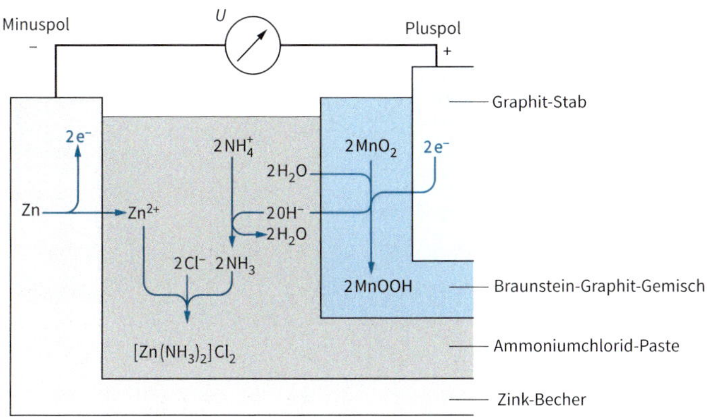

Abb. 8.20: Reaktionen in der LECLANCHÉ-Batterie

Sekundärreaktionen
Durch die Reduktion von Braunstein am Pluspol steigt der pH-Wert und es bilden sich im Elektrolyten aus Hydroxid- und Ammonium-Ionen Ammoniak und Wasser:

$$NH_4^+\,(aq) + OH^-\,(aq) \rightarrow NH_3\,(aq) + H_2O\,(l)$$

Ammoniak setzt sich dann mit den am Minuspol entstandenen Zink-Ionen zu Diamminzink-Ionen, $[Zn(NH_3)_2]^{2+}\,(aq)$, um. Diese bilden mit den Chlorid-Ionen des Elektrolyten schwer lösliches Diamminzinkchlorid, das sich auf den Elektroden ablagert:

$$[Zn(NH_3)_2]^{2+}\,(aq) + 2\,Cl^-\,(aq) \rightarrow [Zn(NH_3)_2]Cl_2\,(s)$$

Dadurch erhöht sich mit der Zeit der elektrische Widerstand der Batterie und ihre Leistung sinkt.

Berechnung der Elektrodenpotentiale
Minuspol:

$$U_H(Zn/Zn^{2+}) = U_H^0(Zn/Zn^{2+}) + 0{,}0295\ V \cdot \lg c\left(Zn^{2+}\,(aq)\right)$$
$$= -0{,}76\ V \quad + 0{,}0295\ V \cdot \lg c\left(Zn^{2+}\right)$$
$$U_H(Zn^{2+}/Zn) = -0{,}76\ V \quad \left(\text{bei } c(Zn^{2+}) = 1\ mol \cdot l^{-1}\right)$$

Pluspol:

$U_H(MnO_2/MnOOH) = U_H^0(MnO_2/MnOOH) + 0{,}059\,V \cdot \lg c(H^+(aq))$

$= \quad 1{,}014\,V \quad - 0{,}059\,V \cdot pH$

$U_H(MnO_2/MnOOH) = 1{,}014\,V - 0{,}059\,V \cdot 5 = 0{,}719$ (bei pH = 5)

Batteriespannung des LECLANCHÉ-Elements (pH = 5, $c(Zn^{2+}) = 1\,mol \cdot l^{-1}$):

$U = U_H$(Akzeptorhalbzelle) – U_H(Donatorhalbzelle)

$U = 0{,}719\,V - (-0{,}76)\,V = 1{,}479\,V$

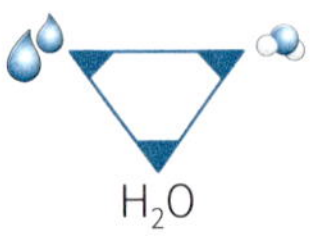

b) Alkali/Mangan-Batterie

Die Alkali/Mangan-Batterie ist eine Weiterentwicklung des LECLANCHÉ-Elements. Der Batteriebecher besteht aus Stahl und nimmt an elektrochemischen Reaktionen nicht teil (Auslaufsicherheit).

Als Minuspol dient eine Zink-Pulverpaste (Oberflächenvergrößerung und damit höhere Entladungsströme). Als Elektrolyt wird Kaliumhydroxid-Lösung verwendet. Die Hydroxid-Ionen reagieren mit Zink-Ionen zu leichtlöslichem Hydroxozinkat $[Zn(OH)_4]^{2-}$, das sich nicht auf den Elektrodenflächen ablagert. Die Alkali/Mangan-Batterie liefert wie das LECLANCHÉ-Element eine Spannung von 1,5 V.

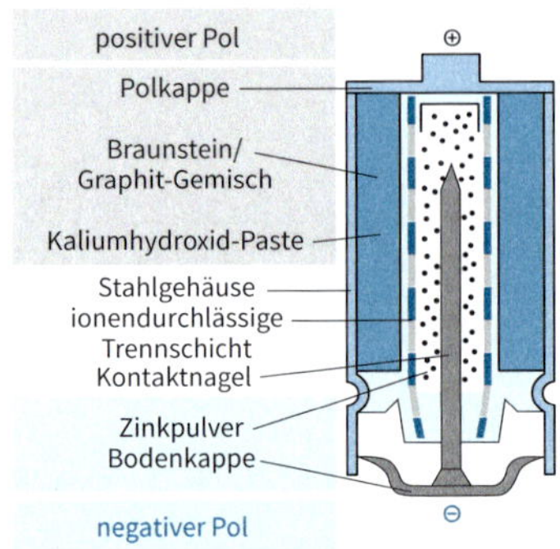

Abb. 8.21: Schnitt durch eine Alkali/Mangan-Batterie

c) Lithium-Batterie

Da Lithium das unedelste Metall $\left(U_H^0(Li/Li^+) = -3{,}04\,V\right)$ ist und eine geringen Dichte hat, eignet es sich hervorragend als Elektrodenmaterial für den Minuspol in Batterien. Da das Lithium lebhaft mit Wasser reagiert, dürfen in der Batterie jedoch nur nichtwässerige Elektrolyte eingesetzt werden. Für den Pluspol werden in Lithium-Batterien unterschiedliche Oxidationsmittel wie Braunstein (MnO_2) und Thionylchlorid ($SOCl_2$) verwendet. Dabei ergeben sich je nach Oxidationsmittel unterschiedliche Batteriespannungen, die zwischen 2,8 V bis 3,6 V liegen können. Am weitesten verbreitet ist das kostengünstige Li/MnO_2-System (→ Abb. 8.22). Bei der Zellreaktion wird Lithium zu Lithium-Ionen oxidiert und Mangandioxid wird reduziert. Praktisch werden bei diesem Vorgang Lithium-Kationen in das Mangandioxid-Ionengitter eingelagert:

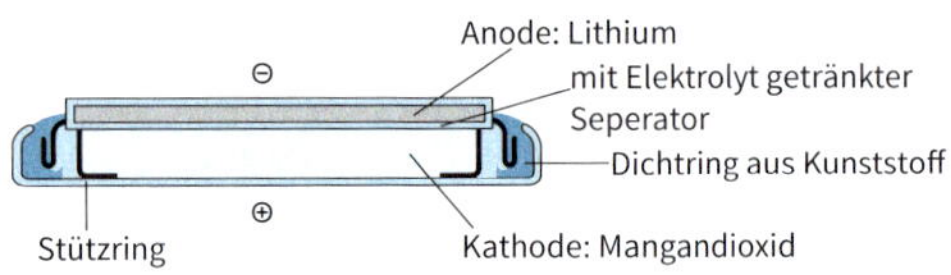

Abb. 8.22: Schnitt durch eine Li-MnO_2-Knopfzelle

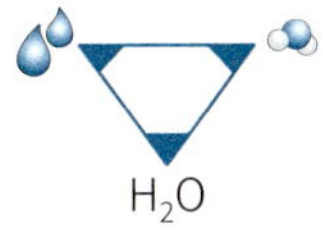

Minuspol, Anode (Oxidation):

$Li\,(s) \Rightarrow Li^+ + e^-$

Pluspol, Kathode (Reduktion):

$Li^+ + e^- + \overset{IV}{Mn}O_2\,(s) \Rightarrow Li\overset{III}{Mn}O_2\,(s)$

Als Elektrolyt wird in dieser Lithium-Batterie eine Lösung von Lithiumperchlorat ($LiClO_4$) in einem polaren organischen Lösungsmittel, Propylencarbonat oder Dimethoxyethan, eingesetzt.

Sekundärzellen

a) Blei-Akkumulator

Eines der am weitesten verbreiteten Sekundärelemente ist der Blei-Akkumulator. Die Elektroden des geladenen Blei-Akkumulators bestehen aus Blei ($Pb\,(s)$) und Bleidioxid ($PbO_2\,(s)$), die in den Elektrolyten, eine 20%ige Schwefelsäure-Lösung, eintauchen. Bei Stromentnahme (galvanische Zelle) laufen an den Elektroden folgende Reaktionen ab:

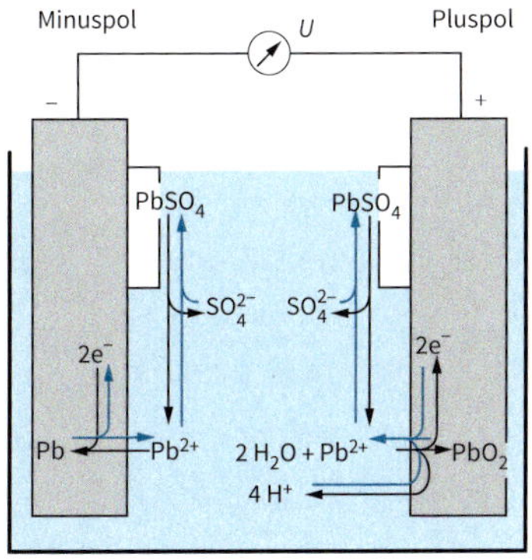

Abb. 8.23: Laden und Entladen eines Blei-Akkumulators

Sekundärzellen sind wie Primärzellen **Energiewandler**, da sie chemische Energie in elektrische Energie umwandeln, und **Energiespeicher**, da die umzusetzenden Stoffe in ihnen enthalten sind.

Minuspol, Anode (Oxidation):

$Pb\,(s) + H_2SO_4\,(aq)$

$\Rightarrow PbSO_4\,(s) + 2\,H^+\,(aq) + 2\,e^-$

Pluspol, Kathode (Reduktion):

$PbO_2\,(s) + 2\,H_2SO_4\,(aq) + 2\,e^- \Rightarrow PbSO_4\,(s) + 2\,H_2O\,(l) + SO_4^{2-}\,(aq)$

Die an beiden Polen entstehenden Blei(II)-Ionen bilden mit den Sulfat-Ionen des Elektrolyten (Schwefelsäure) das schwerlösliche Bleisulfat ($PbSO_4$). Die Reaktion lässt sich umkehren, der entladene Blei-Akku kann wieder aufgeladen werden (Elektrolyse):

Pluspol, Anode (Oxidation):

$PbSO_4\,(s) + 2\,H_2O\,(l) + SO_4^{2-}\,(aq) \Rightarrow PbO_2\,(s) + 2\,e^- + 2\,H_2SO_4\,(aq)$

Minuspol, Kathode (Reduktion):

$PbSO_4\,(s) + 2\,H^+\,(aq) + 2\,e^- \Rightarrow Pb\,(s) + H_2SO_4\,(aq)$

Wegen der hohen Überspannung von Sauerstoff an Bleidioxid und von Wasserstoff an Blei ist die Gasabscheidung bei der Elektrolyse behindert. So können die Blei(II)-Ionen mit den Elektroden reagieren und das Laden des Blei-Akkus ist überhaupt erst möglich. Sauerstoff- und Wasserstoffgasbildung (Elektrolyse des Wassers) setzen erst bei höheren Spannungen gegen Ende des Aufladevorgangs ein, wenn die Konzentration der Pb^{2+}-Ionen schlagartig abnimmt.

Überspannung
→ siehe Seite 113

Gesamtreaktion:

$$Pb\,(s) + PbO_2\,(s) + 2H_2SO_4\,(aq) \underset{\text{laden}}{\overset{\text{entladen}}{\rightleftharpoons}} 2\,PbSO_4\,(s) + 2\,H_2O\,(l)$$

Die Zellspannung beträgt aufgrund der in der Praxis vorliegenden Säurekonzentration und wegen des geringen Löslichkeitsproduktes von $PbSO_4$ etwa 2,1 V.

Da Cadmium ein starkes Umweltgift darstellt, ist der Nickel/Cadmium-Akku nur noch für Spezialanwendungen in sicherheitsrelevanten Bereichen erlaubt.

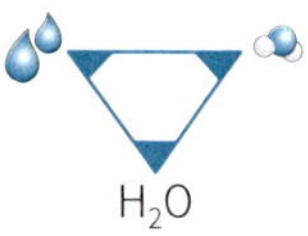

b) Nickel/Cadmium-Akkumulator

Die Elektroden des Nickel/Cadmium-Akkumulators bestehen im geladenen Zustand aus Platten, die am Minuspol mit fein verteiltem Cadmium und am Pluspol mit Nickel(III)-oxidhydroxid beladen sind. 20%ige Kaliumhydroxid-Lösung wird als Elektrolyt verwendet.

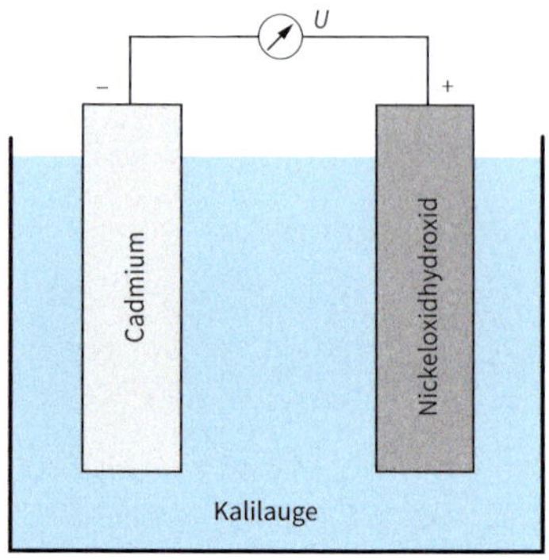

Abb. 8.24: Funktionsschema eines Nickel/Cadmium-Akkus

Folgende Reaktionen laufen beim Entladen ab:

Minuspol, Anode (Oxidation):

$$Cd\,(s) + 2\,OH^-\,(aq) \Rightarrow Cd(OH)_2\,(s) + 2\,e^-$$

Pluspol, Kathode (Reduktion):

$$2\,NiO(OH)\,(s) + 2\,H_2O\,(l) + 2\,e^- \Rightarrow 2\,Ni(OH)_2\,(s) + 2\,OH^-\,(aq)$$

Der Nickel/Cadmium-Akkumulator liefert eine Spannung von etwa 1,3 V. Durch Anlegen einer genügend großen äußeren Spannung werden die Elektrodenreaktionen umgekehrt.

$$Cd + 2\,NiO(OH)\,(s) + 2\,H_2O\,(l) \underset{\text{laden}}{\overset{\text{entladen}}{\rightleftharpoons}} Cd(OH)_2\,(s) + 2\,Ni(OH)_2\,(s)$$

c) Nickel/Metallhydrid-Akkumulator

Als Alternative für den Nickel/Cadmium-Akku bietet sich der umweltfreundlichere Nickel/Metallhydrid-Akku an.

Am Pluspol laufen die gleichen Reaktionen ab wie beim Nickel/Cadmium-Akkumulator. Als negative Elektrode verwendet man eine Metalllegierung wie $La_{0,8}Nd_{0,2}Ni_{2,5}Co_{2,4}Si_{0,1}$, die beim Laden des Akkus atomaren Wasserstoff bei Zimmertemperatur in den Lücken ihres Metallgitters als Metallhydrid speichern kann. Beim Entladen der Zelle wird der Wasserstoff aus dem Gitter abgegeben und oxidiert.

Elektrodenreaktion beim Entladen

Minuspol, Anode (Oxidation):

$$\text{Metall-}\overset{0}{H}\,(s) + OH^-\,(aq) \Rightarrow \text{Metall} + \overset{+I}{H}_2O\,(l) + e^-$$

Pluspol, Kathode (Reduktion):

$$\overset{+III}{Ni}O(OH)\,(s) + H_2O\,(l) + e^- \Rightarrow \overset{+II}{Ni}(OH)_2\,(s) + OH^-\,(aq)$$

Der Nickel/Metallhydrid-Akku liefert eine Spannung von ungefähr 1,2 V.
Beim **Aufladen** des Akkus werden durch Anlegen einer genügend großen äußeren Spannung die Elektrodenreaktionen umgekehrt.

$$\text{Metall-H (s)} + \text{NiO(OH) (s)} \underset{\text{laden}}{\overset{\text{entladen}}{\rightleftharpoons}} \text{Metall} + \text{Ni(OH)}_2\text{ (s)}$$

d) Lithium-Ionen-Akkumulator

Lithium-Ionen-Akkus haben im Vergleich zu anderen Akkus eine sehr hohe Energiedichte und Spannung (3,7 V). Als negative Elektrode (Minuspol) verwendet man Graphit, bei dem in den Lücken des Schichtgitters Lithium-Kationen eingelagert werden können. Man spricht von einer Lithium/Graphit-Einlagerungsverbindung, bei der ein Lithium-Kation auf sechs Kohlenstoff-Atome kommt (LiC_6). An der positiven Elektrode (Pluspol) dienen Oxide von Übergangsmetallen, wie z. B. Cobaltoxide, für Lithium als Einlagerungsverbindungen mit der Summenformel $LiCoO_2$. Beide Elektroden sind durch einen Separator voneinander getrennt und haben ein sehr unterschiedliches Redoxpotential: $U(CoO_2/LiCoO_2) > U(C_6/LiC_6)$

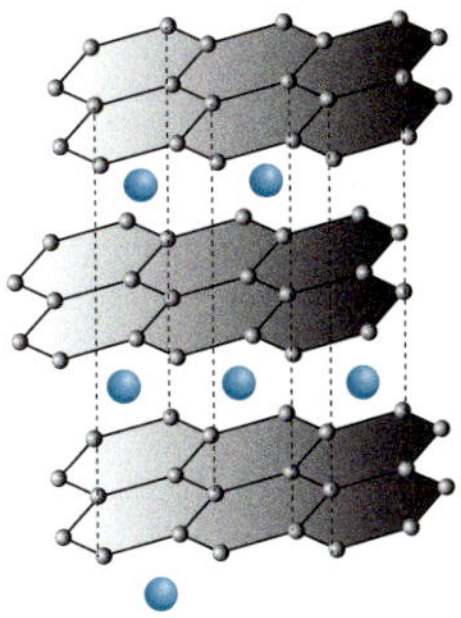

Abb. 8.25: Graphitschichtgitter mit eingelagerten Lithium-Kationen

Als Elektrolyt dient eine wasserfreie organische Lithium-Ionenhaltige Flüssigkeit.

Aufladevorgang: Beim Laden des Akkus wird durch die angelegte äußere Spannung am Pluspol Cobalt(III) zu Cobalt(IV) oxidiert. Die dabei freigesetzten Elektronen werden über den äußeren Leiter zum Minuspol in das Graphit-Atomgitter „gepumpt". Dieses wird durch die Elektronenaufnahme quasi reduziert. Gleichzeitig verlassen Lithium-Kationen zum Ladungsausgleich das Cobaltoxid-Ionengitter am Pluspol und lagern sich in die Lücken des negativ aufgeladenen Graphit-Schichtgitters am Minuspol ein. Dadurch werden die negativen Ladungen im Graphit ausgeglichen und stabilisiert.

Pluspol, Anode (Oxidation):

$$\overset{+I}{Li}\overset{+III}{Co}\overset{-II}{O_2} \Rightarrow \overset{+I}{Li^+} + \overset{+IV}{Co}\overset{-II}{O_2} + e^-$$

Minuspol, Kathode (Reduktion):

$$\overset{0}{C_6} + \overset{+I}{Li^+} + e^- \Rightarrow \overset{+I}{Li}\overset{-I}{C_6}$$

Entladevorgang: Beim Entladen fließen die Elektronen über den äußeren Leiter vom Graphit zum Cobaltoxid-Ionengitter am Pluspol, wodurch Cobalt(IV) zu Cobalt(III) reduziert wird. Zum Ladungsausgleich verlassen die Lithium-Kationen gleichzeitig das Graphit-Schichtgitter und bauen sich in das Cobaltoxid-Schichtgitter ein.

Minuspol, Anode (Oxidation):

$$\overset{+I\ -I}{LiC_6} \Rightarrow \overset{0}{C_6}\,(\text{Graphit}) + \overset{+I}{Li^+} + e^-$$

Pluspol, Kathode (Reduktion):

$$\overset{+I}{Li^+} + \overset{+IV\ -II}{CoO_2} + e^- \Rightarrow \overset{+I\ +III\ -II}{LiCoO_2}$$

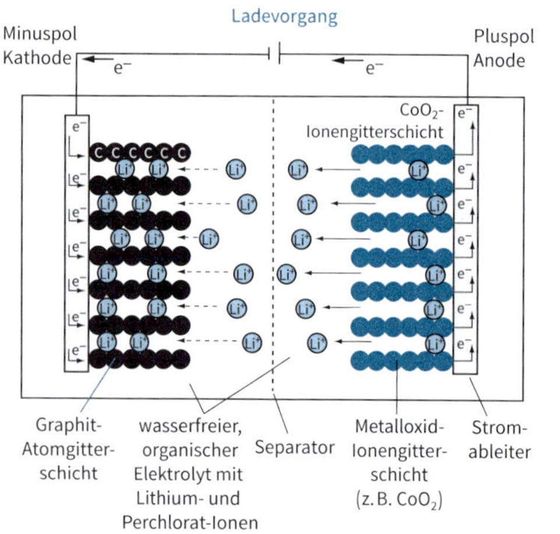

Abb. 8.26: Ladevorgang beim Lithium-Ionen-Akku

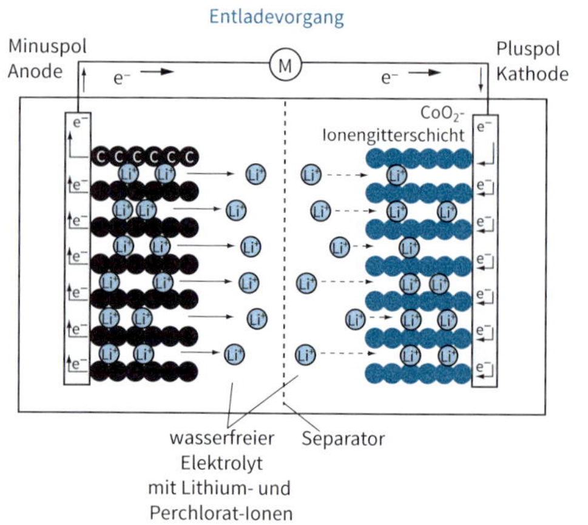

Abb. 8.27: Entladevorgang beim Lithium-Ionen-Akku

Die Lithium-Ionen dienen lediglich als positive Ladungsträger, die in das Elektrodenmaterial am Plus- und Minuspols zum Ladungsausgleich ein- oder ausgelagert werden, während das Elektrodenmaterial selbst oxidiert oder reduziert wird. Der Elektrolyt ermöglicht den Transport der Lithium-Kationen zwischen den Elektroden.

e) Lithium-Ionen-Polymer-Akkumulator

Der Lithium-Polymer-Akku wird auch LiPoly oder LiPo genannt.

Standardakku in unseren Elektronikgeräten ist inzwischen der Lithium-Ionen-Polymerakku, eine Weiterentwicklung des Lithium-Ionen-Akkus. Die positive Elektrode besteht aus einem Lithium-Metalloxid, die negative Elektrode aus Graphit. Der Elektrolyt ist nicht flüssig, sondern besteht aus einer gelartigen Polymermembran mit einem gelösten Lithiumsalz. Sie liegt zwischen der positiven und negativen Elektrode

Da Elektroden wie Elektrolyt sich als Schichtfolien verbauen lassen, muss man die Zelle nicht mehr auslaufsicher in einen Edelstahlbehälter einschweißen. Da eine Verbundfolie in der Regel als Verpackung der Zelle ausreicht, kann man einen Lithium-Polymer-Akku in beliebiger Bauform herstellen. Der Lithium-Polymer-Akku erreicht aufgrund seiner Bauweise eine noch höhere Energiedichte als der Lithium-Ionen-Akku.

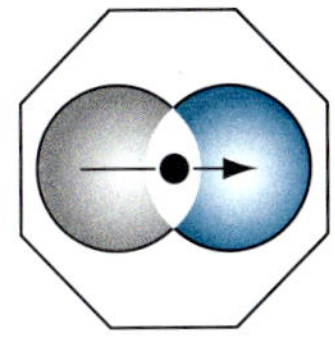

Brennstoffzellen

In Brennstoffzellen werden Verbrennungsreaktionen zur Stromerzeugung genutzt. Dabei wird die freiwerdende Energie unmittelbar in elektrische Energie umgewandelt. So lässt sich ein elektrischer Wirkungsgrad bis zu 80 % erreichen, wohingegen in Wärmekraftwerken ein Wirkungsgrad von nur etwa 40 % realisierbar ist. Die Brennstoffe müssen in Brennstoffzellen allerdings von außen kontinuierlich zugeführt werden. Damit unterscheiden sie sich von Batterien, in denen die umzusetzenden Stoffe schon enthalten sind. Brennstoffzellen sind also keine Energiespeicher, sondern können als Energiewandler nur die in den Brennstoffen enthaltene chemische Energie in elektrische Energie umwandeln, solange die energiereichen Verbindungen von außen zugeführt werden.

Brennstoffzellen sind nur Energiewandler, aber keine Energiespeicher.

a) Knallgaszelle

In einer Wasserstoff/Sauerstoff-Brennstoffzelle wird die stark exotherm verlaufende Oxidation von Wasserstoff (Knallgasreaktion) zur Stromerzeugung genutzt. Dabei bleiben die Reaktionspartner durch den Separator räumlich getrennt, sodass der größte Teil der chemischen Energie in elektrische Energie umgewandelt wird. Als Elektroden können inerte palladinierte Nickel-Netze verwendet werden. Der Elektrolyt besteht aus Kalilauge (KOH (aq)).

Elektrodenreaktionen

Minuspol, Anode (Oxidation):

$2\,H_2\,(g) + 4\,OH^-\,(aq) \Rightarrow 4\,H_2O\,(l) + 4\,e^-;\ U_H = -0{,}83\,V$

Pluspol, Kathode (Reduktion):

$O_2\,(g) + 2\,H_2O\,(l) + 4\,e^- \Rightarrow 4\,OH^-\,(aq);\ U_H = 0{,}4\,V$

Gesamtreaktion:

$2\,H_2\,(g) + O_2\,(g) \rightarrow 2\,H_2O\,(l);$

Zellspannung: $U = 1{,}23\,V$

Brennstoff, Reduktionsmittel: H_2 (wird oxidiert)

Oxidationsmittel: O_2 (wird reduziert)

Statt Wasserstoff können unter anderem auch Hydrazin N_2H_4 (l), Methanol CH_3OH (l), Methan CH_4 (g) und Ammoniak NH_3 (g) als Brennstoffe verwendet werden.

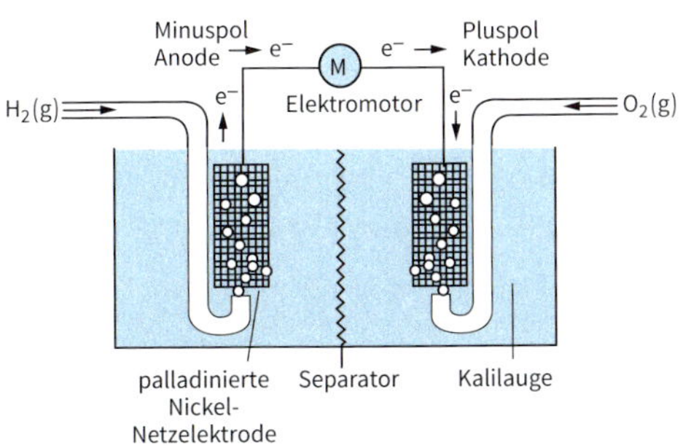

Abb. 8.28: Schema einer Knallgaszelle (Wasserstoff/Sauerstoff-Brennstoffzelle)

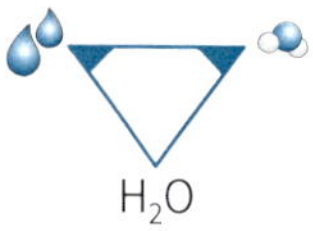

Vorteile der Knallgaszelle

- kontinuierlicher Betrieb, kein Aufladen nötig
- umweltfreundlich, nur H_2O als Abgas
- Rohstoffe praktisch unbegrenzt vorhanden

Beispiel

Reaktion von flüssigem Hydrazin als Brennstoff mit Sauerstoff als Oxidationsmittel in einer Brennstoffzelle:

Minuspol, Anode (Oxidation):

$N_2H_4\,(l) \Rightarrow N_2\,(g) + 4\,H^+\,(aq) + \mathbf{4\,e^-}$;

$U_H = -0{,}23\,V\,(pH = 0)$

Pluspol, Kathode (Reduktion):

$O_2\,(g) + 4\,H^+\,(aq) + \mathbf{4\,e^-} \Rightarrow 2\,H_2O\,(l)$;

$U_H = 1{,}23\,V\,(pH = 0)$

Gesamtreaktion:

$N_2H_4\,(l) + O_2\,(g) \leftrightharpoons N_2\,(g) + 2\,H_2O\,(l)$

Zellspannung: $U = 1{,}46\,V$

b) PEM-Brennstoffzelle

PEM ist die Abkürzung des englischen Begriffs ***P**roton **E**xchange **M**embrane*

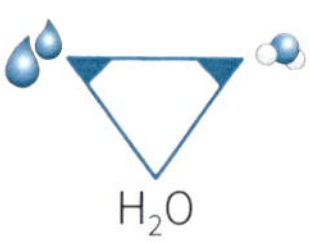

Die PEM-Brennstoffzelle ist eine Knallgaszelle und dient beispielsweise als mobiles Akkuladegerät oder als Stromlieferant für den Antrieb von Kraftfahrzeugen oder auch für das Bordstromnetz von Caravans. Die Direkt-Methanol-Brennstoffzelle, eine Variante der PEM-Brennstoffzellen, wird im mobilen Computerbereich zur Stromversorgung von Laptops verwendet.

Bau: PEM (*Proton Exchange Membrane*) steht für „Protonenaustauschmembran“ die das Kernstück der mit Wasserstoff und Luftsauerstoff betriebene Brennstoffzelle ist. Die etwa 0,1 mm dicke Kunststoffmembran hat die Funktion eines Elektrolyten: durch sie können Protonen als Hydronium-Ionen (H_3O^+) von der Anode aus einseitig in Richtung Kathode diffundieren. Weiterhin hat sie die Funktion eines Separators und verhindert, dass sich Wasserstoff und Sauerstoff mischen. Die Membranoberflächen sind auf beiden Seiten jeweils mit dem Katalysator, meist Platin, sowie mit gasdurchlässigem, porösem Elektrodenmaterial (z. B. Graphitpapier oder Metall-Nanostrukturen) beschichtet. Anode und Kathode sind über einen äußeren elektrischen Leiter miteinander verbunden, an den beispielsweise ein Elektromotor angeschlossen sein kann. Durch feine Kanäle werden Wasserstoff und Luftsauerstoff an die Elektroden herangeführt. (→ Abb. 8.29).

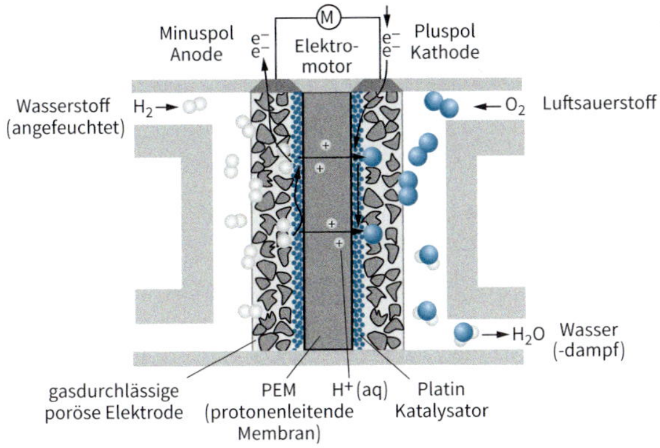

Minuspol, Anode (Oxidation): $2\ H_2\ (g) \Rightarrow 4\ H^+\ (aq) + 4\ e^-$

Pluspol, Kathode (Reduktion): $O_2 + 4\ H^+\ (aq) + 4\ e^- \Rightarrow 2\ H_2O$

Abb. 8.29: Aufbau und Funktion einer PEM-Brennstoffzelle (schematisch, nicht maßstabsgerecht)

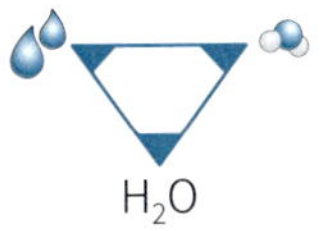

Reaktionen: An der Anode oxidieren Wasserstoffmoleküle in der Katalysatorschicht zu Protonen und Elektronen. Die Elektronen fließen über das Anodenmaterial und den äußeren elektrischen Leiter zur Kathode. Die Protonen hingegen werden von Wassermolekülen in der Membran aufgenommen und als H^+-(aq)-Ionen durch die Membran zur Kathode geleitet. An der Kathodenseite werden Sauerstoffmoleküle katalytisch in Sauerstoffatome gespalten. Sie reagieren mit den H^+ (aq) und den Elektronen zu Wasser-Dampf (Reduktion), der über Kanäle nach außen diffundiert.Die Betriebstemperatur der PEM-Brennstoffzelle liegt zwischen 20 und 80 °C.

c) Direkt-Methanol-Brennstoffzelle

Eine Variante der PEM-Brennstoffzelle ist die Direkt-Methanol-Brennstoffzelle, die als mobile Energiequelle im Automobil- und Freizeitbereich (Wohnmobil, Boot, Ferienhaus) vielfach Anwendung findet. Die Direkt-Methanol-Brennstoffzelle hat den gleichen Bau wie die PEM-Brennstoffzelle, als Brennstoff dient flüssiges Methanol (CH_3OH), dessen chemische Energie direkt in elektrische Energie umgewandelt wird. Das Methanol-Wassergemisch wird in der Anode an die Katalysatorschicht (meist Platin-Ruthenium) geführt, wo sich die Methanol- und Wassermoleküle in Elektronen und Protonen zerlegen und dabei Kohlenstoffdioxid-Moleküle bilden.

Die Elektronen wandern über das Anodenmaterial und den äußeren elektrischen Leiter, die Protonen als H^+-(aq)-Ionen durch die Protonenaustauschmembran auf die Kathodenseite. Dort bilden sie zusammen mit Sauerstoffatomen an der Katalysatorschicht Wassermoleküle. Die Betriebstemperatur der Zelle liegt unter 130 °C.

H_2O

Minuspol, Anode (Oxidation):

$$2\,CH_3OH\,(l) + 2\,H_2O\,(l) \Rightarrow 2\,CO_2\,(g) + 12\,H^+\,(g) + 12\,e^-;\; U_H^0 = +\,0{,}04\,V$$

Pluspol, Kathode (Reduktion):

$$3\,O_2 + 12\,H^+\,(g) + 12\,e^- \Rightarrow 6\,H_2O;\; U_H^0 = +\,1{,}23\,V$$

Gesamtreaktion:

$$2\,CH_3OH + 3\,O_2 \rightarrow 2\,CO_2 + 4\,H_2O$$

Zellspannung: $U = 1{,}19\,V$

H_2O

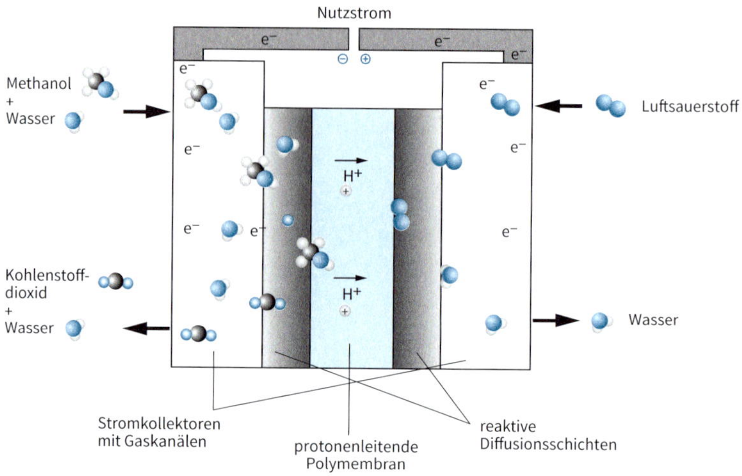

Anodenreaktion
$CH_3OH + H_2O \Rightarrow CO_2 + 6\,H^+ + 6\,e^-$

Kathodenreaktion
$O_2 + 4\,H^+ + 4\,e^- \Rightarrow 2\,H_2O$

Gesamtreaktion: $2\,CH_3OH + 3\,O_2 \rightarrow 2\,CO_2 + 4\,H_2O$

Abb. 8.30: Aufbau und Funktion einer Direkt Methanol-Brennstoffzelle (schematisch, nicht maßstabsgerecht)

Wissen

Brennstoffzellen sind spezielle galvanische Zellen, in denen die bei der Oxidation einer Verbindung freiwerdende Energie direkt in elektrische Energie umgewandelt wird.
Zum Betrieb einer Brennstoffzelle muss das Reduktionsmittel (Brennstoff) und das Oxidationsmittel (Sauerstoff) kontinuierlich von außen zugeführt werden.

Überblick

Typ	Funktionsprinzip	Minuspol	Pluspol	Elektrolyt	Zellreaktion	Zellspannung
LECLANCHÉ-Element (Zink/Kohle)	primär	Zn-Becher	MnO_2	NH_4Cl-Lösung	$2\,MnO_2\,(s) + 2\,H_2O\,(l) + Zn \rightarrow 2\,MnOOH\,(s) + Zn^{2+}\,(aq) + 2\,OH^-\,(aq)$	1,5 V
Alkali/Mangan-Batterie (Zink/Braunstein)	primär	Zn-Paste	MnO_2	KOH-Lösung	$2\,MnO_2\,(s) + 2\,H_2O\,(l) + Zn \rightarrow 2\,MnOOH\,(s) + Zn^{2+}\,(aq) + 2\,OH^-\,(aq)$	1,5 V
Lithium-Batterie	primär	Li	MnO_2	$LiClO_4$ im polaren organischen Lösungsmittel	$Li\,(s) + MnO_2\,(s) \rightarrow LiMnO_2\,(s)$	2,9 V
Blei-Akku (Blei/Bleioxid)	sekundär	Pb	PbO_2	H_2SO_4	$Pb(s) + PbO_2\,(s) + 2\,H_2SO_4\,(aq) \rightleftharpoons 2\,PbSO_4\,(s) + 2H_2O\,(l)$	2 V
Nickel/Cadmium-Akku	sekundär	Cd	NiO(OH)	KOH-Lösung	$Cd + 2\,NiO(OH)\,(s) + 2\,H_2O\,(l) \rightleftharpoons Cd(OH)_2\,(s) + 2\,Ni(OH)_2\,(s)$	1,3 V
Nickel/Metallhydrid-Akku	sekundär	Metall-H (s)	NiO(OH)	KOH-Lösung	Metall-H (s) + NiO(OH) (s) $\rightleftharpoons$ Metall + $Ni(OH)_2\,(s)$	1,2 V
Lithium-Ionen-Akku	sekundär	LiC_6	Nebengruppenmetalloxid, z. B. CoO_2 oder MnO_2	$LiClO_4$ im polarem organischem Lösungsmittel	$LiC_6\,(s) + CoO_2\,(s) \rightleftharpoons C_6\,(s) + LiCoO_2\,(s)$ oder $Li_2C_{12}\,(s) + MnO_2\,(s) \rightleftharpoons C_{12}\,(s) + Li_2MnO_2\,(s)$	3,7 V
Lithium-Ionen-Polymer-Akku	sekundär	LiC_6	Nebengruppenmetalloxid, z. B. CoO_2 oder MnO_2	gelartige Polymermembran mit Lithiumsalzlösung	$LiC_6\,(s) + CoO_2\,(s) \rightleftharpoons C_6 + LiCoO_2\,(s)$ oder $Li_2C_{12}\,(s) + MnO_2\,(s) \rightleftharpoons C_{12}\,(s) + Li_2MnO_2\,(s)$	3,7 V
Knallgaszelle Wasserstoff/ Sauerstoff	Brennstoffzelle	H_2	O_2	KOH-Lösung	$2\,H_2\,(g) + O_2\,(g) \rightleftharpoons 2\,H_2O\,(g)$	1,23 V
PEM-Brennstoffzelle	Brennstoffzelle	H_2	O_2	Protonenaustauschmembran	$2\,H_2\,(g) + O_2\,(g) \rightleftharpoons 2\,H_2O\,(g)$	1,23 V
Direkt-Methanol-Brennstoffzelle	Brennstoffzelle	CH_3OH	O_2	Protonenaustauschmembran	$2\,CH_3OH\,(l) + 3\,O_2\,(g) \rightarrow 2\,CO_2\,(g) + 4\,H_2O\,(g)$	1,19 V

9 Strukturaufklärung organischer Verbindungen

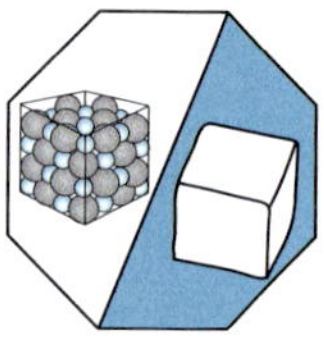

Die organische Chemie als Chemie der Kohlenstoffverbindungen ist das umfangreichste Teilgebiet der Chemie. Um die ca. 20 Millionen bekannten organischen Verbindungen ordnen zu können, führt man Strukturaufklärungen mit dem Ziel durch, ihre Strukturformel zu formulieren und sie damit zu klassifizieren.

Basiskonzept: Struktur-Eigenschafts-Beziehungen

Wichtige Ordnungskriterien organischer Verbindungen sind der Bau des Kohlenstoffgerüsts und die funktionellen Gruppen.

Mithilfe des Struktur-Eigenschafts-Konzepts werden organische Verbindungen klassifiziert. Eigenschaften einer Verbindung auf der Stoffebene und ihr Reaktionsverhalten lassen sich auf Strukturmerkmale auf der Teilchenebene zurückführen.

Aus den Strukturmerkmalen auf der Teilchenebene organischer Verbindungen ergeben sich die Eigenschaften auf der Stoffebene sowie das Reaktionsverhalten.

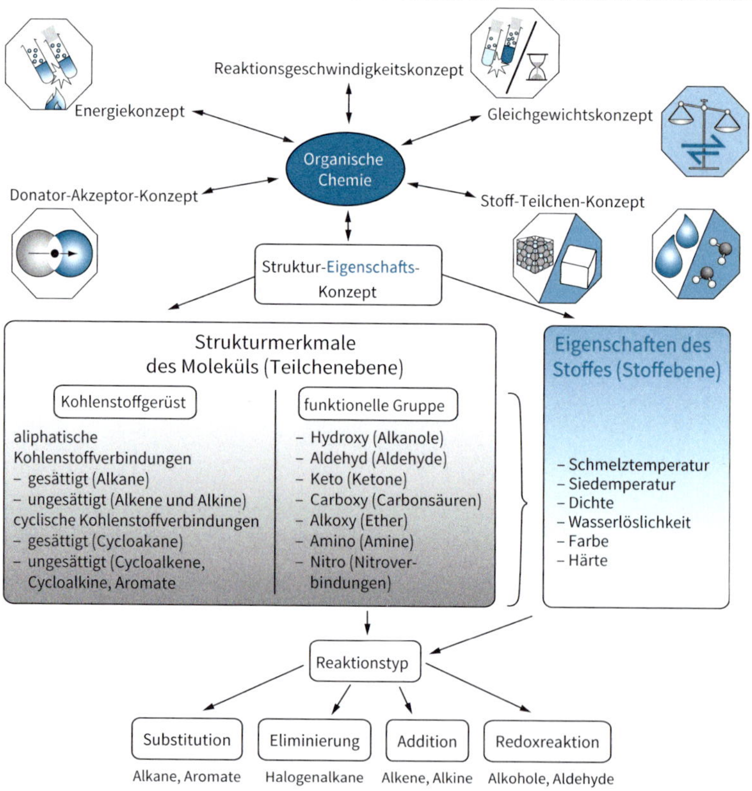

Abb. 9.1: Bedeutung des Struktur-Eigenschafts-Konzepts in der organischen Chemie

9.1 Chemische Methoden

Um die Eigenschaften einer organischen Verbindung erklären zu können, muss die Struktur ihrer Moleküle bekannt sein. Der klassische Weg der Strukturermittlung führt über verschiedene Einzelschritte:

1. **Reindarstellung der Substanz:** Aus einem Stoffgemisch muss die Reinsubstanz zunächst isoliert werden. Dies geschieht z. B. durch Extrahieren, Destillieren oder Umkristallisieren, wobei die Chromatographie eines der wichtigsten Trennverfahren ist. Chromatografische Verfahren wendet man zur Gewinnung von Reinstoffen und zur Trennung von Stoffgemischen an. Man unterscheidet Dünnschicht-Chromatografie, Gas-Chromatografie, Ionenaustausch-Chromatografie und Säulen-Chromatografie, bei der die Hochleistungsflüssigkeits-Chromatographie (HPLC) als bedeutsamste Methode hervorzuheben ist.
   Das chromatografische Trennprinzip basiert auf der unterschiedlichen Wechselwirkung der einzelnen Komponenten eines Stoffgemischs mit einer mobilen und einer stationären Phase. Dies hat eine unterschiedlichen Verteilung und somit eine Trennung der Bestandteile des Gemischs auf oder innerhalb der stationären Phase zur Folge. Das zu trennende Gemisch, ein Gas oder eine Flüssigkeit, befindet sich in der mobilen Phase. Sie wird durch Schwerkraft, Kapillarkraft oder Druck über die stationäre Phase geführt. Die stationäre Phase besteht aus Papier bei der Papier-Chromatografie, aus einer mit Aluminiumoxid beschichteten Platte bei der Dünnschicht-Chromatografie, oder aus einer mit Kohlenwasserstoffen beschichteten Silica-Gel-Säule bei der HPLC. Mit chromatografischen Methoden kann man geringste Mengen von Substanzen nachweisen. Beispielsweise kann man mithilfe der Dünnschicht-Chromatografie Substanzmengen von 10^{-7} g nachweisen.

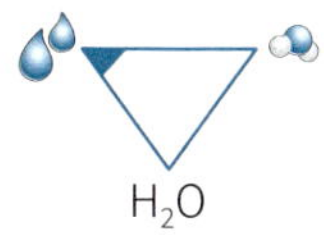

Chromatografie: griechisch *chromos* = Farbe und *graphein* = schreiben

Bei der HPLC findet die Trennung unter hohem Druck statt, was die Trennzeit merklich verkürzt

2. **Qualitative Elementaranalyse:** Die Elemente, die in der Verbindung enthalten sind, werden ermittelt.
3. **Quantitative Elementaranalyse:** Das Atomanzahlverhältnis der Elemente in der Verbindung wird bestimmt. Als Ergebnis erhält man die **Verhältnisformel**.
4. **Ermittlung der molaren Masse:** Damit kann die **Molekülformel** (Summenformel) aufgestellt werden.
5. **Charakteristische chemische Reaktionen der Substanz:** Sie dienen dem Nachweis der funktionellen Gruppen und geben Hinweise zur Gesamtstruktur des Moleküls.
6. **Synthese der Verbindung:** Durch sie wird die hypothetische Molekülstruktur bestätigt.

Beispiel

Strukturermittlung von Ethanol
mithilfe chemischer Methoden der Strukturaufklärung

- Die **qualitative Elementaranalyse** zeigt, dass in Ethanol C und H enthalten sind, denn bei der Verbrennung entstehen Kohlenstoffdioxid und Wasser. Bei der Reaktion von Ethanol mit Magnesium in der Gasphase entsteht Magnesiumoxid (Sauerstoffnachweis).
- Die **quantitative Elementaranalyse** führt zur Verhältnisformel $(C_2H_6O_1)_n$. Dazu wird eine genau gewogene Probe der Substanz vollständig zu Kohlenstoffdioxid und Wasser verbrannt. Aus den Versuchsergebnissen lassen sich die Massen und das Stoffmengenverhältnis der in der Probe enthaltenen Elemente berechnen.
- Die **Ermittlung der molaren Masse** führt zur Summenformel $C_2H_6O_1$. Dazu wird eine genau gewogene Probe der Substanz verdampft. Man bestimmt das Gasvolumen und berechnet mithilfe der allgemeinen Gasgleichung die molare Masse.
- **Reaktion mit Natrium:** Bei einer Verbindung mit der Summenformel $C_2H_6O_1$ kann es sich um einen Alkohol oder um einen Ether handeln. Durch die Reaktion mit Natrium lässt sich die Hydroxy-Gruppe nachweisen: Das polar gebundene H-Atom der Hydroxy-Gruppe wird reduziert, Natrium wird oxidiert; es entsteht Wasserstoff.

Die Formel der Verbindung lautet daher CH_3CH_2OH.
Diese Formel ist zunächst nur hypothetisch. Sie muss anschließend durch die Synthese des Alkohols bestätigt werden.

9.2 Spektroskopie

Die Methoden der Spektroskopie beruhen auf der Absorption elektromagnetischer Strahlung durch die Moleküle. Man trägt die Absorption in Abhängigkeit von der Wellenlänge auf und erhält ein **Absorptionsspektrum** des Stoffes, das Aussagen über den Molekülbau ermöglicht.

Spektroskopie im sichtbaren und im UV-Bereich

Die Moleküle absorbieren sichtbares Licht, wobei Elektronen angeregt werden. Farbige organische Verbindungen besitzen delokalisierte π-Elektronen (Carotin, Chlorophyll), die leicht angeregt werden können (→ Kap. 14). Bei diesen Verbindungen reicht daher die Energie des sichtbaren Lichts.
Bei farblosen organischen Verbindungen reicht die Energie des sichtbaren Lichts nicht aus, um Elektronen anzuregen. Dies ist nur mit der energiereiche-

ren UV-Strahlung möglich. Da σ-Elektronen besonders viel Energie zur Anregung benötigen, absorbieren gesättigte Kohlenwasserstoff nur unterhalb einer Wellenlänge von 140 nm.

H_2O

IR-Spektroskopie

Infrarotstrahlen können Moleküle oder Molekülteile zu Schwingungen und Rotationen anregen, die es ermöglichen, bestimmte funktionelle Gruppen im Molekül zu erkennen.

NMR-Spektroskopie

NMR = *nuclear magnetic resonance* (magnetische Kernresonanz): Bei der Absorption elektromagnetischer Strahlung in einem Magnetfeld ändert sich der Spin der Wasserstoff-Atomkerne. Das Absorptionsverhalten ist dabei vom Bindungspartner des H-Atoms abhängig (chemische Verschiebung).

Überblick

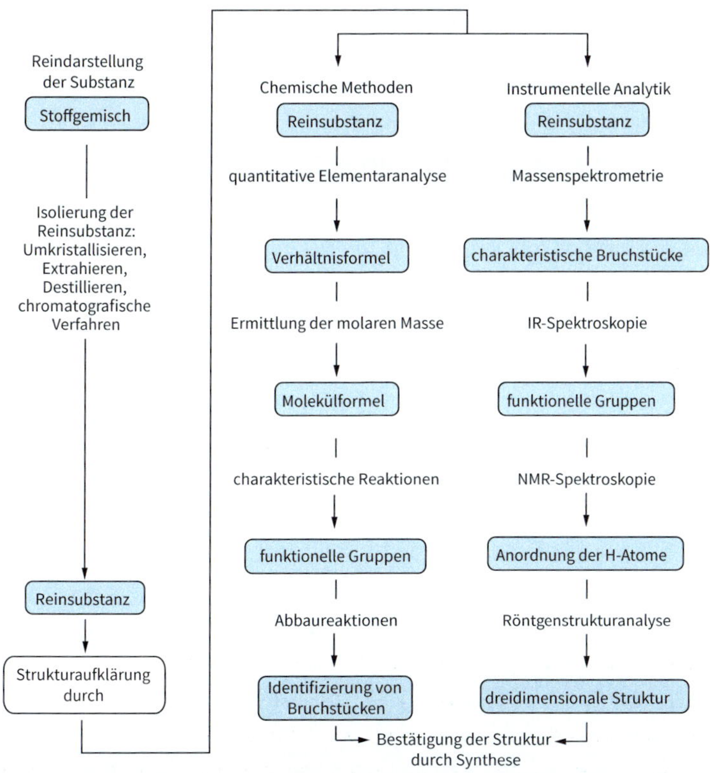

10 Kohlenwasserstoffe

- Kohlenwasserstoffe werden in Stoffklassen wie Alkane, Cycloalkane, Alkene, Alkine und Aromaten eingeteilt.
- Die mit Wasserstoffatomen abgesättigten Alkane und Cycloalkane sind reaktionsträge. Sie reagieren nur mit Sauerstoff unter Verbrennung und mit Halogenen unter radikalischer Substitution.
- Alkene und Cycloalkene besitzen mindestens eine Doppelbindung. Sie reagieren durch elektrophile Additionsreaktionen an die Doppelbindung.
- Alkine haben mindestens eine Dreifachbindung. Ihr Reaktionsverhalten entspricht dem der Alkene.
- Aromaten besitzen ein System aus delokalisierten π-Elektronen. Sie reagieren durch elektrophile Substitution.

Basiskonzept: Struktur-Eigenschafts-Beziehungen

Stoffeigenschaften von Kohlenwasserstoffen sowie die von ihnen bevorzugten chemischen Reaktionen beruhen auf Bau und Struktur ihrer Moleküle.

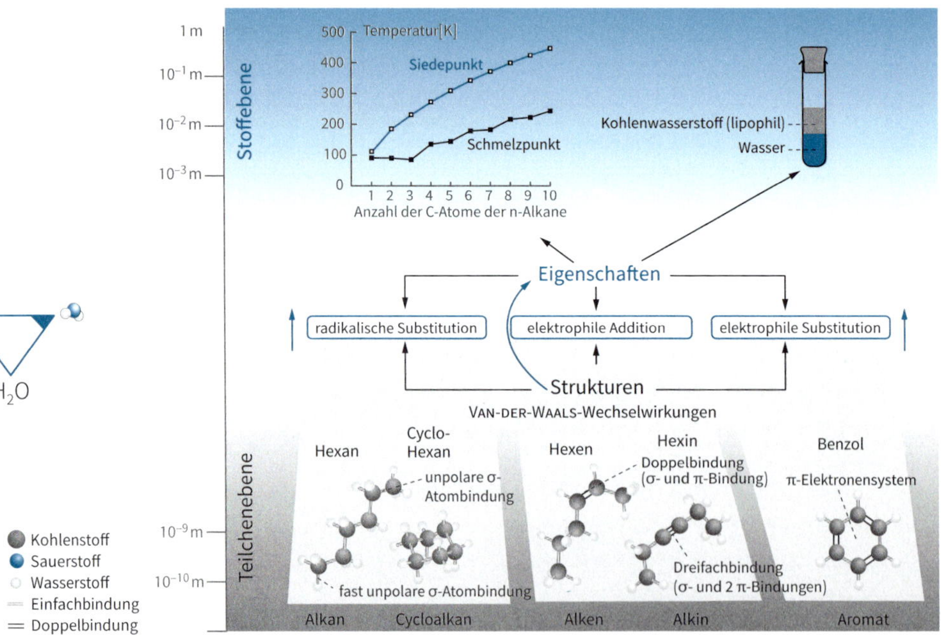

Abb. 10.1: Das Struktur-Eigenschafts-Konzept als Leitlinie bei Kohlenwasserstoffen

10.1 Gesättigte Kohlenwasserstoffe

Alkane

H_2O

Alkane sind Kohlenwasserstoffe mit maximal möglicher Zahl an Wasserstoff-Atomen. Die Kohlenstoff-Atome sind über Einfachbindungen verknüpft. Sie lassen sich nach der Zahl ihrer C-Atome in der sogenannten homologen Reihe anordnen. Dabei kommt bei jedem nächsthöheren Glied jeweils eine CH_2-Gruppe hinzu.
Allgemeine Formel: C_nH_{2n+2}

IUPAC-Name	Summenformel	IUPAC-Name	Summenformel
Methan	CH_4	Hexan	C_6H_{14}
Ethan	C_2H_6	Heptan	C_7H_{16}
Propan	C_3H_8	Octan	C_8H_{18}
Butan	C_4H_{10}	Nonan	C_9H_{20}
Pentan	C_5H_{12}	Decan	$C_{10}H_{22}$

Tab. 10.1: Übersicht über die ersten Glieder der homologen Reihe der Alkane

Die Namen der auf Butan folgenden Alkane leiten sich von den entsprechenden griechischen Zahlwörtern ab.

Bei Alkanen mit mehr als drei C-Atomen gibt es neben gradkettigen auch verzweigte Isoalkane.

Isomerie

- **Isomerie:** Unterschiedliche Verbindungen mit gleicher Molekülformel.
- **Stellungs-Isomerie:** Unterschiedliche Verknüpfungsstellen bei gleichen funktionellen Gruppen.
  Sind Alkane *halogeniert*, kommt die Stellungs-Isomerie zum Tragen: 1-Chlorpropan und 2-Chlorpropan.
- **Konstitutions-Isomere** (Struktur-Isomere) unterscheiden sich in der unterschiedlichen Verknüpfung der *Reihenfolge* ihrer Atome.
- Handelt es sich um *unterschiedliche Verknüpfung* der Kohlenstoff-Atome, spricht man von **Gerüst-Isomerie**.

IUPAC: *I*nternational *U*nion of *P*ure and *A*pplied *C*hemistry

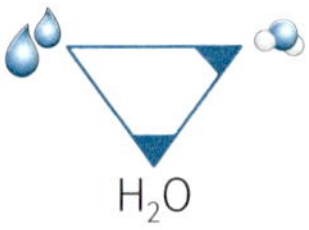

Nomenklaturregeln nach IUPAC

① Die längste Kette aus verbundenen Kohlenstoff-Atomen ergibt den Stammnamen, z. B. 4-Ethyl-2,2-dimethylheptan

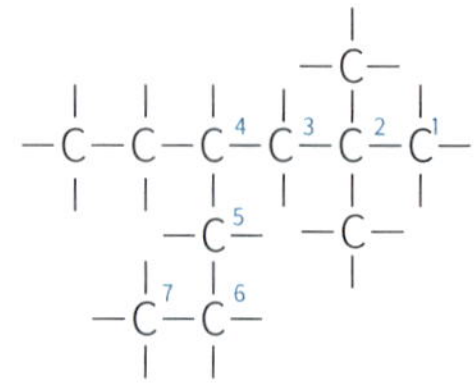

② Die Seitenketten werden vorangestellt und erhalten die Endung -yl. Gleiche Seitenketten werden durch Zahlwörter (di-, tri- tetra-) zusammengefasst.

③ Die Verzweigungsstelle wird durch Zahlen angegeben. Dabei werden die Kohlenstoff-Atome der Hauptkette so durchnummeriert, dass möglichst kleine Zahlen entstehen, z. B.: 2,2,4-Trimethylhexan:

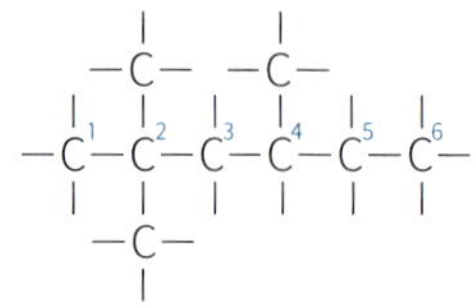

④ Enthält das verzweigte Alkan unterschiedliche Seitenketten, so werden diese alphabetisch aufgeführt, wobei die Zahlwörter als Vorsilbe nicht berücksichtigt werden. Nur der erste Buchstaben des gesamten Namens wird großgeschrieben, z. B. 3-Ethyl-5-methylheptan:

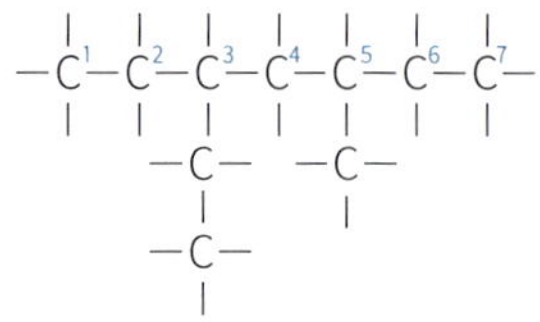

Vorsicht, Falle

Alkylsubstituenten müssen immer mindestens ein C-Atom weniger besitzen als C-Atome nach links bzw. rechts in der Kette folgen, das heißt, es kann *nicht* benannt werden: 2-Ethyl-, 3-Propyl usw. In diesem Fall muss die tatsächlich längste Kette untereinander verbundener C-Atome geprüft werden.

Hybridisierung, Bau und Bindungslänge

Das Kohlenstoff-Atom ist in den Alkanen **sp^3-hybridisiert** (→ Seite 25). Die Bindungen des Kohlenstoff-Atoms werden durch vier energiegleiche Atomorbitale beschrieben. Die geometrische Anordnung entspricht der eines Tetraeders, das heißt, der Winkel zwischen zwei Bindungen beträgt 109,5°, die Bindungslänge zwischen C und H beträgt 0,109 nm, die zwischen C und C 0,154 nm.

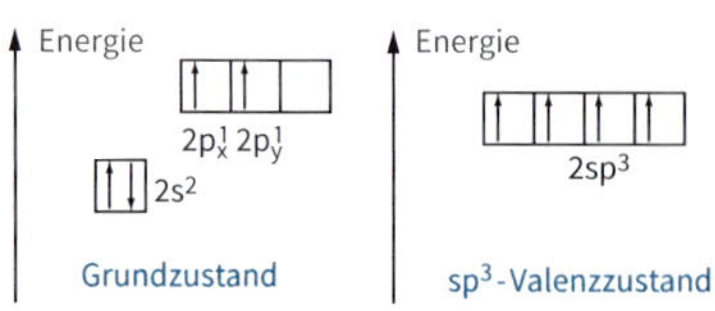

Abb. 10.2: Valenzelektronen des C-Atoms

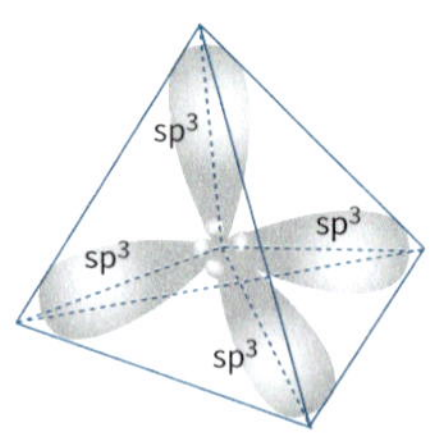

Abb. 10.3: sp^3-Hybridorbitale des C-Atoms

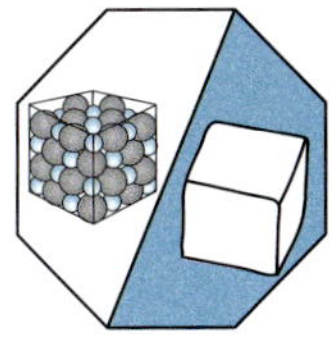

Physikalische Eigenschaften der Alkane

Aggregatzustand: Alle Alkane sind völlig unpolar, zwischen ihnen herrschen nur Van-der-Waals-Kräfte (→ Seite 33). Diese nehmen mit zunehmender Masse zu, daher steigen auch die Schmelz- und Siedetemperaturen mit steigender Kettenlänge:

$C_1 - C_4$	gasförmig
$C_5 - C_{16}$	flüssig
ab C_{17}	fest

Bei Alkanen mit sehr großer Molekülmasse sind die Van-der-Waals-Kräfte so stark, dass sich die Moleküle durch Aufspaltung der Atombindungen zersetzen, noch ehe sie die Schmelz- bzw. Siedetemperaturen erreichen. Verzweigte Kohlenwasserstoffe haben tiefere Siede- und Schmelztemperaturen als ihre unverzweigteren Gerüst-Isomeren gleicher Molekülmasse. **Grund:** Je verzweigter ein Molekül, desto näher ist es der Kugelgestalt, desto geringer ist die Oberfläche und umso geringer sind die Van-der-Waals-Kräfte.

Löslichkeit: Aufgrund ihres unpolaren Charakters sind Alkane hydrophob, das heißt, sie sind in Wasser kaum löslich. Die Van-der Waals-Kräfte zwischen den Alakanmolekülen sind deutlich schwächer als die zwischen den Wassermolekülen vorhandenen Wasserstoffbrücken. Gleichzeitig sind die Alkane aber lipophil und damit in unpolaren Lösemitteln löslich.

Stoffe mit ähnlichen zwischenmolekolaren Kräften lösen sich ineinander.

Löseverhalten

Chemische Reaktionen der Alkane: Radikalische Substitution

Alle Alkane sind sehr reaktionsträge, da ihre C—H- und C—C-Bindungen sehr stabil sind. Auch besitzen sie im Gegensatz zu den andern organischen Verbindungen keine funktionellen Gruppen. Alkane lassen sich lediglich durch radikalische Substitution halogenieren und reagieren mit Sauerstoff in Verbrennungsreaktionen.

Paraffine, *parum affinis*: wenig teilnehmend, das heißt, geringe Neigung zu Reaktionen mit anderen Stoffen

Unter **Substitution** versteht man den Austausch einzelner Atome oder Atomgruppen im Molekül einer organischen Verbindung gegen andere Atome oder Atomgruppen.

Substitution

Im Prinzip lassen sich alle unpolaren organischen Verbindungen radikalisch substituieren, aber die Alkane lassen sich ausschließlich durch radikalische Substitution halogenisieren.

Reaktionsgleichung für die Bromierung: $CH_4 + Br_2 \rightarrow CH_3Br + HBr$

H_2O

Teilschritt	Erklärung	Reaktionsgleichungen
Startreaktion Homolyse	Der erste Schritt zur Halogenisierung von Alkanen besteht in einer Homolyse der Halogene durch Licht und Wärme. Dabei wird die Bindung zwischen den Halogenatomen so aufgespalten, dass jeder der Partner eines der beiden Bindungselektronen erhält. Es entstehen Halogenatome, die so reaktionsfreudig sind, dass man sie als **Radikale** bezeichnet.	$Br-Br \xrightarrow{Licht} 2\,Br\bullet$ 
Kettenreaktion	Durch Reaktion eines Bromradikals mit Methan entsteht Bromwasserstoff und ein neues Methylradikal. Dieses stabilisiert sich durch Reaktion mit einem weiteren Brommolekül. Dabei entsteht Brommethan und ein neues Bromradikal. Die Reaktion setzt sich auf diese Weise bis zum Kettenabbruch fort.	$CH_4 + \bullet Br \rightarrow \bullet CH_3 + HBr$ $\bullet CH_3 + Br_2 \rightarrow CH_3Br + \bullet Br$ 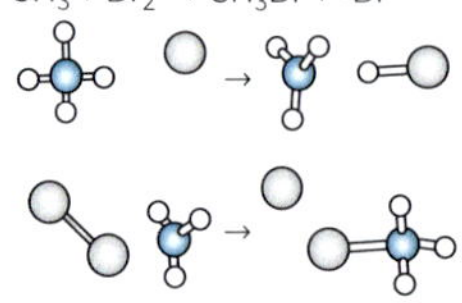
Kettenabbruch	Durch Zusammenstoß zweier Radikale werden die Radikale aus dem Reaktionsgeschehen entfernt.	$H_3C\bullet + \bullet CH_3 \rightarrow CH_3-CH_3$  $H_3C\bullet + \bullet Br \rightarrow H_3CBr$
Nachteile	Keine Methode zur Herstellung definierter Halogenprodukte; die Reaktion ist nicht steuerbar	
Tipp	Zur Darstellung von Monohalogenalkanen – Anlagerung von Halogenwasserstoff an Alken – Nucleophile Substitution von Alkanolen mit Halogenwasserstoff	

Tab. 10.2: Reaktionsmechanismus der radikalischen Substitution

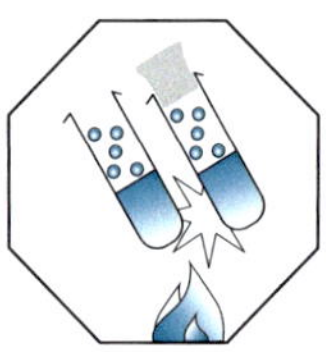

Durch radikalische Substitution können Alkane nur bromiert oder chloriert werden. Die Iodierung verläuft endotherm, die Fluorierung so stark exotherm, dass auch die C—C-Bindung angegriffen wird und es nicht zu den gewünschten Reaktionsprodukten kommt.

	mittlere molare Bindungsenthalpien in $kJ \cdot mol^{-1}$ für				molare Reaktionsenthalpien $kJ \cdot mol^{-1}$
	C—H	X—X	C—X	H—X	
F	413	159	489	567	–484
Cl	413	242	339	431	–115
Br	413	193	285	366	–45
I	413	151	218	298	48

Tab. 10.3: Bindungs- und Reaktionsenthalpien

Cycloalkane

Cycloalkane sind ringförmig gebaute Kohlenwasserstoffe mit der allgemeinen Summenformel C_nH_{2n}. Cycloalkane sind erst ab fünf C-Atomen im Ring stabil, Ringe mit weniger C-Atomen stehen unter zu großer Spannung. Der bekannteste Vertreter ist Cyclohexan. Das Cyclohexan-Molekül ist durch die tetraedrische Anordnung der von den Kohlenstoff-Atomen ausgehenden Bindungen nicht eben gebaut. Durch die freie Drehbarkeit um die C—C-Bindungen kann Cyclohexan verschiedene **Konformationen** einnehmen.

Unter **Konformations-Isomerie** versteht man unterschiedliche Atompositionen durch Drehung um Einfachbindungen.

Konformations Isomerie

Dabei unterscheiden sich die Isomeren durch die unterschiedliche räumliche Anordnung benachbarter H-Atome zueinander. Man unterscheidet zwischen Sessel- und Wannenform:

Sessel- und Wannenform

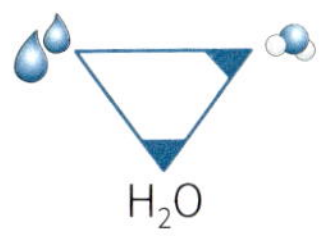

Cyclohexan Wannenform Sesselform

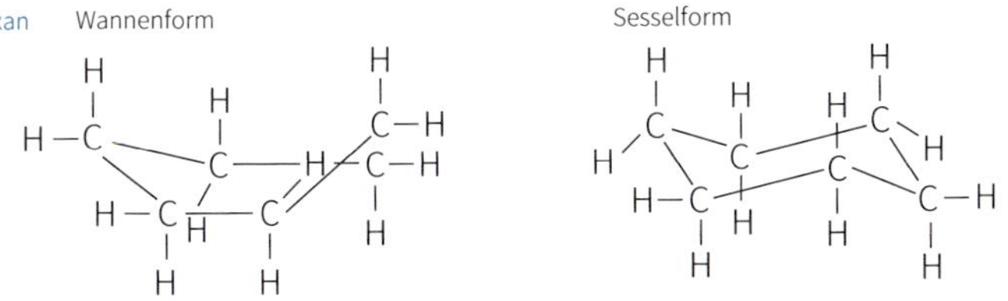

Abb. 10.4: Cyclohexan in Wannenform (links) und Sesselform (rechts)

Cyclohexan ist als Sessel-Konformeres stabiler als in der Wannen-Konformation. Cycloalkane entsprechen in ihrem physikalischen und chemischen Verhalten dem der Alkane.

Alkane

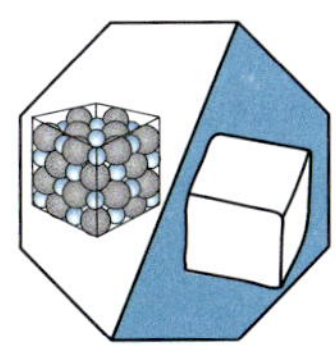

- Alkane bestehen nur aus Kohlenstoff und Wasserstoff mit der allgemeinen Formel C_nH_{2n+2}
- Die zwischenmolekularen VAN-DER-WAALS-Kräfte beeinflussen Schmelz- und Siedetemperaturen und nehmen mit steigender Masse zu.
- Alkane sind hydrophob und mischen sich daher kaum mit Wasser.
- Die C-Atome sind sp^3-hybridisiert, die geometrische Gestalt der Alkane entspricht einem Tetraeder.
- Aufgrund der unpolaren C—H-Bindungen sind Alkane äußerst reaktionsträge. Sie lassen sich jedoch mit Sauerstoff oxidieren und radikalisch substituieren.
- Cycloalkane sind ringförmige Kohlenwasserstoffe mit der allgemeinen Formel C_nH_{2n}.

10.2 Ungesättigte Kohlenwasserstoffe: Alkene, Alkine

Alkene

Alkene sind Kohlenwasserstoffe mit Doppelbindung. Die allgemeine Formel lautet C_nH_{2n}.

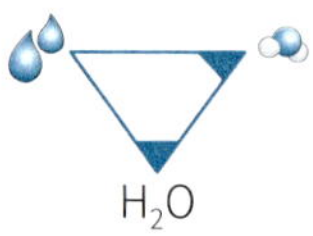

Nomenklatur nach IUPAC

Der Name der Alkene ergibt sich aus dem Namen des entsprechenden Alkyl-Restes und der Endung -en, die Lage der Doppelbindung wird durch möglichst kleine Zahlen gekennzeichnet.
Beispiel: Pent-2-en.

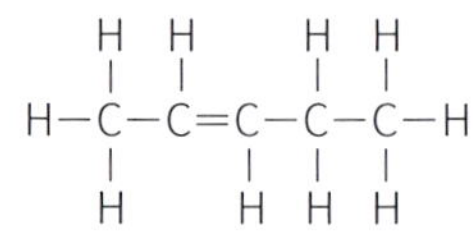

Abb. 10.5: Pent-2-en

Hybridisierung, Bau und Bindungslänge

Das Kohlenstoff-Atom ist in den Alkenen **sp^2-hybridisiert** (→ Seite 27). Die **räumliche Anordnung** wird als trigonal- planar bezeichnet, der Winkel beträgt 120°. Die beiden nicht an der Hybridisierung beteiligten p-Orbitale überlappen ober- und unterhalb der Ebene zur **π-Bindung**, die Bindungslänge beträgt 134 pm.

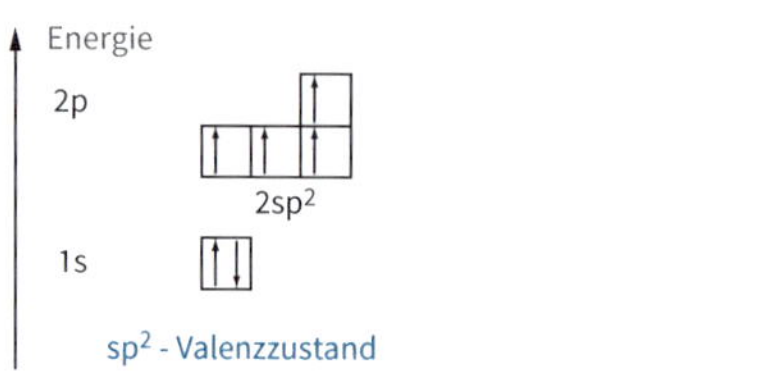

Abb. 10.6: sp^2-Hybridisierung des C-Atoms

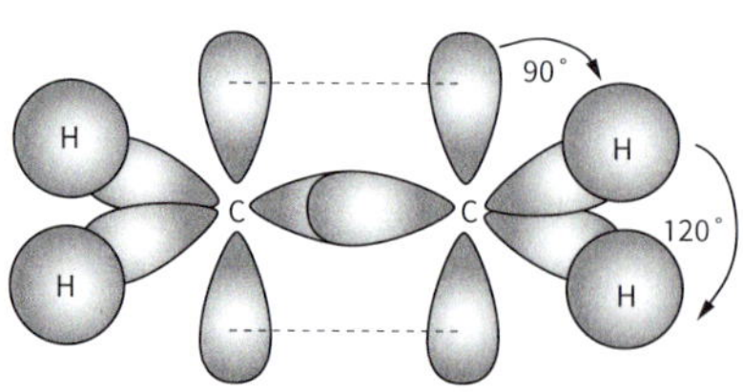

Abb. 10.8: schematischer Überblick über die Bindungen im Ethen-Molekül

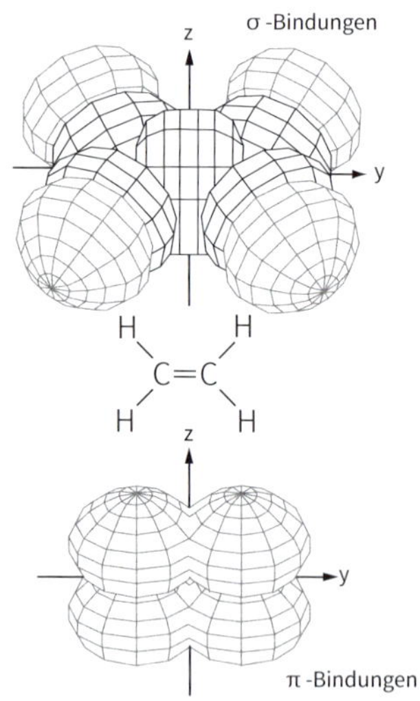

Abb. 10.7: Die Bindungen im Ethen-Molekül

Befinden sich zwei Doppelbindungen am selben C-Atom, so ist dieses sp-hybridisiert, z. B. Buta-1,2-dien. Vorsicht, Falle

Cis-trans-Isomerie (geometrische Isomerie)

Durch die π-Bindung ist die freie Drehbarkeit um die C—C-Bindungsachse aufgehoben. Es existieren cis-trans-Isomere, welche sich durch unterschiedliche Lage der Substituenten an der Doppelbindung unterscheiden.

Beispiele:

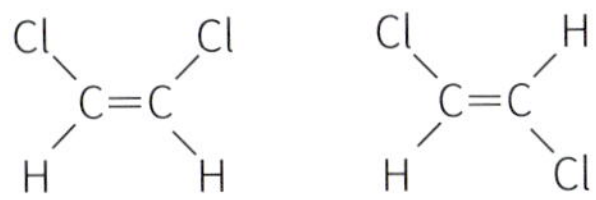

Abb. 10.9: cis-1,2-Dichlorethen (links, $\vartheta_0 = 60\,°C$); trans-1,2-Dichlorethen (rechts, $\vartheta_0 = 48\,°C$)

Unter **cis-trans-Isomerie** (geometrischer Isomerie) versteht man die unterschiedliche Stellung von Substituenten an Doppelbindungen. cis-trans-Isomerie

Mehrfach ungesättigte Alkene

Enthält der ungesättigte Kohlenwasserstoff mehrere Doppelbindungen, so wird deren Anzahl durch die Vorsilben di-, tri-, tetra- usw. angegeben: Alkadiene, Alkatriene. Bei Alkenen mit mehreren Doppelbindungen unterscheidet man je nach Lage:

- **Kumulierte Doppelbindung:** Die Doppelbindungen befinden sich unmittelbar nebeneinander
- **Isolierte Doppelbindung:** mindestens zwei Einfachbindungen zwischen zwei Doppelbindungen
- **Konjugierte Doppelbindung:** alternierende Anordnung von Einfach- und Doppelbindungen

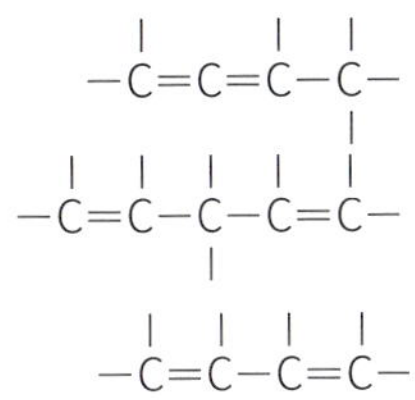

Lage der Doppelbindungen

Physikalische Eigenschaften

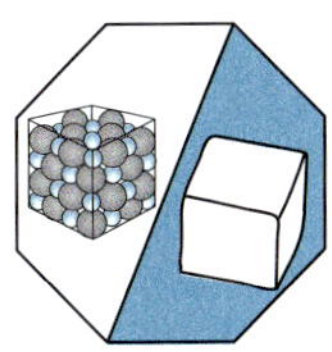

Alkene entsprechen in ihren physikalischen Eigenschaften denen der Alkane. Die cis- und trans-Isomere unterscheiden sich in ihren Schmelz- und Siedetemperaturen.

- **Schmelztemperatur:** Die trans-Form hat eine höhere Molekülsymmetrie. Ihre Moleküle lassen sich leichter in ein Molekülgitter einbauen, die Schmelztemperatur liegt daher über der der cis-Form.
- **Siedetemperatur:** Bei der cis-Form fallen die Ladungsschwerpunkte nicht aufeinander, es ist ein **Dipol**: Die Moleküle der trans-Isomeren sind dagegen unpolar, da sich die Dipolmomente aufgrund der symmetrischen Anordnung aufheben. Die Siedetemperatur der cis-Form liegt daher über der der trans-Form.

Chemische Reaktionen der Alkene: Elektrophile Addition

H_2O

Ungesättigte Kohlenwasserstoffe sind sehr viel reaktionsfreudiger als gesättigte. Aufgrund der hohen Elektronendichte der Doppelbindung werden Alkene leicht durch **elektrophile** Teilchen (Teilchen mit Elektronenunterschuss) angegriffen (→ Tab. 10.4). Die Reaktion mit Halogenen wie z. B. Brom geschieht auch im Dunklen bereits bei Raumtemperatur. Die Entfärbung von Brom dient auch als Nachweis für ungesättigte Verbindungen.

Reaktionsgleichung: $C_6H_{12} + Br_2 \rightarrow C_6H_{12}Br_2$

Die π-Elektronen der Doppelbindung sind leicht polarisierbar und deshalb das reaktive Zentrum für einen elektrophilen Angriff.	
Durch die hohe Elektronendichte der π-Bindung wird am Brom-Molekül durch Polarisierung der Bindung ein Dipol induziert, es kommt zur heterolytischen Spaltung des Brom-Moleküls.	
Das elektrophile Brom-Kation wird nun an eines der beiden C-Atome der Doppelbindung addiert: Es entsteht ein Carbeniumion, an welches sich das nucleophile Bromid-Ion von der Rückseite her anlagert.	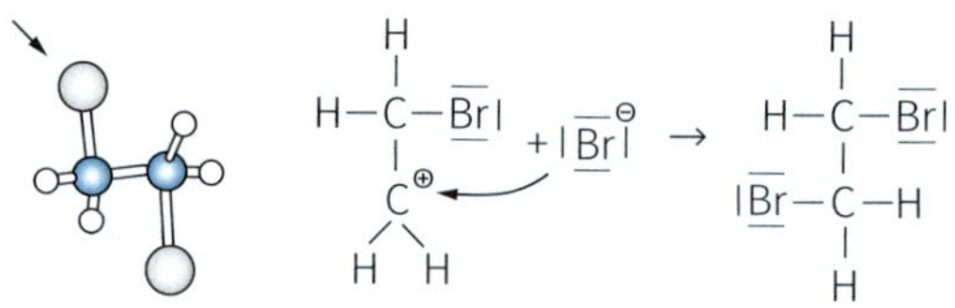
Reaktionsbedingungen	Die elektrophile Addition bevorzugt polare Lösemittel, da dies zu einer Stabilisierung der ionischen Zwischenstufe führt. Wasser ist allerdings nicht geeignet, da sonst Hydroxid-Ionen in Konkurrenz zum Halogenid-Ion treten.

Tab. 10.4: Reaktionsmechanismus der elektrophilen Addition am Beispiel der Addition von Brom an Ethen

Nachweis des Mechanismus

konkurrierende Nucleophile

Die Existenz der bei der elektrophilen Addition gebildeten Zwischenstufe lässt sich indirekt belegen: Führt man beispielsweise die Reaktion in Gegenwart von konkurrierenden Nucleophilen wie z. B. Bromid-Ionen durch, so entsteht neben der Dichlor-Additionsverbindung auch das entsprechende gemischte Additionsprodukt.

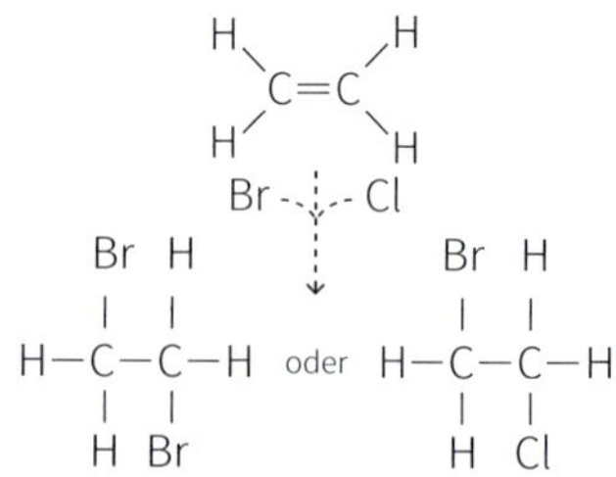

Abb. 10.10: Nachweis einer kationischen Zwischenstufe

WLADIMIR WASSILJEWITSCH MARKOWNIKOW 1837 – 1904, russischer Chemiker

Die MARKOWNIKOW-Regel

Wird HX (X = Halogen) an ein unsymmetrisches Alken addiert, so ergibt sich nur ein einziges Produkt, da der elektrophile Wasserstoff stets am wasserstoffreicheren C-Atom der Doppelbindung angreift.

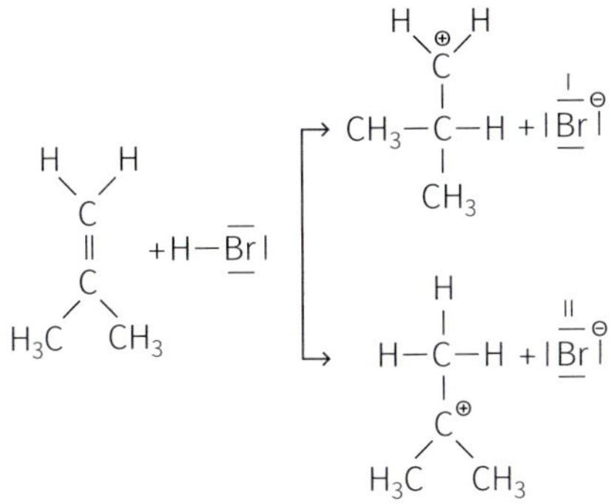

Abb. 10.11: Addition von HBr an ein unsymmetrisches Alken

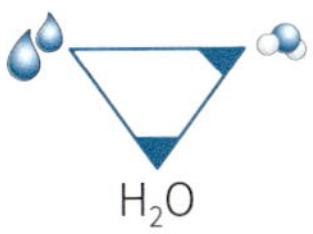

Addition an unsymmetrische Alkene

Begründung: Das Carbenium-Ion II ist stabiler als das Carbenium-Ion I, da bei ihm die positive Ladung durch den +I-Effekt der beiden Methyl-Gruppen stärker ausgeglichen wird. Als reaktive Zwischenstufe entsteht deshalb bevorzugt das Carbenium-Ion II, als Endprodukt wird daher 2-Brom-2-methylpropan gebildet.

Reaktivität verschiedener Alkene

induktiver Effekt

Die Elektronendichte der Doppelbindung hat einen entscheidenden Einfluss auf die Induzierung des Dipols am Halogen und damit auf die Reaktionsgeschwindigkeit. Benachbarte Atome und Atomgruppen beeinflussen die Reaktivität einer funktionellen Gruppe in einem Molekül. Diesen Nachbargruppeneffekt bezeichnet man als **induktiven Effekt**.

Wissen

Alkylsubstituenten an der Doppelbindung erhöhen ihre Elektronendichte, man bezeichnet diesen Einfluss als +I-Effekt.
Sie beschleunigen die Reaktion.
Substituenten mit höherer Elektronegativität als das C-Atom, wie etwa Halogene, bewirken eine Elektronenverschiebung vom C-Atom weg, man bezeichnet ihren Einfluss als –I-Effekt. Sie vermindern die Elektronendichte und damit die Reaktivität.

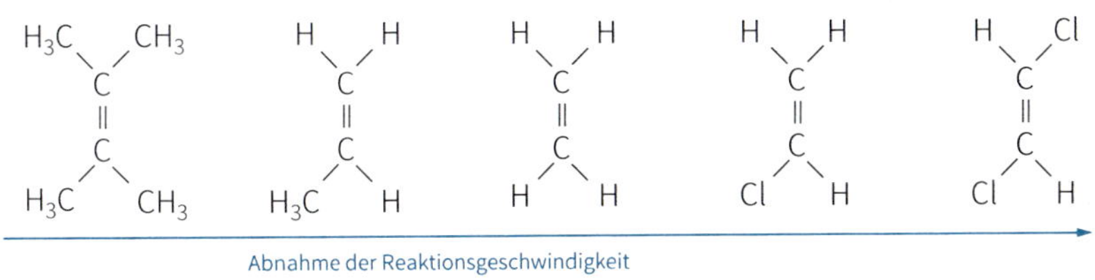

Abb. 10.12: Reaktivität von Alkenen (bei der elektrophilen Addition)

Cycloalkene reagieren analog zu den Alkenen.

Alkine

Alkine sind Kohlenwasserstoffe mit Dreifachbindung. Die allgemeine Formel lautet C_nH_{2n-2}.

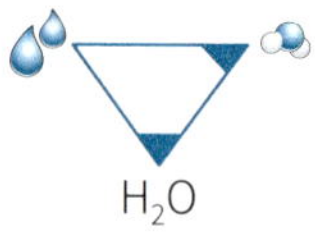

Nomenklatur nach IUPAC

Der Name der Alkine ergibt sich aus dem Namen des entsprechenden Alkyl-Restes und der Endung -in. Die Lage der Dreifachbindung wird durch möglichst kleine Zahlen gekennzeichnet.
Beispiel: Pent-2-in $H_3C-C\equiv C-CH_2-CH_3$

Hybridisierung, Bau und Bindungslänge

Das C-Atom ist in den Alkinen **sp-hybridisiert**. Der **räumlicher Bau** ist linear (180°), dabei liegen alle C-Atome auf einer Geraden. Die beiden nicht hybridisierten p-Orbitale überlappen zu zwei π-Bindungen, welche die C–C-Bindung als zylinderförmige Ladungswolke umgeben. Die Länge der Dreifachbindung beträgt 120 pm und ist damit kürzer als die C=C-Bindung im Ethen-Molekül. Dies beruht auf dem höheren Anteil an s-Orbitalen an der Hybridisierung. Dadurch verkürzt sich der mittlere Abstand der Elektronen vom Atomkern und somit auch die Bindungslänge zum H-Atom.

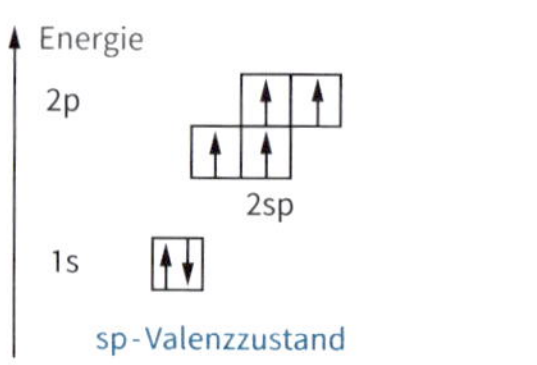

Abb. 10.13: sp-Hybridisierung des C-Atoms

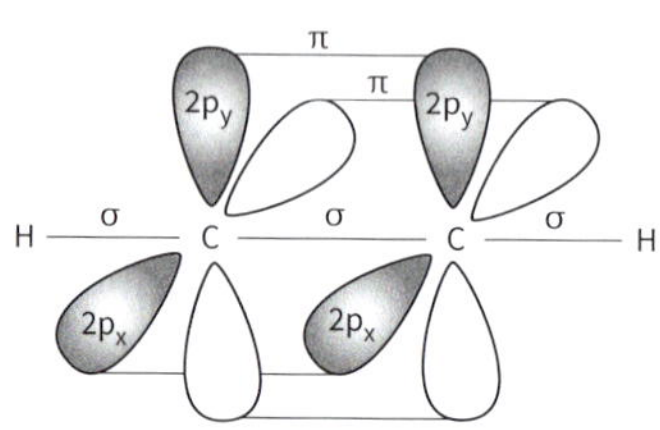

Abb. 10.14: Bindungen im Ethin-Molekül

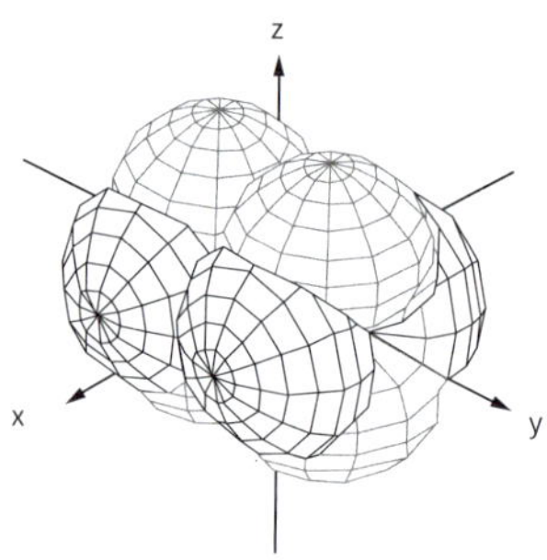

Abb. 10.15: Die π-Bindungen im Ethin-Molekül

Chemische Reaktionen der Alkine: Elektrophile Addition

Hinweis: Die elektrophile Addition verläuft im Vergleich zu Ethen langsamer, da durch die kleine Bindungslänge die π-Elektronen fester an die Atomrümpfe gebunden sind; dadurch wird die Induzierung des Dipols beim Halogen-Molekül erschwert.

Die π-Bindung ist weniger stabil, reaktionsfreudiger und energiereicher als die σ-Bindung. **Grund:** Der Überlappungsgrad zwischen den p-Orbitalen ist geringer als bei der σ-Bindung. Die Bindungslänge der Mehrfachbindung ist kürzer als die der Einfachbindung, da die Atomrümpfe wegen der hohen Elektronendichte stärker angezogen werden. Außerdem ist bei höherem s-Orbitalanteil der mittlere Abstand der Elektronen vom Atomkern kleiner.

	Alkane	Alkene	Alkine
Hybridisierung	sp^3	sp^2	sp
Anordnung der π-Elektronen	keine	ober- und unterhalb der σ-Bindung	rotationssymmetrisch um die σ-Bindung
räumliche Anordnung	Tetraeder	trigonal-planar	linear
funktionelle Gruppe	keine	Doppelbindung	Dreifachbindung
Bindungslänge	154 pm	134 pm	120 pm
typische Reaktionen	radikalische Substitution	elektrophile Addition	elektrophile Addition
Reaktionsgleichung	$C_2H_6 + Br_2 \rightarrow C_2H_5Br + HBr$	$C_2H_4 + Br_2 \rightarrow C_2H_4Br_2$	$C_2H_2 + Br_2 \rightarrow C_2H_2Br_2$
Reaktionsbedingungen	Wärme, Licht, unpolares Lösemittel	Kälte, polares Lösemittel	Kälte, polares Lösemittel

Abb. 10.16: Überblick über Bau und Reaktionsverhalten der Kohlenwasserstoffverbindungen

Alkene, Alkine

- Alkene und Alkine sind ungesättigte Kohlenwasserstoffe.
- Nicht alle Bindungen in Alkenen und Alkinen sind mit Wasserstoff abgesättigt, sie besitzen mindestens eine Doppel- bzw. Dreifachbindung.
- Die an der Doppelbindung beteiligten C-Atome in Alkenen sind sp^2-hybridisiert, bei zwei Doppelbindungen am selben C-Atom ist dieses sp-hybridisiert.
- Die an der Dreifachbindung beteiligten C-Atome sind sp-hybridisiert.
- Die geometrische Anordnung der Alkene ist trigonal-planar, die der Alkine linear.
- Aufgrund der hohen Elektronendichte werden Alkene und Alkine bevorzugt elektrophil angegriffen und reagieren unter Addition, dabei sind Alkene reaktionsfreudiger als Alkine.
- Cycloalkene reagieren wie Alkene.
- Die Entfärbung von Brom dient als Nachweis für ungesättigte Verbindungen.

10.3 Aromatische Kohlenwasserstoffe: Benzol

ERICH HÜCKEL 1896 – 1980

MICHAEL FARADAY 1791 – 1867, entdeckte 1825 das Benzol

Nach der HÜCKEL-Regel sind Aromaten cyclische Moleküle mit großer Mesomerieenergie, bei denen sämtliche Ringatome zu einem **konjugierten System** gehören, das heißt sie besitzen alternierend angeordnete C=C-Doppelbindungen. Die allgemeine Formel des Benzols lautet C_6H_6, der entsprechende Rest ($-C_6H_5$) wird **Phenyl** genannt.

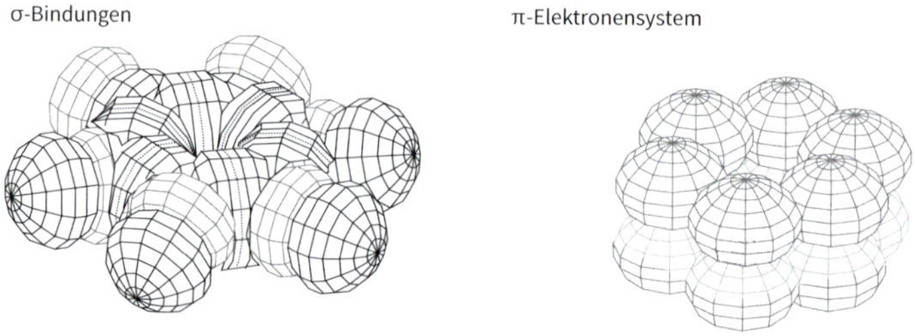

Abb. 10.17: Die Bindungen im Benzol-Molekül

Hybridisierung und Mesomerie

Die sechs C-Atome des Benzols sind **sp^2-hybridisiert** und somit trigonal-planar angeordnet. Die nicht hybridisierten p-Orbitale stehen senkrecht auf der Ebene der σ-Bindungen. Sie überlappen ober- und unterhalb der Ebene zu einem ringförmigen π-Elektronensystem. Somit sind die Elektronen über den ganzen Ring **delokalisiert** und das Benzol-Molekül ist **mesomeriestabilisiert**.

Alle C−C-Bindungen im Benzolmolekül sind völlig gleichartig, die Bindungslänge liegt mit 139 pm zwischen den Bindungslängen einer C−C-Einfachbindung und einer C=C-Doppelbindung.

Wissen

Die besondere Stabilität des Benzol-Moleküls ist in der Delokalisation der π-Elektronen über den gesamten Ring begründet.
Dadurch ist Benzol energetisch günstiger als Verbindungen mit lokalisierten Doppelbindungen.

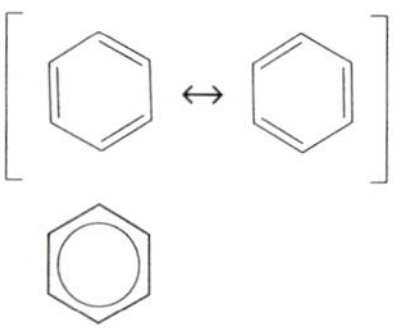

Delokalisierte π-Elektronen können nicht einzelnen Atomen oder Bindungen zugeordnet werden. Die Elektronenverteilung wird mithilfe hypothetischer Grenzformeln angegeben, welche durch Mesomeriepfeile verbunden sind, die tatsächliche Elektronenverteilung liegt dazwischen:

Zur Ermittlung der **Mesomerieenergie** des Benzols vergleicht man die experimentell ermittelte und mit drei multiplizierte Hydrierungsenthalpie von Cyclohexen mit der Hydrierungsenthalpie von Benzol; die Differenz entspricht der Mesomerieenergie (→ Abb. 10.18).

Wissen

Die **Mesomerieenergie** ist die Energiedifferenz zwischen den Verbindungen mit delokalisierten Elektronen und der hypothetischen Form mit lokalisierten Doppelbindungen.

Physikalische Eigenschaften

Benzol ist eine stark lichtbrechende, farblose Flüssigkeit, die bei 80 °C siedet und bei 5,5 °C zu Kristallen erstarrt. Aufgrund seines unpolaren Charakters ist Benzol in polaren Lösemitteln nicht löslich. Benzol ist sehr giftig und kanzerogen.

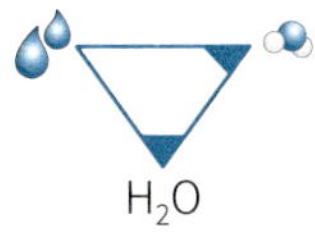

Chemische Reaktionen: Elektrophile Substitution

Durch die hohe Elektronendichte reagieren Aromaten wie Alkene mit Elektrophilen. Versetzt man Benzol mit Brom, findet jedoch keine Reaktion statt. Zur Erhaltung des energetisch begünstigten π-Elektronensystems verläuft die Reaktion nicht als Addition, sondern in Form einer Substitution. Die Addition eines Bromid-Ions an den σ-Komplex benötigt eine große Aktivierungsenergie, da durch die Delokalisation der positiven Ladung nach Addition des elektrophilen Brom-Ions der nucleophile Angriff erschwert wird. Eine Bromierung von Benzol erfolgt nach Zusatz eines geeigneten Katalysators wie z. B. $FeBr_3$ (→ Tab. 10.5).

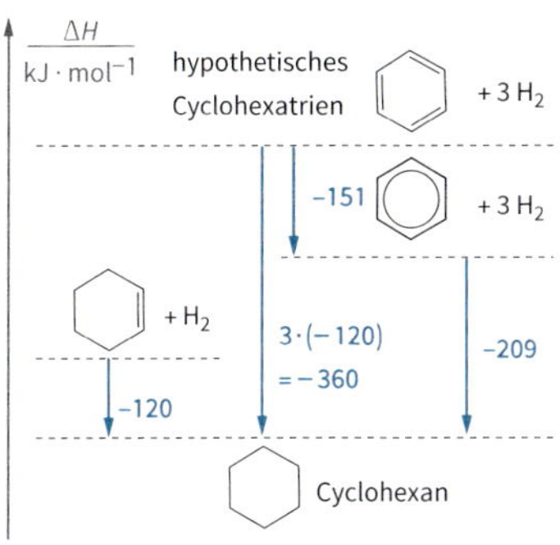

Abb. 10.18: Berechnung der Mesomerieenergie

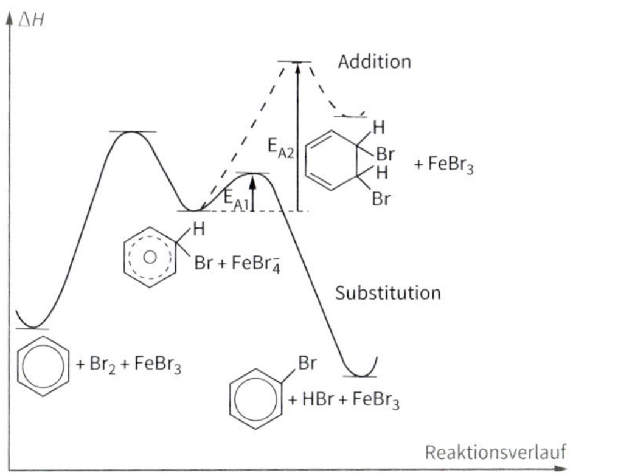

Abb. 10.19: Enthalpiediagramm der Bromierung von Benzol

Wissen

Typisch für Aromaten ist die elektrophile Substitution, da nur so das stabile aromatische System erhalten bleibt. Dabei wird ein Wasserstoff-Atom eines Aromaten durch ein angreifendes Elektrophil ersetzt.

Schritt	Erläuterung	Reaktionsmechanismus
Reaktion	Benzol reagiert mit Brom zu Monobrombenzol und Bromwasserstoff	
Induzierung des Dipols	Durch Wechselwirkung der π-Elektronen des Benzols mit dem Brom- Molekül bildet sich zunächst ein π-Komplex. Durch die Delokalisation der π-Elektronen reicht die Elektronendichte des Benzolmoleküls allerdings nicht zur Induzierung eines Dipols beim angreifenden Brom.	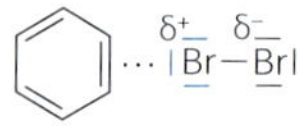 π-Komplex
Heterolyse	Die Heterolyse des Brommoleküls ist der geschwindigkeitsbestimmende Schritt dieser Reaktion und erfordert eine hohe Aktivierungsenergie. Sie erfolgt erst mithilfe des zugesetzten Katalysators, der stark polarisierend auf die Br-Br-Bindung wirkt. Als Katalysator kann Aluminiumbromid wirken.	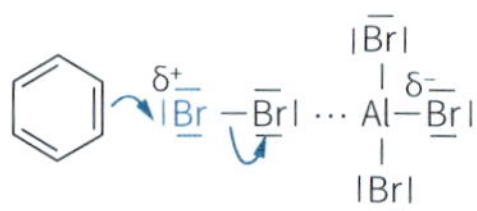 Bildung des π-Komplexes 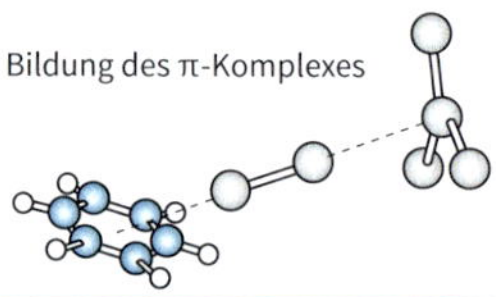
Anlagerung des Elektrophils	Das elektrophile Br^+ wird durch Ausbildung einer σ-Bindung an Benzol gebunden (σ-Komplex, Carbenium-Ion). Die Stabilisierung des Carbenium-Ions ist durch die Delokalisierung der positiven Ladung über fünf C-Atome innerhalb des Rings gegeben (siehe Grenzformeln).	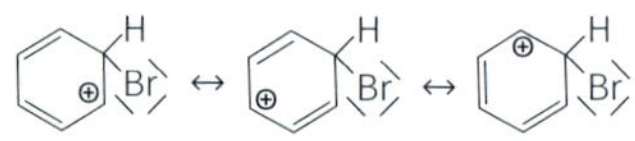 Grenzformel für den σ-Komplex 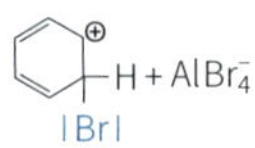 σ-Komplex; Bildung des σ-Komplexes 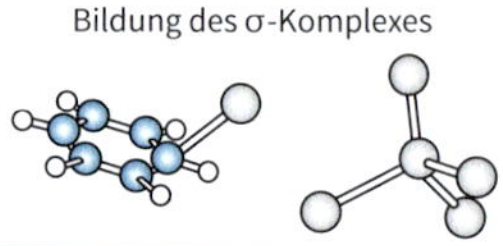
Stabilisierung durch Rearomatisierung	Zur Wiederherstellung des aromatischen Systems (Rearomatisierung) spaltet sich ein Proton ab, welches mit $FeBr_4^-$ unter Regeneration des Katalysators zu HBr reagiert (Nachweis durch Indikator wie z. B. Lackmus).	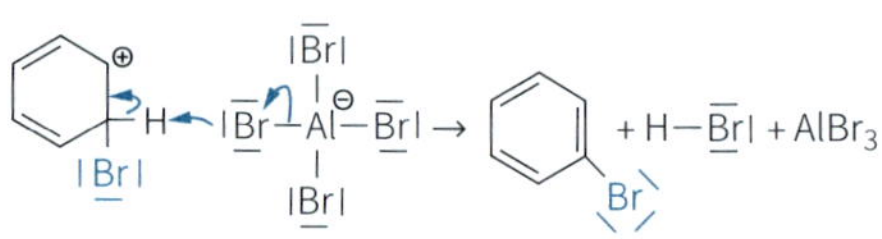 Rückbildung des aromatischen Systems 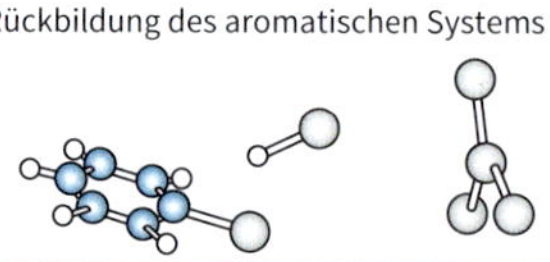
Reaktionsbedingungen	polare Lösemittel zur Stabilisierung der ionischen Zwischenformen, Katalysator	

Tab. 10.5: Reaktionsmechanismus am Beispiel der Bromierung von Benzol

Außer mit Halogenen reagieren Aromaten auch mit weiteren elektrophilen Stoffen (→ Tab. 10.6).

Reaktion	Durchführung, Reaktionsgleichung	Reaktionsmechanismus
Nitrierung	Aus einem Gemisch von konzentrierter Schwefelsäure und rauchender Salpetersäure (Nitriersäure) entsteht ein Nitroniumion (NO_2^+), welches mit Benzol zu Nitrobenzol reagiert: Reaktionsgleichung der Nitrierung: $HNO_3 + H_2SO_4 \rightarrow HSO_4^- + NO_2^+ + H_2O$ 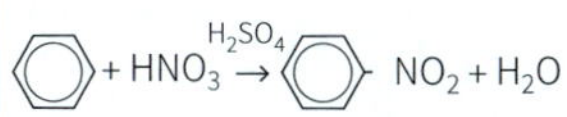 Nitrobenzol	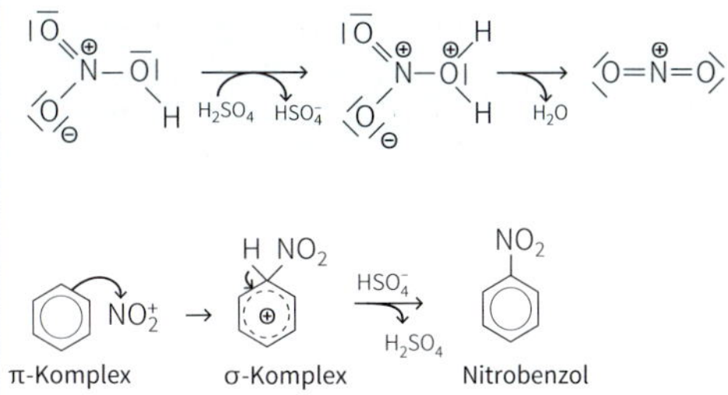
Sulfonierung	Mit rauchender Schwefelsäure entsteht Benzolsulfonsäure. Im Gegensatz zur Bromierung und Nitrierung ist diese Reaktion reversibel. 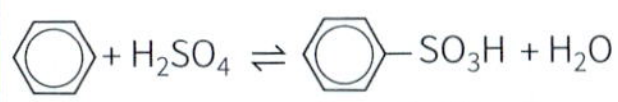 Benzolsulfonsäure	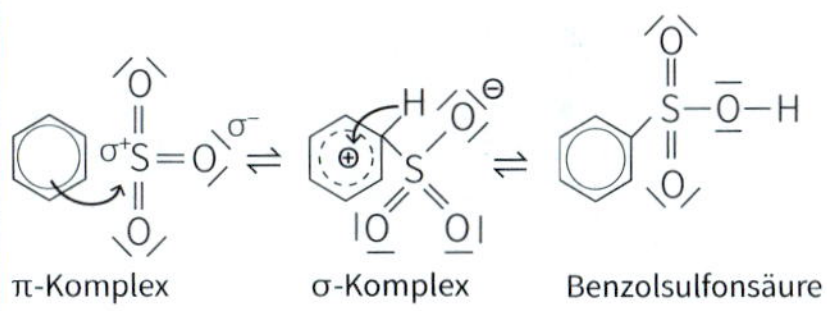
Alkylierung (FRIEDEL-CRAFTS-Reaktion)	Mit Aluminiumchlorid als Katalysator können auch Halogenalkane mit Benzol reagieren. Das durch den Katalysator stärker positivierte C-Atom reagiert mit Benzol unter Bildung eines π-Komplexes; die Stabilisierung erfolgt durch Abspaltung eines Protons. Bei Verwendung von Chlormethan entsteht Toluol (Methylbenzol). 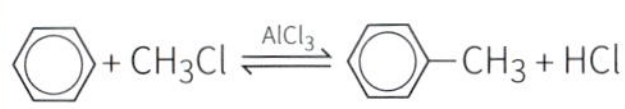 Toluol	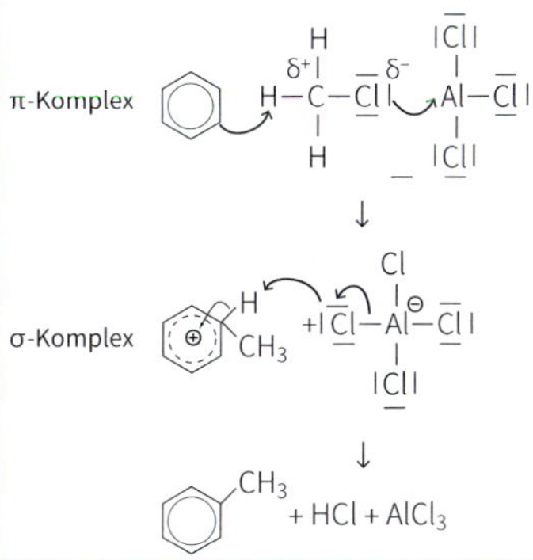
Weitere Reaktionen	Mit Aluminiumchlorid als Katalysator reagieren Aromaten auch mit Alkenen, Alkanalen, Alkanonen und Carbonsäurederivaten	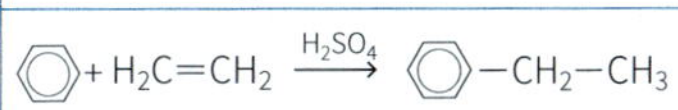 Ethylbenzol 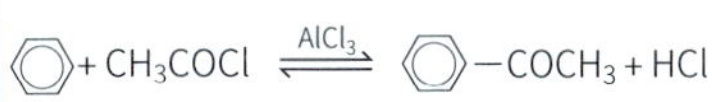 Acetophenon

Tab. 10.6: Weitere elektrophile Substitutionsreaktionen am Benzol

Alkyl-Derivate des Benzols

Ein oder mehrere Wasserstoff-Atome des Benzols werden durch Alkylreste ersetzt. Das einfachste Alkylderivat des Benzols ist Methylbenzol (Toluol).

Halogenierung von Alkylbenzolen am Beispiel des Toluols

Je nach Reaktionsbedingungen reagieren bei der Halogenierung der aromatische Kern oder die Seitenkette mit dem angreifenden Halogen.

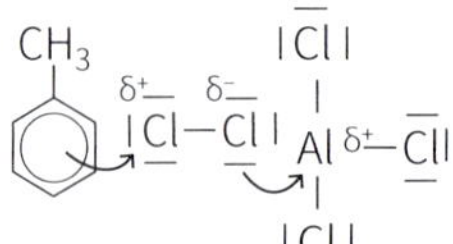

π-Komplex

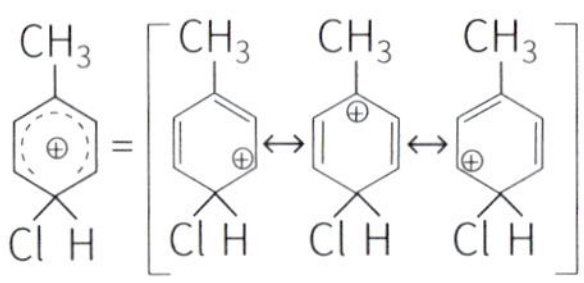

Mesomeriestabilisierung des σ-Komplexes

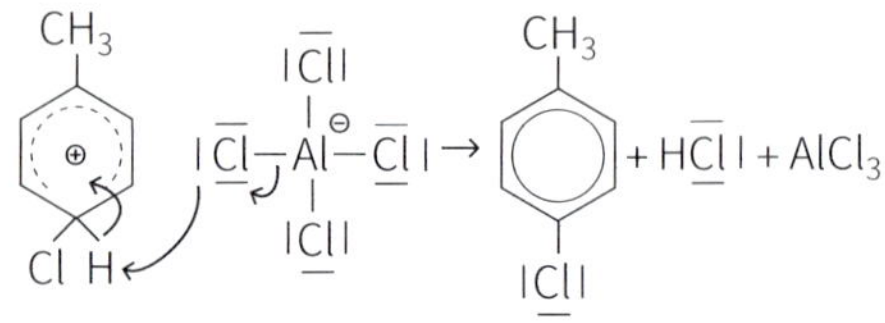

Rearomatisierung

KKK-Regel (Kälte, Katalysator, Kern)

Bei niedriger Temperatur (Kälte) und in Anwesenheit eines Katalysators reagiert der Kern durch elektrophile **Substitution**.

SSS-Regel: Sonnenlicht, Siedehitze, Seitenkette

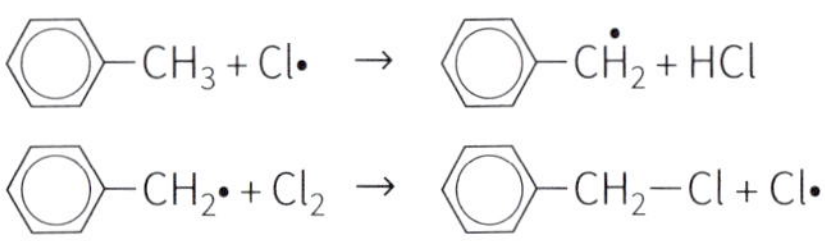

Kettenreaktion

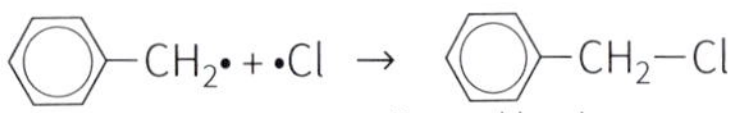

Kettenabbruch

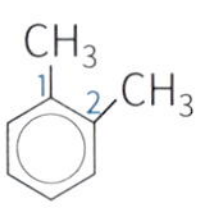
o-Xylol

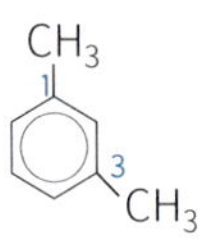
m-Xylol

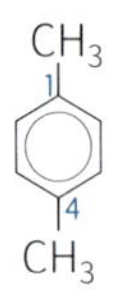
p-Xylol

Bei erhöhter Temperatur (Siedehitze) und gleichzeitiger Bestrahlung mit Licht (Sonnenlicht) reagiert die Seitenkette durch radikalische Substitution.

Derivate

Ersetzt man im Benzol ein oder mehrere H-Atome durch Atome oder Atomgruppen, so gelangt man zu den Derivaten des Benzols (→ Tab. 10.7).

Die Benennung erfolgt nach der Stellung der beiden Substituenten zueinander als ortho- (unmittelbar benachbart), meta- (durch ein C-Atom getrennt) und para- (gegenüberstehend).

Auch Benzol-Derivate können mit Elektrophilen reagieren, wobei der Erstsubstituent die Reaktionsgeschwindigkeit (Reaktivität) und den Ort der Zweitsubstitution beeinflusst.

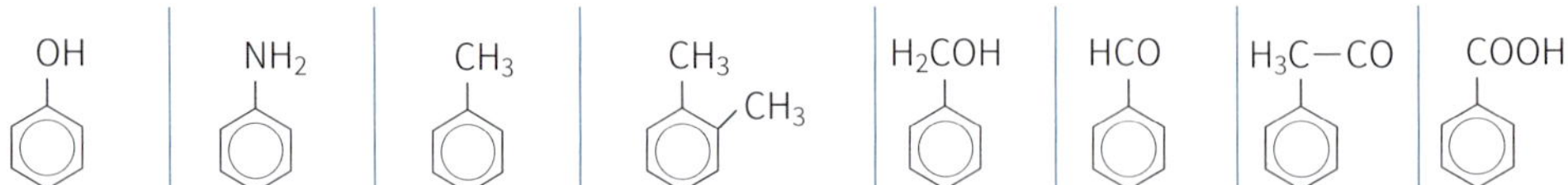

Phenol Hydroxybenzol	Anilin Aminobenzol	Toluol Methylbenzol	ortho-Xylol 1,2-Dimethylbenzol	Benzylalkohol	Benzaldehyd	Acetophenon	Benzoesäure

Tab. 10.7: Derivate des Benzols

a) Reaktionsgeschwindigkeit bei Zweitsubstitution

Substituenten, die die Elektronendichte im Kern erhöhen, erleichtern den **elektrophilen** Angriff und damit die Reaktionsgeschwindigkeit. Umgekehrt erschweren Substituenten, die die Elektronendichte vermindern, den elektrophilen Angriff. Diese Beeinflussung geschieht durch induktive und mesomere Effekte.

Definition

Mesomerer Effekt (M-Effekt)
Das freie Elektronenpaar eines im oder am Ring befindlichen Fremdatoms oder eine Atomgruppe mit Doppelbindung nimmt an der Elektronenverteilung im Kern teil.

Erstsubstituent	Induktionseffekt, Mesomerie-Effekt	Reaktivität im Vergleich zu Benzol	Dirigiert nach
–OH –OR $-NH_2$	–I < +M	viel größer	ortho und para
–Alkylrest	+I	größer	ortho und para
–Cl –Br	–I > +M	geringer	ortho und para
$-NO_2$ –CHO $-SO_3H$ –COOH –COOR	–I und –M	viel geringer	meta

Tab. 10.8: Übersicht über mesomere und induktive Effekte

Positiver mesomerer Effekt (+M-Effekt)

Substituenten, deren freies Elektronenpaar an der Delokalisation des π-Elektronensystems des Rings beteiligt sind, erhöhen die Elektronendichte im Ring und beschleunigen dadurch den elektrophilen Angriff des Zweitsubstituenten, z. B.: $-O^-$, $-NH_2$, $-OH$, $-OCH_3$, $-C_6H_5$

Negativer mesomerer Effekt (– M-Effekt):

Substituenten mit negativem Mesomerieeffekt (–M-Effekt) erschweren den Angriff des Zweitsubstituenten durch Herabsetzung der Elektronendichte des Rings. Beispiele: $-CHO$, $-NO_2$, $-SO_3H$
Die Beeinflussung der Reaktivität ist immer dann besonders groß, wenn mesomere und induktive Effekte die gleiche Richtung haben.

b) Dirigierende Wirkung des Erstsubstituenten

① In **ortho- und para-Stellung** am Beispiel der Bromierung von Phenol: Substituenten mit +M-Effekt dirigieren den Zweitsubstituenten in ortho- oder para-Stellung. Hier lassen sich mehr vergleichbare mesomere Grenzformeln aufstellen als bei Substitution in meta-Stellung, das heißt, die entsprechenden σ-Komplexe sind wegen umfangreicherer Delokalisation der π-Elektronen stabiler, die Anlagerung des Elektrophils ist energetisch begünstigt.

Angriff in ortho-Stellung

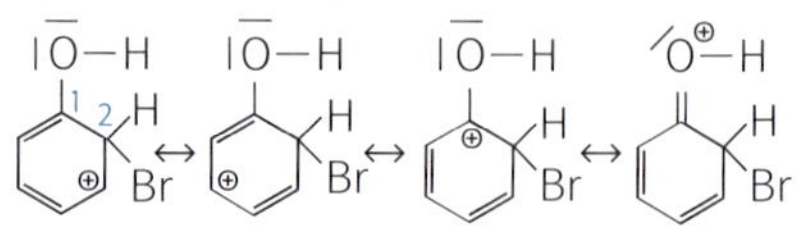

Angriff in meta-Stellung

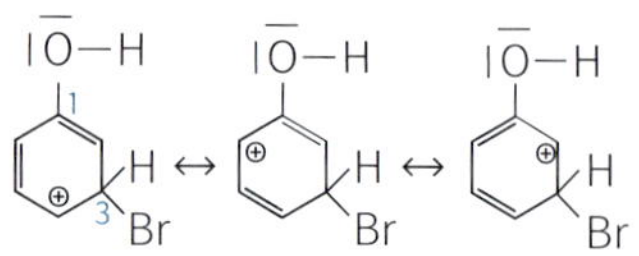

Angriff in para-Stellung

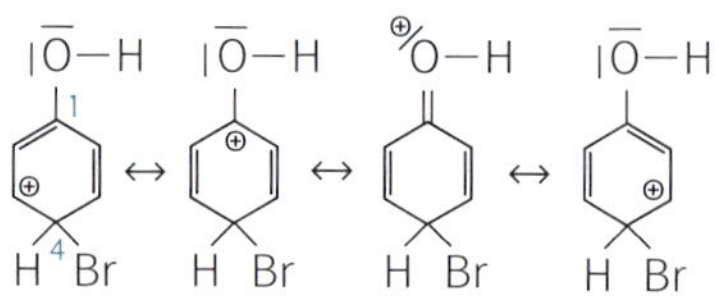

② In **meta-Stellung** am Beispiel der Nitrierung von Nitrobenzol: Erstsubstituenten mit –M-Effekt dirigieren den Zweitsubstituenten in meta-Stellung. Wie aus den mesomeren Grenzformeln ersichtlich, findet man für die Substitution in ortho- oder para-Stellung je eine Grenzformel, bei der sowohl das N-Atom der Nitrogruppe als auch das unmittelbar benachbarte C-Atom der Grenzstrukturen im aromatischen Ring je eine positive Formalladung tragen. Eine solche räumliche Nähe gleichartiger Ladungen ist jedoch energetisch ungünstig, die Substitution in meta-Stellung ist also energetisch weniger ungünstig.

Angriff in ortho-Stellung

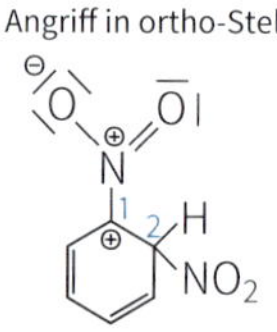

Angriff in para-Stellung

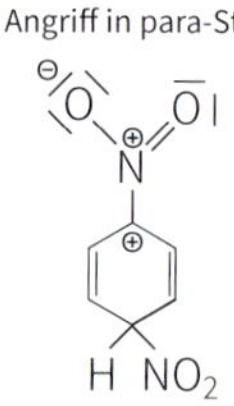

Angriff in meta-Stellung

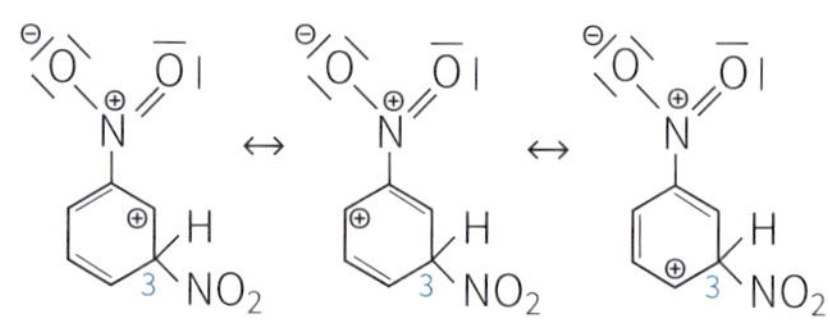

Aromaten

- Aromaten sind ringförmige Kohlenwasserstoffverbindungen, die der HÜCKEL-Regel folgend ein delokalisiertes π-Elektronensystem mit 4 n + 2 Elektronen besitzen.
- Ein bedeutsamer Aromat ist Benzol mit der Formel C_6H_6.
- Alle Kohlenstoff-Atome des Benzols sind sp^2-hybridisiert, die π-Elektronen bilden ein delokalisiertes Ringsystem ober- und unterhalb der planaren C—C-Ebene.
- Aufgrund der hohen Elektronendichte werden Aromaten elektrophil angegriffen. Da Additionsreaktionen zu einer teilweisen Aufhebung des mesomeren Systems führen würden, werden Substitutionen bevorzugt.
- Bei einer Zweitsubstitution beeinflusst der Erstsubstituent den Ort und die Geschwindigkeit der Zweitsubstitution.

Überblick

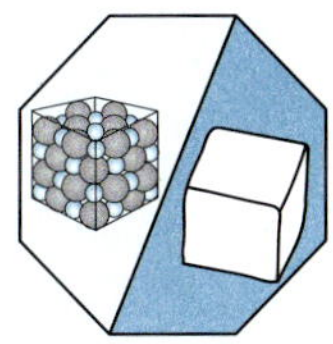

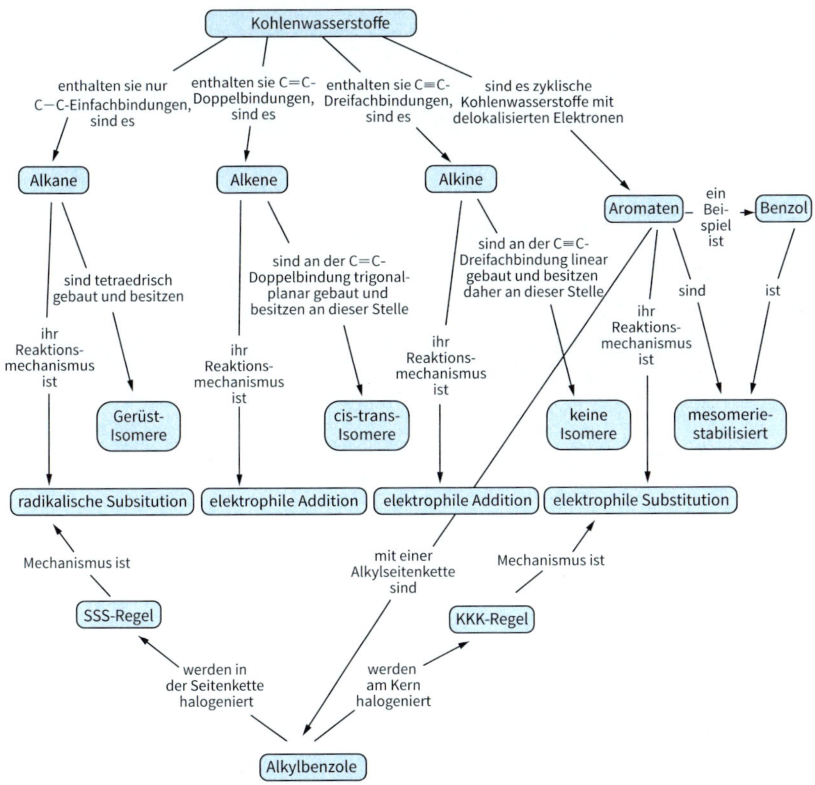

11 Sauerstoffhaltige organische Verbindungen

- Sauerstoffhaltige organische Verbindungen besitzen funktionelle Gruppen wie
  - die Hydroxygruppe bei Alkanolen und Phenolen,
  - die Carbonylgruppe bei Alkanalen und Alkanonen,
  - die Carboxygruppe bei Carbonsäuren.
- Durch den polaren Charakter der C—O—H-Bindungen können als zwischenmolekulare Kräfte Dipol-Wechselwirkungen und Wasserstoffbrücken auftreten.
- Alkohole reagieren durch nuclophile Substitutionsreaktionen oder durch Eliminierungsreaktionen.
- Stoffe mit Carbonylgruppe reagieren durch nucleophile Addition.
- Carbonsäuren reagieren mit Alkanolen durch Veresterung.

Basiskonzepte: Struktur-Eigenschafts- und Donator-Akzeptor-Konzept

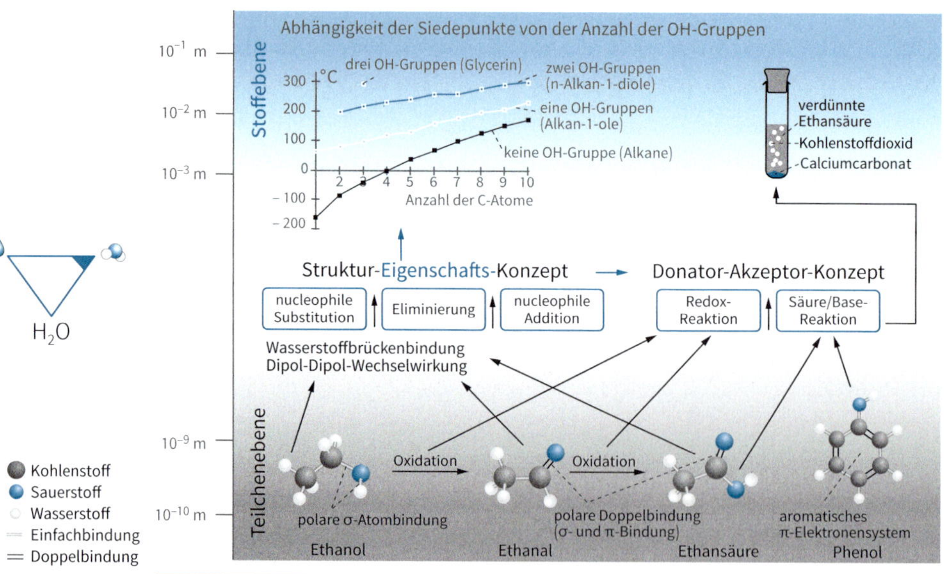

Abb. 11.1: Das Struktur-Eigenschafts-Konzept und das Donator-Akzeptor-Konzept bei sauerstoffhaltigen organischen Verbindungen

11.1 Alkohole, Alkanole

Alkohole

Alkohol-Moleküle besitzen als funktionelle Gruppe die **Hydroxy-Gruppe** (OH-Gruppe). Stellt der Molekülrest eine Alkyl-Gruppe dar, spricht man von einem Alkanol.

Nomenklatur und Einteilung

Die **Nomenklatur** erfolgt durch Anhängung der Endung -ol an den entsprechenden Alkan-Namen. Die Stellung der OH-Gruppe wird durch die Nummer des betreffenden C-Atoms vor der Silbe -ol angegeben. Mehrere OH-Gruppen im Molekül werden durch die Silben di-, tri-, tetra- usw. gekennzeichnet.

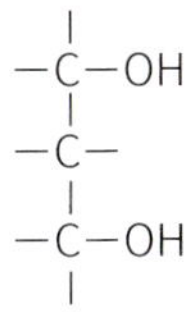
Propan-1,3-diol

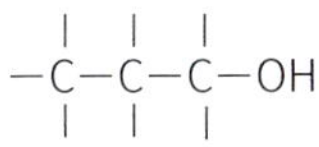
Propan-1-ol

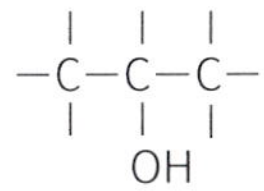
Propan-2-ol

Die **Einteilung** der Alkohole erfolgt nach zwei Kriterien: nach der Stellung und der Anzahl der OH-Gruppe/n.

primärer Alkohol	sekundärer Alkohol	tertiärer Alkohol
$R-CH_2-OH$	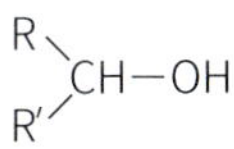	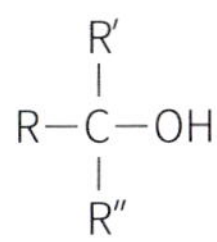

Tab. 11.1: Einteilung nach der Stellung der OH-Gruppe (R, R′ und R″ = Alkylreste)

Definition

Beim primären Alkohol sitzt die funktionelle Gruppe an einem primären Kohlenstoff-Atom, dieses geht nur eine Bindung zu einem benachbarten Kohlenstoffatom ein.
Bei einem sekundären Alkohol bildet das die OH-Gruppe tragende Kohlenstoffatom zwei Bindungen zu zwei weiteren Kohlenstoff-Atomen aus.
Das die OH-Gruppe tragende C-Atom eines tertiären Alkohols ist mit drei weiteren Kohlenstoff-Atomen verbunden.

einwertiger Alkohol	zweiwertiger Alkohol	dreiwertiger Alkohol
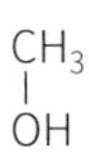	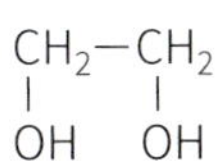	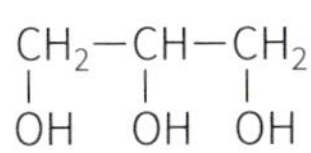
Methanol	Ethan-1,2-diol	Propan-1,2,3-triol

Tab. 11.2: Einteilung nach der Anzahl der OH-Gruppen

Alkohole mit mehreren OH-Gruppen werden als **Polyole** bezeichnet. Beachte: Pro Kohlenstoffatom enthalten Polyole in der Regel nur eine OH-Gruppe.

Name nach IUPAC	Trivialname	Formel	Verwendung bzw. Eigenschaften
Methanol	Methylalkohol, Holzgeist	CH_3OH	Entsteht beim trockenen Erhitzen von Holz, giftig, bereits geringe Mengen führen zu Sehstörungen und Erblindung, etwa 30 g sind tödlich. Verwendung als Lösemittel und zur Herstellung von Formaldehyd, als Treibstoff für Verbrennungsmotoren.
Ethanol	Weingeist	C_2H_5OH	Herstellung als Genussmittel durch alkoholische Gärung, großtechnisch durch Hydratisierung von Ethen. Verwendung als Brennspiritus, in Reinigungsmitteln.
Propan-2-ol	Isopropylalkohol	C_3H_7OH	Lösemittel in der kosmetischen Industrie, Frostschutzmittel in Scheibenwaschanlagen, Ausgangsstoff zur Herstellung von Aceton, Desinfektionsmittel.
Ethan-1,2-diol	Glykol	$C_2H_4(OH)_2$	Frostschutzmittel in Motorkühlern, zur Herstellung von Kunststoffen.
Propan-1,2,3-triol	Glycerin	$C_3H_5(OH)_3$	Als Zusatz in Salben, Cremes, Zahnpasta; Frostschutzmittel; Verwendung in der Kunststoff- und Sprengstoffindustrie.

Tab. 11.3: Überblick über einige wichtige Alkohole

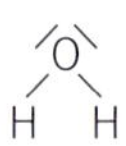

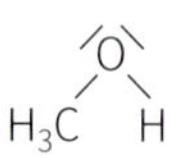

H_2O

Molekülbau

Formal kann man die Alkohole als Derivate des Wassers ansehen, wobei ein H-Atom durch eine Alkyl-Gruppe ersetzt ist. Auch hier liegt durch die sp^3-Hybridisierung des O-Atoms und die dadurch bedingte tetraedrische Anordnung eine gewinkelte Struktur vor. Wegen der beiden freien Elektronenpaare des Sauerstoffs wird der Tetraederwinkel auf 107° zusammengedrückt.
Zwischen C-, H- und O-Atomen bestehen Elektronegativitätsunterschiede, dadurch besitzen Alkoholmoleküle polare Atombindungen und sind somit permanente Dipole.

Physikalische Eigenschaften

Siedetemperaturen: Alkohole haben viel höhere Siedetemperaturen als Alkane vergleichbarer Masse.

		Molekülmasse in u	Siedetemperatur in °C
Alkan	Ethan	30	−88
	Propan	44	−42
	Butan	58	−1
Alkohol	Methanol	32	63
	Ethanol	46	78
	Propan-1-ol	60	97

Tab. 11.4: Physikalische Eigenschaften

Zwischen den Alkohol-Molekülen herrschen im Gegensatz zu den unpolaren Alkanen **Dipol-Wechselwirkungen** und darüber hinaus noch **Wasserstoffbrückenbindungen**. Dabei kommt es ähnlich wie beim Wasser zum Zusammenschluss von großen Molekülverbänden. Mit zunehmender Anzahl an C-Atomen steigt die Siedetemperatur der Alkohole, da mit zunehmender Masse auch die VAN-DER-WAALS-Kräfte steigen. Für die Siedetemperaturen der Alkohole spielen vor allem die Wasserstoffbrückenbindungen eine Rolle. Alkohole mit mehreren OH-Gruppen können mehrere Wasserstoffbrücken ausbilden.

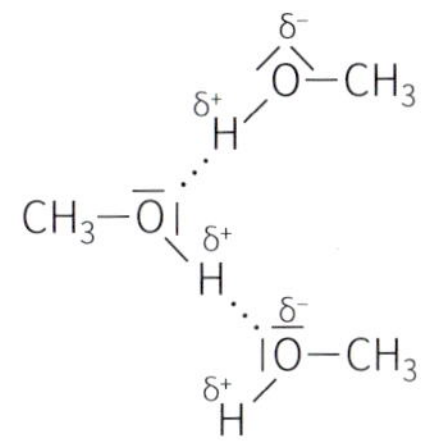

Löslichkeit: Kurzkettige Alkohole sind mit Wasser aufgrund des polaren Charakters der OH-Gruppe in jedem Verhältnis mischbar, mit steigender Anzahl an C-Atomen überwiegt jedoch der hydrophobe Charakter des unpolaren Kohlenwasserstoffrestes, sodass die Löslichkeit in Wasser abnimmt; Butanol ist nur noch begrenzt mit Wasser mischbar. Langkettige Alkohole ähneln den entsprechenden Alkanen, sie sind in Wasser unlöslich.

Chemische Reaktionen der Alkohole

① Alkohole als BRÖNSTED-Säuren und BRÖNSTED-Basen

Alkohole können im Sinne BRÖNSTEDS – je nach Reaktionspartner – als Säuren oder Basen reagieren (→ Seite 71). Durch den +I-Effekt des Alkyl-Restes wird die Polarität der Hydroxy-Gruppe jedoch stark vermindert, sodass Alkohole viel schwächere Säuren als Wasser sind.

Aufgrund der Hydroxy-Gruppe gehen Alkohole und Wasser einige ähnliche chemische Reaktionen ein.

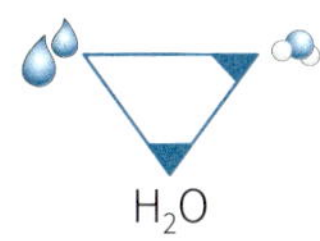

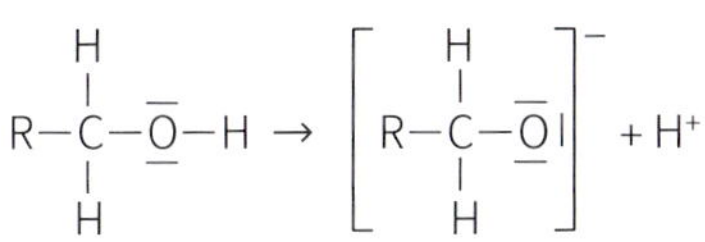

Abb. 11.2: Alkohol als Brönsted-Säure

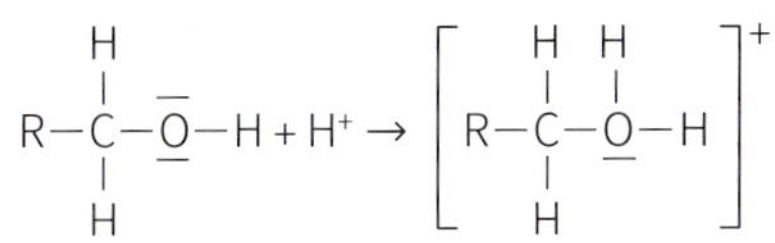

Abb. 11.3: Alkohol als Brönsted-Base

② Reaktionen mit Alkalimetallen

Mit Alkalimetallen reagieren Alkohole wie Wasser unter Freisetzung von Wasserstoff, die Reaktion verläuft jedoch beim Alkohol bedeutend weniger heftig. Die entstehenden Alkanolate sind salzartig aufgebaut. Das Alkanolat-Ion RO^- ist eine sehr starke Base, die mit Wasser zu Alkohol und OH^- reagiert.

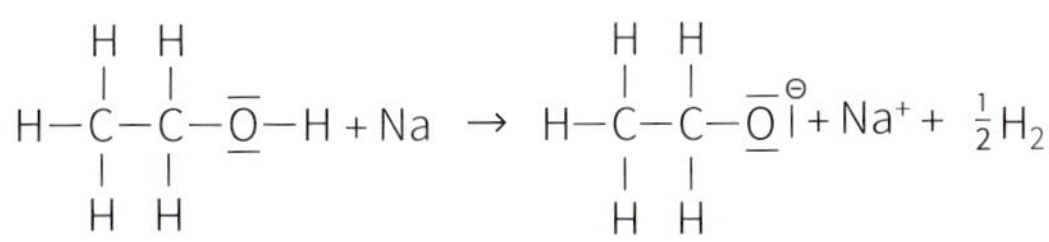

Ethanol Ethanolat-Ion

③ Nucleophile Substitution

Alkohole reagieren mit Säuren unter Bildung eines Esters und Wasser (**Veresterung**). Ist der Reaktionspartner eine Halogenwasserstoff-Säure, entsteht als Ester ein Halogenalkan: $R-OH + HBr \rightarrow R-Br + H_2O$

Dies ist im Gegensatz zur radikalischen Substitution eine Möglichkeit zur Darstellung definierter Halogenalkane.

Die Veresterung ist eine typische **Gleichgewichtsreaktion**:

Alkohol + Säure $\underset{\text{Esterspaltung (Verseifung)}}{\overset{\text{Veresterung}}{\rightleftharpoons}}$ Ester + Wasser

Allgemein:

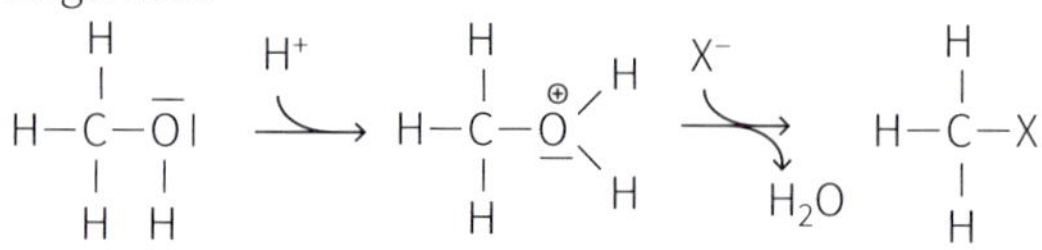

Abb. 11.4: Schema einer Veresterung

H_2O

Da das angreifende Teilchen zur Ausbildung der neuen Bindung ein freies Elektronenpaar zur Verfügung stellt, bezeichnet man diesen Reaktionstyp als **nucleophile Substitution** (→ Tab. 11.5).

Die Bindung zwischen Sauerstoff und Kohlenstoff ist aufgrund der Elektronegativitätsdifferenz polar, das Kohlenstoff-Atom ist positiviert.	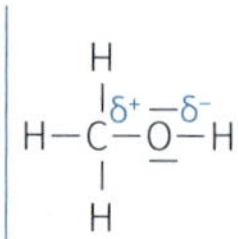
Bei der Substitution wird die Hydroxy-Gruppe durch ein Nucleophil ersetzt. Dabei hat das angreifende Nucleophil eine polarisierende Wirkung auf die C—O-Bindung. Die Abspaltung der Hydroxy-Gruppe wird durch eine Protonierung erleichtert.	Protonierung: 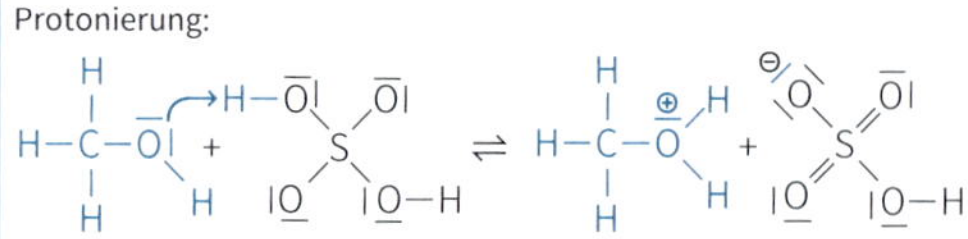
Das angreifende Nucleophil bildet eine Bindung zum positivierten C-Atom, gleichzeitig löst sich die C—OH- bzw. C—H_2O^+-Bindung.	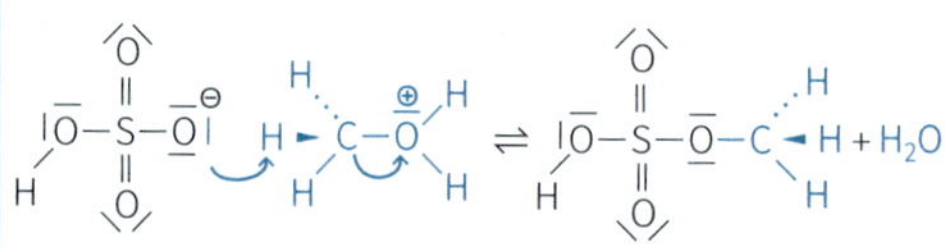 Schwefelsäuremethylester
Reaktionsbedingungen	Säureüberschuss, unter 100 °C

Tab. 11.5: Reaktionsmechanismus der nucleophilen Substitution am Beispiel der Veresterung von Methanol mit Schwefelsäure

Nucleophile — **Negativ geladene Ionen oder polare bzw. polarisierte Teilchen, die mit einem freien Elektronenpaar positivierte C-Atome angreifen.**

Die nucleophile Substitution ist umkehrbar; so reagieren z. B. Halogenalkane mit Hydroxiden zu Alkoholen und Halogeniden:

$$CH_3CH_2Br + OH^- \rightarrow CH_3CH_2OH + Br^-$$

Reaktionsgeschwindigkeit der nucleophilen Substitution

Die Art des angreifenden Nucleophils und des Abgangsteilchens sowie die Struktur des angegriffenen Moleküls haben einen entscheidenden Einfluss auf die Geschwindigkeit der Reaktion.

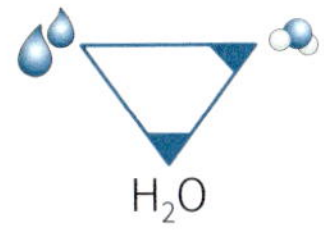

- **Einfluss des angreifenden Nucleophils:** Ein Nucleophil ist umso stärker, je leichter es sein freies Elektronenpaar für die Bildung der neuen Bindung zur Verfügung stellt. Die Nucleophilie hängt zum einen von der Elektronendichte am betreffenden Atom, zum anderen von der Polarisierbarkeit ab. Ein Elektronenpaar lässt sich um so leichter zur Bindung zur Verfügung stellen, je weiter es vom Kern entfernt ist, da es dann weniger stark angezogen wird. Die Nucleophilie wird aber auch durch das Lösemittel beeinflusst. Anionen werden von polaren Lösemitteln mit Wasserstoffbrücken solvatisiert, die das nucleophile Zentrum blockieren können. Mit zunehmendem Ionenradius sinkt die Anziehungskraft zwischen Lösemittel und Anion, sodass die nucleophile Kraft stärker wirksam ist. Die Nucleophilie zeigt folgende Reihenfolge:
  $HS^- > I^- > OH^- > NH_3 > Br^- > Cl^- > F^- > H_2O$

solvatisiert: Umgeben mit einer Hülle des Lösemittels

- **Einfluss des austretenden Teilchens:** Eine Abgangsgruppe löst sich um so leichter, je geringer die Bindungsstärke zum C-Atom und umso größer die Polarisierbarkeit ist. Für die Abspaltung ergibt sich folgende Reihenfolge:
  $I^- > Br^- > Cl^- > F^- > OH^-$
- **Einfluss der Struktur des angegriffenen Teilchens:** Je mehr Alkyl-Gruppen vorhanden sind bzw. je größer diese sind, desto stärker ist die sterische (räumliche) Behinderung für das angreifende Nucleophil.

Konkurrenzreaktionen der nucleophilen Substitution

Je nach Reaktionsbedingungen erhält man bei der Reaktion von Alkoholen mit anorganischen Säuren Ester, Alkene oder Ether.

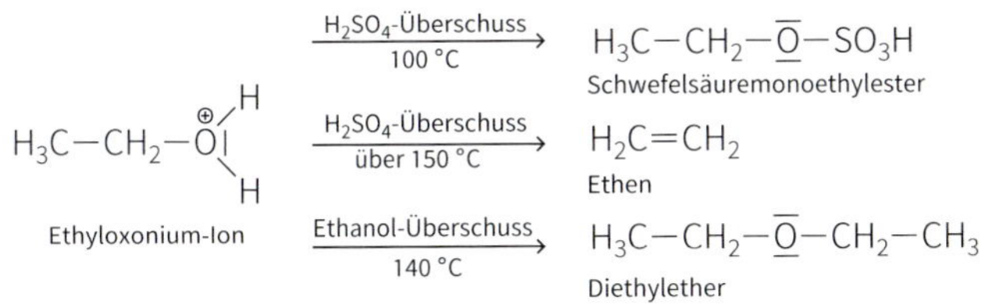

Abb. 11.5: Reaktionen von Alkohol in Abhängigkeit von den Reaktionsbedingungen

① **Darstellung von Estern,** → siehe vorne, Abb. 11.4.

② **Darstellung von Alkenen: Eliminierung**

Reaktionsbedingungen: hohe Temperaturen, niedrige Alkoholkonzentration. Oberhalb von 150 °C kommt es in Gegenwart einer starken Säure nach Protonierung der Hydroxy-Gruppe (Bildung eines Alkyloxonium-Ions) zur Eliminierung von Wasser und Abspaltung eines Protons vom benachbarten Kohlenstoff-Atom. Es bildet sich eine Doppelbindung aus. Die Säure wirkt hier als Katalysator. Die Eliminierung gelingt besonders gut bei tertiären Alkoholen.

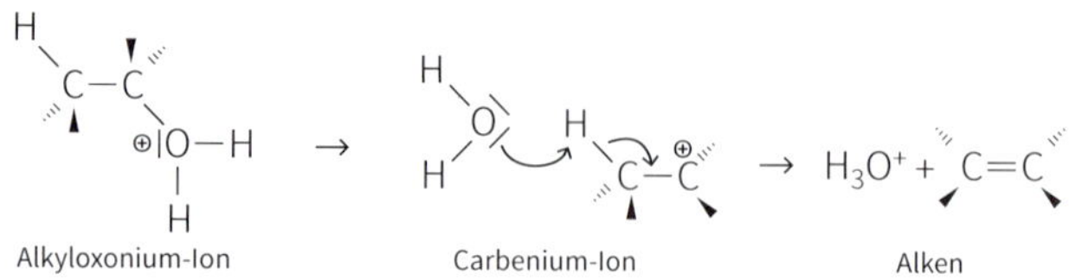

Abb. 11.6: Darstellung von Alkenen

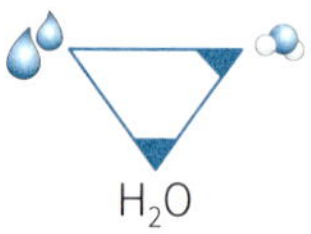

③ Darstellung von Ethern: Nucleophile Substitution

Reaktionsbedingungen: tiefe Reaktionstemperaturen und hohe Alkoholkonzentrationen. Ein Sauerstoff-Atom des einen Alkohol-Moleküls greift mit seinem freien Elektronenpaar nucleophil am positivierten Kohlenstoff eines zuvor gebildeten Alkyloxonium-Ions an. Der Ether stabilisiert sich durch Abspaltung von Wasser und von einem Proton.

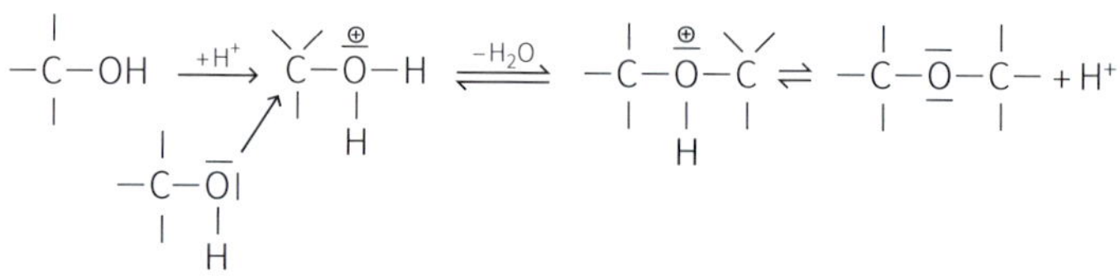

Abb. 11.7: Darstellung von Ethern

Definition: Ether

Ether sind Verbindungen, in denen zwei organische Reste über eine Sauerstoffbrücke verbunden sind.
Sind beide Reste gleich, handelt es sich um einen einfachen Ether, sind die Reste ungleich, um einen gemischten Ether.

Die funktionelle Gruppe der Ether ist die **Alkoxy-Gruppe**.
Die **Benennung** erfolgt durch Angabe der beiden Alkyl-Gruppen unter Hinzufügung des Wortes -ether, z. B. Diethylether, oder durch die Angabe Alk-oxy-alkan, z. B. Ethoxyethan.

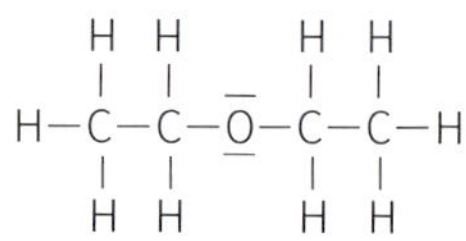

Die Ether haben niedrigere Siedetemperaturen als die Alkohole, da sie zwar Dipole sind, aber keine Wasserstoffbrückenbindung eingehen können. Sie sind brennbar und bilden mit Luft explosive Gemische. Alkanole und Ether sind **Funktions-Isomere**.

Funktions-Isomerie

Funktions-Isomere besitzen unterschiedliche funktionelle Gruppen bei gleicher Summenformel.

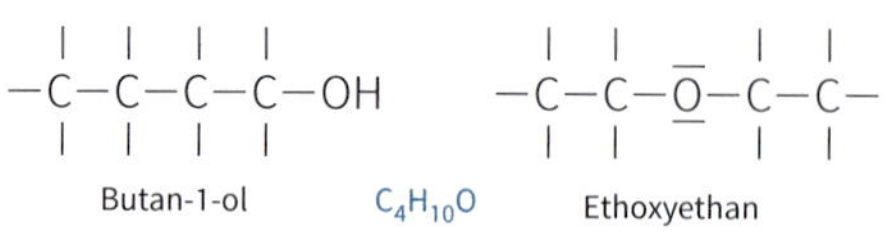

Abb. 11.8: Beispiel für Funktions-Isomerie

Oxidation von Alkoholen

Primäre und sekundäre Alkohole lassen sich mit milden Oxidationsmitteln zu Aldehyden bzw. Ketonen oxidieren. **Tertiäre Alkohole** reagieren unter diesen Bedingungen nicht. Aldehyde wiederum lassen sich zu Alkansäuren oxidieren, Ketone jedoch nicht. Diese Tatsachen wendet man zur Unterscheidung der **Alkoholklassen** an. Als Oxidationsmittel können z. B. Kaliumdichromat, Kupferoxid oder Kaliumpermanganat dienen.

Bestimmung der Oxidationszahlen in organischen Verbindungen

Die Elektronen einer polaren Atombindung werden formal dem elektronegativeren Element zugeordnet. Bei einer unpolaren Atombindung wie die zwischen zwei C-Atomen werden die Bindungselektronen den beiden Atomen je zur Hälfte zugeordnet.

Beispiele

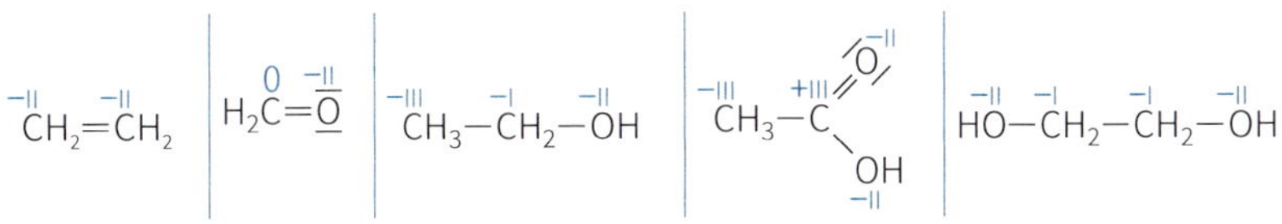

Abb. 11.9: Oxidationszahlen

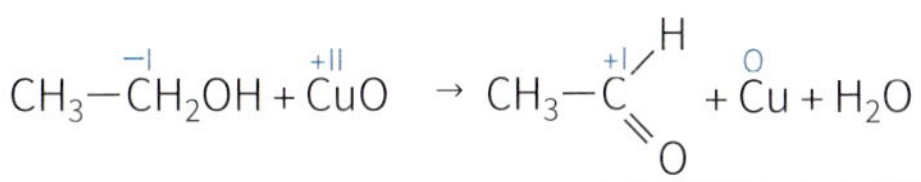

Abb. 11.10: Oxidation eines primären Alkohols am Beispiel des Ethanols

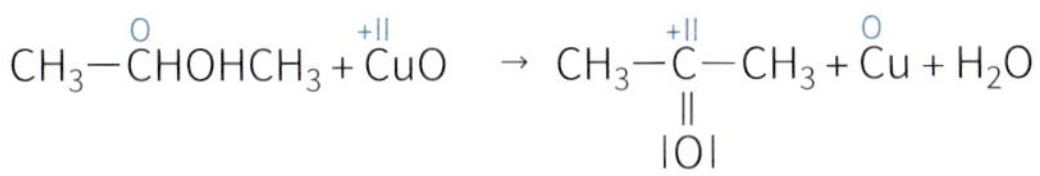

Abb. 11.11: Oxidation eines sekundären Alkohols am Beispiel von Propan-2-ol

Alkanole

- Die funktionelle Gruppe der Alkanole ist die Hydroxy-Gruppe —OH.
- Da Alkanole Wasserstoffbrücken ausbilden können, liegen ihre Siedetemperaturen höher als die der Alkane vergleichbarer Molekülmasse.
- Kurzkettige Alkanole sind aufgrund der hydrophilen OH-Gruppe gut wasserlöslich, bei langkettigen überwiegt der hydrophobe Kohlenwasserstoffrest.
- Alkanole reagieren mit Alkalimetallen unter Freisetzung von Wasserstoff.
- Alkanole reagieren je nach Wahl der Reaktionsbedingungen mit anorganischen Säuren zu Estern, Ethern oder Alkenen.
- Primäre Alkanole lassen sich mit milden Oxidationsmitteln zu Alkanalen oxidieren, sekundäre Alkanole zu Alkanonen, tertiäre reagieren unter diesen Bedingungen nicht.

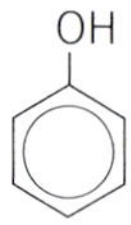

Phenol

Verbindungen, bei denen eine oder mehrere OH-Gruppen unmittelbar an einen Benzolring gebunden sind, nennt man **Phenole**. Die einfachste Verbindung dieser Stoffklasse ist Monohydroxybenzol, das Phenol selbst. Phenol bildet farblose Nadeln, ist giftig und wirkt stark ätzend.
Es wurde früher unter dem Trivialnamen **Carbolsäure** zur Desinfektion benutzt. Das Phenol besitzt zwar wie die einwertigen Alkohole eine Hydroxy-Gruppe, es löst sich im Vergleich zu Cyclohexanol aber besser in Wasser, ist leicht oxidierbar und reagiert in wässriger Lösung schwach sauer. Die OH-Gruppe des Phenols lässt sich nicht nucleophil substituieren.

Acidität von Phenol

Phenol reagiert im Vergleich zu den kettenförmigen Alkoholen deutlich saurer, sein pK_S-Wert beträgt 10. Dies hat zwei Gründe:

① Im Phenol-Molekül tritt ein freies Elektronenpaar der OH-Gruppe in Wechselwirkung mit den delokalisierten π-Elektronen des aromatischen Kerns. Dadurch wird die Elektronendichte im Kern erhöht, die OH-Gruppe besitzt einen +M-Effekt. Durch diesen +M-Effekt wird die Polarität der O–H-Bindung verstärkt und die Abgabe des positivierten Wasserstoff-Atoms der Hydroxy-Gruppe als Proton erleichtert.

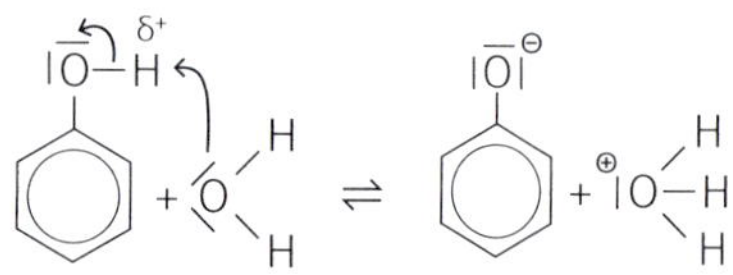

Vergleich der pK_S-Werte:
Phenol $pK_S = 10$; Methanol $pK_S = 16$; Ethanol $pK_S = 17$

② Das nach Protolyse entstandene Phenolat-Anion ist stark **mesomeriestabilisiert**, da die negative Ladung über das gesamte Ion verteilt ist.

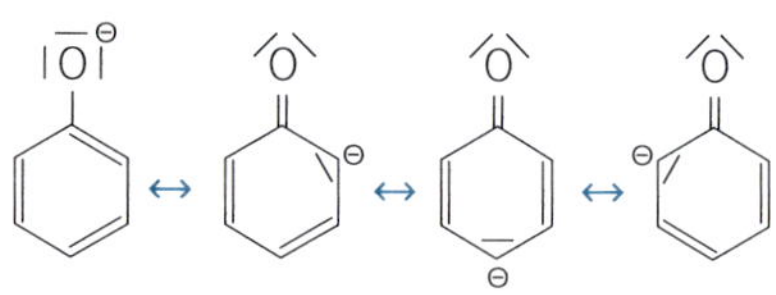

Wissen

Der Grund für die größere Säurestärke des Phenols im Vergleich zu Alkoholen liegt in der Verstärkung der Polarität der Bindung zwischen O und H und in der großen Mesomeriestabilisierung des entstandenen Phenolat-Ions.

Einfluss von Zweitsubstituenten auf die Säurestärke von Phenol

Substituenten mit –M-Effekt vermindern die Elektronendichte des Kerns, erhöhen so die Polarität der O—H-Bindung und damit die Säurestärke. So ist z. B. 2,4,6-Trinitrophenol (→ Abb. 11.12, rechts) viel stärker sauer als Phenol.

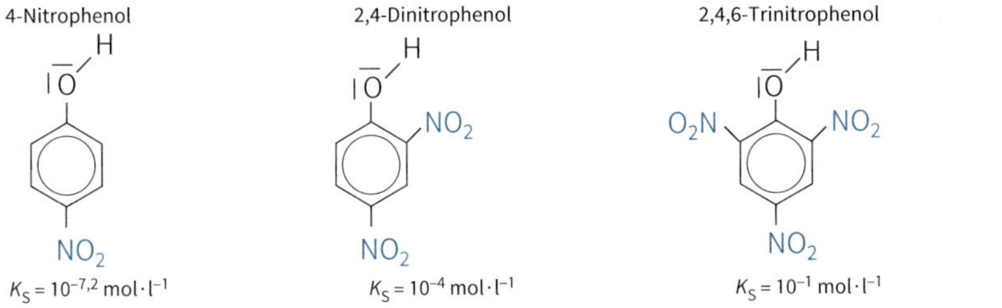

Abb. 11.12: Acidität nitrierter Phenole

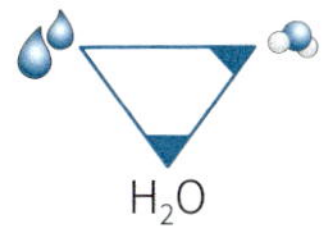

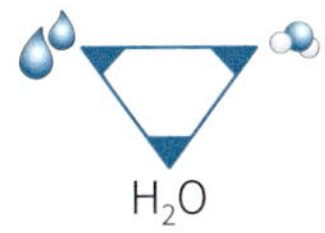

Chemische Reaktionen: Elektrophile Substitution

Phenol reagiert wie Benzol mit elektrophiler Substitution, die Reaktion verläuft aber schneller als bei Benzol und sogar ohne Katalysator, da durch die Mesomeriebeteiligung des freien Elektronenpaars des O-Atoms die Elektronendichte im Kern stark erhöht wird. Die Anlagerung des Zweitsubstituenten erfolgt an ortho- oder para-Stelle.

Siehe auch Benzol, Zweitsubstitution, → Seite 165

Phenole

- Phenole sind Verbindungen mit OH-Gruppe am Benzolring.
- Die elektrophile Substitution am Phenol ist gegenüber Benzol aufgrund der höheren Elektronendichte begünstigt.
- Phenol reagiert stärker sauer als Alkohole, da die O—H-Bindung stärker polarisiert und das Phenolation mesomeriestabilisiert ist.

Überblick

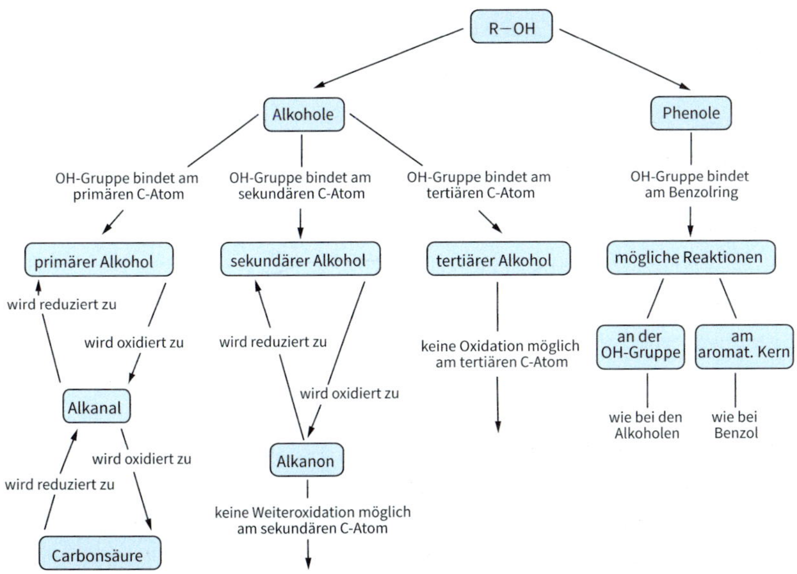

11.2 Verbindungen mit der Carbonyl-Gruppe: Alkanale, Alkanone

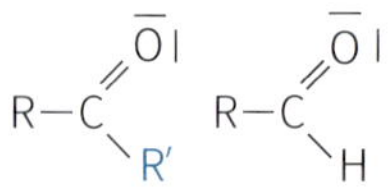

Alkanon Alkanal

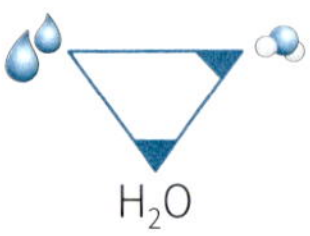

Durch Oxidation primärer oder sekundärer Alkohole erhält man Verbindungen mit einer C=O-Doppelbindung. Diese funktionelle Gruppe wird **Carbonyl-Gruppe** genannt. Verbindungen mit endständiger Carbonyl-Gruppe werden **Alkanale (Aldehyde)** genannt, befindet sich der doppelt gebundene Sauerstoff an einem sekundären Kohlenstoff-Atom, handelt es sich um **Alkanone (Ketone)**.

Nomenklatur

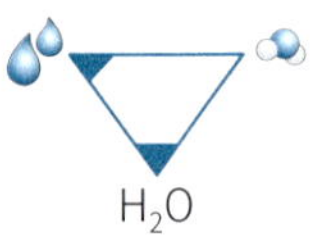

Die Namen der aliphatischen Aldehyde werden gebildet, indem man die Endung -al an den Alkannamen hängt. Bei der Nummerierung der Kohlenstoffkette erhält das C-Atom der Carbonyl-Gruppe stets die Nummer 1. Die Namen von Ketonen werden gebildet, indem man die Endung -on dem Stammnamen des Alkans anfügt. Die Stellung der Ketogruppe wird durch vorangestellte Ziffern angegeben, dabei ist darauf zu achten, dass das den doppelt gebundenen Sauerstoff tragende C-Atom eine möglichst niedrige Zahl erhält.

Name nach IUPAC	Trivialname	Formel	Eigenschaften/Verwendung
Methanal	Formaldehyd	CH_2O	stechend riechendes Gas, die wässrige Lösung wird Formalin genannt; Verwendung: in der Kunststoffindustrie, als Konservierungsmittel in Kosmetika; Desinfektionsmittel
Ethanal	Acetaldehyd	CH_3CHO	farblose Flüssigkeit mit niedriger Siedetemperatur und scharfem Geruch; Verwendung: Oxidation zu Essigsäure, Grundstoff in Medikamenten und Farbstoffen
Benzaldehyd	–	C_6H_5-CHO	farblose, ölige Flüssigkeit, die nach bitteren Mandeln riecht, ungiftig; Verwendung: Duftträger für Backwaren „Marzipan“
Propanon	Aceton	CH_3COCH_3	klare, farblose Flüssigkeit, aromatisch riechend, feuergefährlich; Verwendung: wichtiges technisches Lösemittel

Tab. 11.6: Wichtige Alkanale und Alkanone

Bindungsverhältnisse in der Carbonyl-Gruppe

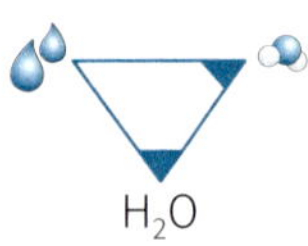

Die Bindungslänge der C=O-Doppelbindung ist mit 122 pm um 21 pm kleiner als die der C–O-Einfachbindung. Sowohl das Kohlenstoff-Atom als auch das Sauerstoff-Atom liegen nach dem Orbitalmodell **sp^2-hybridisiert** vor. Dabei überlappen je ein sp^2-Hybridorbital des C- und O-Atoms zu einer σ-Bindung. Die beiden nicht an der Hybridisierung beteiligten p_z-Orbitale überlappen zur **π-Bindung**. Die beiden weiteren sp^2-Orbitale des Kohlenstoffs bilden σ-Bindungen zu zwei Nachbaratomen aus; die beiden restlichen sp^2-Orbitale des Sauerstoffs bilden die beiden freien Elektronenpaare.

Die C=O-Doppelbindung ist polar, die leicht beweglichen π-Elektronen sind in Richtung des stärker elektronegativen Sauerstoffs verschoben, an welchem dadurch eine negative Partialladung auftritt. Das Kohlenstoff-Atom der Carbonyl-Gruppe trägt eine positive Partialladung.

Siehe auch
→ Seite 27

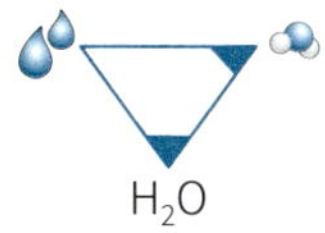

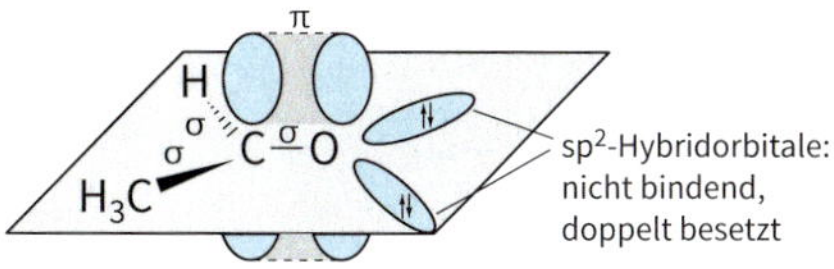

Abb. 11.13: Orbitalmodell des Ethanals

Physikalische Eigenschaften

Siedetemperatur: Wegen der polaren **Carbonyl-Gruppe** sind sowohl Alkanale als auch Alkanone Dipole, sodass ihre Siedetemperaturen deutlich über denen von Alkanen entsprechender Masse liegen. Wegen des Fehlens von Wasserstoffbrücken sieden sie niedriger als die entsprechenden Alkohole. So liegt die Siedetemperatur von Ethanol bei 78 °C, die von Ethanal bei 20 °C.

Löslichkeit: Kurzkettige Alkanale und Alkanone sind aufgrund ihres Dipolcharakters in polaren Lösemitteln wie z. B. Wasser löslich. Aufgrund der freien Elektronenpaare am Sauerstoff-Atom der Carbonyl-Gruppe sind Wasserstoffbrückenbindungen zu Wasser-Molekülen möglich, sodass die ersten beiden Glieder der homologen Reihen der Alkanale und Alkanone wasserlöslich sind. Mit zunehmender Kettenlänge überwiegt jedoch der hydrophobe Charakter des Kohlenwasserstoffrestes. Langkettige Alkanale und Alkanone sind unlöslich in polaren Lösemitteln.

Chemische Reaktionen der Carbonyl-Gruppe: Nucleophile Addition

Die Polarität einer C=O-Doppelbindung ist größer als die einer C–O-Einfachbindung, da die π-Elektronen wegen ihres größeren Abstandes zum Atomrumpf leichter unter dem Einfluss der unterschiedlichen Elektronegativität verschiebbar sind als σ-Elektronen. Als Folge zieht das elektronegativere Sauerstoff-Atom die bindenden Elektronen und besonders die π-Elektronen stärker an. Am Sauerstoff-Atom tritt eine negative, am Kohlenstoff-Atom eine positive Partialladung auf:

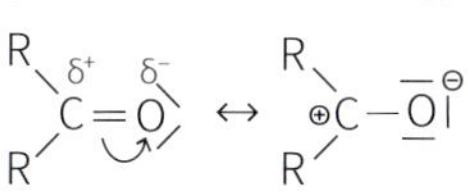

	Bindungslänge	Bindungsenergie	Polarität
C=O	122 pm	745 $kJ \cdot mol^{-1}$	stärker
–C–O	143 pm	358 $kJ \cdot mol^{-1}$	weniger stark

Tab. 11.7: Bindungsdaten im Vergleich

Die Carbonyl-Gruppe wird am positivierten Kohlenstoff-Atom nucleophil angegriffen, sie reagiert als Verbindung mit Doppelbindung durch Addition. Als Nucleophile können Anionen und polare Moleküle mit freien Elektronenpaaren wirken. Nach Anlagerung des Nucleophils stabilisiert sich das entstandene Zwitterion durch intramolekulare Protonenwanderung (→ Abb. 11.14 und Tab. 11.8). Durch eine Protonierung des Carbonylsauerstoffs wird die Positivierung des Carbonyl-Kohlenstoffatoms verstärkt, sodass viele nucleophile Additionen unter Säurekatalyse ablaufen.

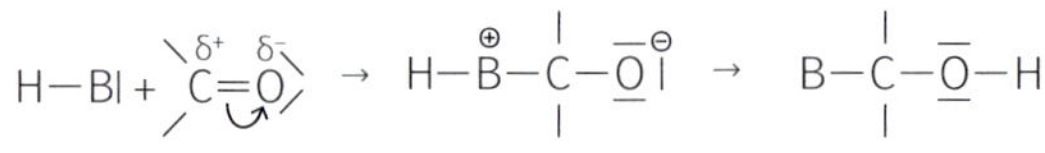

Abb. 11.14: Allgemeine Reaktionsgleichung

Durch Säurekatalyse wird die Reaktivität der Carbonyl-Gruppe durch Protonierung erhöht, das entstehende Carbenium-Ion wird noch leichter nucleophil angegriffen.

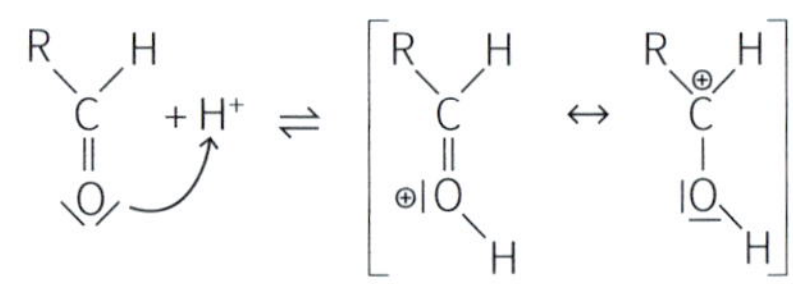

Nucleophiler Angriff des Alkohols mit einem freien Elektronenpaar seiner Hydroxy-Gruppe und Addition. Durch Abspaltung von H^+ unter Rückgewinnung der Katalysatorsäure wird ein Halbacetal gebildet.

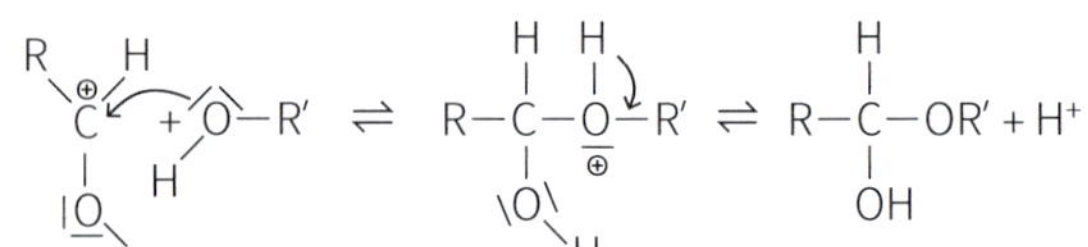

In einem weiteren Reaktionsschritt kann die OH-Gruppe des Halbacetals protoniert werden, die anschließende Wasserabspaltung und die Addition eines weiteren Alkoholmoleküls führt zum Acetal.

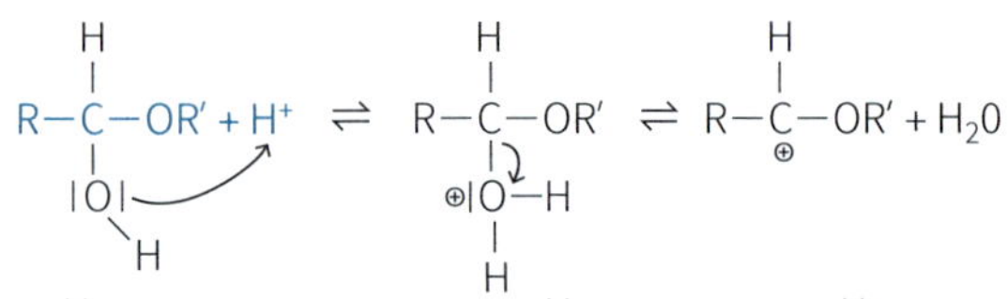

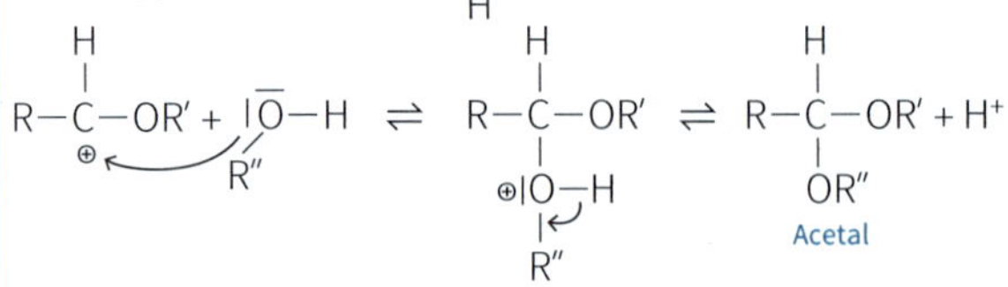

Tab. 11.8: Reaktionsmechanismus am Beispiel der Addition von Alkohol: Acetalbildung

Wissen Aufgrund des positivierten C-Atoms der Carbonyl-Gruppe erfolgt der Angriff durch Nucleophile als Addition.

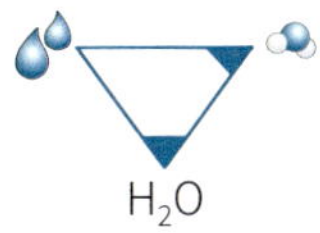

Weitere nucleophile Additionsreaktionen:

Addition von Wasser: Hydratbildung

Sauerstoff greift mit einem der beiden freien Elektronenpaare am positivierten C-Atom an, die Stabilisierung des entstandenen Zwitterions geschieht durch intramolekulare Protonenwanderung, es entsteht ein Hydrat mit zwei Hydroxy-Gruppen am selben C-Atom.

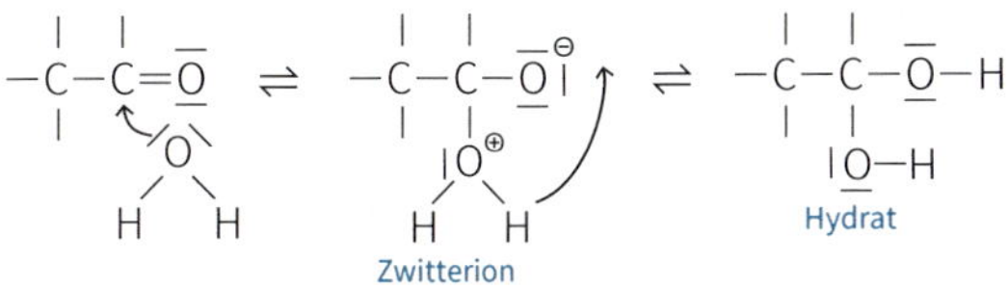

Die nucleophile Addition von Wasser an die Carbonyl-Gruppe hat keine synthetische Bedeutung, da sich unter Wasserabspaltung rasch die stabile Carbonyl-Gruppe zurückbildet. Ein stabiles Hydrat bildet Chloralhydrat, da durch die Addition von Wasser die energetisch ungünstige Positivierung von benachbarten C-Atomen eingeschränkt wird.

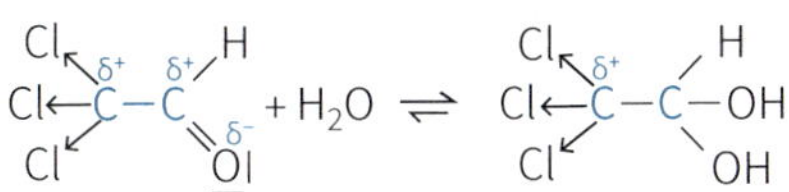

Vergleich der Reaktivität von Alkanalen und Alkanonen

Alkanone reagieren langsamer als Alkanale mit gleicher Anzahl an C-Atomen, da hier von beiden Seiten der +I-Effekt der Alkyl-Gruppen die Elektronen in Richtung des positivierten Kohlenstoffatoms schiebt, sodass die Positivierung abgeschwächt wird.

Oxidation und Reduktion von Carbonylverbindungen

Alkanale lassen sich mit milden Oxidationsmitteln wie z. B. der **Fehling-Lösung** zu Carbonsäuren oxidieren. Ketone dagegen lassen sich durch milde Oxidationsmittel nicht oxidieren, mit starken nur unter Spaltung von Bindungen. Diese Tatsache nutzt man zur experimentellen Unterscheidung von Alkanalen und Alkanonen.

Dr. Hermann von Fehling 1812 – 1885

Fehling-Lösung ist ein alkalisches Reagenz, welches Cu^{2+}-Ionen enthält. Das **Fehling-Reagenz** dient als Nachweis für Aldehyde, es ist allerdings nicht spezifisch. In Anwesenheit eines Aldehyds entsteht ein roter Niederschlag von Cu_2O.

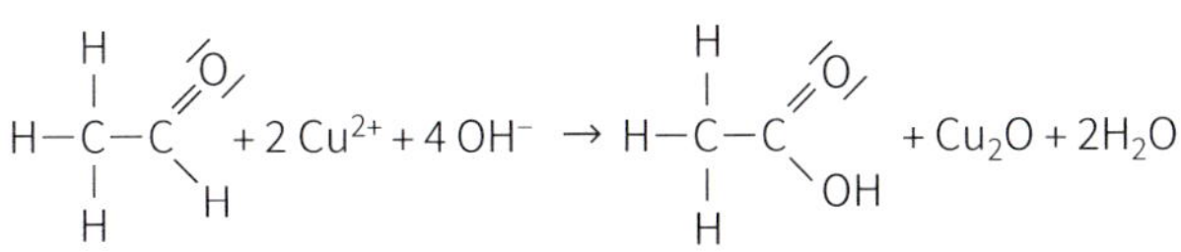

Im Jahre 1855 wurde durch JUSTUS VON LIEBIG die Technik der Herstellung von Silbernitrat-Spiegeln entdeckt.

Eine weitere Nachweisreaktion erfolgt mit **TOLLENS-Reagenz**, einer ammoniakalischen Silbernitratlösung. Die Silber-Ionen werden zu metallischem Silber reduziert, das sich als Silberspiegel an der Innenseite des Reaktionsgefäßes abscheidet.

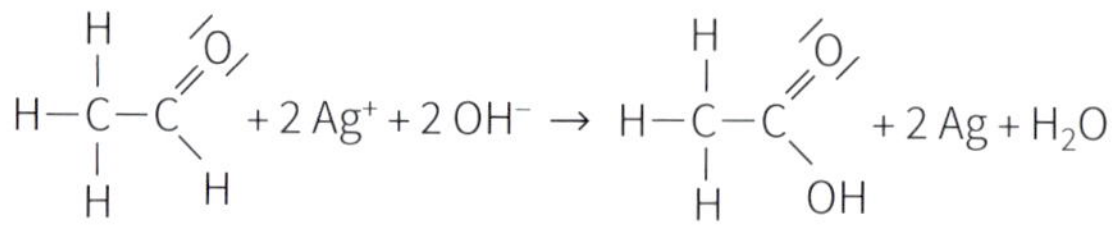

Wissen

Zur Unterscheidung von Alkanalen und Alkanonen kann ihr unterschiedliches Verhalten gegenüber Oxidationsmitteln herangezogen werden: Nur Alkanale lassen sich durch FEHLING-Lösung oder durch TOLLENS-Reagenz oxidieren.

Stellungs-Isomerie bei Stoffen mit Carbonyl-Gruppe

Definition: Unterschiedliche Verknüpfungsstellen bei gleichen funktionellen Gruppen. Beispiel:

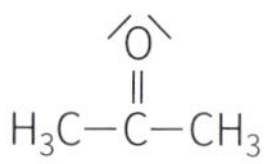
Propanon

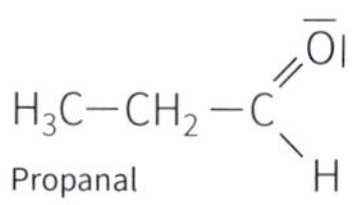
Propanal

H_2O

Protonen-Isomerie, Keto-Enol-Tautomerie

Definition: Unterschiedliche Position eines Protons im Molekül. Carbonylverbindungen mit H-Atomen in α-Stellung können dieses H-Atom vom α-C- zum O-Atom der Carbonyl-Gruppe schieben. Beispiel:

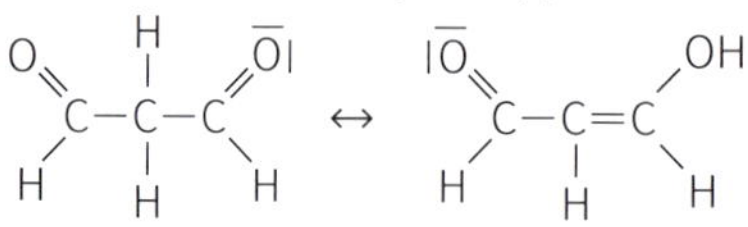
Keto-Form Propandial Enol-Form

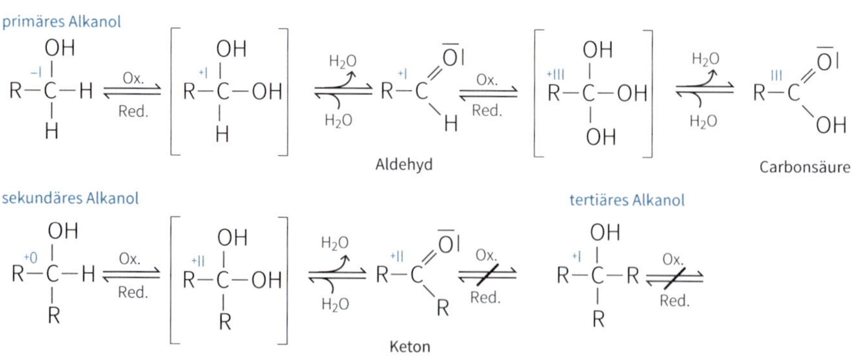

Abb. 11.15: Übersicht über das Oxidationsverhalten verschiedener sauerstoffhaltiger Verbindungen

Alkanale, Alkanone

- Die funktionelle Gruppe ist die Carbonyl-Gruppe, wobei der doppelt gebundene Sauerstoff bei den Alkanalen am Rand-Kohlenstoffatom und bei den Alkanonen an einem sekundären Kohlenstoffatom sitzt.
- Die Carbonylgruppe ist polar. Dadurch kommt es zu zwischenmolekularen Dipol/Dipol-Wechselwirkungen.
- Alkanale entstehen als Oxidationsprodukt primärer Alkohole, Alkanone als Oxidationsprodukt sekundärer Alkohole.
- Die Carbonyl-Gruppe ist polar, das positivierte Carbonyl-C-Atom kann durch Nucleophile wie Alkohol oder Wasser angegriffen werden und reagiert mit Addition. Dabei reagieren Alkanale leichter als Alkanone.
- Alkanale können durch milde Oxidationsmittel an der Carbonyl-Gruppe zu Carbonsäuren oxidiert werden, dadurch lassen sie sich von Alkanonen unterscheiden. Als Nachweisreaktionen dienen die FEHLING-Probe und die Reaktion mit TOLLENS-Reagenz.
- Alkanone sind im Gegensatz zu Alkanalen keine Reduktionsmittel.

Überblick

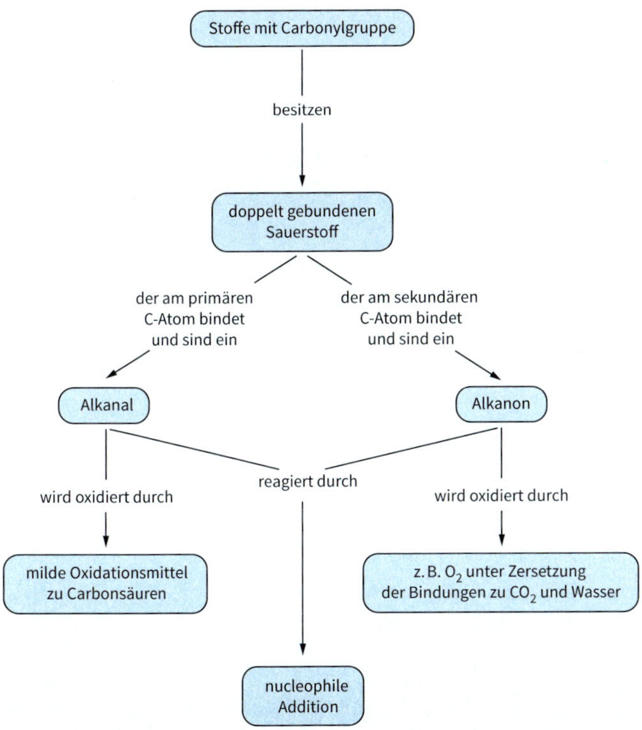

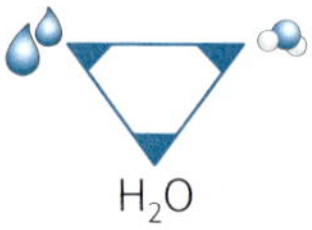

11.3 Verbindungen mit der Carboxy-Gruppe: Carbonsäuren

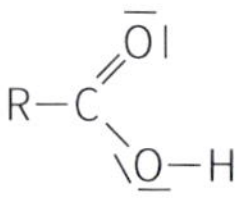

Die funktionelle Gruppe der Carbonsäuren ist die Carboxy-Gruppe, die sich formal aus einer Carbonyl- und einer Hydroxy-Gruppe zusammensetzt.

Name nach IUPAC	Trivialname	Formel	Bedeutung
Methansäure	Ameisensäure	HCOOH	zur Konservierung, Desinfektion
Ethansäure	Essigsäure	CH_3COOH	als Essig, zur Herstellung von Kunstseide, Heilmittel
Propansäure	Propionsäure	C_2H_5COOH	Herstellung von Lösemitteln, Aromen, Kunststoffen
Butansäure	Buttersäure	C_3H_7COOH	entsteht beim Ranzigwerden von Fett
Benzoesäure	–	C_6H_5COOH	Konservierungsstoff
Hexadecansäure	Palmitinsäure	$C_{15}H_{31}COOH$	als Fettsäure in Fetten
Octadecansäure	Stearinsäure	$C_{17}H_{35}COOH$	als Fettsäure in Fetten
Aminoethansäure	Glycin	CH_2NH_2COOH	Baustein der Proteine
Aminopropansäure	Alanin	$CH_3CH_2NH_2COOH$	Baustein der Proteine
2-Hydroxypropansäure	Milchsäure	$CH_3CHOHCOOH$	Herstellung von Jogurt, Sauerkraut, Käse, Silofutter
Ethandisäure	Oxalsäure	HOOC–COOH	in Sauerklee und Rhabarber, zum Entfernen von Tinten- und Rostflecken, als Metallputzmittel
Propandisäure	Malonsäure	$HOOC–CH_2–COOH$	Herstellung von Barbituraten

Tab. 11.9: Übersicht über wichtige Carbonsäuren

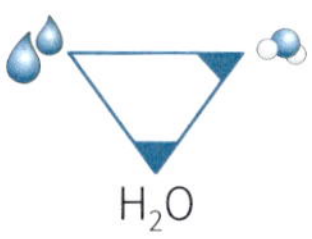

Nomenklatur

Aliphatische Carbonsäuren heißen auch **Alkansäuren**. Bei der Benennung wird an den Stammnamen des Alkans das Wort Säure angefügt. Enthält eine Säure zwei Carboxy-Gruppen, wird dies durch die Silbe -di- gekennzeichnet: Alkandisäure, z.B. Ethandisäure HOOC–COOH, trivial Oxalsäure und $HOOC–CH_2–COOH$ Propandisäure, Malonsäure. Bei aromatischen Carbonsäuren trägt der Benzolring mindestens eine Carboxy-Gruppe, z.B. Benzoesäure.

Hybridisierungzustand und Bindung

Das C-Atom der Carboxy-Gruppe ist sp^2-hybridisiert, die drei σ-Bindungen liegen in einer Ebene, der Winkel zwischen den Bindungen beträgt 120°. Eines der beiden Sauerstoffatome ist durch eine zusätzliche π-Bindung doppelt gebunden. Die Bindungslänge der C–O-Einfachbindung beträgt 143 pm, die der C=O-Doppelbindung 122 pm. Aufgrund der Elektronegativitätsdifferenz zwischen Kohlenstoff und Sauerstoff ist die Carboxy-Gruppe stark polar.

Physikalische Eigenschaften

Siedetemperaturen: Carbonsäuren können durch Dimerisation untereinander zwei Wasserstoffbrücken ausbilden, sodass ihre Siedetemperaturen noch höher liegen als die von Alkoholen vergleichbarer Masse. Sie sind etwa doppelt so hoch wie bei Alkanen vergleichbarer Masse.

Löslichkeit: Wie bei den Alkoholen nimmt mit zunehmender Kettenlänge die Wasserlöslichkeit ab, nur die ersten vier Glieder der homologen Reihe sind unbegrenzt mit Wasser mischbar.

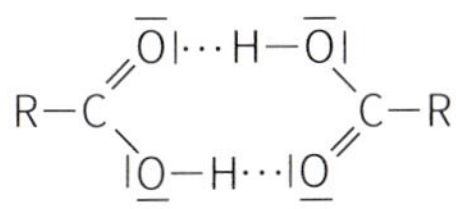

Säurestärke

Wässrige Lösungen der Carbonsäuren reagieren sauer, als korrespondierende Basen entstehen Carboxylat-Anionen.

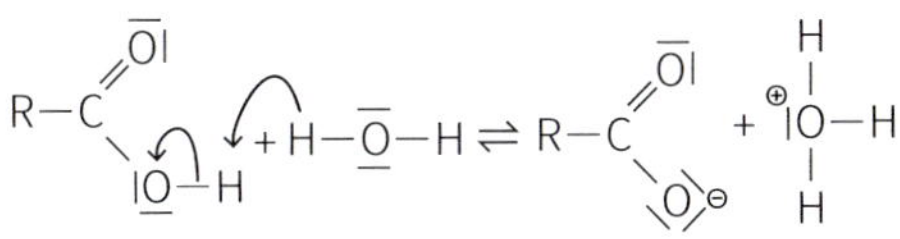

Durch den –I-Effekt des Carbonyl-Sauerstoffs wird die Polarität der Bindung zwischen O- und H-Atom noch verstärkt, sodass Carbonsäuren viel stärker sauer sind als die Alkohole. Hinzu kommt, dass das entstandene Carboxylat-Ion durch Elektronendelokalisation sehr stabil ist.

Die Bindungslänge der beiden C—O-Bindungen ist gleich lang, sie beträgt jeweils 136 pm. Es liegt also weder eine Einfach- noch eine Doppelbindung vor, die negative Ladung ist gleichmäßig über die gesamte Gruppe verteilt. Man geht beim Mesomeriemodell von der Vorstellung aus, dass das p_z-Orbital des Kohlenstoffs mit den p_z- Orbitalen der beiden Sauerstoff-Atome überlappt. Das entstandene π-Orbital erstreckt sich über alle drei Atome, die π-Elektronen sind delokalisiert. Diese Delokalisation ist energetisch begünstigt, sodass das Carboxylat-Anion sehr stabil ist.

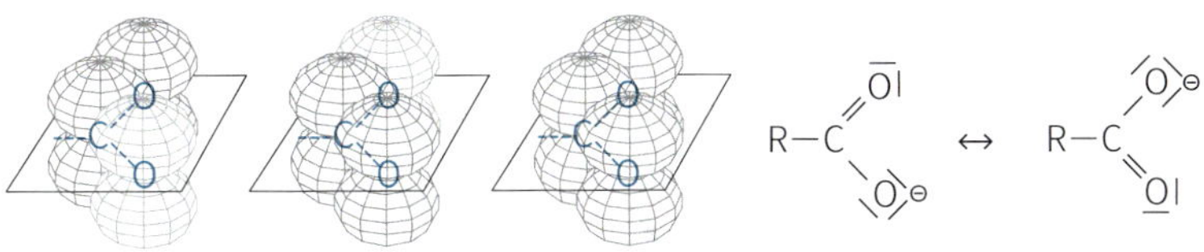

Abb. 11.16: Mesomere Formeln des Carboxylat-Anions

Überblick über Säurestärken

Monoalkansäuren

- Säurestärke: Alle Alkansäuren besitzen annähernd die gleiche Säurestärke mit Ausnahme der Methansäure, die mit einem pK_S-Wert von 3,7 eine recht starke Säure ist.
- Erklärung: Methansäure ist die einzige Säure ohne Alkyl-Gruppen, welche durch ihren +I-Effekt die Polarität der O—H-Bindung abschwächen.

pK_S-Werte:
Fluorethansäure 2,66
Chlorethansäure 2,81
Bromethansäure 2,87
Iodethansäure 3,13

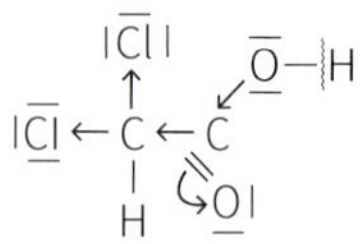

Halogenalkansäuren

- Säurestärke: Halogenalkansäuren sind stärker sauer als die entsprechenden Alkansäuren.
- Erklärung: Die Halogensubstituenten polarisieren durch ihren –I-Effekt die Bindung zwischen Wasserstoff und Sauerstoff noch stärker. Die Polarisierung der O—H-Bindung ist um so stärker, je größer die Elektronegativität des betreffenden Halogen-Atoms ist.

pK_S-Werte:
Ethansäure 4,76
Ethandisäure 1,25
Butandisäure 4,19

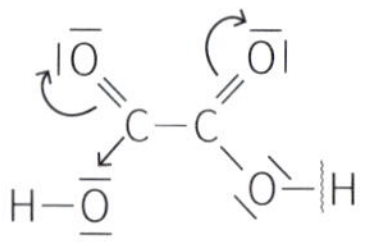

Dicarbonsäuren

- Säurestärke: Sie ist höher als bei den Monocarbonsäuren. Kurzkettige Dicarbonsäuren sind stärker sauer als langkettige.
- Erklärung: Die beiden Carboxy-Gruppen üben aufeinander einen –I-Effekt aus, wodurch die Polarität der O—H-Bindung verstärkt wird. Der –I-Effekt nimmt mit zunehmender Entfernung der beiden Carboxy-Gruppen voneinander rasch ab.

Wissen

Substituenten mit +I-Effekt erniedrigen die Säurestärke, Substituenten mit –I-Effekt erhöhen sie.

Spiegelbildisomerie bei Hydroxycarbonsäuren

Einige Hydroxycarbonsäuren kommen in zwei Formen vor, die sich wie Bild und Spiegelbild verhalten. Moleküle mit solchen Eigenschaften bezeichnet man als **spiegelbildisomer** oder **chiral**. Spiegelbildisomere heißen auch Enantiomere. Die Spiegelbildisomerie der Milchsäure (Hydroxypropansäure) beruht darauf, dass das zweite C-Atome (C*) mit vier unterschiedlichen, tetraedrisch angeordneten Substituenten verbunden ist. Dieses Atom stellt ein Chiralitätszentrum dar und wird auch als asymmetrisches C-Atom bezeichnet.

Definition

Asymmetrische C-Atome sind mit vier unterschiedlichen Substituenten verbunden.

Um die unterschiedlichen Konfigurationen der beiden Spiegelbildisomeren darstellen zu können, verwendet man die Projektionsformeln nach FISCHER. Dabei ordnet man das Molekül zunächst so an, dass die C—C-Kette senkrecht mit dem am höchsten oxidierten C-Atom oben steht. Das asymmetrische C-Atom wird als in der Papierebene liegend angenommen. Die von diesem C-Atom ausgehenden C—C-Bindungen sollen hinter dieser Papierebene liegen, die C—H und die C—OH-Bindungen dagegen davor.Projiziert man nun alle vier Substituenten auf die Ebene, so erhält man für die C—C-Bindungen vertikale Bindungsstriche und für die C—H und C—OH-Bindungen horizontale. Die beiden spiegelbildisomeren Formen der Milchsäure unterscheiden sich in der Anordnung der OH-Gruppe am chiralen C-Atom. Steht die OH-Gruppe in der

Fischer-Formel nach rechts, spricht man von der D-Milchsäure, zeigt sie nach links, von der L-Form der Milchsäure. Chirale Verbindungen sind **optisch aktiv**, das heißt sie drehen die Schwingungsebene von linear polarisiertem Licht. Man gibt die Drehrichtung durch die Vorzeichen + (nach rechts, im Uhrzeigersinn) und – (nach links, gegen den Uhrzeigersinn) an.

lat. *dexter* = rechts
lat. *laevus* = links

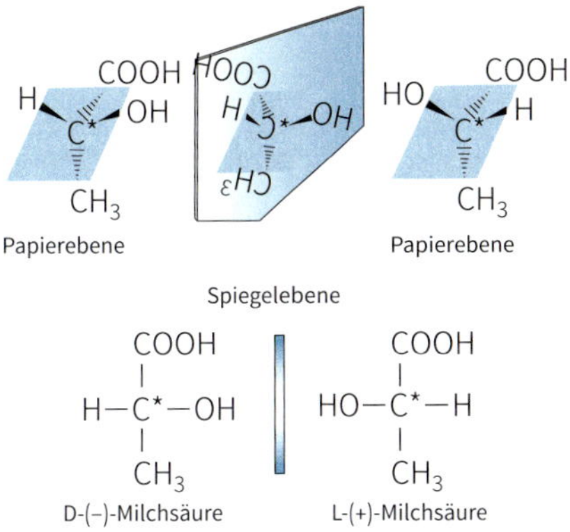

Abb. 11.17: Spiegelbildisomere Milchsäuren

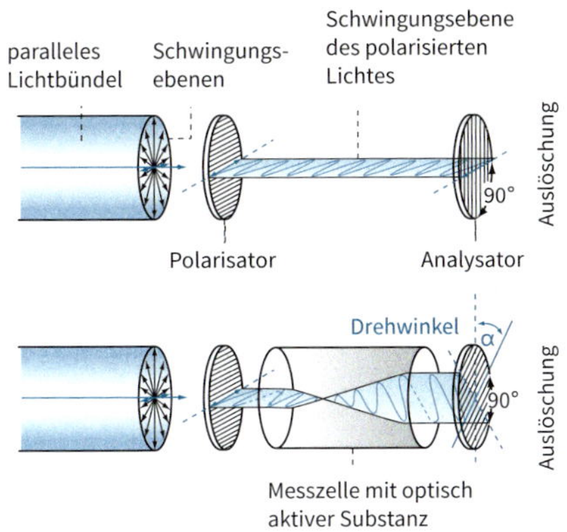

Abb. 11.18: Optisch aktive Substanz in einem Polarimeter

Chemische Reaktionen der Carbonsäuren: Veresterung

Bei der Reaktion von Carbonsäuren mit Alkoholen entstehen unter Abspaltung von Wasser Carbonsäureester (→ Tab. 11.10):

1. Schritt: Die Reaktion beginnt mit einer Protonierung des Sauerstoff-Atoms der Carboxy-Gruppe. Das entstandene Carbenium-Ion ist durch Mesomerie stabilisiert.	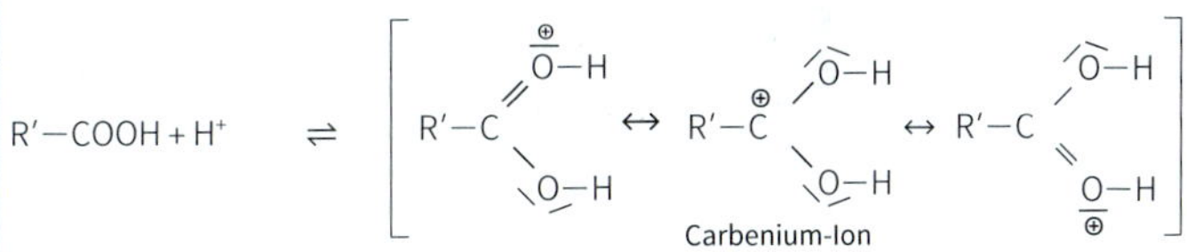
2. Schritt: An das nun stark positivierte C-Atom der Carboxy-Gruppe greift der Alkohol mit einem freien Elektronenpaar des Sauerstoffatoms seiner Hydroxy-Gruppe nucleophil an. In einer Additionsreaktion entsteht ein Oxonium-Ion.	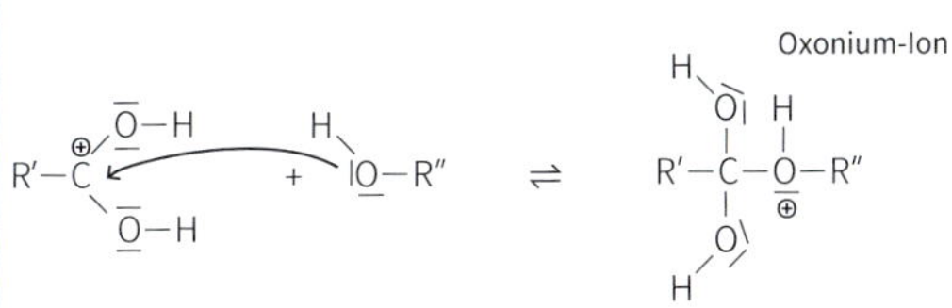
3. Schritt: Das Proton der Hydroxy-Gruppe des addierten Alkohols wandert intramolekular zur Hydroxy-Gruppe der Säure. Anschließend erfolgt eine Eliminierung des Wasser-Moleküls.	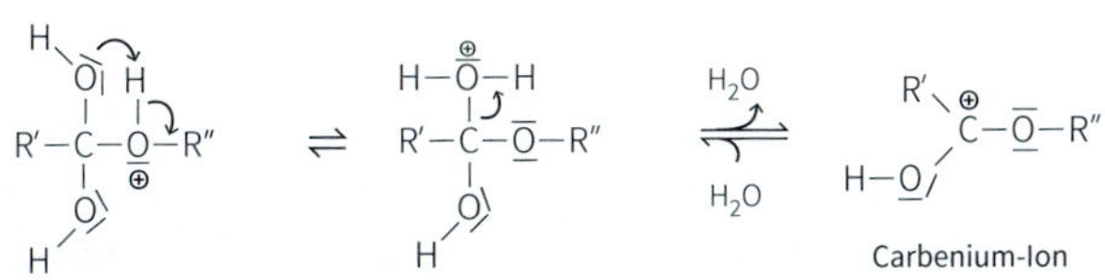
4. Schritt: Durch Abspalten eines H^+-Ions wird der Katalysator rückgebildet.	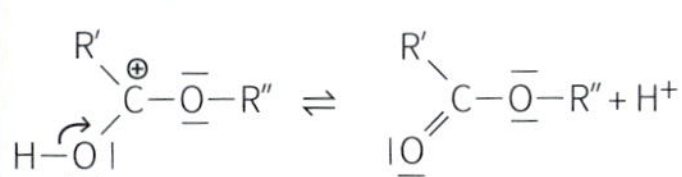

Tab. 11.10: Reaktionsmechanismus der Veresterung

Säure + Alkohol ⇌ Ester + Wasser

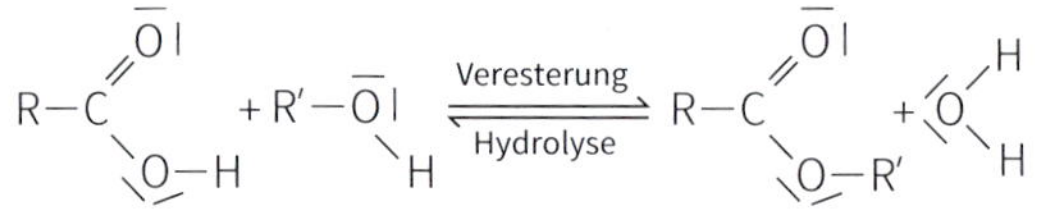

Carbonsäure Alkohol Ester Wasser

Veresterung und Esterspaltung (Esterhydrolyse) befinden sich in einem dynamischen Gleichgewichtszustand. Die Reaktionsgeschwindigkeit wird jedoch erst bei der Säurekatalyse nennenswert groß. Die funktionelle Gruppe der Ester ist die Ester-Gruppe.

Nomenklatur der Ester und Bedeutung

- Dem Namen der Säure folgt der Alkylrest des Alkohols + -ester: Beispiel: Methansäureethylester oder
- Alkylrest des Alkohols + Salz der Carbonsäure: Beispiel: Ethylmethanoat.

Viele Ester kurzkettiger Alkansäuren haben einen angenehm fruchtigen Geruch und werden von daher als Fruchtaroma verwendet. Viele Ester finden als Lösungsmittel oder als Weichmacher von Kunststoffen Verwendung.

Esterhydrolyse = Verseifung

H_2O

Die saure Esterhydrolyse entspricht der Rückreaktion der sauren Veresterung und führt daher sehr schnell zu einem Gleichgewichtszustand. Im Alkalischen dagegen lassen sich Ester quantitativ spalten. Da diese Reaktion auch bei der Esterspaltung von Fetten zur Gewinnung von Seifen angewendet wird, bezeichnet man sie auch als Verseifung, → Tab. 11.11.

Das Hydroxid-Ion greift am positivierten C-Atom des Esters nucleophil an, wobei gleichzeitig eine Bindung in Richtung des doppelt gebundenen Sauerstoffs verschoben wird.	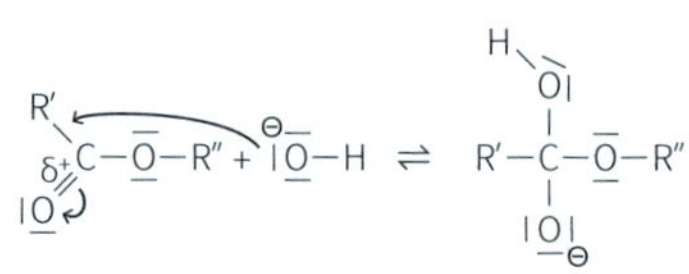
Ein Alkoholat-Ion wird eliminiert.	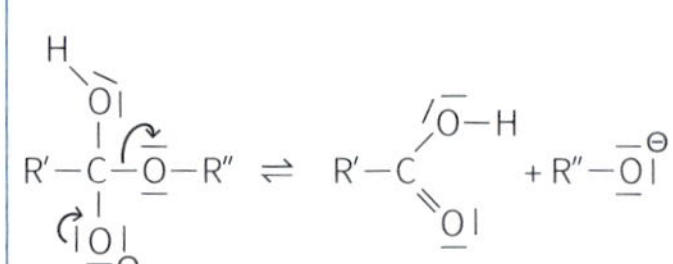
Das entstandene Alkoholat-Ion ist eine sehr starke Base (pK_B des Ethanolat-Ions: −2). Durch Protolyse nimmt das Alkoholat-Ion in einem praktisch irreversiblen Schritt ein Proton auf. Das dabei entstehende Carboxylat-Ion ist durch Mesomerie stabilisiert (→ Seite 185).	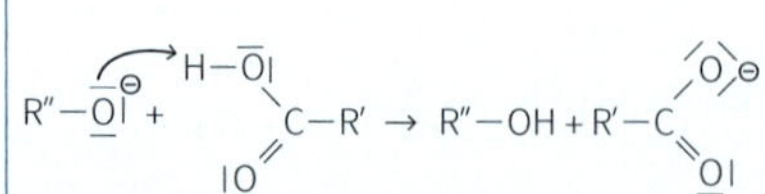

Tab. 11.11: Reaktionsmechanismus der Esterspaltung

Reaktivität von Carbonsäurederivaten und Carbonylverbindungen

Carbonsäurederivate erhält man, wenn man die Hydroxy-Gruppe der Carboxy-Gruppe durch andere Atome oder Atomgruppen ersetzt. Durch den Besitz eines doppelt gebundenen Sauerstoff-Atoms mit großer Elektronegativität trägt das Carbonyl- bzw. Carboxy-Kohlenstoff-Atom eine positive Partialladung. An dieser Stelle erfolgen nucleophile Angriffe, die zu einer Addition führen. Während Carbonsäuren nur langsam mit Nucleophilen reagieren, ist die Reaktionsbereitschaft verschiedener Carbonsäurederivate höher. Bei gleichbleibendem Rest R hängt die Reaktivität der Carbonyl-Gruppe davon ab, welche weiteren Atome bzw. Atomgruppen an das Carbonyl-Kohlenstoff-Atom gebunden sind.

Der nucleophile Angriff wird um so mehr begünstigt, je geringer die Elektronendichte am Carbonyl-Kohlenstoff-Atom und um so stärker dadurch seine positive Partialladung ist. Stark elektronegative Substituenten erhöhen somit die Reaktivität. Carboxylat-Anionen besitzen wegen der Mesomeriestabilisierung und der hohen Elektronendichte praktisch keine Carbonyl-Reaktivität.

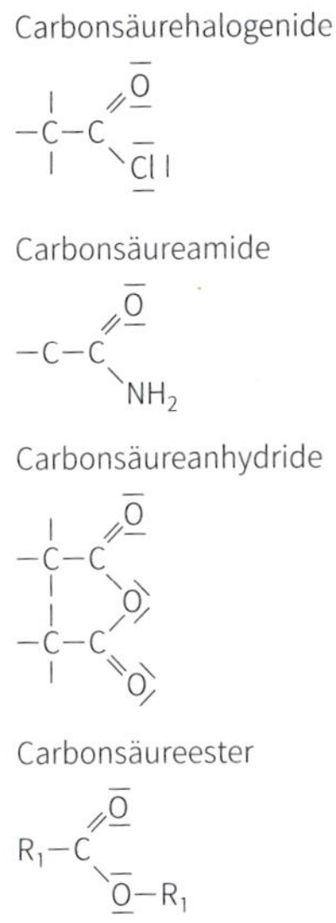

Abb. 11.19: Beispiele von Carbonsäurederivaten

Carbonsäuren

- Die funktionelle Gruppe der Carbonsäuren ist die Carboxy-Gruppe.
- Carbonsäuren sind Oxidationsprodukte von primären Alkoholen über Alkanale.
- Die Säurestärke beruht auf der stärkeren Polarität der Bindung zwischen O und H und auf der Mesomeriestabilisierung des entstandenen Anions.
- Eine charakteristische Reaktion der Carbonsäuren ist die Veresterung mit Alkoholen, dabei entstehen in einer Gleichgewichtsreaktion Ester und Wasser.
- Die Esterspaltung nennt man auch Verseifung.
- Carbonsäurederivate erhält man durch Ersatz der Hydroxy-Gruppe durch andere Atome oder Atomgruppen.

Überblick

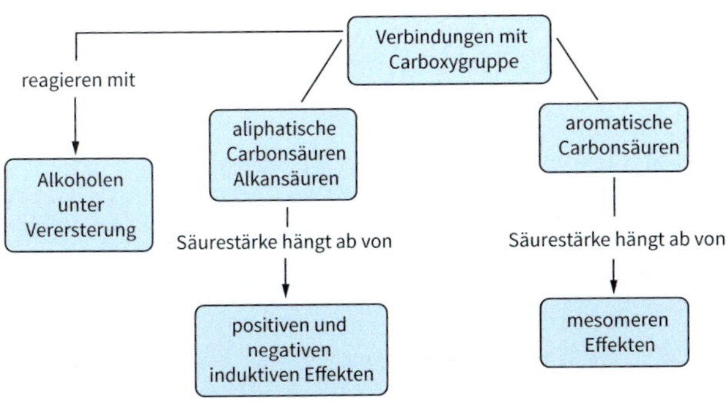

11.4 Allgemeine Übersicht

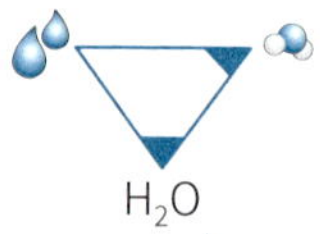

Einteilung nach der Art des angreifenden Teilchens

angreifendes Teilchen	Kennzeichen	Beispiele	Angriffsort
Radikal	Teilchen mit einem ungepaarten Elektron	Halogen-Atome	Radikale sind so reaktiv, dass sie am C-Atom jeder organischen Verbindung angreifen können.
Nucleophil	Teilchen mit negativer Ladung oder negativer Partialladung	Cl^--Ion, O-Atom im Wasser	Nucleophile Teilchen greifen den Reaktionspartner an Zentren positiver Ladung an, z. B. am C-Atom eines Carbenium-Ions.
Elektrophil	Teilchen mit positiver Ladung oder positiver Partialladung	Br^+-Ion, CH_3Br	Elektrophile Teilchen greifen den Reaktionspartner an Zentren negativer Ladung an, z. B. an den π-Elektronen von Doppelbindungen oder von Benzol.

Überblick über Reaktionstypen

Eliminierung: Aus gesättigten Molekülen werden Atome abgespalten, sodass ungesättigte Verbindungen entstehen.

Reaktionsverlauf	Beispiel
Aus einem protonierten Alkohol-Molekül bildet sich unter Wasserabspaltung ein Carbenium-Ion, das unter Abspaltung eines Protons eine Doppelbindung ausbildet.	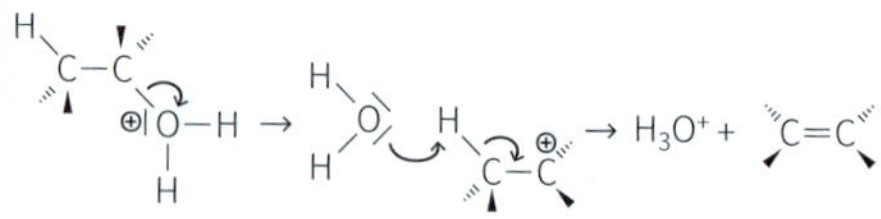 Oxonium-Ion Carbenium-Ion Alken

Addition: Atome oder Atomgruppen werden an organische Moleküle mit Mehrfachbindung (ungesättigte Verbindungen) angelagert. Dabei werden Einfachbindungen gebildet, aus π-Bindungen werden σ-Bindungen.

Einteilung nach Art des angreifenden Teilchens	Elektrophile Addition	Nucleophile Addition
Angriffsort	an C=C-Doppelbindungen in Alkenen und an C≡C-Dreifachbindungen in Alkinen	an die C=O-Doppelbindung der Carbonyl-Gruppe.
Reaktionsweise	Durch Anlagerung des Elektrophils an die π-Bindung entsteht ein Carbenium-Ion. Dieses stabilisiert sich durch die Anlagerung eines nucleophilen Teilchens	Der nucleophile Angriff erfolgt an das positivierte C-Atom der Carbonyl-Gruppe, welches in Gegenwart von H^+-Ionen ein Carbenium-Ion bildet. Die Stabilisierung erfolgt oft in einem zweiten Schritt durch intramolekulare Protonenwanderung.

Beispiel	Addition von HCl an Ethen 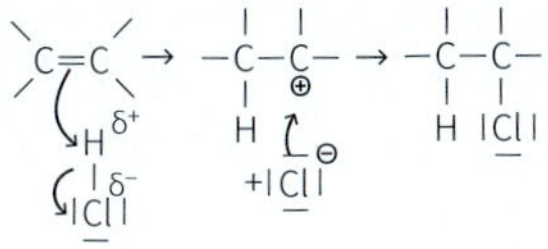	Addition von NH_3 an Ethanal 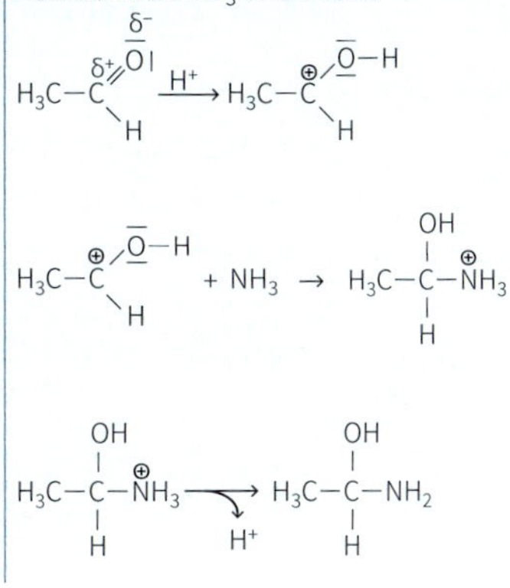

Substitution: Bei Substitutionen werden Atome oder Atomgruppen in einem organischen Molekül durch andere Atome oder Atomgruppen ersetzt.

Einteilung nach Art des angreifenden Teilchens	nucleophile Substitution	elektrophile Substitution	radikalische Substitution
Angriffsort	am positivierten Kohlenstoff-Atom polarer Verbindungen wie z. B. Halogenalkane, Alkanole	am delokalisierten π-Elektronensystem aromatischer Moleküle	an C—H-Bindungen
Reaktionsweise	Das angreifende Nucleophil bildet mit dem positivierten C-Atom eine Bindung aus. Gleichzeitig wird die Bindung zwischen dem C-Atom und seinem elektronegativeren Bindungspartner heterolytisch gespalten.	Das Elektrophil tritt mit dem π-Elektronensystem des Rings in Wechselwirkung. Intermediär wird dabei der aromatische Zustand durch Bildung eines σ-Komplexes aufgelöst. Die Rearomatisierung erfolgt durch Abspaltung eines Protons.	Durch Licht und Wärme werden Halogene homolytisch in Radikale gespalten. Die Wasserstoff-Atome von C—H-Bindungen werden nun durch Halogen-Atome ersetzt.
Beispiel	Reaktion von CH_3F mit OH^- 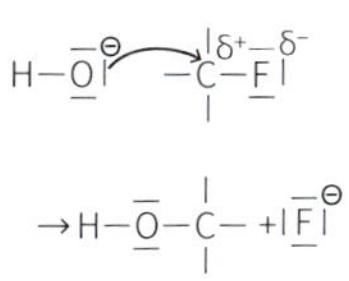	Methylierung von Benzol 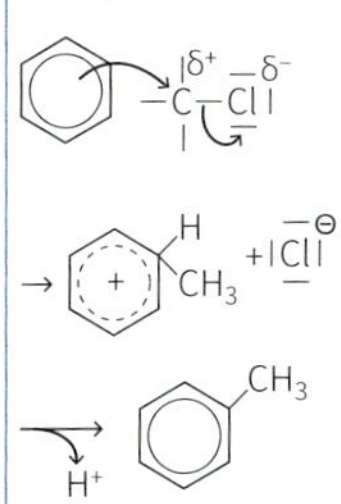	Chlorierung von Methan 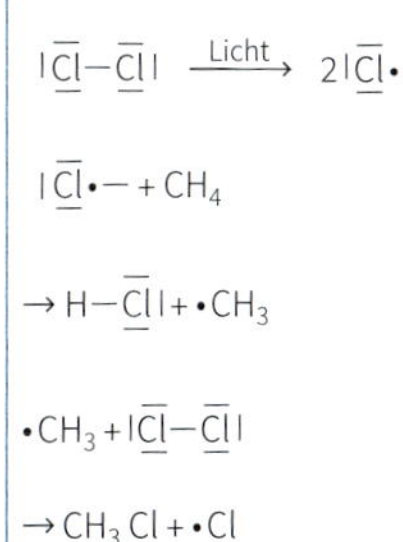

Überblick

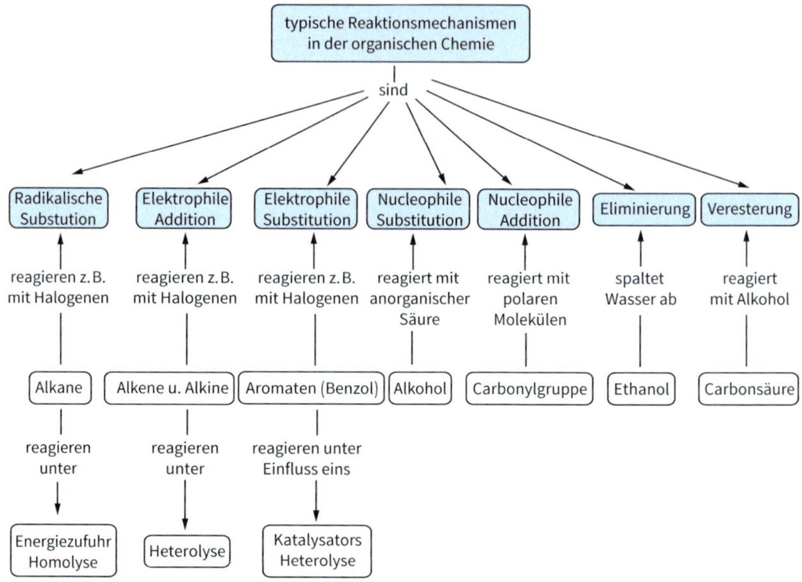

typische Reaktionsmechanismen in der organischen Chemie
sind
Radikalische Substution
Elektrophile Addition
Elektrophile Substitution
Nucleophile Substitution
Nucleophile Addition
Eliminierung
Veresterung
reagieren z. B. mit Halogenen
reagieren z. B. mit Halogenen
reagieren z. B. mit Halogenen
reagiert mit anorganischer Säure
reagiert mit polaren Molekülen
spaltet Wasser ab
reagiert mit Alkohol
Alkane
Alkene u. Alkine
Aromaten (Benzol)
Alkohol
Carbonylgruppe
Ethanol
Carbonsäure
reagieren unter
reagieren unter
reagieren unter Einfluss eins
Energiezufuhr Homolyse
Heterolyse
Katalysators Heterolyse

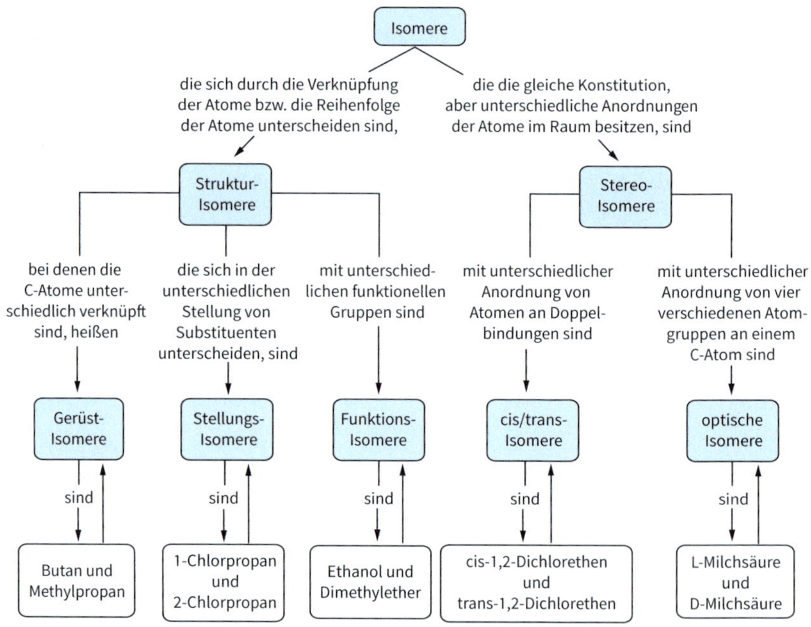

Isomere
die sich durch die Verknüpfung der Atome bzw. die Reihenfolge der Atome unterscheiden sind,
die die gleiche Konstitution, aber unterschiedliche Anordnungen der Atome im Raum besitzen, sind
Struktur-Isomere
Stereo-Isomere
bei denen die C-Atome unterschiedlich verknüpft sind, heißen
die sich in der unterschiedlichen Stellung von Substituenten unterscheiden, sind
mit unterschiedlichen funktionellen Gruppen sind
mit unterschiedlicher Anordnung von Atomen an Doppelbindungen sind
mit unterschiedlicher Anordnung von vier verschiedenen Atomgruppen an einem C-Atom sind
Gerüst-Isomere
Stellungs-Isomere
Funktions-Isomere
cis/trans-Isomere
optische Isomere
sind
sind
sind
sind
sind
Butan und Methylpropan
1-Chlorpropan und 2-Chlorpropan
Ethanol und Dimethylether
cis-1,2-Dichlorethen und trans-1,2-Dichlorethen
L-Milchsäure und D-Milchsäure

Stickstoffhaltige organische Verbindungen

12

- Amine, Aminocarbonsäuren und Anilin besitzen als funktionelle Gruppe die Aminogruppe $-NH_2$.
- Zwischen den Molekülen herrschen aufgrund der polaren $C-N$-, $N-H$-, bzw. $N-O$-Bindungen Dipol-Wechselwirkungen und Wasserstoffbrückenbindungen.
- Aminosäuren liegen am isoelektrischen Punkt als Zwitterionen vor.
- Aliphatische und aromatische Nitroverbindungen enthalten die Nitrogruppe ($-NO_2$) als funktionelle Gruppe.

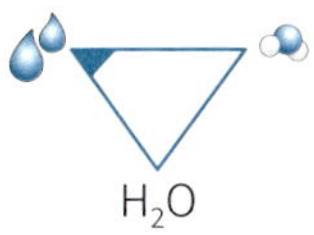

Basiskonzepte: Struktur-Eigenschafts- und Donator-Akzeptor-Konzept

Aufgrund ihrer stickstoffhaltigen funktionellen Gruppen haben stickstoffhaltige organische Verbindungen stärkere zwischenmolekulare Wechselwirkungen auf der Teilchenebene, damit als Stoffeigenschaften beispielsweise höhere Schmelz- und Siedetemperaturen und eine größere Reaktionsfreudigkeit als Kohlenwasserstoffe.

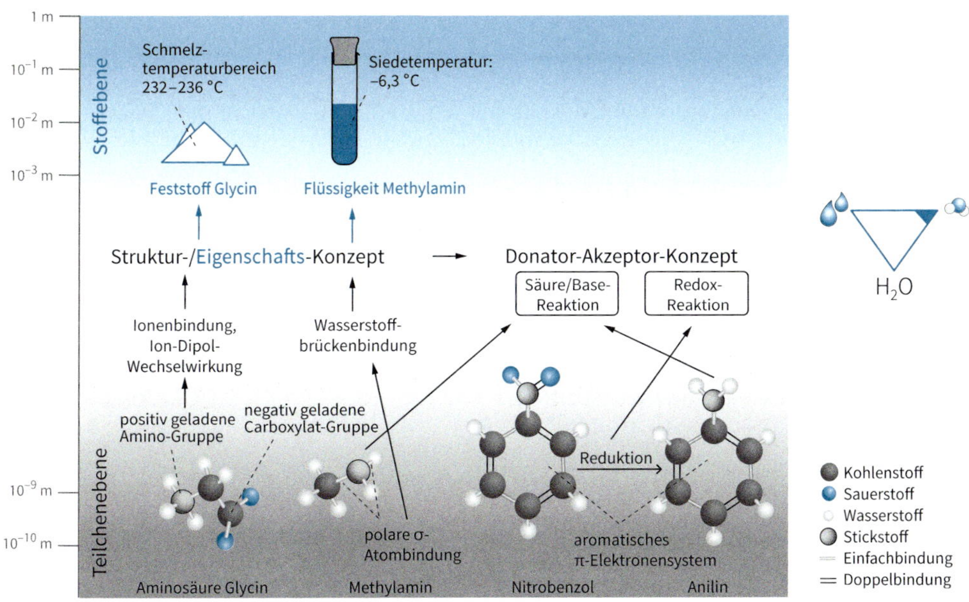

Abb. 12.1: Das Struktur-Eigenschafts-Konzept und das Donator-Akzeptor-Konzept bei stickstoffhaltigen organischen Verbindungen

12.1 Amine

Formal sind **Amine** Substitutionsprodukte des Ammoniaks, bei dem ein oder mehrere H-Atome durch aliphatische oder aromatische Reste ersetzt sind.

Nomenklatur

An den Namen des entsprechenden Alkylrestes wird das Wort -amin angehängt. Je nach Anzahl der ersetzten H-Atome unterscheidet man zwischen primären, sekundären und tertiären Aminen.

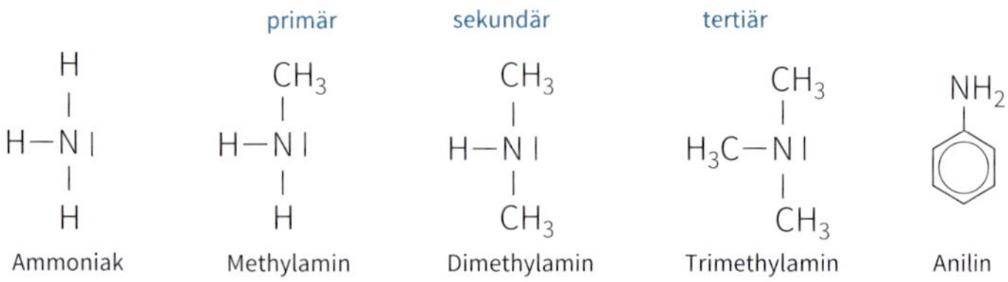

Abb. 12.2: Beispiele für Amine

Bei aromatischen Aminen trägt der Benzolring die Aminogruppe.

Eigenschaften einiger Amine

Aliphatische Amine sind aufgrund der recht großen **Elektronegativität** des Stickstoff-Atoms polar, ihre Siedetemperaturen sind höher als die von Alkanen vergleichbarer Masse, da sie (außer bei tertiären Aminen) Wasserstoffbrücken ausbilden können. Sie sind giftig und haben einen stechenden fischartigen Geruch. Der typische Geruch von Seefisch und Hummer wird durch Dimethylamin und Trimethylamin verursacht.

Aminobenzol (Anilin) ist eine farblose, ölige Flüssigkeit mit unangenehmem Geruch. Es ist ein starkes Blut- und Nervengift und steht im Verdacht, Krebs zu erregen.

Basizität der Amine

Amine reagieren wie Ammoniak mit Wasser als BRÖNSTED-Base, wobei sie mit dem freien Elektronenpaar ein Proton aufnehmen können. Dabei entsteht ein Methylammonium-Kation.

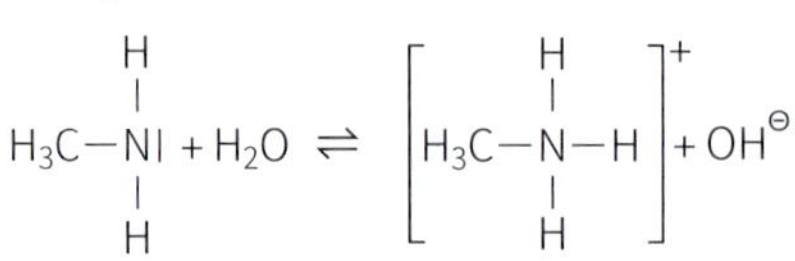

Abb. 12.3: Reaktion als BRÖNSTED-Base

Die Amine haben eine umso größere Basenstärke, je besser das freie Elektronenpaar zur Bindung zur Verfügung gestellt werden kann. Die Alkylsubstituenten bewirken durch ihren +I-Effekt eine Erhöhung der Ladungsdichte am Stickstoff-Atom, was die Aufnahme eines Protons begünstigt.

Die Basenstärke nimmt in der Reihenfolge

NH_3 < primäres Amin < sekundäres Amin

zu. Eine Ausnahme bilden die tertiären Amine, die sehr schwache Basen sind. Der Grund liegt darin, dass das durch Protonenaufnahme gebildete Alkylammonium-Ion in Wasser nur sehr schwer hydratisiert werden kann und von daher instabil ist.

Verbindung	NH_3	CH_3NH_2	$(CH_3)_2NH$	$(CH_3)_3N$
pK_B-Wert	4,75	3,36	3,29	4,26

Tab. 12.1: pK_B-Werte verschiedener Amine

Anilin ist eine sehr schwache Base (pK_B = 9,4) da sich das freie Elektronenpaar des Stickstoffs an der Delokalisation der π-Elektronen des Rings beteiligt. Die Elektronendichte des Stickstoff-Atoms ist dadurch so weit gesenkt, dass die Protonenaufnahme erschwert ist.

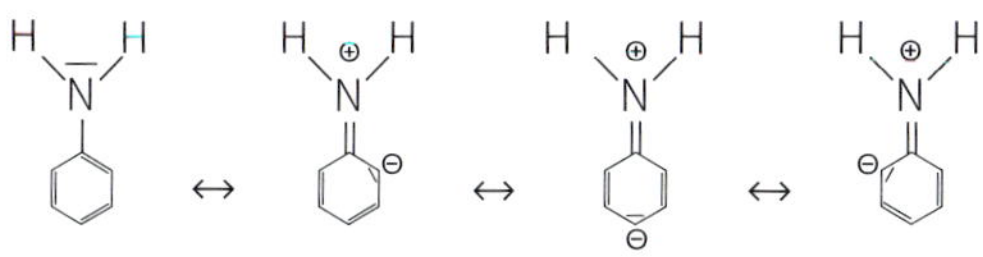

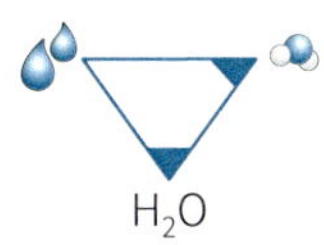

Abb. 12.4: Mesomere Grenzformeln von Anilin

Der Basencharakter von Anilin ist geringer als der von Ammoniak oder von Aminen.

Wissen

Anilin kann wie Benzol elektrophile Substitutionsreaktionen durchführen. Da das freie Elektronenpaar des Stickstoff-Atoms an der **Mesomerie** beteiligt ist und dadurch die Elektronendichte im Kern erhöht, verläuft die Reaktion besser als bei Benzol.

Nucleophile Reaktionen

Aliphatische Amine gehen mit Halogenalkanen nucleophile Substitutionsreaktionen ein. Dabei erhält man z. B. aus tertiären Aminen quartäre Ammoniumsalze, wie hier aus der Reaktion von Trimethylamin mit Iodmethan.

$$(CH_3)N| + H_3\overset{\delta^+}{C}-\overset{\delta^-}{I} \rightarrow (CH_3)_3\overset{\oplus}{N}-CH_3 + I^-$$

12.2 Aminosäuren, Aminocarbonsäuren

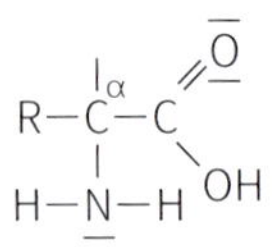

Ersetzt man bei den Carbonsäuren ein oder mehrere H-Atome der Alkyl-Gruppe durch die Amino-Gruppe $-NH_2$, erhält man **Aminosäuren**.
Bei den sogenannten α-Aminosäuren sitzt die Amino-Gruppe stets am unmittelbar zur Carboxy-Gruppe benachbarten C-Atom; nur sie sind Bausteine der Proteine. In ihnen sind die Aminosäuren unter Wasserabspaltung durch Ausbildung von Peptidbindungen miteinander zu Peptidketten verknüpft. Am Aufbau von Proteinen sind 20 verschiedene Aminosäuren beteiligt.

Säure/Base-Eigenschaften von Aminosäuren
Die ungeladene Form einer Aminosäure existiert praktisch nicht. Sowohl in festem Zustand wie auch in wässriger Lösung sind die funktionellen Gruppen der Aminosäuren geladen: Durch den gleichzeitigen Besitz einer Ammoniumgruppe ($-NH_3^+$) und einer Carboxylat-Gruppe ($-COO^-$) sind Aminosäuren Zwitterionen. Aus diesem Grund haben Aminosäuren hohe Schmelztemperaturen, oft werden sogar die Aminosäuren unter Spaltung ihrer Atombindungen vor Erreichen der Schmelztemperatur zersetzt. In Kristallen und in Lösung liegen Aminosäuren als **Zwitterionen** vor.

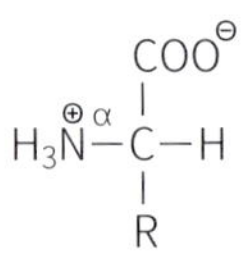
Zwitterion

Das Zwitteron kann als Säure oder als Base reagieren. Aminosäuren besitzen daher Ampholytcharakter mit Puffereigenschaften. In Abhängigkeit vom pH-Wert der Lösung entstehen Kationform und Anionform: In stark sauren Lösungen liegt praktisch nur die Kationform vor, bei hohen pH-Werten tritt nur die Anionform auf. Bei einem bestimmten pH-Wert, dem **isoelektrischen Punkt,** liegt ausschließlich das Zwitterion vor. Dieses wandert nicht im elektrischen Feld.

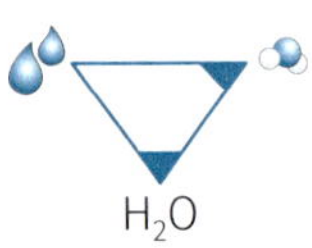

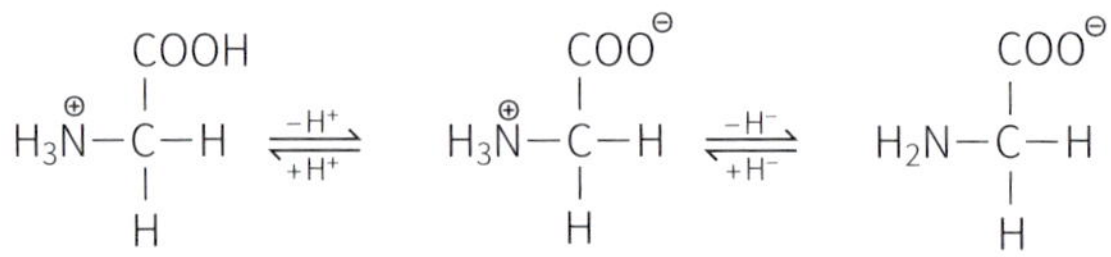

Abb. 12.5: Formen von Glycin bei unterschiedlichen pH-Werten

Isoelektrischer Punkt

Der isoelektrische Punkt ist der pH-Wert, bei dem die Aminosäure als Zwitterion vorliegt und nicht im elektrischen Feld wandert.

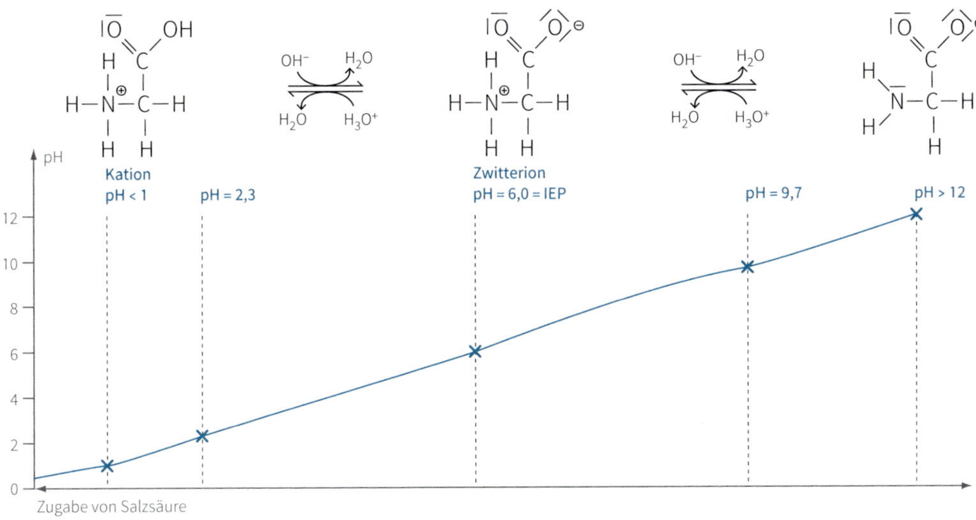

Abb. 12.6: Glycin in wässriger Lösung bei verschiedenen pH-Werten

Glycin ist die einfachste Aminosäure. Alle weiteren leiten sich von Glycin ab, indem ein H-Atom am α-C Atom durch einen Seitenkette −R ersetzt ist. Dadurch entsteht ein asymmetrisches C-Atom, alle α-Aminosäuren außer Glycin sind optisch aktiv (→ Abb. 12.7)

H_2O

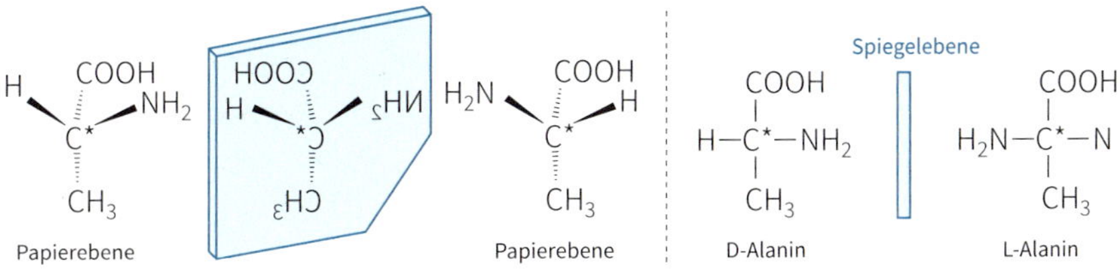

Abb. 12.7: Spiegelbild-Isomere von Alanin

Bei den sogenannten L-Aminosäuren zeigt die Aminogruppe am α-C-Atom in der FISCHER-Projektion nach links. Aminosäuren werden mit Trivialnamen bezeichnet. Dabei werden die ersten drei Buchstaben als Kürzel verwendet.

H_2O

Der organische Rest bestimmt die spezifischen Eigenschaften der Aminosäuren. Dabei lassen sie sich nach der Polarität dieses Restes in vier Gruppen einteilen.

Gruppe I: Aminosäuren mit unpolarem Rest R

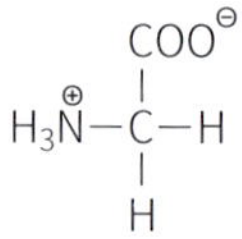

Glycin (Gly)
pH(I) = 5,97

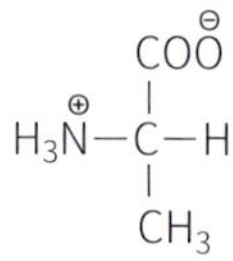

Alanin (Ala)
pH(I) = 6,02

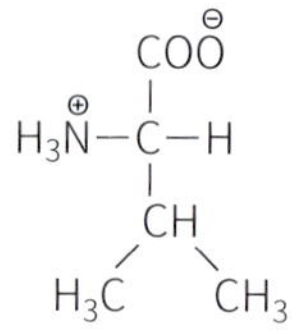

Valin (Val)*
pH(I) = 5,97

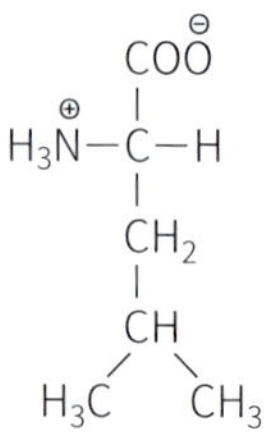

Leucin (Leu)*
pH(I) = 5,98

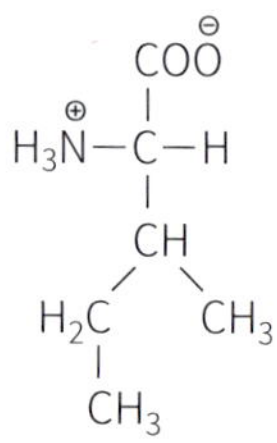

Isoleucin (Ile)*
pH(I) = 6,02

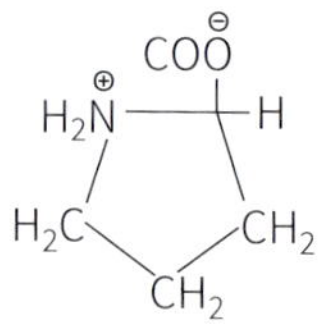

Prolin (Pro)
pH(I) = 6,3

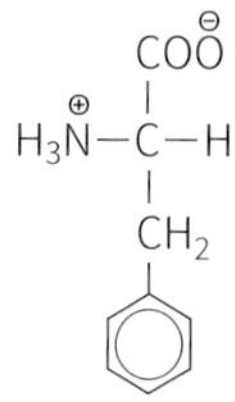

Phenylalanin (Phe)*
pH(I) = 5,48

Gruppe II: Aminosäuren mit polarem Rest R/neutrale Aminosäuren

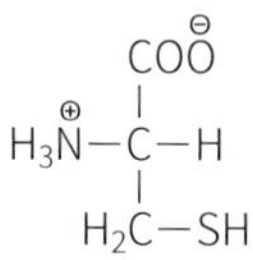

Cystein (Cys)
pH(I) = 5,02

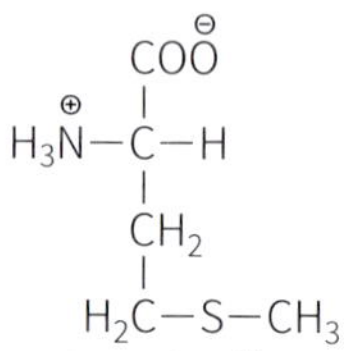

Methionin (Met)*
pH(I) = 5,06

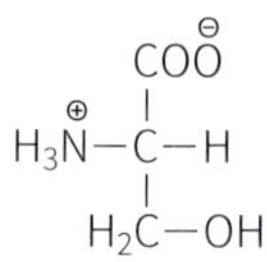

Serin (Ser)*
pH(I) = 5,68

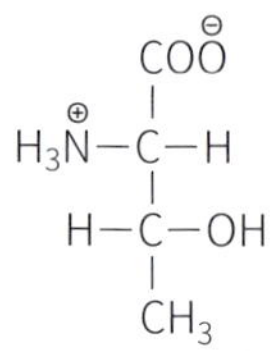

Threonin (Thr)*
pH(I) = 5,60

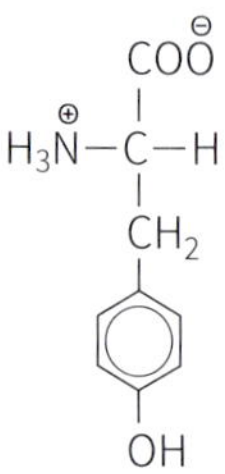

Tyrosin (Tyr)
pH(I) = 5,67

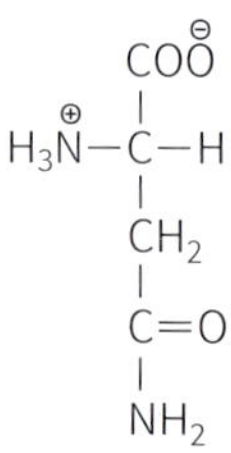

Asparagin (Asn)
pH(I) = 5,41

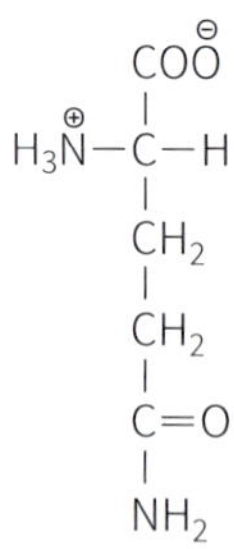

Glutamin (Gln)
pH(I) = 5,70

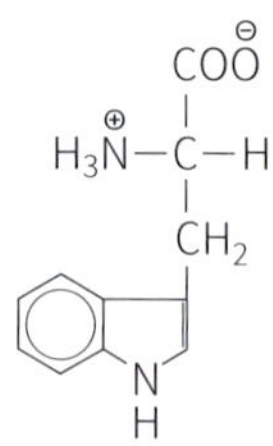

Tryptophan (Try)*
pH(I) = 5,88

Gruppe III: Aminosäuren mit polarem Rest/saure Aminosäuren

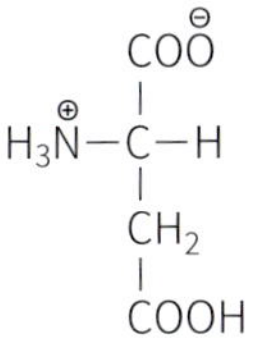

Asparaginsäure (Asp)
pH(I) = 3,0

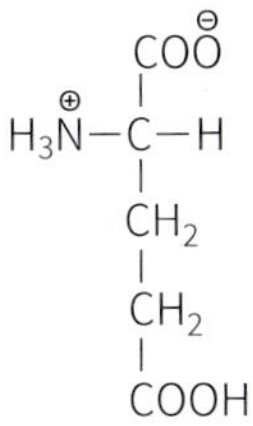

Glutaminsäure (Glu)
pH(I) = 3,2

Gruppe IV: Aminosäuren mit polarem Rest/basische Aminosäuren

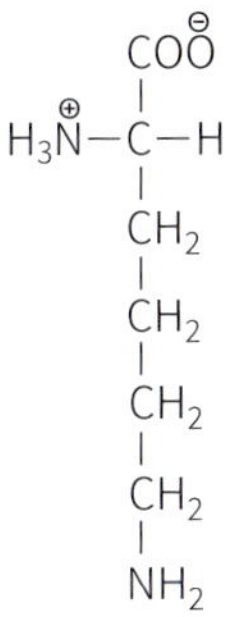

Lysin (Lys)*
pH(I) = 9,74

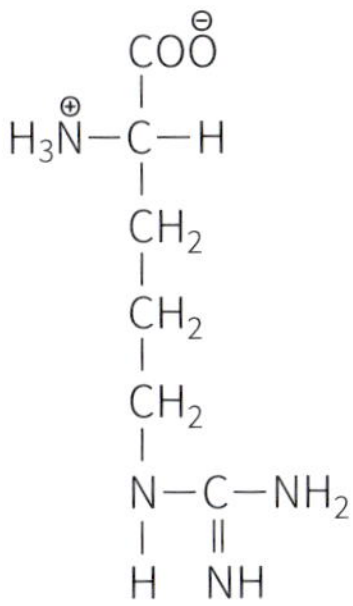

Arginin (Arg)
pH(I) = 10,76

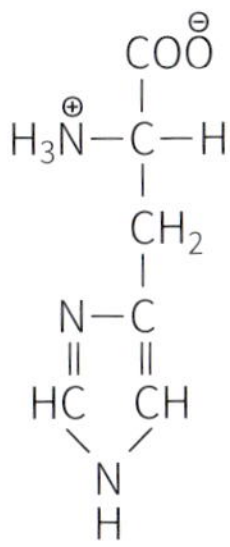

Histidin (His)
pH(I) = 7,59

Abb. 12.8: Einteilung der Aminosäuren;
pH(I)= pH am isoelektrischen Punkt; * = essentielle Aminosäuren

Zwei Aminosäuremoleküle werden untereinander über eine **Peptidbindung** zu einem Dipeptid verbunden.

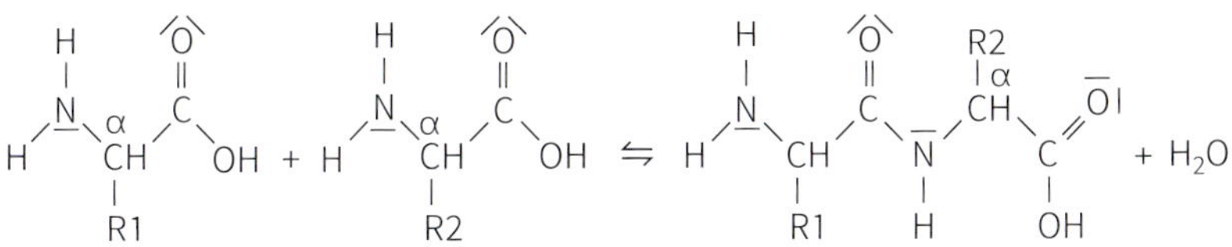

Abb. 12.9: Bildung eines Dipeptids

Formal entsteht die Peptidbindung —CO—NH durch Abspaltung eines H_2O-Moleküls aus der Carboxygruppe der ersten und der Aminogruppe der zweiten Aminosäure.

12.4 Nitroverbindungen

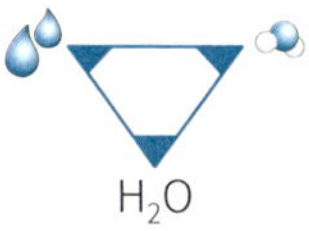

Nitroverbindungen sind Derivate aliphatischer oder aromatischer Kohlenwasserstoffe mit einer oder mehreren Nitrogruppen im Molekül. Einige der bekanntesten sind in → Tab. 12.2 aufgelistet.

	Nitrobenzol	2,4,6-Trinitrophenol	2,4,6-Trinitrotoluol	Trisalpetersäureglycerinester
Trivialname		Pikrinsäure	TNT	Nitroglycerin
Verwendung	Herstellung von Anilin	Sprengstoff	Sprengstoff	Sprengstoff
Formel		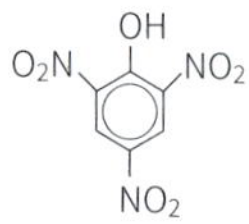	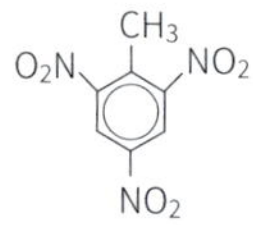	$H_2C-O-NO_2$ $HC-O-NO_2$ $H_2C-O-NO_2$

Tab. 12.2: Übersicht über einige wichtige Nitroverbindungen

Überblick

- Amine sind Substitutionsprodukte des Ammoniaks, bei dem ein oder mehrere H-Atome durch aliphatische oder aromatische Reste ersetzt sind.
- Je nach Anzahl der ersetzten H-Atome unterscheidet man zwischen primären, sekundären und tertiären Aminen.
- Amine reagieren als BRÖNSTED-Base, wobei sekundäre Amine stärkere Basen sind als primäre, Anilin ist noch schwächer.
- Die in den Proteinen vorkommenden Aminosäuren sind α-Aminosäuren, da die Aminogruppe am C-Atom direkt neben der Carboxy-Gruppe sitzt.
- Am isoelektrischen Punkt liegen Aminosäuren ausschließlich als Zwitterionen vor.
- Nitroverbindungen enthalten eine oder mehrere Nitrogruppen im Molekül, viele Nitroverbindungen dienen als Sprengstoff.

Amine		Nitroverbindungen	Aminosäuren
aliphatisch	aromatisch		
Methylamin	Anilin	Nitrobenzol	Aminoethansäure, (Glycin)
H_3C-NH_2		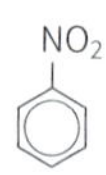	H_2N-CH_2-COOH

Tab. 12.3: Überblick über die wichtigsten N-haltigen Stoffklassen mit Beispielen

13 Naturstoffe

- Zu den Naturstoffen gehören Verbindungen wie Kohlenhydrate, Proteine und Fette.
- Kohlenhydrate sind aus Kohlenstoff-, Sauerstoff- und Wasserstoffatomen aufgebaut, deren Zahlenverhältnis in der Regel 1:2:1 beträgt.
- Makromolekulare Kohlenhydrate wie Stärke bestehen aus Tausenden von Glucosemolekülen.
- Die Bindungen zwischen den einzelnen Glucosemolekülen werden als glycosidische Bindungen bezeichnet.
- Fette sind Ester aus Glycerin (Polyalkohol) und langkettigen Carbonsäuren (Fettsäuren).
- Fette mit einem hohen Anteil an ungesättigten Fettsäuren werden als Öle bezeichnet.
- Proteine bestehen aus Aminosäuren, die durch Peptidbindung miteinander verknüpft sind.
- Die biologische Wirksamkeit ergibt sich aus Primär-, Sekundär- und Tertiärstruktur eines Proteins.
- Bei der Quartärstruktur sind zwei oder mehrere Polypeptidketten zusammengelagert.

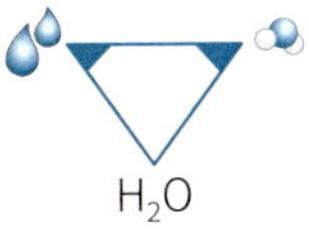

Basiskonzept: Struktur-Eigenschafts-Beziehungen

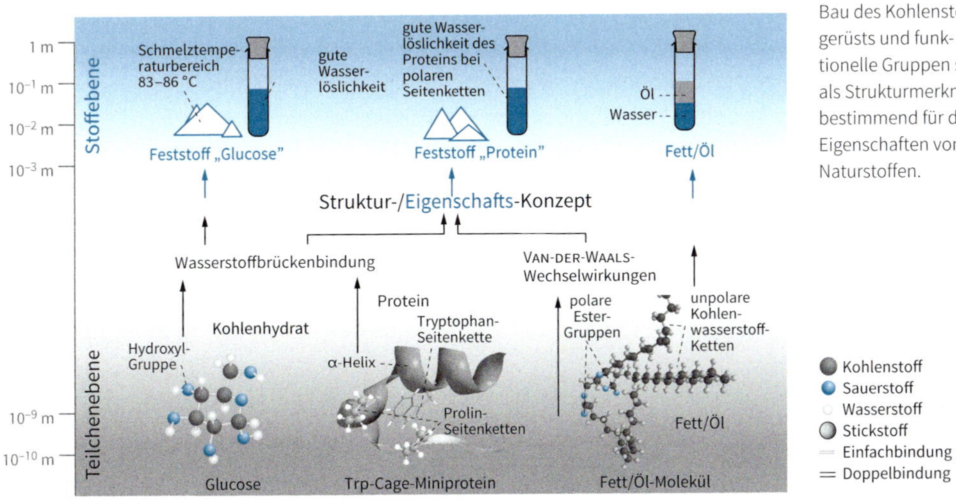

Bau des Kohlenstoffgerüsts und funktionelle Gruppen sind als Strukturmerkmale bestimmend für die Eigenschaften von Naturstoffen.

Abb. 13.1: Das Struktur-Eigenschafts-Beziehungen als Leitkonzept bei Naturstoffen

13.1 Kohlenhydrate

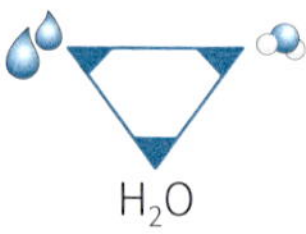

Kohlenhydrate bestehen neben Kohlenstoff aus Sauerstoff und Wasserstoff, die in der Regel im Verhältnis 1 : 2 stehen, sodass ihre allgemeine Summenformel $C_nH_{2n}O_n$ lautet. Kohlenhydrate werden in Monosaccharide, Oligosaccharide (bestehend aus zwei bis zehn Monosacchariden) und Polysaccharide (mit mehr als zehn Monosacchariden als Bausteine) eingeteilt.

Monosaccharide

Monosaccharide können formal als Oxidationsprodukte der mehrwertigen Alkohole aufgefasst werden: Oxidation an einem primären C-Atom führt zu einer **Aldose**, an einem sekundären C-Atom zu einer **Ketose** (→ Abb. 13.2). Die Einteilung der Monosaccharide erfolgt nach der Anzahl der Kohlenstoff-Atome im Molekül: **Hexosen** bestehen aus sechs C-Atomen, **Pentosen** aus fünf, Tetrosen aus vier und Triosen aus drei C-Atomen.

a) Glucose

Glucose ($C_6H_{12}O_6$, Traubenzucker) besitzt eine Aldehydgruppe und fünf Hydroxygruppen. Vier der C-Atome der Glucose sind jeweils mit vier verschiedenen Atome oder Atomgruppen verbunden (C*), man bezeichnet sie als asymmetrische C-Atome, sie stellen ein Chiralitätszentrum (→ Seite 187 f.) dar.

Kettenformel (FISCHER-Projektionsformel)

Die Struktur der Glucose lässt sich als Kette oder als Ring darstellen. In der Kettenform steht das C-Atom mit der höchsten Oxidationszahl (Carbonyl-Gruppe) oben. Ein asymmetrisches C-Atom liegt in der Zeichenebene; die mit ihm nach oben und unten verbundenen Atome liegen hinter der Zeichenebene; die nach links und rechts verbundenen Atome liegen vor der Zeichenebene.

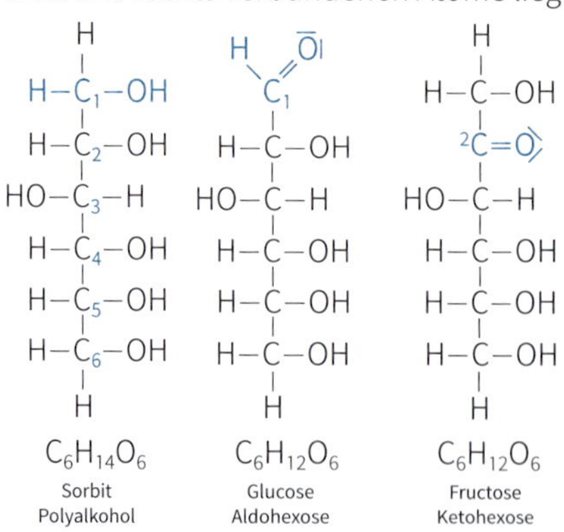

Abb. 13.2: Oxidationsprodukte von Polyalkoholen

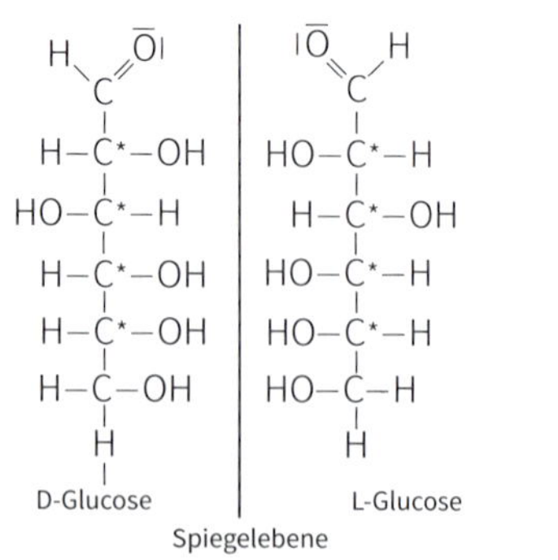

Abb. 13.3: D- und L-Glucose in der FISCHER-Projektion

Der natürlich vorkommende Zucker heißt D-Glucose: Die OH-Gruppe am asymmetrischen C-Atom, das von der Carbonyl-Gruppe am weitesten entfernt steht, zeigt in der FISCHER-Projektionsformel nach rechts. In der L-Glucose zeigt sie nach links.
D-Glucose und L-Glucose sind Spiegelbild-Isomere (**Enantiomere**): Sie verhalten sich wie Bild und Spiegelbild und können nicht durch Drehung ineinander überführt werden.
Polarisiertes Licht wird von D-Glucose um einen bestimmten Winkel gedreht. Im Polarimeter liest man einen positiven Drehwinkel ab. Man bezeichnet daher die natürlich vorkommende Glucose als D(+)-Glucose.

Ringformel (HAWORTH-Formel)

Durch Reaktion der Carbonyl-Gruppe am C-1-Atom mit der OH-Gruppe am C-5-Atom kommt es zum Ringschluss. Da das Produkt einer Reaktion zwischen einer Aldehyd-Gruppe und einer OH-Gruppe als **Halbacetal** bezeichnet wird, nennt man den entstandenen Ring Halbacetalform: Das C-1-Atom und das C-5-Atom sind über eine Sauerstoffbrücke verbunden. Da diese Struktur dem Pyran entspricht, nennt man die Ringstruktur Pyranose.
Substituenten, die in der FISCHER-Projektionsformel nach rechts zeigen, werden in der HAWORTH-Formel nach unten gezeichnet, die nach links stehenden nach oben.
Durch den Ringschluss wird das Carbonyl-C der Glucose asymmetrisch, sodass man zwei Stereoisomere unterscheiden kann: Bei der α-Glucose zeigt die halbacetalische OH-Gruppe am C-1-Atom nach unten, bei der β-Glucose zeigt sie nach oben. Die HAWORTH-Ringform gibt diese Struktur nur annähernd wieder. Tatsächlich ist der Ring sesselförmig.
In wässeriger Glucose-Lösung liegt ein chemisches Gleichgewicht zwischen der offenen Kettenform und den beiden Ringformen vor: 36 % der Glucose-

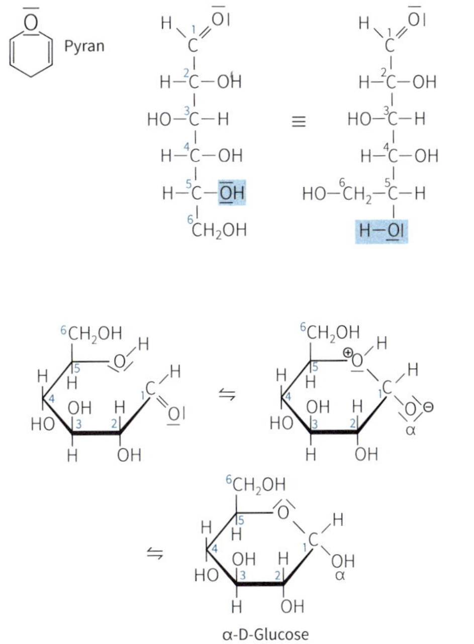

Abb. 13.4: Ringschluss bei Glucose

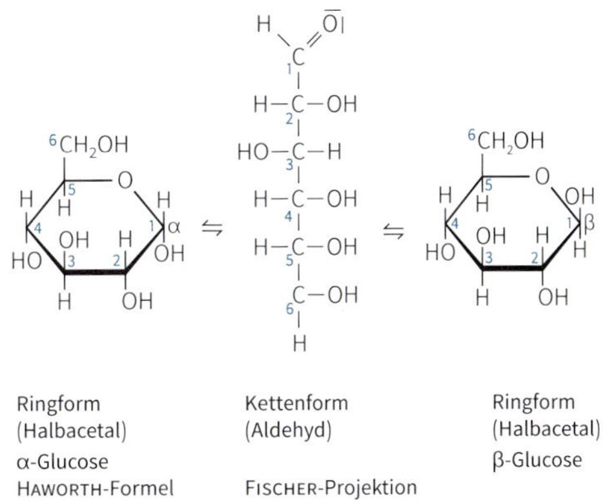

Abb. 13.5: Chemisches Gleichgewicht zwischen α-Glucose, Kettenform und β-Glucose

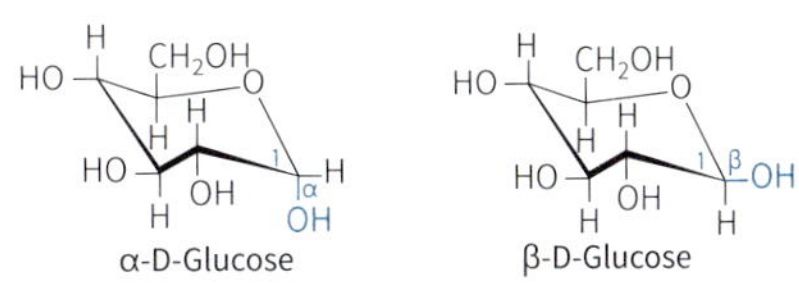

Abb. 13.6: Konformationsformeln der D-Glucose

Moleküle liegen als α-Glucose, 64 % als β-Glucose und weniger als 0,1 % der Moleküle liegen als offene Kette vor.

Mutarotation

Löst man reine α-Glucose oder reine β-Glucose in Wasser, stellt sich ein Gleichgewicht zwischen den beiden Formen und der Kettenform ein. Dadurch ändert sich auch der Drehwinkel der Lösung. Diese Erscheinung bezeichnet man als **Mutarotation**.

Nachweisreaktionen

Die Aldehyd-Gruppe lässt sich mithilfe der FEHLING-Probe (Cu^{2+}-Ionen werden zu Cu_2O reduziert) und der TOLLENS-Probe (Ag^+ wird zu Ag reduziert) nachweisen (→ Seite 181). Glucose ist daher ein reduzierender Zucker.
Da der Aldehydnachweis nicht spezifisch für Glucose ist, wird in der Medizin Glucose enzymatisch durch den Glucose-Oxidase-Test (GOD-Test) nachgewiesen.

b) Fructose

Furan

H_2O

Fructose (Fruchtzucker) ist zu Glucose isomer und wird in der FISCHER-Projektion als 2-Ketohexose dargestellt. Kristalline Fructose liegt als Pyranose (Sechsring) vor; als Baustein der Saccharose (Rohrzucker) liegt sie als Fünfring vor, der nach dem Furan-Molekül als Furanose bezeichnet wird.
Der Ringschluss in der Pyranoseform erfolgt über die Keto-Gruppe am C-2-Atom und die OH-Gruppe am C-6-Atom. Bei der Furanoseform schließt sich der Ring über die OH-Gruppe des C-5-Atoms.
Obwohl Fructose eine Ketose ist, fällt der Nachweis mit FEHLING dennoch positiv aus. Dies beruht auf der Umlagerung von Fructose in Glucose in wässriger alkalischer Lösung.

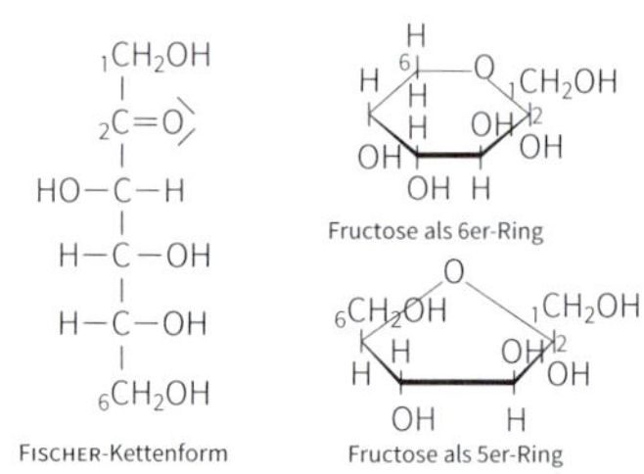

Abb. 13.7: Fructose

c) Ribose und Desoxyribose

Ribose und Desoxyribose sind Aldopentosen. Sie kommen in den Nukleinsäuren (DNA, RNA) vor und liegen dort in der Furanoseform vor. Desoxyribose ist gegenüber Ribose am C-2-Atom reduziert.

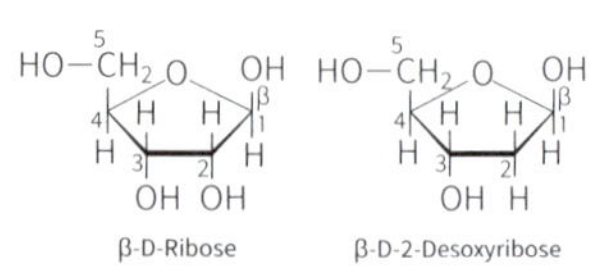

Abb. 13.8: Aldopentosen

Disaccharide

Disaccharid	Monomere Hexosen	Verknüpfungsart	Reduktions-vermögen	Strukturformel
Maltose (Malzzucker)	α-Glucose α-Glucose	α-(1,4)-glykosidisch	ja	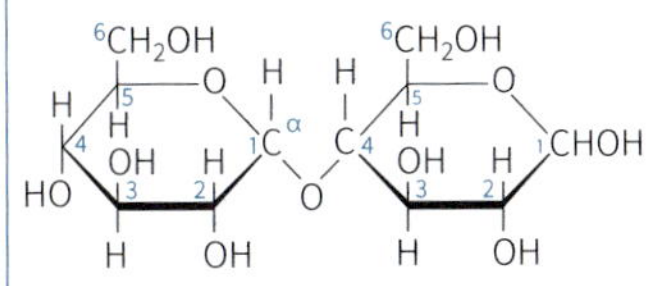
Cellobiose	β-Glucose β-Glucose	β-(1,4)-glykosidisch	ja	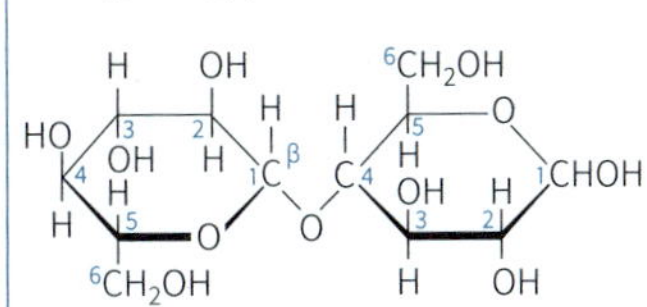
Lactose (Milch-zucker)	β-Galactose β-Glucose	β-(1,4)-glykosidisch	ja	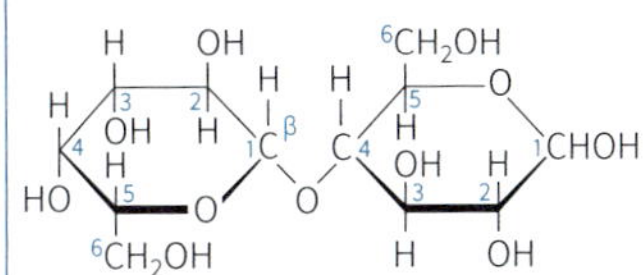
Saccharose (Rohrzucker, Rübenzu-cker)	α-Glucose β-Fructose	α, β-(1,2)-glykosidisch	nein	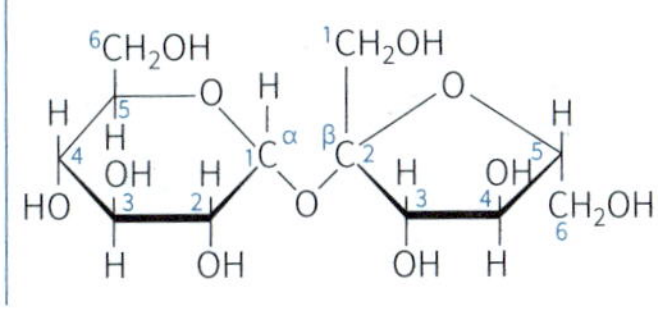

Tab. 13.1: Übersicht über einige wichtige Disaccharide

Disaccharide gehören zu den **Oligosacchariden** und sind durch Zusammenschluss von zwei Monosacchariden entstanden. Dabei reagiert eine halbacetalische OH-Gruppe mit einer alkoholischen OH-Gruppe unter Wasserabspaltung. Es entstehen Acetale, die in der Chemie der Kohlenhydrate als Glykoside bezeichnet werden.

Bei der Verknüpfung zweier Glucose-Moleküle reagiert die OH-Gruppe am C-1-Atom (halbacetalisch) z. B. mit der OH-Gruppe des C-4-Atoms eines zweiten Glucose-Moleküls. Die Bindung bezeichnet man als **glykosidische Bindung.** Steht die halbacetalische OH-Gruppe in α-Stellung, so handelt es sich um eine α-(1,4)-glykosidische Bindung.

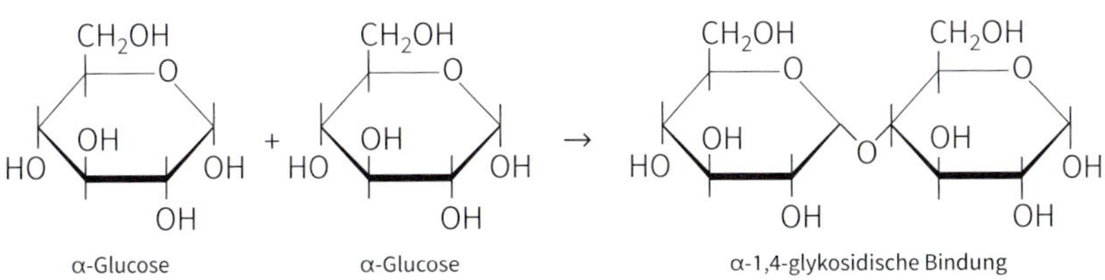

Abb. 13.9: Knüpfung einer 1,4-glykosidischen Verbindung

Liegt bei der Verknüpfung der zweite Ring als Halbacetal vor, das sich zur Kette mit der Aldehyd-Gruppe öffnen kann, so wirkt der Zucker daher reduzierend. Reduzierend wirken Disaccharide mit 1,4- und 1,6-glykosidischer Verknüpfung. Sind dagegen die beiden Zuckermoleküle über ihre halbacetalischen OH-Gruppen verknüpft, kann sich der zweite Ring nicht mehr zur Kette öffnen, das Disaccharid ist nicht reduzierend. Dies ist der Fall bei 1,1- bzw. 1,2-glykosidischen Verknüpfungen.

Bedeutung einiger Disaccharide

- **Maltose** (Malzzucker): bildet sich bei der Keimung von Getreidekörnern, z. B. Gerstenkeimen. Sie wird als Ausgangsstoff für die Bierbereitung gewonnen.
- **Saccharose** (Rohrzucker): kommt im Zuckerrohr und in Zuckerrüben vor. Sie dient als alltäglich verwendeter Zucker im Haushalt.
- **Lactose** (Milchzucker): enthalten in Milch und Milchprodukten. Personen mit Lactoseintoleranz können aufgrund eines Enzymmangels Lactose nicht in die Bausteine spalten.

Wissen

- Monosaccharide können Aldosen oder Ketosen sein, je nach Stellung des doppelt gebundenen Sauerstoffs in der Kettenformel.
- Je nach Anzahl der C-Atome unterscheidet man Triosen, Tetrosen, Pentosen und Hexosen.
- Monosaccharide können durch Halbacetalbildung Ringe bilden, die sich aber wieder zur Kette öffnen können.
- bei α-Monosacchariden zeigt die halbacetalische OH-Gruppe im Ring am C-1-Atom nach unten, bei der β-Form nach oben.
- Monosaccharide lassen sich durch FEHLING-Reagenz oder die Silberspiegelprobe nachweisen.
- Disaccharide entstehen durch Zusammenschluss zweier Monosaccharide unter Wasserabspaltung, die Bindung wird als glykosidisch bezeichnet.
- Disaccharide wirken reduzierend, wenn die halbacetalische OH-Gruppe am zweiten Ring nicht an der Bindung beteiligt ist.

Polysaccharide

Polysaccharide entstehen durch die Zusammenlagerung vieler Monomere, meist von Glucosemolekülen.

vgl. Redoxreaktionen in der Analytik, Idometrie

a) Stärke

Stärke wird in grünen Pflanzen bei der Fotosynthese als Speicherform von Glucose gebildet. Sie besteht zu 20 % aus **Amylose** und zu 80 % aus Amylopektin. Amylose ist in heißem Wasser löslich, **Amylopektin** ist wasserunlöslich. Bei der Amylose sind bis zu 10 000 α-Glucose-Einheiten α-(1,4)-glykosidisch miteinander verknüpft. Die entstehende Kette besitzt eine schraubenförmige Struktur, die durch Wasserstoffbrückenbindungen stabilisiert wird. Iod-Moleküle können sich in diese Wendeln einlagern; es entsteht eine intensive Blaufärbung.

Amylopektin besteht aus bis zu einer Million α-Glucose-Einheiten, die wie in der Amylose α-(1,4)-glykosidisch verknüpft sind. Zusätzlich ist etwa jede 25. Glucose-Einheit α-(1,6)-glykosidisch verknüpft, was zu Verzweigungen der Kette führt. Die menschliche und tierische Speicherform von Glucose heißt **Glykogen**. Dieses ist dem Amylopektin ähnlich, jedoch noch stärker verzweigt und weist meist eine längere Kette auf.

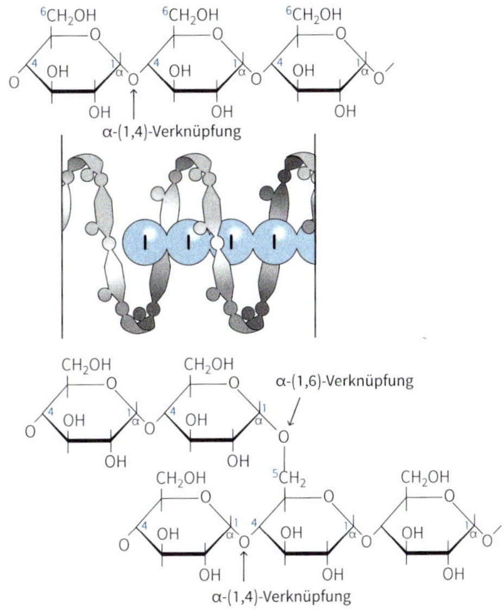

Abb. 13.10: oben: Amylose; Mitte: Spiralstruktur mit Iod-Molekülen, unten: Amylopektin

b) Cellulose (Zellstoff)

Cellulose ist als Bestandteil der pflanzlichen Zellwand weit verbreitet, es ist der Hauptbestandteil von Holz. Mehrere Tausend β-Glucose-Einheiten sind β-(1,4)-glykosidisch miteinander verknüpft, dadurch entstehen riesige Kettenmoleküle, die besonders gut zur Faserbildung geeignet sind.

In den Zellwänden liegt Cellulose in Form von Molekülaggregaten (Mikrofibrillen) vor, dabei sind 60 bis 70 Cellulosemoleküle parallel angeordnet und durch Wasserstoffbrückenbindung stabilisiert.

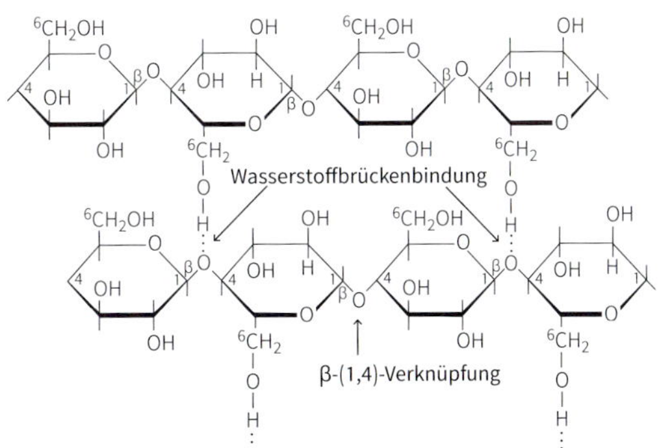

Abb. 13.11: Ausschnitt aus einem Cellulose-Molekül

13.2 Fette

Als **Fette** bezeichnet man Ester aus Fettsäuren (langkettigen Carbonsäuren, → Tab. 13.2) und Glycerin (Propan-1,2,3-triol). Da alle drei OH-Gruppen des Glycerins verestert sind, spricht man auch von Triglyceriden. Natürlich vorkommende Fette sind keine Reinstoffe, sondern ein Gemisch verschiedener Triglyceride.

- **Gesättigte Fettsäuren:**
  Fettsäuren, die nur C—C-Einfachbindungen enthalten
- **Ungesättigte Fettsäuren:**
  Fettsäuren, die C=C-Doppelbindungen enthalten

Je höher der Anteil ungesättigter Fettsäuren im Fett ist, desto niedriger ist die Schmelztemperatur. Da ungesättigte Fettsäuren stets eine cis-Konfiguration an den C=C-Doppelbindungen besitzen, weisen sie daher an dieser Stelle einen Knick im Molekül auf, der zu einer sperrigen räumlichen Anordnung im Fett-Molekül sorgt und das Auskristallisieren erschwert.
Addiert man Wasserstoff an die Doppelbindungen der ungesättigten Fettsäuren, werden aus Ölen feste Fette wie Margarine, man spricht von Fetthärtung.

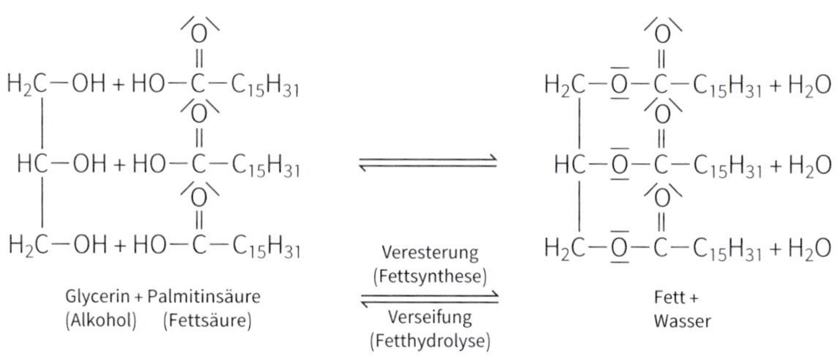

Abb. 13.12: Synthese eines Fettes

IUPAC-Namen	Trivialnamen	Formel
Hexadecansäure	Palmitinsäure	$C_{15}H_{31}COOH$ (gesättigt)
Octadecansäure	Stearinsäure	$C_{17}H_{35}COOH$ (gesättigt)
Octadeca-9-ensäure	Ölsäure	$C_{17}H_{33}COOH$ (ungesättigt)
Octadeca-9,12-diensäure	Linolsäure	$C_{17}H_{31}COOH$ (zweifach ungesättigt)

Tab. 13.2: Übersicht über wichtige Fettsäuren

Natürliche Fette besitzen meist Fettsäurereste mit einer geraden Anzahl von C-Atomen.

Eigenschaften von Fetten

Fette sind trotz dreier polarer Estergruppen hydrophob, da die unpolaren Alkylreste der Fettsäuren überwiegen.
Sie haben einen Schmelzbereich, der um so niedriger liegt, je höher der Anteil an ungesättigten Fettsäuren ist.

Verseifung

Erhitzt man Fette mit Natronlauge oder Kalilauge, so entstehen Glycerin und die Natrium- bzw. Kaliumsalze der Fettsäuren (Natronseifen = Kernseifen, Kaliseifen = Schmierseifen). Die Verseifung ist keine Gleichgewichtsreaktion, da der dritte Schritt nicht umkehrbar ist.

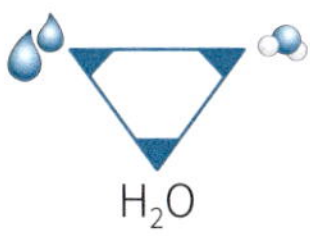

Der erste Schritt ist eine Additionsreaktion durch OH-Ionen am positivierten C-Atom der Estergruppe.

Durch Eliminierung eines Alkoholat-Ions im zweiten Schritt erfolgt die Stabilisierung des Anions.

Der dritte Schritt stellt eine Säure-Base-Reaktion dar, wobei das Alkoholation als starke BRÖNSTED-Base wirkt.

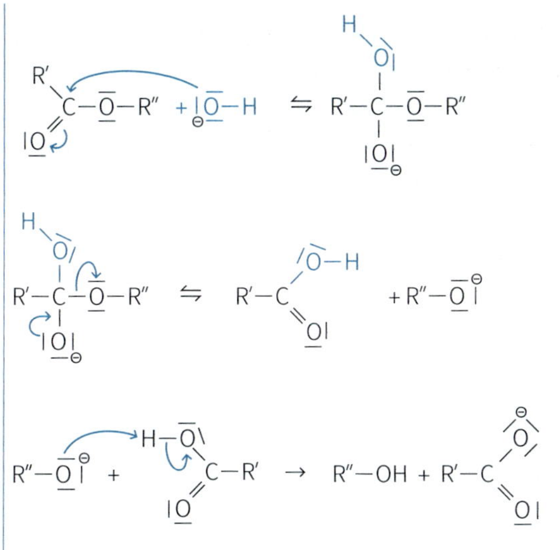

Abb. 13.13: Verseifung

Die Fettsäureanionen sind für die Eigenschaften der Seifen verantwortlich. Sie besitzen einen langhaltigen unpolaren Alkylrest, dieser ist hydrophob. Die Carboxylatgruppe ist dagegen hydrophil. Dadurch setzen die Seifen die Oberflächenspannung herab und sind dadurch grenzflächenaktiv.

13.3 Proteine

Proteine (Eiweißstoffe) sind aus den 20 natürlich vorkommenden α-Aminosäuren aufgebaut (→ Seite 198 f.), die über Peptidbindungen miteinander verknüpft sind. Sind 10 bis 100 Aminosäuren miteinander verknüpft, spricht man von **Polypeptiden**, bei weniger als zehn von **Oligopeptiden** und bei mehr als 100 von Proteinen.

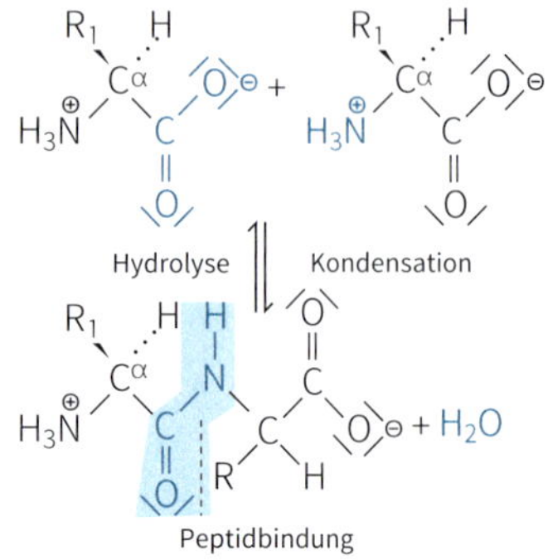

Abb. 13.14: Bildung eines Dipeptids

Von den 20 Aminosäuren sind acht sogenannte **essenzielle Aminosäuren**, sie können im menschlichen Organismus nicht synthetisiert werden und müssen daher mit der Nahrung aufgenommen werden. Aminosäuren haben Trivialnamen, von denen meist die ersten drei Buchstaben als Abkürzung verwendet werden.

Neutrale Aminosäuren reagieren neutral in wässeriger Lösung; saure Aminosäuren reagieren sauer, da sie noch eine Carboxy-Gruppe in der Seitenkette besitzen; basische Aminosäuren reagieren alkalisch, da sie noch eine Amino-Gruppe in der Seitenkette besitzen.

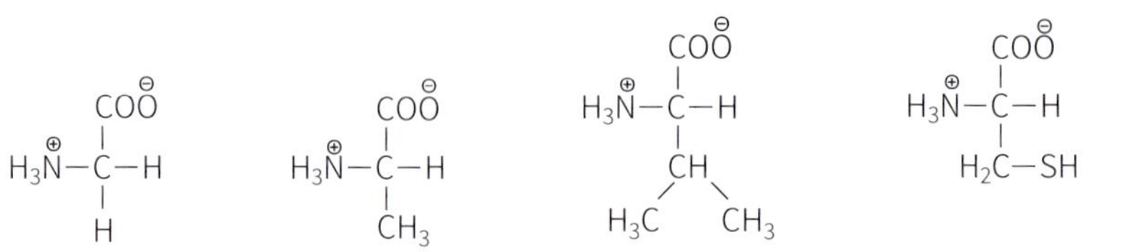

Glycin (Gly) pH(I) = 5,97 · Alanin (Ala) pH(I) = 6,02 · Valin (Val)* pH(I) = 5,97 · Cystein (Cys) pH(I) = 5,02

Abb. 13.15: Neutrale Aminosäuren (* essenziell)

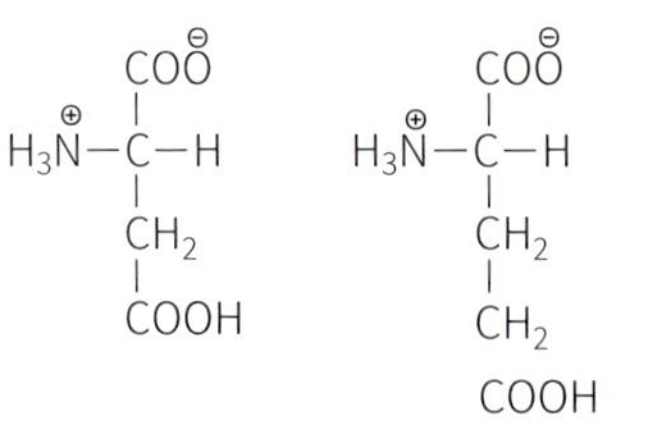

Asparaginsäure (Asp) pH(I) = 3,0 · Glutaminsäure (Glu) pH(I) = 3,2

Abb. 13.16: Saure Aminosäuren

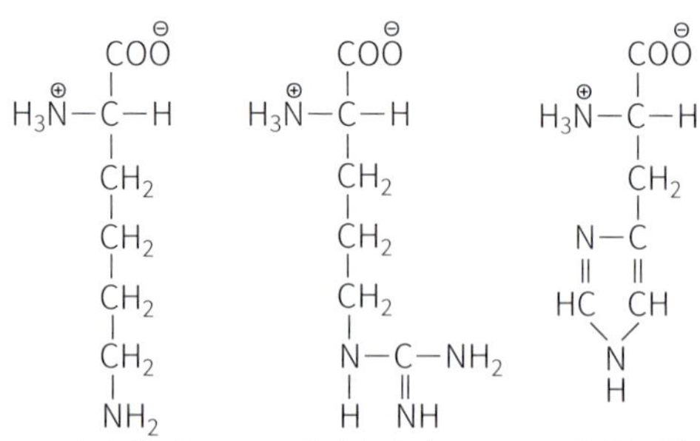

Lysin (Lys)* pH(I) = 9,74 · Arginin (Arg) pH(I) = 10,76 · Histidin (His) pH(I) = 7,59

Abb. 13.17: Basische Aminosäuren (* essenziell)

Struktur der Proteine

Proteine bestehen aus 20 unterschiedlichen α-Aminosäuren, die durch Peptidbindung miteinander verknüpft sind.

Proteine kommen im Organismus als Baustoffe (Kollagen), Antikörper, Hormone und Enzyme vor. Die biologische Funktion eines Proteins hängt von seiner räumlicher Struktur ab:

a) **Primärstruktur:** Reihenfolge der Aminosäuren im Protein (Aminosäuresequenz)

b) **Sekundärstruktur:** Die regelmäßige räumliche Anordnung von Peptidketten, die durch Wasserstoffbrückenbindung innerhalb einer oder zwischen mehreren Ketten zustandekommt. Zu den wichtigsten Sekundärstrukturen zählen α-Helix- und Faltblattstruktur.

c) **Tertiärstruktur:** Proteine bilden bei gleicher Primärstruktur immer die gleiche charakteristische dreidimensionale Teilchengestalt aus. Diese wird durch VAN-DER-WAALS-Bindungen, Wasserstoffbrückenbindungen, Ionenbindungen und Disulfidbindungen stabilisiert.

d) **Quartärstruktur:** Zwei oder mehrere Polypeptidketten lagern sich zu einem funktionsfähigen Protein zusammen.

Denaturierung

Unter **Denaturierung** versteht man die irreversible Zerstörung der Tertiär- und Quartärstruktur der Proteine. Sie ist möglich durch Hitze, energiereiche Strahlung, Säuren, Laugen, Schwermetall-Ionen und Reduktionsmittel. Die biologische Funktionsfähigkeit der Proteine geht dabei meist verloren.

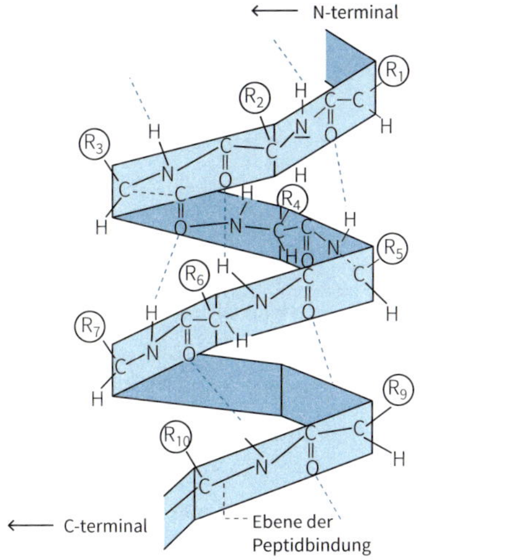

Abb. 13.18: α-Helix

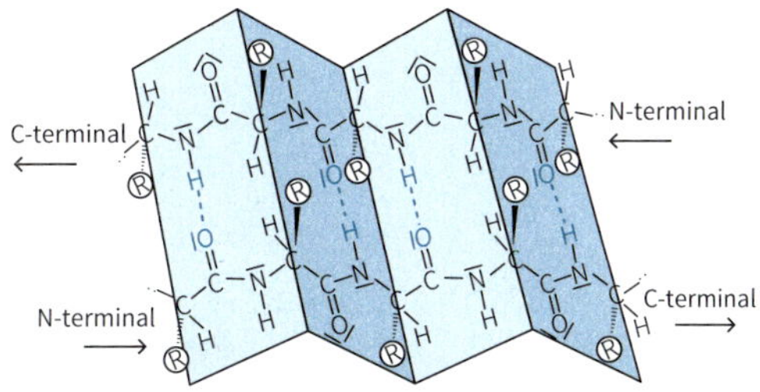

Abb. 13.19: Faltblattstruktur

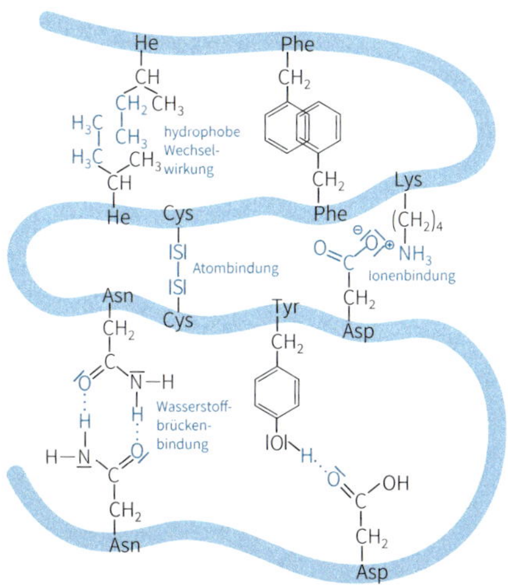

Abb. 13.20: Stabilisierende Bindungen innerhalb der Tertiärstruktur

Bedeutung der Proteine

Proteine haben den größten Anteil der organischen Verbindungen in den Zellen. Sie spielen eine bedeutende Rolle als Biokatalysatoren, wo sie als Enzyme Stoffwechselreaktionen im Körper beschleunigen.
Fadenförmige Proteine haben Gerüst- und Strukturfunktion: Kollagen und Elastin im Bindegewebe von Tieren, Keratine bilden Haare, Horn und Federn. Speicherproteine: Ovalbumin im Hühnereiweiß, Casein in der Milch von Säugetieren. Kontraktile Proteine wie Aktin und Myosin sind wichtig für die Bewegung von Muskelzellen. Transportproteine: Globin als Bestandteil des Hämoglobins zum Sauerstofftransport bei Wirbeltieren, Membranproteine zum Transport von Stoffen durch Membranen. Rezeptorproteine: In Membranen von Nervenzellen zur Aufnahme und Weitergabe chemischer Signale, in der Membran von Zellen des Immunsystems zur Erkennung von fremden Antigenen.

Überblick

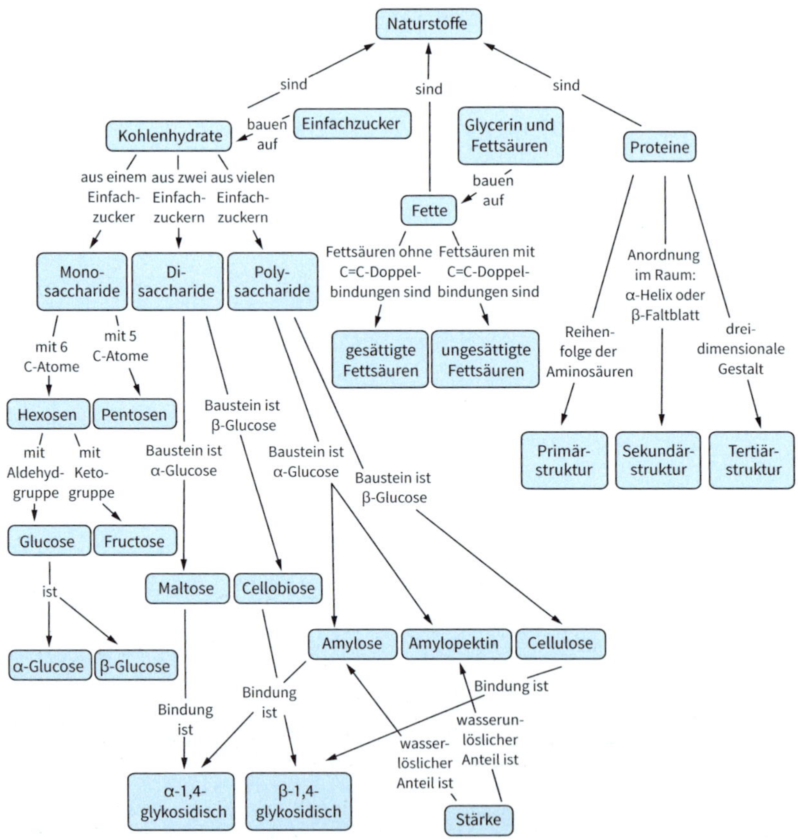

Farbstoffe

14

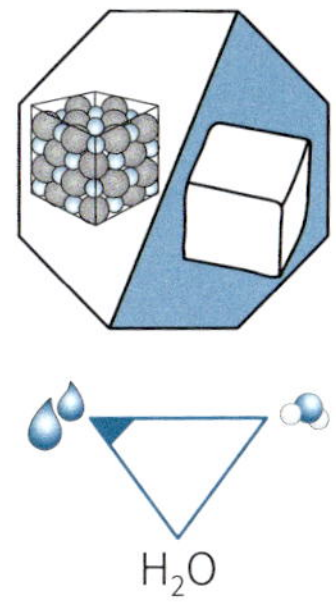

„Farbigkeit" ist die hervorstechende Eigenschaft von Farbstoffen. Verantwortlich für diese Stoffeigenschaft sind auf der Teilchenebene Chromophore. Dies sind besondere Atomgruppen in Farbstoffmolekülen, die ein „π-Elektronensystem" besitzen, das bestimmte Wellenlängen des Lichts absorbiert.
Dabei ist es für den Farbton der Verbindung ausschlaggebend, wie groß das π-Elektronensystem ist und welche funktionellen Gruppen noch mit dem π-Elektronensystem in Wechselwirkung treten. Daher ist das Struktur-Eigenschafts-Konzept bei Farbstoffen dominierend.
Durch geschickte chemische Manipulationen an Farbstoffmolekülen können „maßgeschneiderte Farben" erzeugt werden.

Basiskonzept: Struktur-Eigenschafts-Beziehungen

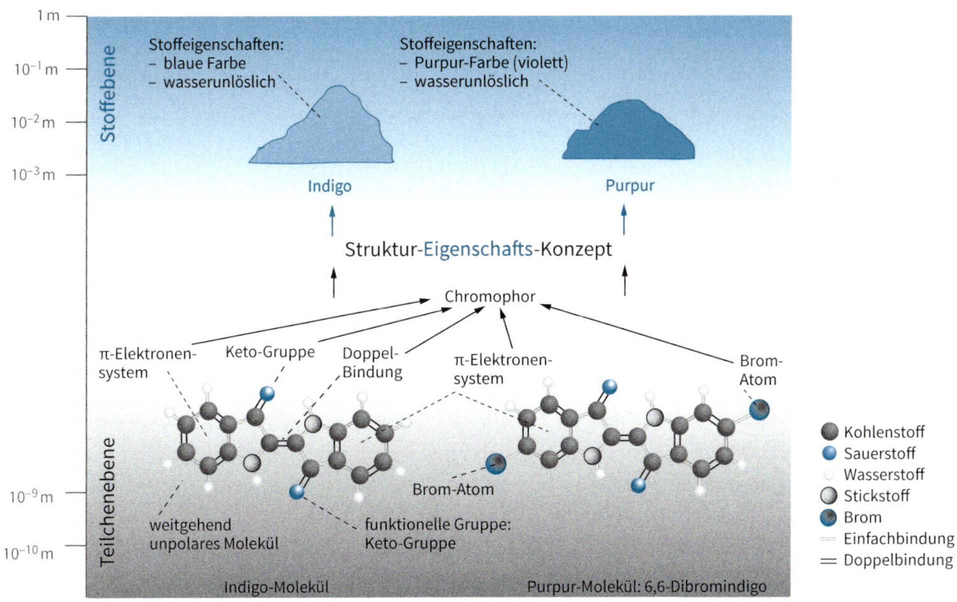

Abb. 14.1: Struktur-Eigenschaftsbeziehungen bei Farbstoffen am Beispiel von Indigo und Purpur. Beim Purpur-Molekül sind die beiden substituierten Brom-Atome für die violette Farbe des Stoffes verantwortlich.

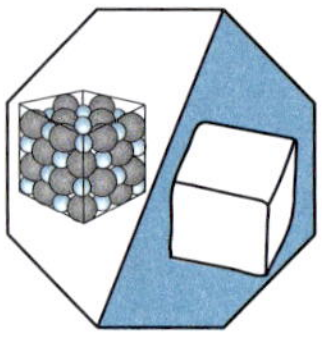

14.1 Struktur-Eigenschafts-Beziehungen bei organischen Farbstoffen

Stoffe erscheinen als weiß, wenn sie keine Wellenlängen des sichtbaren Lichts aufnehmen.

Stoffe erscheinen als schwarz, wenn sie sämtliche Wellenlängen des sichtbaren Lichts absorbieren.

Chemische Verbindungen sind farbig, wenn sie elektromagnetische Strahlung im Wellenlängenbereich des sichtbaren Lichtes zwischen 380 nm und 780 nm **absorbieren** (→ Abb. 14.2). Für das Auge bleiben nur die Wellenlängen sichtbar, die nicht absorbiert werden. Diese erzeugen ein Restlicht, das im Auge durch additive Farbmischung zu einer Farbe komponiert wird, die als **Komplementärfarbe** bezeichnet wird (→ Abb. 14.2 und Abb. 14.3).

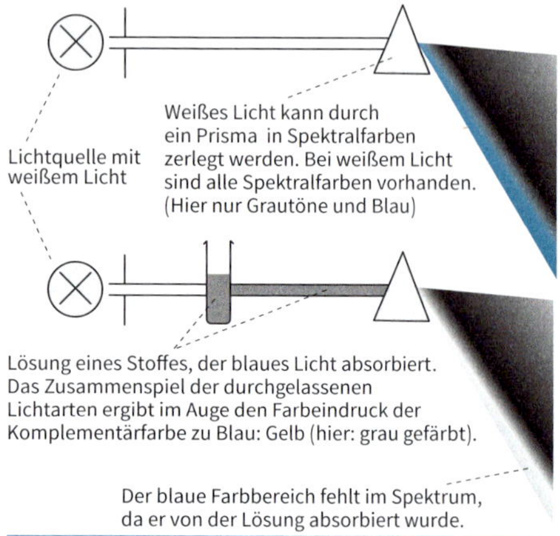

Abb. 14.2: Lichtabsorption und Komplementärfarbe

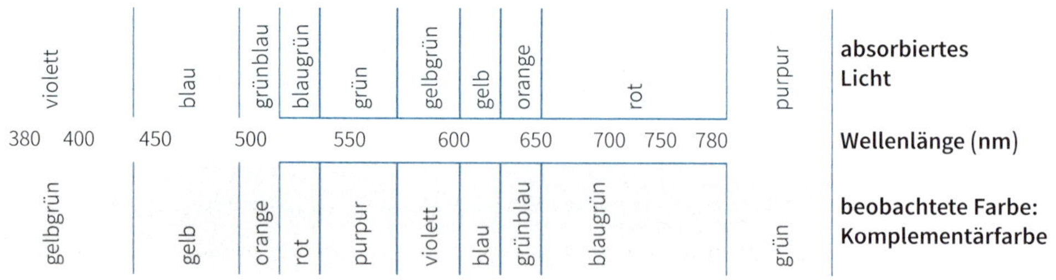

Abb. 14.3: Lichtabsorption und beobachtete Farbe

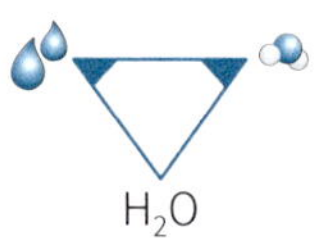

Als **Emission** von Strahlung wird das Licht einer Flamme oder eines glühenden Körpers bezeichnet. Glühende Körper senden Licht aller Wellenlängen aus. Die gelbe Flammenfärbung der Verbindungen des Natriums beruht auf dem Linienspektrum von verdampftem Natrium. Auf der Teilchenebene werden die Elektronen der Natrium-Atome durch Aufnahme von Wärmeenergie auf ein höheres Energieniveau gehoben, wobei sie bei der Rückkehr in den Grundzustand gelbes Licht der Wellenlänge 589 nm aussenden.

Merke

Sowohl durch Absorption von Licht als auch durch Emission von Licht, d. h. von Strahlungsenergie im sichtbaren Wellenlängenbereich, können Farben entstehen.

14.2 Struktur-Eigenschafts-Beziehungen bei organischen Stoffen

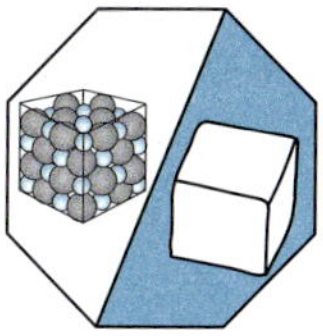

Chromophore bestehen aus Atomgruppen mit konjugierten und/oder aromatischen π-Elektronensystemen, die Wellenlängen des sichtbaren Lichts absorbieren und somit für die Farbigkeit von Verbindungen verantwortlich sind. Dabei können funktionelle Gruppen einen erheblichen Einfluss auf die Farbe der Verbindungen ausüben.

Funktionelle Gruppen mit Mehrfachbindungen, wie beispielsweise die

- C=C-Doppelbindung >C=C<
- die Carbonyl-Gruppe >C=O
- Azomethin-Gruppe >C=N−
- Thiocarbonyl-Gruppe >C=S
- Nitroso-Gruppe −N=O und
- Azo-Gruppe −N=N−

sind im Allgemeinen die Ursache für die Lichtabsorption organischer Farbstoff-Moleküle.

Bilden diese Atomgruppen konjugierte und/oder aromatische **π-Elektronensysteme**, so verschieben sich die Absorptionsbanden in der Regel aus dem kurzwelligen UV-Bereich in den sichtbaren Bereich des Spektrums. Diese Gruppen in Verbindung mit π-Elektronensystemen sind somit für die Farbigkeit einer Verbindung verantwortlich und werden als **Chromophore** bezeichnet.

Polyene

Polyene sind Kohlenwasserstoffe, deren Moleküle zwei oder mehr, meist **konjugierte C=C-Doppelbindungen** enthalten. Vergleicht man verschiedene Polyene (→ Abb. 14.4), so zeigt sich, dass die Ausdehnung des konjugierten π-Elektronensystems einen Einfluss auf die Farbe organischer Verbindungen hat.

Cyanine

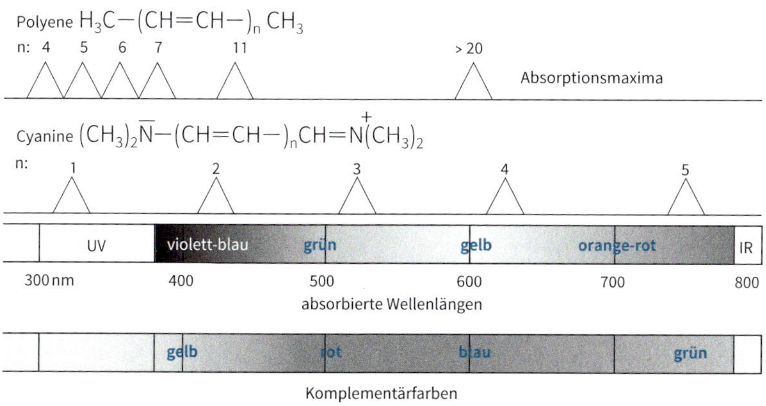

Abb. 14.4: Absorption und Farbe bei Polyenen und Cyaninen.
Cyanine sind Polyene mit Azomethin-Gruppen ($R^1R^2C=N-R^3$).

Carotine

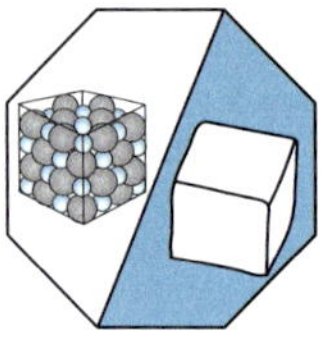

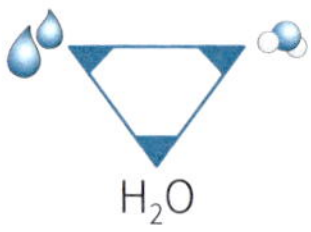

Je größer das konjugierte π-Elektronensystem bei Polyenen ist, desto größer ist die Wellenlänge des absorbierten Lichts. So absorbiert ein Polyen mit sechs konjugierten Doppelbindungen noch deutlich im UV-Bereich, während β-Carotin (Farbstoff in Karotten) mit elf konjugierten C=C-Doppelbindungen sein Absorptionsmaximum bei ca. 450 nm, also im Blaubereich, hat.

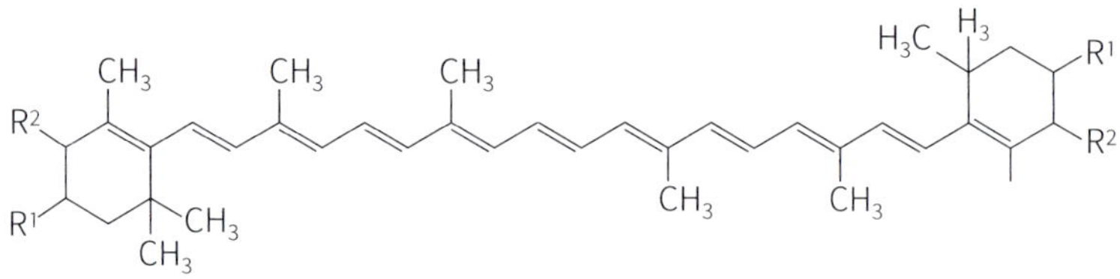

R¹: —H; R²: —H β-Carotin
R¹: —OH; R²: —H Lutein
R¹: —OH; R²: =O Astaxanthin

Abb. 14.5: Carotine als natürliche Farbstoffe in Pflanzen mit konjugierten Doppelbindungen (β-Carotin: orangerot; Lutein: gelb; Astaxanthin (Pigment des Hummerpanzers): blau)

Mesomere Wechselwirkungen

Auxochrome
Antiauxochrome

Funktionelle Gruppen können die Absorption durch mesomere Wechselwirkungen mit dem Chromophor in den längerwelligen Bereich des sichtbaren Lichts verschieben. Die Verschiebung des Absorptionsmaximums zu größeren Wellenlängen wird als **bathochromer Effekt** bezeichnet. Die Verschiebung kann durch einen +M-Effekt oder durch einen –M-Effekt der funktionellen Gruppe verursacht werden (→ Seite 165). Funktionelle Gruppen, die einen +M-Effekt bewirken (**Elektronendonatoren**), werden als **Auxochrome** bezeichnet. Dazu gehören $-NR_2$, $-NH_2$, $-OR$ und $-OH$.

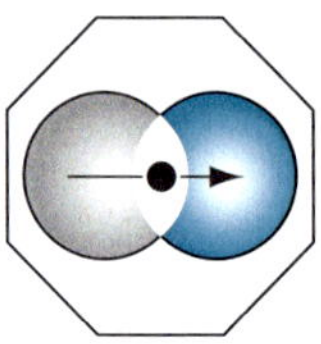

Einen –M-Effekt erzeugen **Antiauxochrome** (**Elektronenakzeptoren**), zu denen z. B. $-CHO$, $-NO_2$ und $-SO_3H$ gehören.

Wenn sich Auxochrome und Antiauxochrome an den entgegengesetzten Enden eines Chromophors befinden, tritt die stärkste bathochrome Verschiebung auf. Ein Beispiel hierfür ist ein Cyanin (→ Abb. 14.4), das nur zwei konjugierte C=C-Doppelbindungen, aber eine Elektronen liefernde Dimethylamino-Gruppe und eine Elektronen anziehende Dimethylimmonium-Gruppe besitzt. Dieses Cyanin absorbiert im sichtbaren violetten Bereich, es ist daher gelb. Ein vergleichbares Cyanin mit sechs Doppelbindungen absorbiert schon im nicht mehr sichtbaren Infrarot-Bereich.

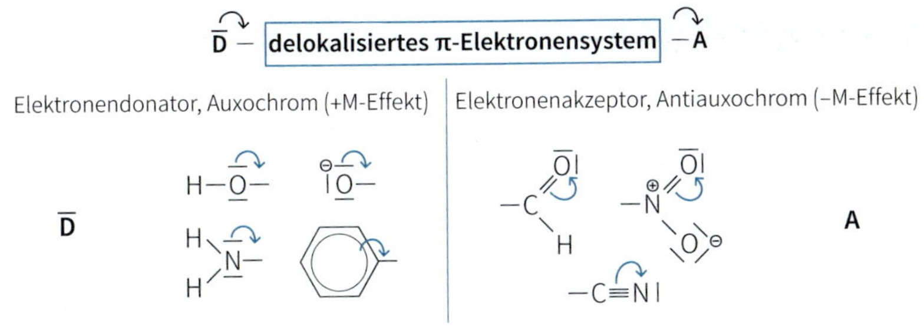

Abb. 14.6: Strukturprinzipien organischer Farbstoffe

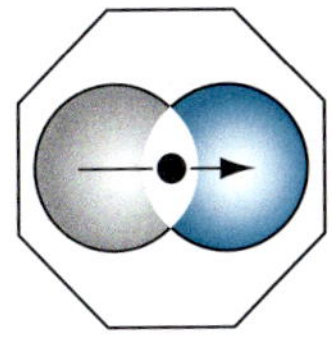

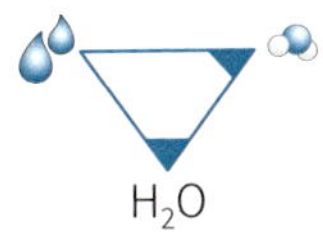

Mesomerie-Modell

Mithilfe von Grenzformeln lässt sich die **Delokalisation** der π-Elektronen in Farbstoff-Molekülen gut beschreiben. Der Vergleich von Farbstoffen ähnlicher Struktur zeigt, dass das Maximum einer Absorptionsbande umso mehr in den Bereich größerer Wellenlängen verschoben ist, je weniger sich die den Grenzformeln entsprechenden Strukturen in ihrem Energieinhalt unterscheiden.

Polyenalfarbstoffe haben eine große Farbvielfalt, die sich über den Bereich des sichtbaren Lichts erstreckt. Polyenalfarbstoffe sind Aldehyde mit einem linearen Chromophor aus konjugierten C=C-Doppelbindungen.
Bei den Phenylpolyenalen, wie z. B. beim hellgelben Phenyltrienal bis hin zum dunkelgelben Phenylheptaenal, sind die π-Elektronen kaum delokalisiert, wie man anhand der Grenzformeln erkennen kann. Bei der wichtigsten Grenzformel treten keine Ladungen auf, bei einer eher unbedeutenden Grenzformel kann man eine Ladungstrennung formulieren, wobei die positiven Ladung im Phenylrest und die negative Ladung am Carbonylsauerstoff lokalisiert werden kann (vergl. Abb. 14.7, rechts).

Phenylpolyenale lassen sich mit starken Säuren je nach Länge der konjugierten Zweifachbindungen zu blauen, braunen und grünen Farbstoff-Kationen protonieren, was zur Folge hat, dass sich die π-Elektronen leichter delokalisieren lassen. Um die Elektronenverteilung umfassend beschreiben zu können, müssen zwei Grenzformeln formuliert werden: Die Carboxonium-Grenzformel, bei der die positive Ladung am Sauerstoffatom, und die Phenylium-Formel, bei der die positive Ladung im Phenylrest sitzt.

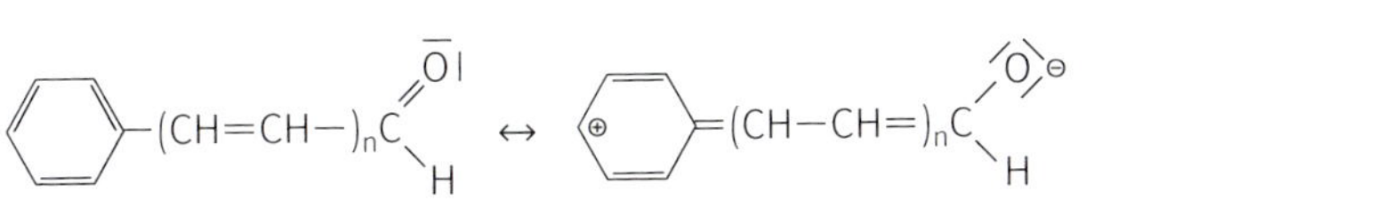

Abb. 14.7: Grenzformeln von unprotonierten Phenylpolyenalen mit gelber Farbe

Wissen

Chromophore sind Atomgruppen in einer Verbindung mit π-Elektronensystemen (Mehrfachbindungen), die die Farbigkeit der Verbindung verursachen, indem sie bestimmte Wellenlängen des Lichts absorbieren.
Chromophore als Strukturmerkmale von organischen Molekülen auf der Teilchenebene sind für die Eigenschaft „Farbigkeit" auf der Stoffebene verantwortlich.

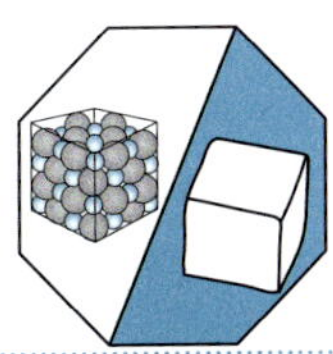

14.3 Farbmittel

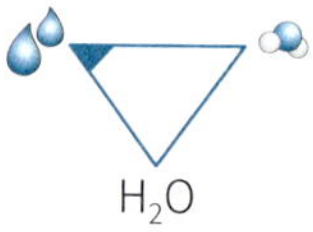

In der Farbstoffindustrie werden alle farbgebenden Stoffe unter dem Sammelbegriff **Farbmittel** zusammengefasst. Dabei wird zwischen Farbstoffen und Pigmenten unterschieden.

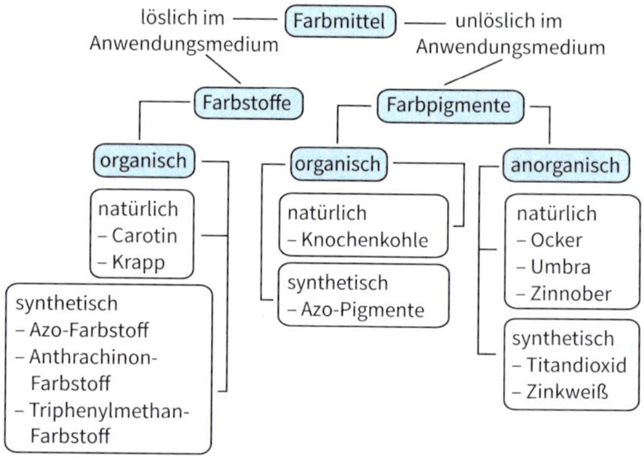

Abb. 14.8: Farbmittel in der Farbstoffindustrie

Farbstoffe sind Farbmittel, die sich im Anwendungsmedium lösen oder in Lösung verarbeitet werden können. Dabei unterscheidet man zwischen organisch natürlichen und organisch synthetischen Farbstoffen. Zu den organisch natürlichen Farbstoffen gehört der Krapp, der aus der Wurzel der Färberröte gewonnen wird. Carotin ist ein natürlicher Farbstoff, der in Karotten vorkommt. Zu den synthetischen Farbstoffen gehören Azo-, Anthrachinon- und Triphenylmethan-Farbstoffe.

Pigmente sind anorganische oder organische Farbmittel, die im Anwendungsmedium unlöslich sind. Sie können natürlichen oder synthetischen Ursprungs sein. Pigmente sind meist kristallin, sodass ihre Eigenschaften wesentlich durch das Kristallgitter bestimmt werden. Sie werden im festen Zustand als Pulverpigmente für Drucke oder zum direkten Einfärben von Kunststoffen, Emaille und Keramik verwendet. Durch Einarbeitung der Pigmente in Bindemittel entstehen Anstrichstoffe wie Lack-, Dispersions- oder Druckfarben.

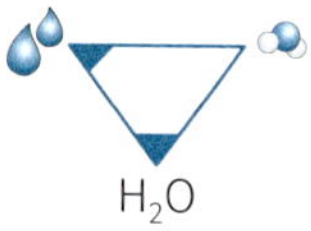

Beispiele für natürliche anorganische **Bunt-Pigmente** sind Zinnober (HgS), Ocker (eisenoxidhaltiges Aluminiumsilicat) und Umbra (eisenoxid- und mangandioxidhaltiges Aluminiumsilicat). Als synthetische anorganische **Weiß-Pigmente** dienen Bleiweiß ($2\ PbCO_3 \cdot Pb(OH)_2$), Zinkweiß (ZnO) und vor allem Titandioxid (TiO_2). Manganschwarz (MnO_2-haltiges Erz), Graphit und insbesondere Ruß sind als anorganische **Schwarz-Pigmente** in Gebrauch. Zu den organischen Pigmenten gehören als natürliches Pigment Knochenkohle, die aus Knochen gewonnen wird, als synthetisches Pigment Azo-Pigment, das aus Azo-Farbstoffen hergestellt wird.

14.4 Synthetische Farbstoffklassen

Azo-Farbsto

Die Azo-Farbstoffe stellen die größte Klasse der synthetischen organischen Farbstoffe dar. Chromophor ist die **Azo-Gruppe** (N=N-Gruppe) in Verbindung mit aromatischen Systemen.

Die Synthese verläuft in zwei Schritten: Zuerst wird eine **Diazotierung** eines primären aromatischen Amins und dann eine **Azo-Kupplung** mit einem aromatischen System durchgeführt (→ Abb. 14.9):

1. Schritt: Diazotierung ($\vartheta < 5°$ C)

Beim Ansäuern eines Gemischs aus Natriumnitrit-Lösung und Anilin (primäres aromatisches Amin) bildet sich ein Nitrosyl-Ion (NO^+), das am N-Atom des Anilin-Moleküls **elektrophil** angreift. Die so gebildete N-Nitroso-Verbindung wandelt sich in Phenyldiazohydroxid um, das unter Abspaltung eines Hydroxid-Ions zum Phenyldiazonium-Ion reagiert.

2. Schritt: Azo-Kupplung

In einer elektrophilen Zweitsubstitution wird das Diazonium-Salz mit einer Kupplungskomponente (aromatische Amine oder Phenole) zur Reaktion gebracht. Über den +M-Effekt (siehe auch → Seite 165 ff.) des Substituenten – hier die OH-Gruppe im Phenol – wird die Elektronendichte im Benzolring in *ortho*- bzw. *para*-Stellung erhöht. Aus sterischen Gründen kann das Diazonium-Kation jedoch nur in *para*-Stellung angreifen. Es entsteht *p*-Hydroxyazobenzol. Um die nucleophile Kupplungskomponente reaktionsfähiger zu machen, arbeitet man bei Verwendung von Phenolen im schwach alkalischen Bereich, da das Phenolat-Anion der eigentliche Reaktionspartner ist.

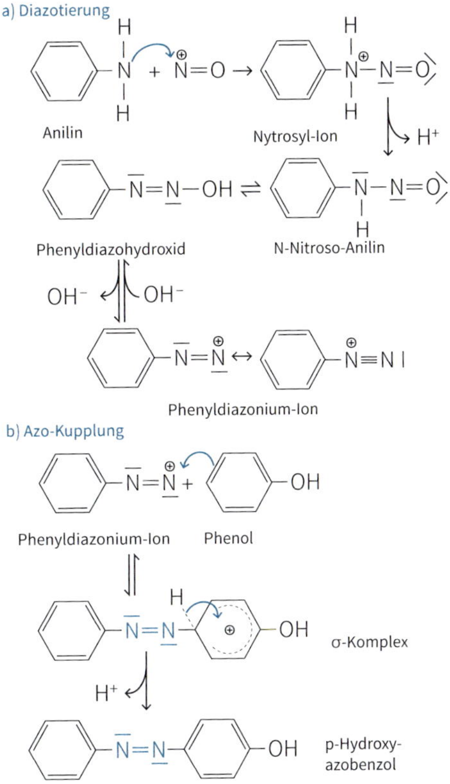

Abb. 14.9: Synthese eines Azo-Farbstoffs

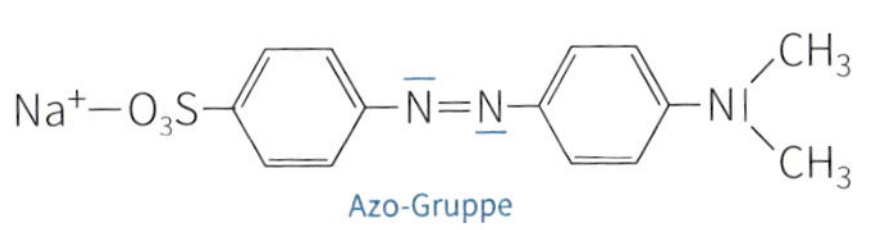

Abb. 14.10: Der Säure/Base-Indikator Methylorange als Beispiel für einen Azo-Farbstoff

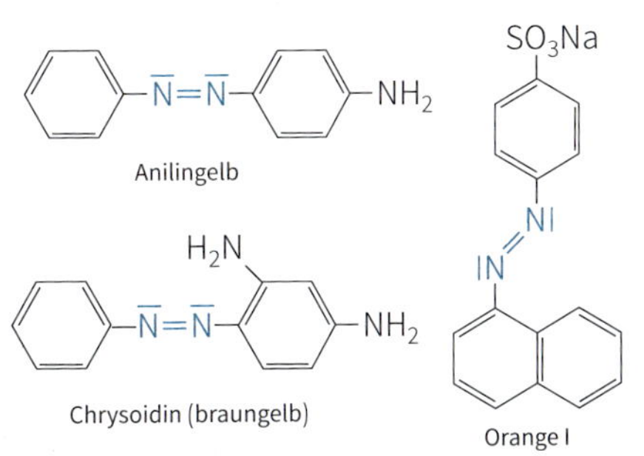

Abb. 14.11: Grenzformeln einiger Azo-Farbstoffe

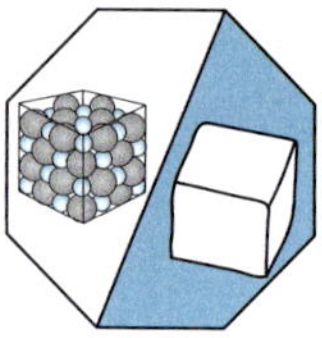

Anthrachinon-Farbstoffe

Anthrachinon-Farbstoffe – zum Beizen und zum Färben von Wolle

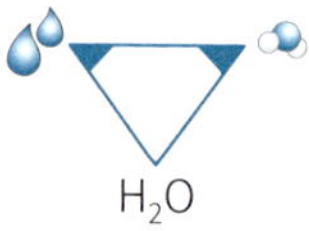

Anthrachinon-Farbstoffe oder Alizarinfarbstoffe stellen eine große Gruppe synthetischer und natürlich vorkommender organischer Farbstoffe dar. Chro mophor ist das **Diphenylketon-System**. Durch unterschiedliche Auxochrome erhält man fast alle Farbtöne. Die licht- und waschechten, hochwertigen Farbstoffe werden in der Textilindustrie eingesetzt.

Anthrachinon, Alizarin und Purpurin kommen in der Wurzel des Färberkrapps vor, einer Pflanze die seit der Antike als Quelle für rote Farbstoffe diente. Seit über 140 Jahre stellt man diese Farbstoffe nun synthetisch her.

Anthrachinon kann man durch Oxidation von Anthracen oder durch elektrophile Substitution von Benzol mit Phtalsäureanhydrid erzeugen. Die beiden Carbonyl-Gruppen des Anthrachinon-Moleküls sind in das delokalisierten Elektronensystem des Moleküls eingebunden.

Alizarin kann man ebenfalls aus Anthracen herstellen.

Indanthrenblau RS wurde zum ersten Mal 1901 durch Verschmelzen von 2-Aminoanthrachinon in KOH und KNO_3 synthetisiert und ist bis heute als hochwertiger Farbstoff im Handel.

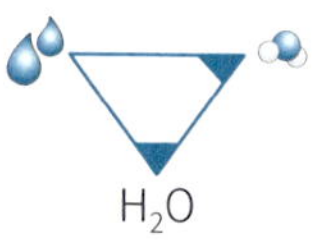

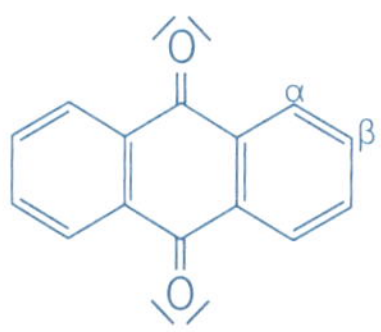

Antrachinon

Anthracen (farblos bis gelblich)

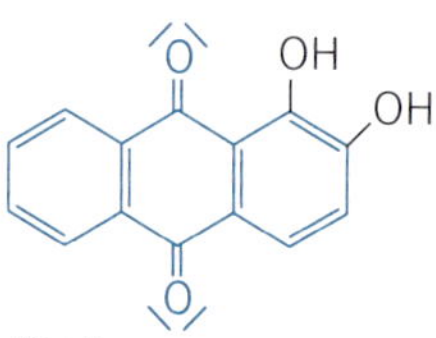

Alizarin

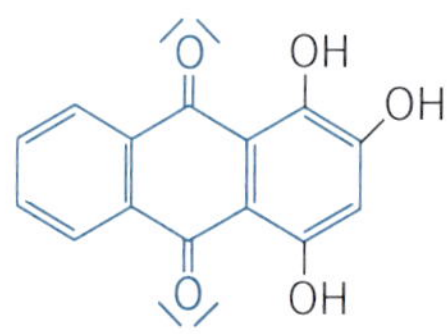

Purpurin (dunkelbraune Farbe)

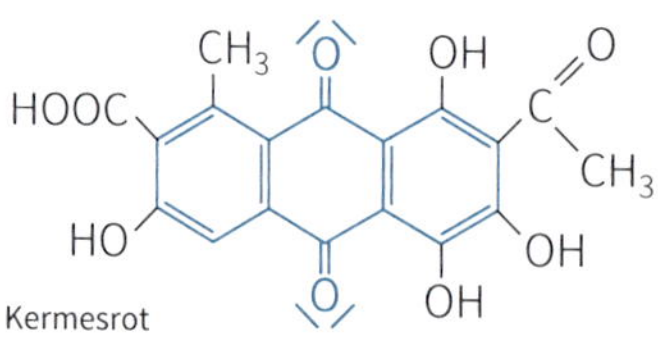

Kermesrot

Antrachinon-Baustein

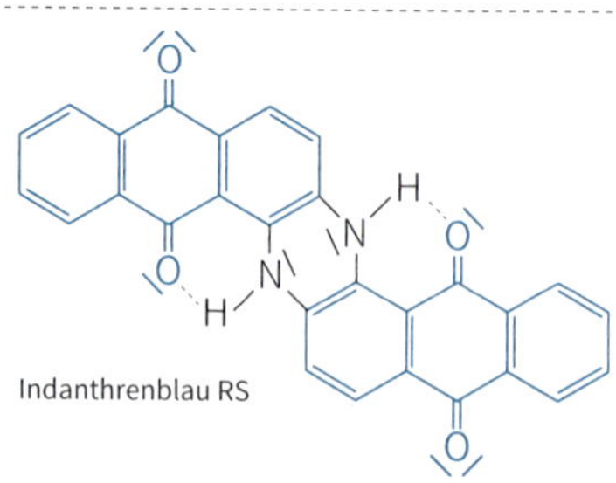

Indanthrenblau RS

Abb. 14.12: Grenzformeln einiger Anthrachinon-Farbstoffe. Diphenylketon als Chromophor in Anthrachinon (hellgelbe Farbe), Alizarin (rote Farbe), Indanthrenblau RS und Kermesrot.

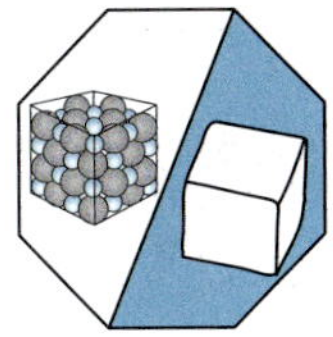

Triphenylmethan-Farbstoffe

Triphenylmethan-Farbstoffe sind synthetische, brillante Farbstoffe, die sich von **Triphenylmethan** ableiten. Triphenylmethan weist ein Ringsystem mit **chinoider Struktur** auf, das als Chromophor fungiert. Da diese Farbstoffe nur geringe Lichtechtheit besitzen, sind sie als Textilfarben nicht geeignet. Sie werden jedoch zum Färben von Papier, als Lebensmittel- und Markierungsfarben, für Tinten und als Indikatorfarbstoffe verwendet.

Als Indikatorfarbstoff ist in diesem Zusammenhang vor allem Phenolphthalein erwähnenswert. Dass es sich um einen Triphenylmethan-Farbstoff handelt, wird im alkalischen Milieu offensichtlich, wenn sich der Lactonring, der im sauren Milieu für die Farblosigkeit verantwortlich ist, geöffnet hat.

Bei Triphenylmethan-Farbstoffen sind mindestens zwei der aromatischen Ringe mit elektronenliefernden funktionellen Gruppen (Auxochrome) bzw. mit elektronenaufnehmenden funktionellen Gruppen (Antiauxochrome) substituiert.

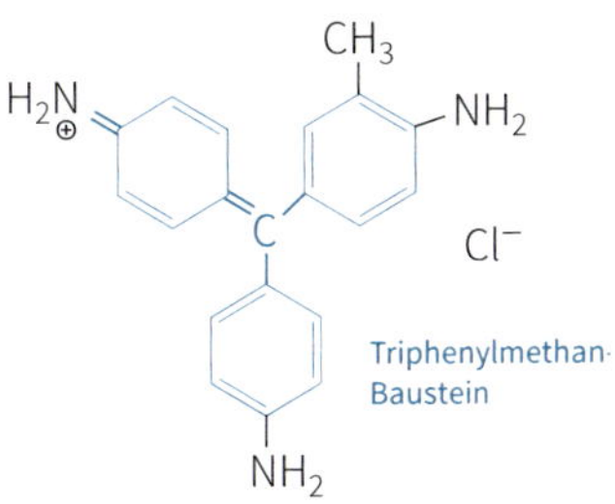

Abb. 14.13: Triphenylmethan als Chromophor in Fuchsin

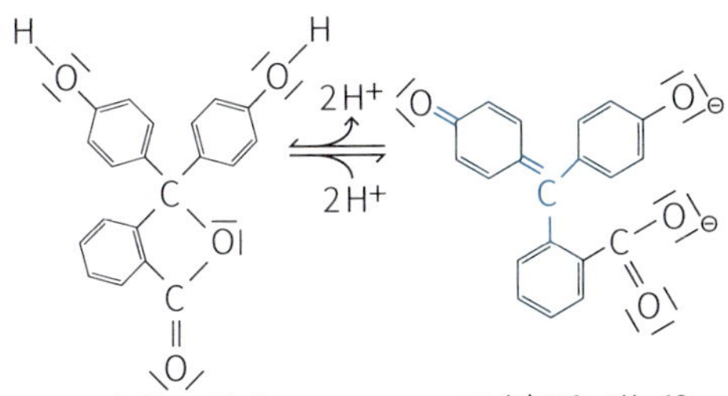

Abb. 14.14: Phenolphthalein als Triphenylmethanfarbstoff bei verschiedenen pH-Werten

Auch das in der analytischen Chemie als Indikator verwendete Fluorescein (grüngelbliche Fluoreszenz unter UV-Licht) ist ein Triphenylmethan-Farbstoff. Dies wird erst deutlich, wenn man die stabilere, offene Carbonsäure-Form analysiert. Im Unterschied zum Phenolphthalein sind die beiden Benzolringe durch ein Heteroatom, einem Sauerstoff-Atom, miteinander verknüpft.

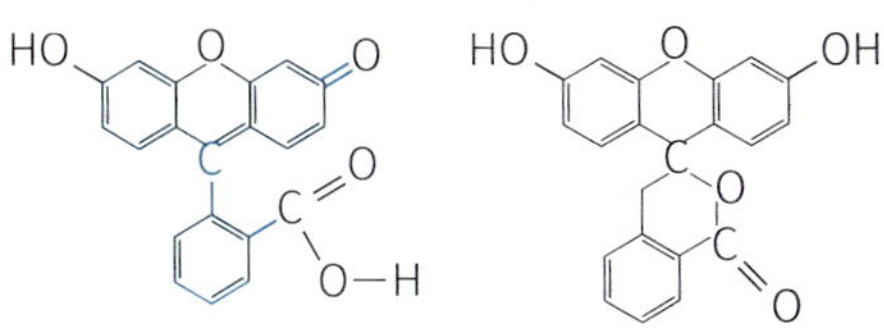

Abb. 14.15: Fluorescein: links: Offene Carbonsäure-Form, rote Verbindung, rechts: instabilere Lacton-Form gelbliche Verbindung in fester Form

Wissen

- Azo-Farbstoffe mit der „Azo-Gruppe in Verbindung mit aromatischen Systemen" als Chromophor,
- Anthrachinon-Farbstoffe mit dem Chromophor „Diphenylketon" und
- Triphenylmethan-Farbstoffe mit einem Ringsystem chinoider Struktur als Chromophor

sind wichtige synthetische organische Farbstoffklassen.

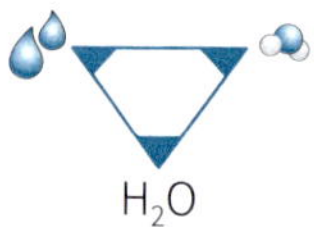

14.5 Indigo und Purpur – traditionelle Farbstoffe

Indigo – die Farbe der Blue Jeans

Bis vor etwa 100 Jahren war die **Indigopflanze** (z. B. europäischer Färberwaid) die wichtigste Quelle für die Gewinnung von blauem Farbstoff. Die Pflanzen wurden während der Blüte geerntet und in mit Wasser gefüllte Gruben gelegt, sodass eine Gärung erfolgen konnte. Dabei bildet sich durch enzymatische Spaltung eine farblose Vorstufe, das Indoxyl. Zwei Indoxyl-Moleküle reagieren mit Luftsauerstoff weiter zu einem Indigo-Molekül. Um 1870 gelang es BAEYER zum ersten Mal, den begehrten blauen Indigofarbstoff synthetisch herzustellen.

JOHANN FRIEDRICH WILHELM ADOLF (seit 1885 Ritter von) BAEYER 1835 – 1917, deutscher Chemiker, entwickelte die Indigosynthese, synthetisierte Phenolphthalein und Fluorescein und war Wegbereiter für die Alizarin-Synthese.

Ein auch noch heute angewandtes Syntheseverfahren nach HEUMANN verwendet als Ausgangsstoff Phenylglycin-o-carbonsäure. Beim Schmelzen mit Natriumamid entsteht Indoxylcarbonsäure. Durch Abspaltung von Kohlenstoffdioxid aus der Indoxylcarbonsäure entsteht Indoxyl, das durch Luftsauerstoff zu Indigo oxidiert wird.

KARL HEUMANN 1850 – 1894, deutscher Chemiker, 1890 gelang es ihm, aus Phenylglycin oder Phenylglycin-o-carbonsäure Indigo synthetisch herzustellen

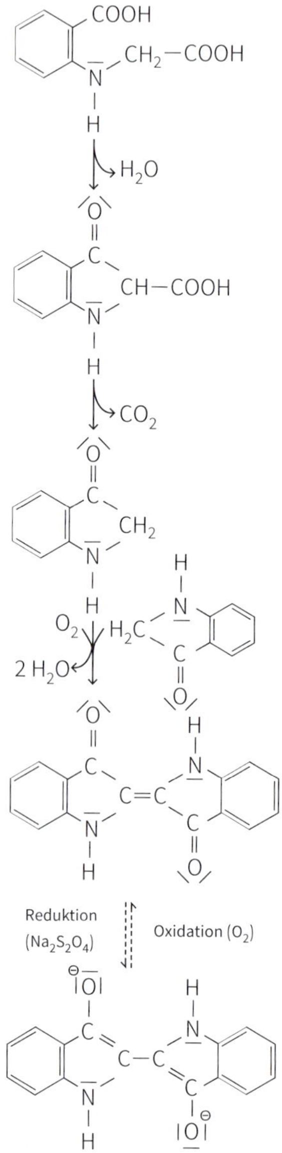

Phenylglycin-o-carbonsäure

Indoxylcarbonsäure

Indoxyl

Indigo

Indigoweiß-Anion

Abb. 14.16: Synthese von Indigo und seiner Leukoform

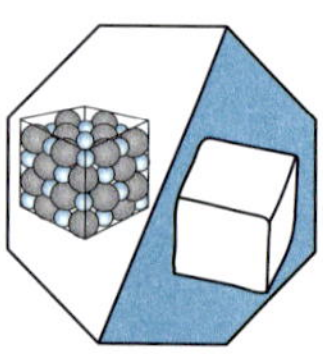

Indigo bildet dunkelblaue Kristalle mit rötlichem Glanz. Da im Molekülgitter ein Indigo-Molekül über Wasserstoffbrückenbindung mit vier weiteren verbunden ist, weist Indigo als Stoffeigenschaft einen hohen Schmelztemperaturbereich von 390 – 392 °C auf. Trotz der Wasserstoffbrückenbindung im Feststoff ist Indigo nicht wasserlöslich, da die polaren Keto- und

N—H-Gruppen nur einen geringen Anteil am sonst unpolaren Kohlenstoffgerüst ausmachen.

Färbevorgang

Da Indigo nicht wasserlöslich ist, wird es für den Färbevorgang zur wasserlöslichen **Leukoform** (griech. *leukos* = weiß), dem Indigweiß, reduziert. Dazu verwendet man Natriumdithionit ($Na_2S_2O_4$) in alkalischer Lösung.
Früher wurde diese Reaktion mit Urin durchgeführt. Die gärende Urin-Brühe wurde als Küpe, der Vorgang als Verküpung und die Färbetechnik als **Küpenfärbung** bezeichnet. Der zu färbende Stoff wurde mit der Küpe getränkt und aufgehängt. Durch Reaktion mit dem Luftsauerstoff entstand auf der Faser dann aus der Leukoform der blaue Farbstoff (vgl. → Abb. 14.19).
Ein mit Indigo gefärbter Baumwollstoff hat eine hohe Lichtechtheit, jedoch ist die Reibechtheit gering da der Farbstoff an stark beanspruchten Stellen verblasst, was auch ein charakteristisches, unverzichtbares Merkmal der „Blue Jeans" ist.

Purpur – ein tierischer Küpenfarbstoff

Neben der Indigopflanze war auch die Purpurschnecke (Hexaplex trunculus) ein natürlicher tierischer Farbstofflieferant. Aus ihr hatten schon die Phönizier und später die Römer in einem aufwändigen Verfahren den Farbstoff „Purpur" gewonnen. Der Farbstoff lässt sich aus dem gelblichen Schleim einer speziellen Drüse in der Atemhöhle der Schnecke über mehrere Vorstufen herstellen. Für die Färbung werden die Purpurschnecken oder auch nur die Drüsen zerstampft, mehrere Tage in Salz eingelegt und dann mit Urin stark eingekocht. Nachdem man die Fleischteile der Schnecken entfernt hat, werden die zu färbenden Stoffe in die Küpe eingetaucht und danach dem Sonnenlicht ausgesetzt. Dabei färben sich Stoffe mit der Zeit von gelb über grün und blau zu purpurrot (vgl. → Abb. 14.19). Als Purpurfarbstoff hat man 6,6'-Dibromindigo identifiziert. Vom Indigo-Molekül unterscheidet sich der Farbstoff lediglich dadurch, dass zwei Wasserstoff-Atome der Benzolkerne durch zwei Brom-Atome substitutiert sind. Die Brom-Atome sind also die Ursache für die Farbveränderung im Vergleich zum Indigo, ein weiterer Beleg für das Struktur-Eigenschafts-Konzept.

Purpur: ein sehr wertvoller Farbstoff in der Antike und im Mittelalter

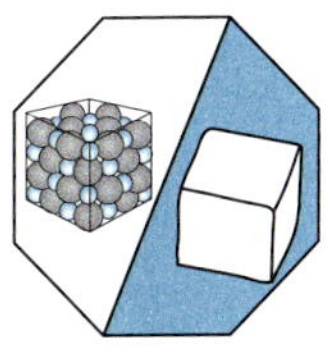

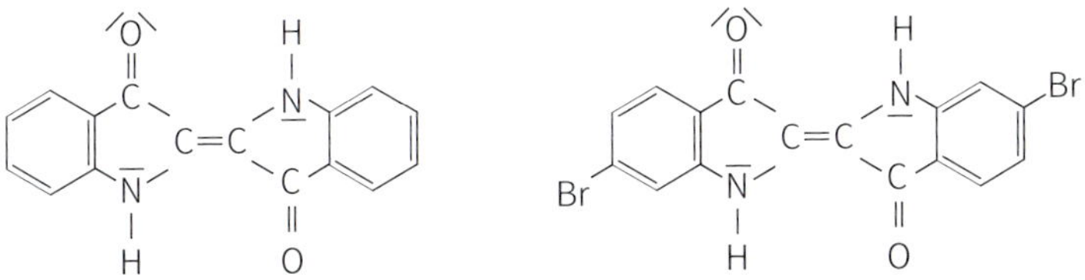

Abb. 14.17: Indigo (links) und 6,6'-Dibromindigo (rechts)

14.6 Färbeverfahren im Überblick

Farbstoff und Textilfaser müssen chemisch zueinander „passen", um eine dauerhafte Färbung zu erzielen: Bei Fasern mit polaren funktionellen Gruppen wie Baumwolle oder Wolle verwendet man ionische oder polare Farbstoffe. Bei unpolaren Fasern wie Polyester werden unpolare Farbstoffe eingesetzt. Daher werden Farbstoffe häufig nach dem für sie angewandten Färbeverfahren eingeteilt, das sich auf den entsprechenden Fasertyp bezieht.

Farbstoff	Verwendung/Färbegut	Haftung zwischen Farbstoff und Faser
anionische Farbstoffe	Wolle, Seide, Polyamid	Ionenbindung
kationische Farbstoffe	Wolle, Seide, Papier, Polyacrylnitril	Ionenbindung
Metallkomplexfarbstoffe	Wolle, Polyamid	Komplexbindung (Ion-Dipol-Wechselwirkung)
Küpenfarbstoffe	Baumwolle	Einlagerung als wasserunlöslicher Farbstoff in die Faser
Reaktivfarbstoffe	Baumwolle	Atombindung
Dispersionsfarbstoffe	Polyester, Polyamid, Polyacrylnitril	Einlagerung als wasserunlöslicher Farbstoff in die Faser

Tab. 14.1: Farbstoffe und chemische Bindung im Überblick

a) Wolle

Wolle besteht aus Protein und kann mit **kationischen** oder **anionischen Farbstoffen** gefärbt werden. Diese Farbstoffe haften durch ionische Bindung an den negativ geladenen Carboxylat- und den positiv geladenen Ammonium-Seitenkettengruppen der Aminosäurefäden, die die Wollfaser bilden.

Die wasserlöslichen **Metallkomplexfarbstoffe** sind die bedeutendsten Wollfarbstoffe. Sie reagieren mit gelösten Metall-Ionen auf der Wollfaser. Häufig werden dazu Chrom(III)-Ionen verwendet, die sowohl die farbigen Azo-Verbindungen als auch die Amino-Gruppen der Protein-Moleküle binden (→ Abb. 14.18). Dadurch wird der Azo-Farbstoff auf der Wolle fixiert.

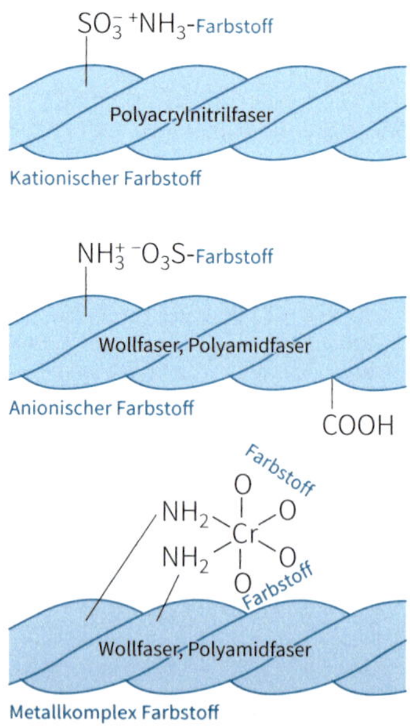

Abb. 14.18: Bindung von Textilfarbstoffen an Fasern

b) Baumwolle

Baumwolle besteht aus **Cellulose**. Zum Färben von Baumwolle eignen sich **Küpenfarbstoffe** (→ Seite 222 f., Indigo und Purpur).

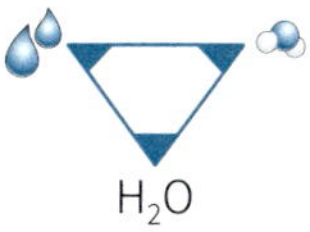

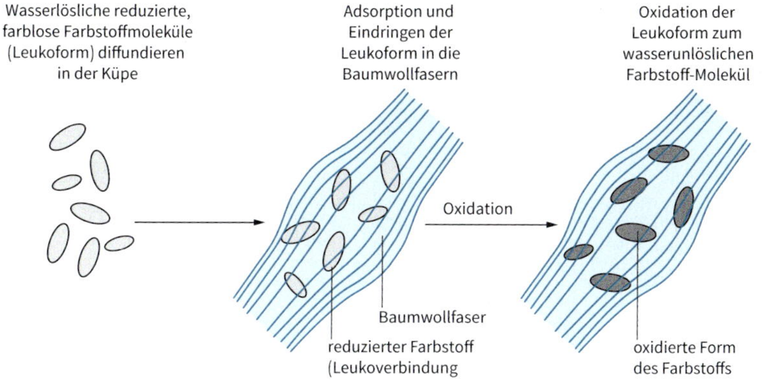

Abb. 14.19: Küpenfärbung mit Indigo und Purpur

Aber auch mit **Reaktivfarbstoffen** lassen sich waschechte Färbungen erreichen. Als Farbstoffkomponenten verwendet man unter anderem Azo-Farbstoffe und Anthrachinonfarbstoffe, die häufig über eine Amino-Gruppe an ein kleines Molekül, den „reaktiven Anker", gebunden werden. Der reaktive Anker, meistens Trichlortriazin, verbindet sich seinerseits mit einer freien Hydroxy-Gruppe der Cellulosefaser, sodass eine stabile Atombindung entsteht und der Farbstoff gut auf der Faser haftet.

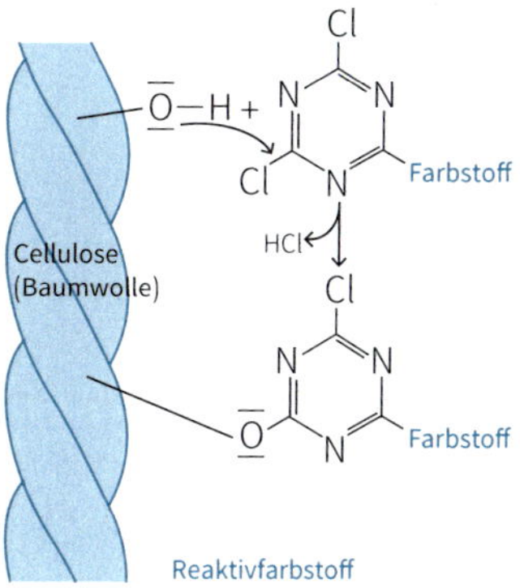

Abb. 14.20: Bindung eines Reaktivfarbstoffs an Cellulose

c) Polyesterfasern

Polyesterfasern wie Trevira und Diolen sind weitgehend unpolar und werden vorwiegend mit **Dispersionsfarbstoffen** gefärbt. Hierzu werden häufig unpolare Azo-Farbstoffe verwendet, die kaum wasserlöslich sind. Daher werden sie mit Hilfsstoffen vermahlen, sodass im Färbebad eine Farbstoff-Suspension entsteht. Der so angerührte (das heißt dispergierte) Farbstoff kann in die Faser, die durch Zusatzstoffe zum Aufquellen gebracht wird, leicht eindringen und sich dauerhaft einlagern.

Überblick

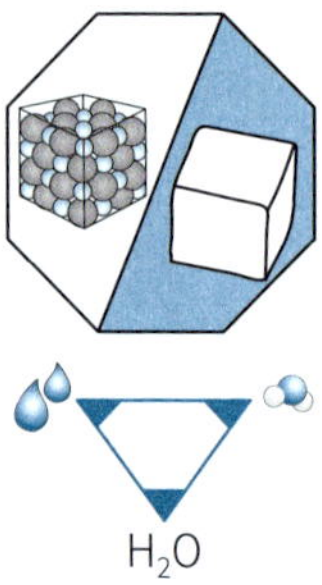
H₂O

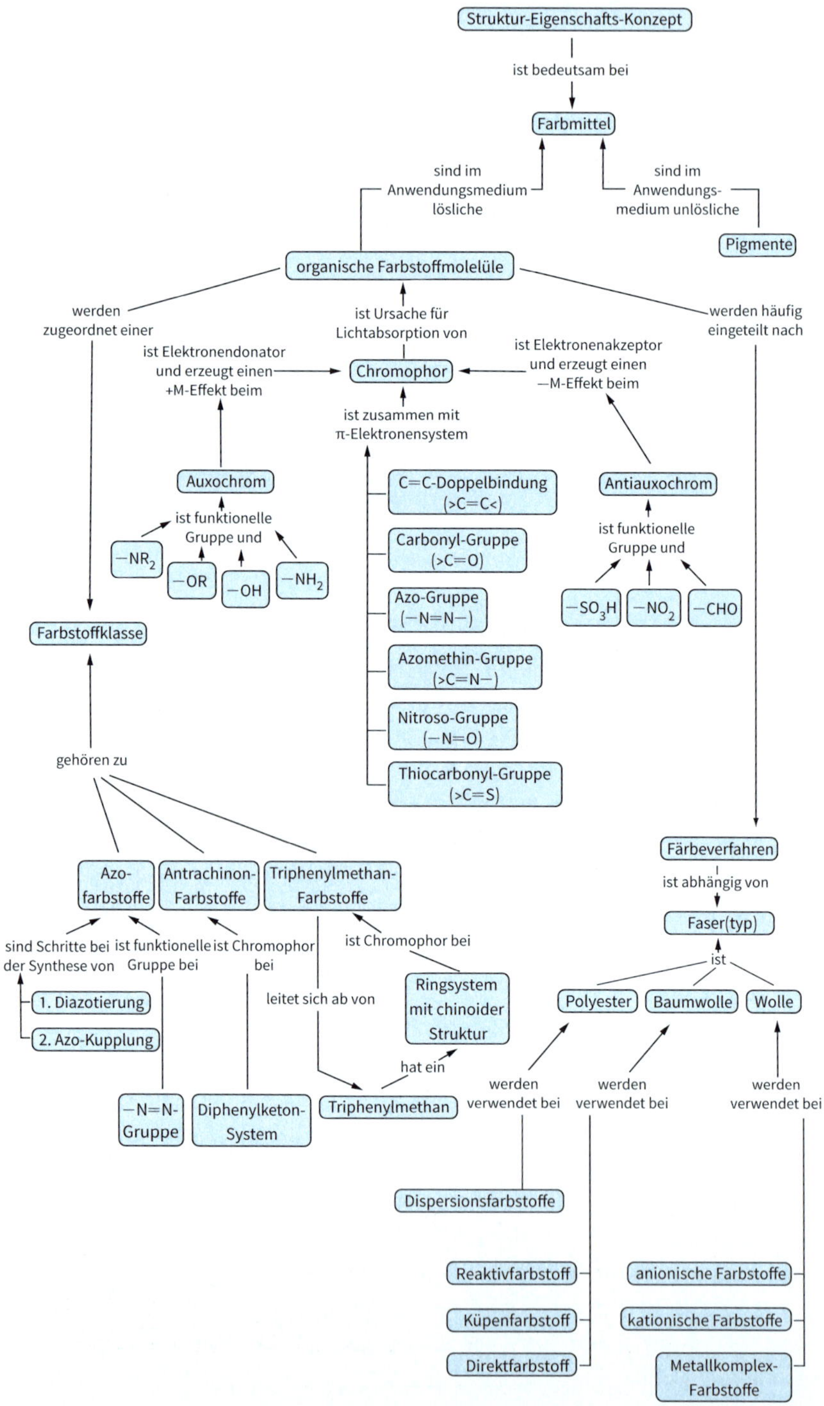
Struktur-Eigenschafts-Konzept
ist bedeutsam bei
Farbmittel
sind im Anwendungsmedium lösliche
sind im Anwendungs-medium unlösliche
Pigmente
organische Farbstoffmolelüle
werden zugeordnet einer
ist Ursache für Lichtabsorption von
werden häufig eingeteilt nach
ist Elektronendonator und erzeugt einen +M-Effekt beim
Chromophor
ist Elektronenakzeptor und erzeugt einen —M-Effekt beim
ist zusammen mit π-Elektronensystem
Auxochrom
ist funktionelle Gruppe und
—NR2
—OR
—OH
—NH2
C=C-Doppelbindung (>C=C<)
Carbonyl-Gruppe (>C=O)
Azo-Gruppe (—N=N—)
Azomethin-Gruppe (>C=N—)
Nitroso-Gruppe (—N=O)
Thiocarbonyl-Gruppe (>C=S)
Antiauxochrom
ist funktionelle Gruppe und
—SO3H
—NO2
—CHO
Farbstoffklasse
gehören zu
Azo-farbstoffe
Antrachinon-Farbstoffe
Triphenylmethan-Farbstoffe
sind Schritte bei der Synthese von
ist funktionelle Gruppe bei
ist Chromophor bei
ist Chromophor bei
leitet sich ab von
1. Diazotierung
2. Azo-Kupplung
Ringsystem mit chinoider Struktur
hat ein
—N=N-Gruppe
Diphenylketon-System
Triphenylmethan
Färbeverfahren
ist abhängig von
Faser(typ)
ist
Polyester
Baumwolle
Wolle
werden verwendet bei
werden verwendet bei
werden verwendet bei
Dispersionsfarbstoffe
Reaktivfarbstoff
Küpenfarbstoff
Direktfarbstoff
anionische Farbstoffe
kationische Farbstoffe
Metallkomplex-Farbstoffe

15

Kunststoffe

- Kunststoffe bestehen aus Millionen miteinander verknüpfter gleicher Einzelbausteine (Monomeren).
- Die Verknüpfung der Monomeren kann durch Polymerisation, Polykondensation oder Polyaddition erfolgen.
- Die Strukturmerkmale der Monomeren ergeben die Stoffeigenschaften der Makromoleküle (Polymeren) wie z. B. Formbarkeit, Härte, Elastizität
- Die Makromoleküle der Kunsstoffe können kettenförmig linear, wenig verzweigt, dreidimensional eng oder weitmaschig miteinander vernetzt sein.
- Nach ihrem Verhalten beim Erhitzen unterscheidet man Thermoplasten, Duroplasten und Elastomeren.

Basiskonzept: Struktur-Eigenschafts-Beziehungen

Bau des Kohlenstoffgerüsts und funktionelle Gruppen sind als Strukturmerkmale bestimmend für die Eigenschaften von Kunststoffen.

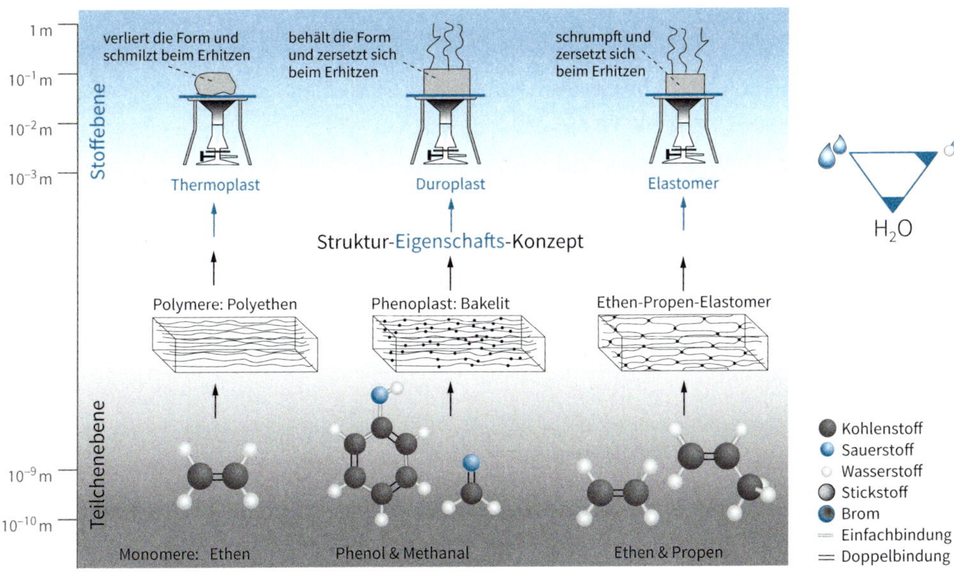

Abb. 15.1: Struktur-Eigenschafts-Beziehungen als Leitkonzept bei Kunststoffen

15.1 Allgemeines

H_2O

Kunststoffe oder Plaste sind organische Makromoleküle, die entweder durch Umwandlung von Naturprodukten (halbsynthetische Kunststoffe) oder durch Synthese aus Monomeren (Einzelbausteinen) hergestellt werden (vollsynthetische Kunststoffe). Die ersten Kunststoffe wurden aus Naturstoffen erhalten. So produzierte HYATT 1869 aus Nitrocellulose und Campher Celluloid (für Kämme, Puppen, Filme). 1909 synthetisierte BAEKELAND aus Phenol und Methanal Bakelit, den ersten vollsynthetischen Kunststoff. Kunststoffe sind meist von geringer Härte, haben kaum elektrische Leitfähigkeit und Wärmeleitfähigkeit und sind oft resistent gegenüber Säuren und Laugen. Durch ihre unterschiedlichen inneren Strukturen haben sie aber auch sehr viele unterschiedliche Eigenschaften. Es gibt weiche, spröde und elastische Kunststoffe, und solche, die sich deutlich in ihrem Verhalten gegenüber organischen Lösungsmitteln unterscheiden.

Die zwischen unpolaren Makromolekülen herrschenden VAN-DER-WAALS-Kräfte wachsen mit zunehmender Molekülmasse. Dadurch besitzen Stoffe mit höherem Polymerisationsgrad auch eine höhere mechanische Festigkeit.
Sind die Makromoleküle polar gebaut, wirken zusätzlich Dipol-Kräfte; die stärksten zwischenmolekularen Kräfte stellen Wasserstoffbrückenbindungen dar, die z. B. den Zusammenhalt in Polyamiden bewirken.

Einteilung nach dem Verhalten bei Erwärmung

Ein wichtiges Merkmal für Kunststoffe ist ihr Verhalten beim Erwärmen. Dabei werden drei Klassen unterschieden.

a) Thermoplaste

Thermoplaste sind kettenförmig linear oder wenig verzweigt, die Makromoleküle sind untereinander nicht vernetzt. Der Zusammenhalt erfolgt durch VAN-DER-WAALS-Kräfte oder durch Wasserstoffbrückenbindungen.

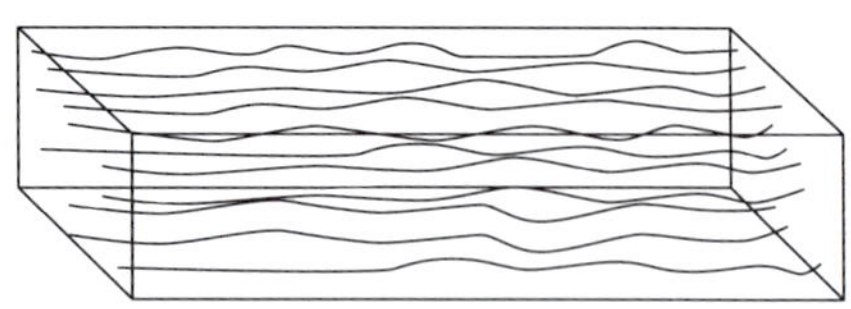
Abb. 15.2: Struktur eines thermoplastischen Kunststoffs

Die Molekülketten sind sehr lang. Sind sie wirr verknäult, bezeichnet man diesen Zustand als **amorph**; sind sie parallel ausgerichtet, als **kristallin**. Thermoplaste gehen innerhalb eines größeren Temperaturintervalls vom weichen in den zähflüssigen Zustand über. Dabei geraten die Makromoleküle in Schwingungen, wobei die zwischenmolekularen Kräfte überwunden werden.

Da die Makromoleküle untereinander nicht vernetzt sind, können sie leicht aneinander vorbeigleiten, der Thermoplast erweicht und schmilzt schließlich. Thermoplasten lassen sich bei der Verarbeitung bei höheren Temperaturen in beliebige Formen pressen. Nach dem Abkühlen behalten sie diese Form bei.

b) Duroplaste

In Duroplasten sind die Makromoleküle durch Elektronenpaarbindungen dreidimensional eng vernetzt. Beim Erhitzen bleibt die dreidimensionale Struktur erhalten, die Duroplasten werden also bei mittleren Temperaturen weder weich noch zähflüssig. Man muss duroplastische Werkstücke daher bereits in der fertigen Form herstellen oder anschließend mechanisch bearbeiten. Erst bei etwa 300 °C zersetzen sich Duroplaste unter Aufspaltung der Elektronenpaarbindungen, der Kunststoff verkohlt.

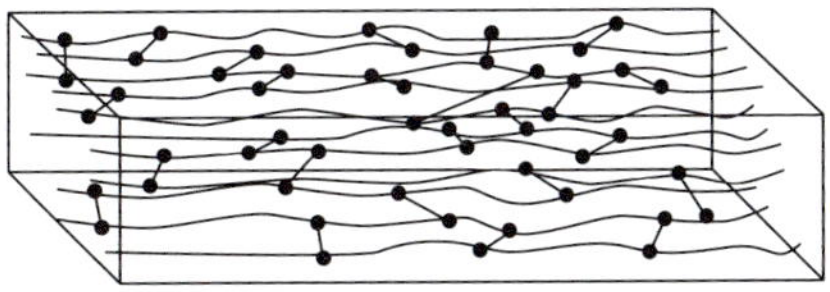

Abb. 15.3: Struktur eines duroplastischen Kunststoffs

c) Elastomere

Elastomere verhalten sich bei mechanischer Belastung wie Gummi. Sie lassen sich durch Zug oder Druck leicht verformen und kehren aufgrund ihrer Elastizität immer wieder in die ursprüngliche Form zurück. Die Struktur der Elastomeren ist ähnlich der der Duroplasten, jedoch sind die Netzstrukturen viel weitmaschiger. Elastomere werden beim Verarbeiten meist unter Einwirkung von Wärme und Druck in der Endform synthetisiert. Natürlicher Kautschuk ist ein typisches Elastomer. Durch Härten können Elastomere stärker vernetzt und dadurch in Duroplaste umgewandelt werden.

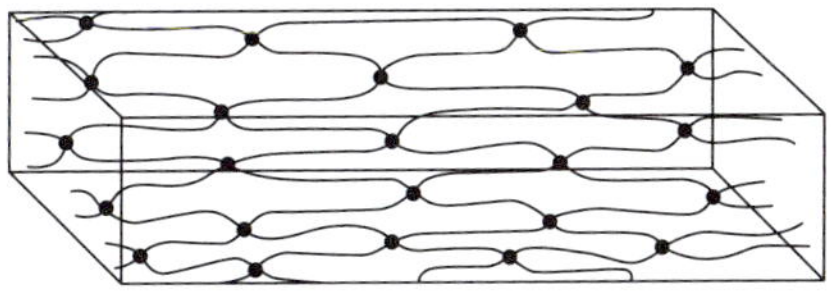

Abb. 15.4: Struktur eines elastomeren Kunststoffs

15.2 Verfahren zur Kunststoffsynthese

Bei der Synthese von Kunststoffen geht man von Monomeren aus, die zu ketten- oder netzförmigen Makromolekülen zusammengeschlossen werden. Dafür müssen die Monomere entweder Mehrfachbindungen oder mindestens zwei funktionelle Gruppen besitzen. Die Verknüpfung der Monomere erfolgt durch Polymerisation, Polykondensation oder Polyaddition.

Polymerisation

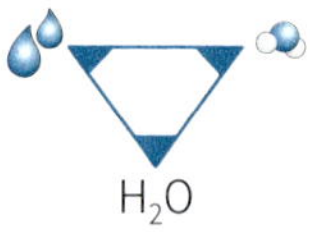

Die Polymerisation erfolgt mit **ungesättigten Monomeren** (→ Abb. 15.5) unter Aufspaltung der Doppelbindungen. Die Reaktion verläuft als **Kettenreaktion**, die durch Initiatoren wie Radikale oder Ionen ausgelöst wird. Es bilden sich zumeist Thermoplaste. Neben der radikalischen Polymerisation ist auch die kationische und die anionische Polymerisation üblich.

Monomer	**Polymer**	**Abkürzungen/Handelsnamen**	**Verwendung**
Ethen 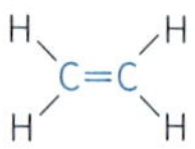	Polyethen $\cdots[CH_2{-}CH_2]\cdots$	LDPE, Lupolen, Hostalen, Baylon (radikalische Polymerisation unter Hochdruck) LDPE (ionische Polymerisation unter Niederdruck)	Folien, Filme, Haushaltsgeräte, Armaturen, Kabelisolierung Getränkekisten
Propen 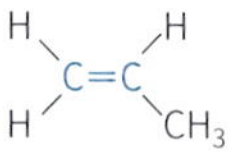	Polypropen $\cdots[CH_2{-}CH(CH_3)]\cdots$	PP	Haushaltswaren
Vinylchlorid (Monochlorethen) 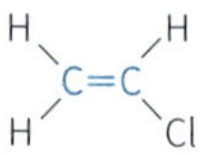	Polyvinylchlorid $\cdots[CH_2{-}CH(Cl)]\cdots$	PVC (Hinweis: zerfällt beim Erhitzen zu Polyenen und Chlorwasserstoff-Gas)	Tischtücher, Fußbodenbeläge, Rollläden, Rohre
Acrylnitril 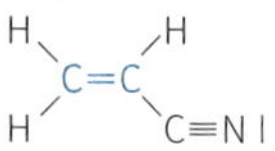	Polyacrylnitril $\cdots[CH_2{-}CH(CN)]\cdots$	Orlon, Dralon, Acryl, Acrilan	Beimischung für Textilien
Styrol (Monophenylethen) 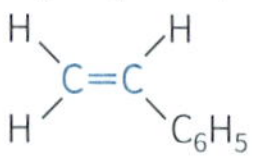	Polystyrol $\cdots[CH_2{-}CH(C_6H_5)]\cdots$	PS; geschäumt als Styropor	Haushaltswaren, Wärmedämmung
Methacrylsäuremethylester 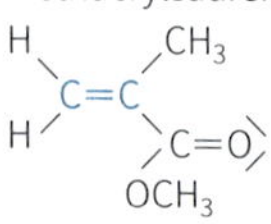	$\cdots[-CH_2{-}C(CH_3)(C{=}O\,OCH_3)]\cdots$	Plexiglas	Sicherheitsglas
Tetrafluorethen 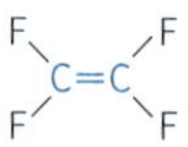	Polytetrafluorethen $\cdots[CF_2{-}CF_2]\cdots$	Teflon, Hostalon	Antihaftbeschichtungen, Textilien

Abb. 15.5: Übersicht über wichtige Polymerisationsprodukte

a) Radikalische Polymerisation

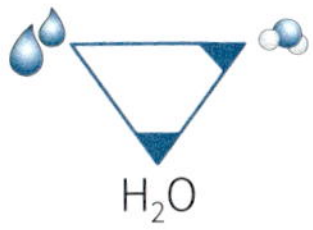

Diese Reaktion verläuft nach einem radikalischen Kettenmechanismus, der aus den Reaktionsphasen Kettenstart, Kettenwachstum und Kettenabbruch besteht. Beim Kettenstart entstehen Radikale, welche dann die Doppelbindung angreifen. Durch fortgesetzte Reaktion der Alkylradikale mit neuen Monomeren wächst die Kette. Auf diese Weise kommt es zum Kettenwachstum, es entstehen Polymere, welche theoretisch alle Monomere verbrauchen und so immer weiter wachsen könnten. In der Praxis wird die Kettenlänge durch gezielte Abbruchreaktionen beeinflusst. Kettenabruch kann durch Kombination zweier wachsender Polymerketten erfolgen.

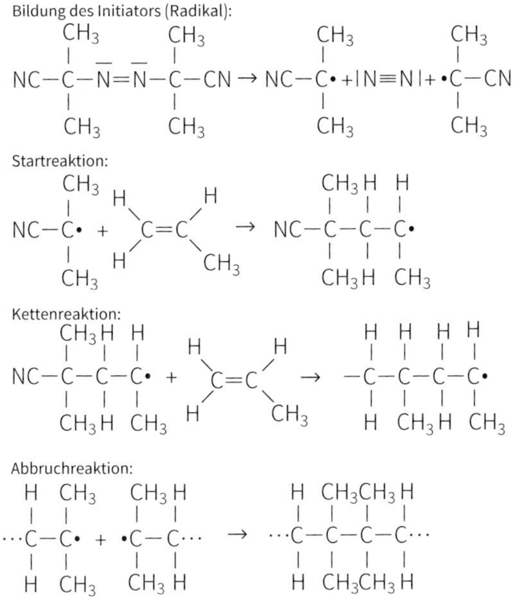

Abb. 15.6: Radikalische Polymerisation von Propen

Ein weiteres Beispiel ist die Bildung von Polystyrol aus Styrol-Monomeren:

Gesamtreaktion:

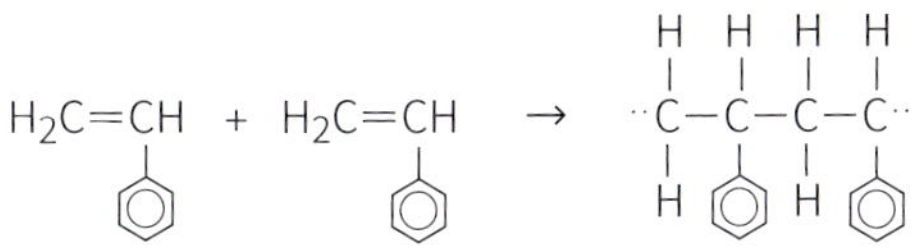

Abb. 15.7: Bildung von Polystyrol

b) Anionische Polymerisation

Als Kettenstarter eignen sich starke Basen oder Alkalimetalle. Diese reagieren mit ungesättigten Kohlenwasserstoffen zu einem vorübergehend gebildeten Carbanion. Das Kettenwachstum erfolgt durch Reaktion des Carbanions mit einem weiteren Monomeren. Der Kettenabbruch wird durch Zusatz von Kationen, Wasser oder Säuren erreicht.

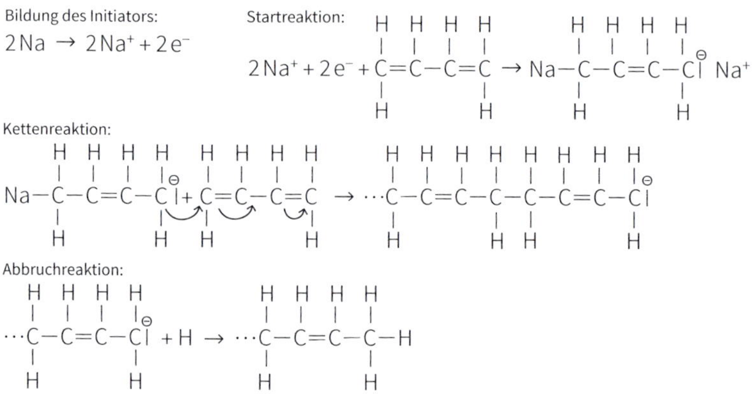

Abb. 15.8: Anionische Polymerisation von Buta-1,3-dien

c) Kationische Polymerisation

Die Reaktion wird durch Säuren initiiert. Das Kettenwachstum erfolgt durch die Reaktion des gebildeten Kations mit weiteren Monomeren. Dabei bleibt stets der ionische Charakter erhalten. Zum Kettenabbruch wird ein Proton abgespalten, was zur Regeneration des Katalysators führt.

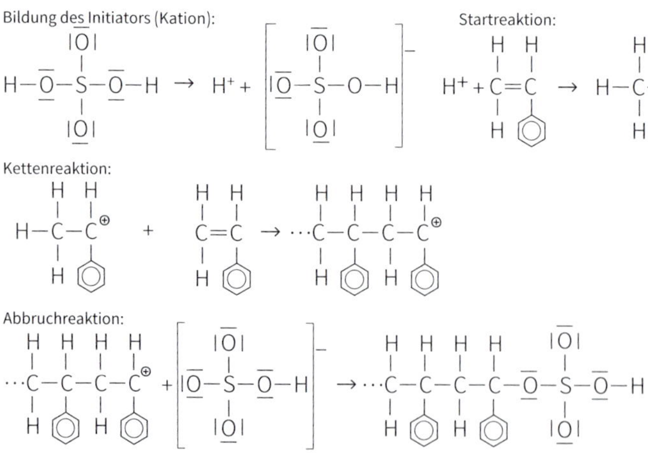

Abb. 15.9: Kationische Polymerisation von Styrol

Polykondensation

Bei der Polykondensation geht man von Monomeren mit zwei funktionellen Gruppen aus (Hydroxy-, Carbonyl-, Carboxy- oder Amino-Gruppen). Die Verknüpfung erfolgt jeweils aus zwei Monomeren unter Abspaltung kleiner Moleküle wie z. B. Wasser, Halogenwasserstoff oder Alkohol. Die Polykondensation von bifunktionellen Monomeren führt zu linearen Makromolekülen, aus trifunktionellen Monomeren bilden sich dreidimensional vernetzte Duroplaste.

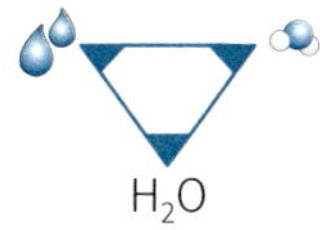

Beispiel	Monomere	Herstellung	Verwendung
Polyamid: Nylon	Hexandisäure (Adipinsäure) und 1,6-Diaminohexan	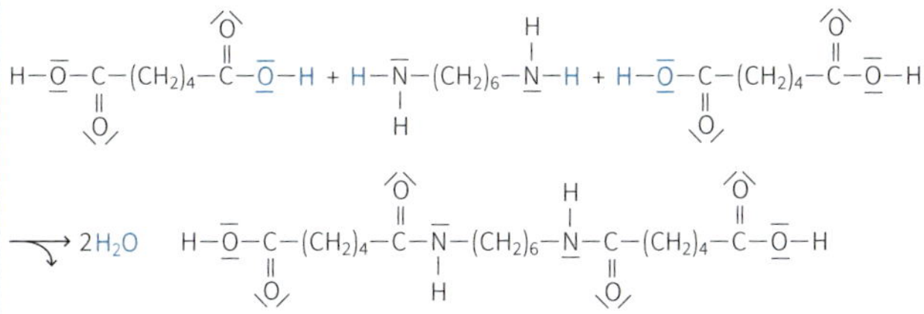	technische Fasern, Textilfasern
Phenoplast: Bakelit	Phenol und Methanal	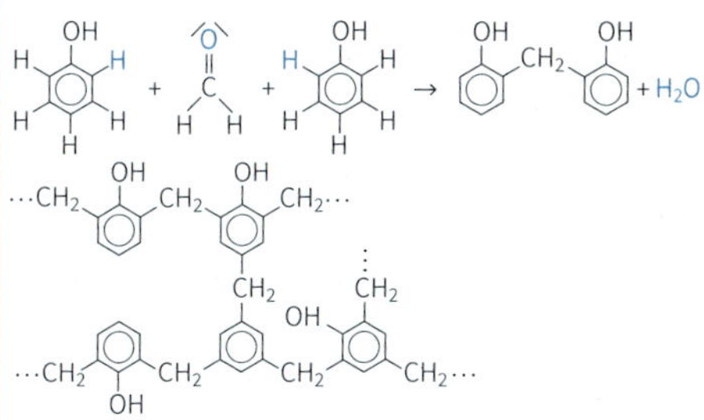	Pressmassen, Gießharze, Bindemittel, Lackrohstoffe
Polyester: Trevira	Ethandiol und Benzol-1,4-dicarbonsäure	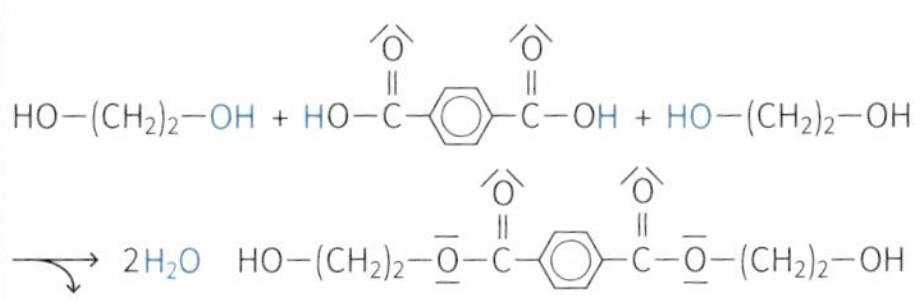	Textilfasern

Abb. 15.10: Wichtige Polykondensationsprodukte

a) Polyamide

In Polyamiden liegen Amid-Bindungen (NH – CO) vor. Sie bilden sich aus Diaminen und Dicarbonsäuren. Polyamide besitzen gute mechanische Eigenschaften. Wegen ihrer hohen Zugfestigkeit werden Stoffe wie Nylon oder Perlon z. B. zur Herstellung von Fasern, Getriebeteilen, Schiffsschrauben, Bekleidung oder Knochenprothesen verwendet.

b) Phenoplaste

Phenoplaste bilden sich aus Phenol oder Phenolderivaten und Methanal-Lösung. Sie waren die ersten vollsynthetischen Kunststoffe. Nach ihrem Erfinder BAEKELAND werden sie auch **Bakelite** genannt.

c) Polyester

Polyester entstehen durch Polykondensation von mehrwertigen Alkoholen mit Dicarbonsäuren. Gesättigte Polyester haben gute mechanische Eigenschaften. Sie sind formstabil und eignen sich besonders zur Herstellung von Fasern. Diese Fasern sind stark hydrophob, sodass Textilien aus Polyestern schnell trocknen und eine hohe Formbeständigkeit aufweisen.
Ein wichtiger Rohstoff für Textilfasern ist **Trevira**, das durch Veresterung von Ethandiol und Benzol-1,4-dicarbonsäure entsteht.

Polyaddition

H_2O

Die Verknüpfung der bifunktionellen Monomere erfolgt über Endgruppen, die Additionsreaktionen eingehen, ohne dass kleinere Moleküle abgespalten werden. Dies setzt voraus, dass die funktionellen Gruppen des einen Monomers Doppelbindungen besitzen, an die sich die funktionellen Gruppen des anderen Monomeren addieren lassen.
Additionsreaktionen bifunktioneller Monomeren führen zu Thermoplasten; trifunktionelle Monomere bilden Duroplaste.

Polyurethane

Polyurethane gehören zu den wichtigsten Kunststoffen, die man durch Polyaddition herstellt. Sie bilden sich durch Addition von mehrwertigen Alkoholen an bi- oder trifunktionelle Isocyanate. Durch chemisches Schäumen entstehen Polyurethan-Schaumstoffe. Dazu setzt man bei der Synthese Spuren von Wasser zu, die sich mit den Isocyanat-Gruppen zu Amino-Gruppen und Kohlenstoffdioxid umsetzen. Das Kohlenstoffdioxid-Gas treibt den sich bildenden Kunststoff zum Schaum auf.
Schaumstoffe aus Polyurethanen können je nach Monomeren weich, hart oder hochelastisch sein. Hartschaum dient als Isoliermaterial, hochelastische Schäume werden zu Schuhsohlen verarbeitet; Weichschaum findet in der Möbelindustrie Verwendung.

H_2O

Beispiel	Monomere	Herstellung
Polyurethan	Butan-1,4-diol und Toluylen-2,6-diisocyanat	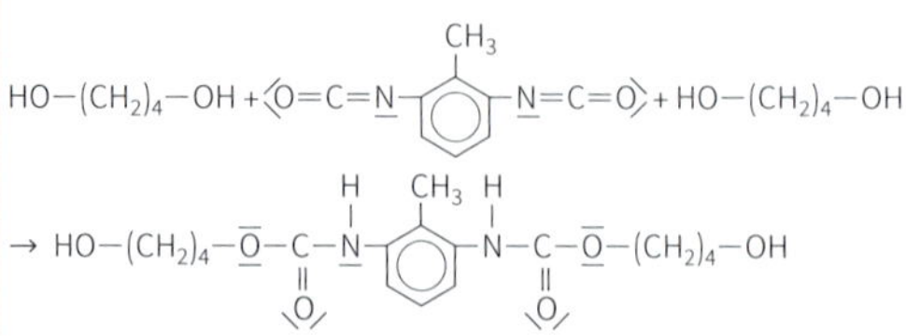

Abb. 15.11: Beispiel für eine Polyaddition

15.3 Kunststoffe aus Naturprodukten

Gummi

a) Naturkautschuk

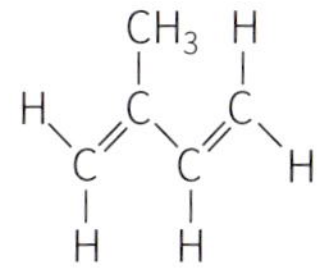

Naturkautschuk kommt im Milchsaft (Latex) des Kautschukbaums vor und ist ein natürliches Polymerisat aus Isopren-Monomeren (2-Methylbuta-1,3-dien), siehe links. Naturkautschuk erweicht bereits bei etwa 30 °C und ist wenig chemikalienbeständig. Daher erfolgt bei der Verarbeitung eine Vernetzung der weitmaschigen Moleküle durch Einbau von Schwefelbrücken. Diesen Prozess bezeichnet man als **Vulkanisation** (1883, GOODYEAR). Das Vernetzungsprodukt heißt Gummi.

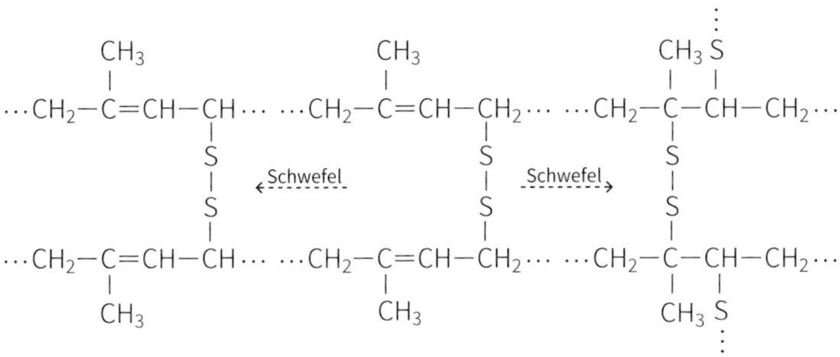

Abb. 15.12: Vulkanisation von Naturkautschuk

b) Synthesekautschuk

Durch Polymerisation von Buta-1,3-dien erhält man Polybutadien, welches als Hartgummi und als Laufflächenmaterial für Autoreifen eingesetzt wird:

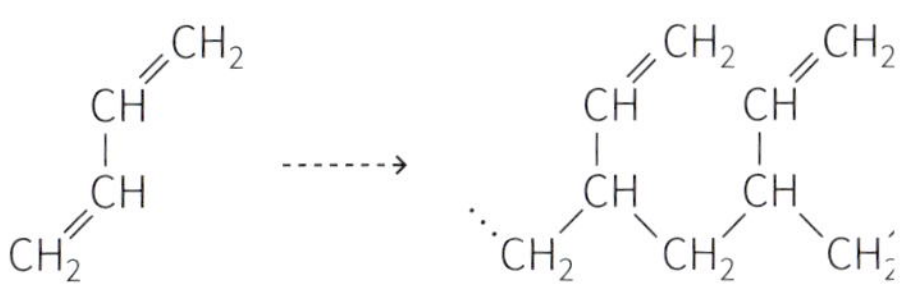

Celluloid

Durch Veresterung des Polysaccharids Cellulose mit Salpetersäure erhält man Cellulosenitrat (→ Abb. 15.13), welches mit Campher zu Celluloid verarbeitet wird. Celluloid dient als Trägermaterial für Filme und zur Fertigung von Billardkugeln. Ester aus Cellulose und Essigsäure dienen zur Herstellung von Kämmen, Folien, Klarsichtverpackungen und ähnlichen Materialien.

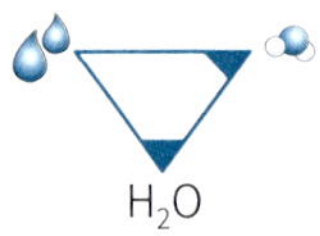

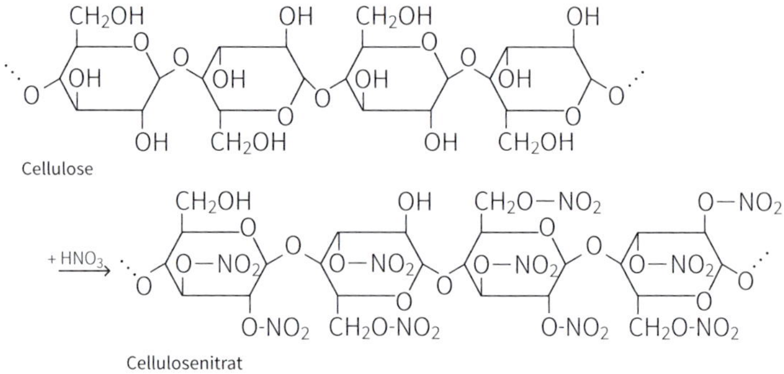

Abb. 15.13: Bildung von Cellulosenitrat

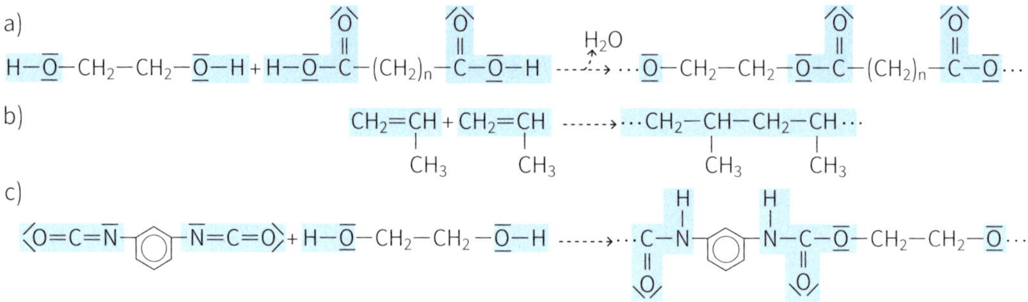

Abb. 15.14: Überblick über die Bildung von Makromolekülen durch
a) Polykondensation, b) Polymerisation, c) Polyaddition

Überblick

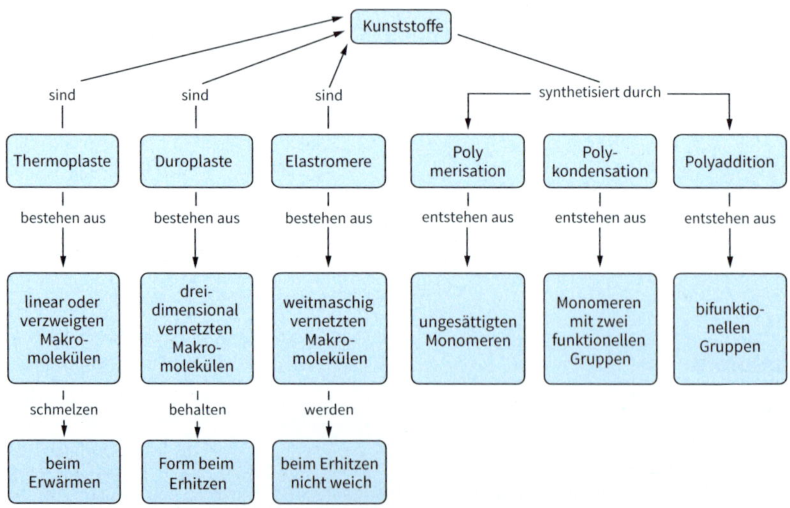

Glossar

α-Aminosäuren
Bausteine der →Proteine, bei denen die Amino-Gruppe stets am unmittelbar zur →Carboxy-Gruppe benachbarten C-Atom sitzt.

π-Bindung
Ist Komponente einer Mehrfachbindung. Sie kann nur entstehen, wenn schon eine →σ-Bindung als Elektronenpaarbindung (→Atombindung) vorhanden ist. Bei der π-Bindung überlappen die nichthybridisierten p-Elektronen zu einem →Molekülorbital. Aufgrund der Mehrfachbindung ist sie nicht rotationssymmetrisch.

σ-Bindung
Ist eine Elektronenpaarbindung (→Atombindung) hybridisierter →Orbitale, die rotationssymmetrisch zur Bindungsachse der beiden Atomkerne ist und daher eine freie Drehbarkeit der Atome um die Bindungsachse ermöglicht.

Aktivierungsenergie
Mindestenergie, die zugeführt werden muss, damit Reaktionen in Gang kommen.

Aldose
Monosaccharid mit endständiger →Carbonyl-Gruppe (Aldehyd-Gruppe).

Alkanale
Organische Verbindungen mit endständiger →Carbonyl-Gruppe (Aldehyd-Gruppe).

Alkane
Haben die allgemeine Formel: C_nH_{2n+2}, sind Kohlenwasserstoffe mit maximal möglicher Zahl an Wasserstoff-Atomen (gesättigte Kohlenwasserstoffe).

Alkanone
Organische Verbindung. Kohlenwasserstoff mit einer →Carbonyl-Gruppe (Keto-Gruppe) an einem →sekundären C-Atom.

Alkene
Haben die allgemeine Formel C_nH_{2n}. Sie sind ungesättigte Kohlenwasserstoffe mit mindestens einer C=C-Doppelbindung.

Alkine
Haben die allgemeine Formel C_nH_{2n-2}. Sie sind ungesättigte Kohlenwasserstoffe mit mindestens einer C≡C-Dreifachbindung.

Amine
Substitutionsprodukte des Ammoniaks, bei dem ein oder mehrere H-Atome durch aliphatische oder aromatische Reste ersetzt sind.

Ampholyt
Teilchen, das sowohl als Säure als auch als Base reagieren kann.

Aminosäuren
Carbonsäuren, bei denen ein H-Atom oder mehrere H-Atome der Alkyl-Gruppe durch die Amino-Gruppe $-NH_2$ ersetzt sind.

Amylopektin
Bestandteil der Stärke: Bis zu einer Million α-Glucose-Einheiten sind α-(1,4)-glykosidisch verknüpft. Zusätzlich ist etwa jede 25. Glucose-Einheit α-(1,6)-glykosidisch verknüpft, was zu Verzweigungen der Kette führt.

Amylose
Bestandteil der Stärke: Bis zu 10 000 α-Glucose-Einheiten sind α-(1,4)-glykosidisch miteinander verknüpft.

Anion
Negativ geladenes Teilchen.

Anode
Elektrode, an der eine →Oxidation stattfindet.

Anthrachinon-Farbstoffe
stellen eine große Gruppe synthetischer und natürlich vorkommender organischer →Farbstoffe dar. Chromophor ist das Diphenylketon-System.

Asymmetrisches C-Atom
C-Atom ist mit vier unterschiedlichen Substituenten verbunden.

Atombindung (Elektronenpaarbindung)
Bindung zwischen Nichtmetall-Atome durch gemeinsame Elektronenpaare (→Molekül).

Autoprotolyse
→ Protolyse, die zwischen gleichartigen Teilchen abläuft.

Azo-Farbstoffe
stellen die größte Klasse der synthetischen organischen → Farbstoffe dar. → Chromophor ist die Azo-Gruppe (—N=N-Gruppe) in Verbindung mit aromatischen Systemen.

Base (nach Brönsted)
Protonenakzeptor

Basenkonstante K_B
Maß für die Basenstärke.

Bindungsenergie
→ Energie, die benötigt wird, um um eine Elektronenpaarbindung (→ Atombindung) zu spalten.

Born-Haber-Kreisprozess
Eine Anwendung des Satzes von Hess (→ Hess, Satz von) zur Bestimmung der → Gitterenergie von Ionengittern, da diese Größe experimentell nicht messbar ist.

Brennstoffzelle
→ Primärzellen, bei denen die Reaktanden von außen kontinuierlich zugeführt und an Elektroden mit Katalysatorwirkung elektrochemisch umgesetzt werden.

Carbonsäurederivat
Die → Hydroxy-Gruppe der → Carboxy-Gruppe ist durch andere Atome oder Atomgruppen ersetzt.

Carbonyl-Gruppe
Funktionelle Gruppe der → Alkanale und → Alkanone sowie der Carbonsäureester, bei der ein Sauerstoff-Atom über eine Doppelbindung an ein Kohlenstoff-Atom gebunden ist: C=O.

Carboxy-Gruppe
Funktionelle Gruppe der Carbonsäuren: —COOH.

Cellulose
Bestandteil der pflanzlichen Zellwand; mehrere Tausend β-Glucose-Einheiten sind β-(1,4)-glykosidisch miteinander verknüpft.

Chemisches Gleichgewicht
In einem geschlossenen System stellt sich für eine umkehrbare Reaktion bei konstanter Temperatur und bei konstantem Druck ein gleich bleibendes Stoffmengenverhältnis zwischen den Edukten (Ausgangsstoffen) und den Produkten (Endstoffen) ein, wobei auf der Teilchenebene die Geschwindigkeit der Hinreaktion gleich der Geschwindigkeit der Rückreaktion ist (dynamisches Gleichgewicht).

Chirale Moleküle
Moleküle, die sich wie Bild und Spiegelbild verhalten.

Chromophore
Chromophore sind Atomgruppen in einer Verbindung mit π-Elektronensystemen (Mehrfachbindungen), die die Farbigkeit der Verbindung verursachen, indem sie bestimmte Wellenlängen des Lichts absorbieren.

***cis-trans*-Isomerie**
Unterschiedliche Stellung von Substituenten an Doppelbindungen von Molekülen. *cis:* beide Substituenten befinden sich auf der gleichen Seite der Doppelbindung; *trans:* beide Substituenten sind gegenüberliegend bezogen auf die Doppelbindung.

Delokalisierte Elektronen
π-Elektronen sind nicht einer Bindung zuzuordnen. Sie verteilen sich über mehr als zwei Atome.

Denaturierung
Veränderung der räumlichen Struktur von → Proteinen oder DNA, sodass diese Biomoleküle nicht mehr funktionsfähig sind.

Diazotierung
Reaktion von primären aromatischen → Aminen mit Nitrit-Ionen bei der Herstellung von → Azo-Farbstoffen.

Dipol
Molekül mit polaren Elektronenpaarbindungen und Zentren positiver und negativer Ladung.

Dipol-Dipol-Wechselwirkung
Elektrostatische Anziehung zwischen (permanenten) → Dipolen.

Disaccharide
Entstehen durch die Verknüpfung von zwei Monosacchariden unter Wasserabspaltung.

Disproportionierung
Vorgang bei einer → Redoxreaktion, bei der ein- und dasselbe Teilchen zugleich oxidiert und reduziert wird.

Donator-Akzeptor-Konzept
Chemisches Basiskonzept; Austausch von Teilchen wie Protonen (→ Protolyse) oder Elektronen (→ Redox-Reaktion) zwischen den Reaktionspartnern beim Zusammenstoß, der zu einer chemischen Reaktion führt. Dabei wird der abgebende Reaktionspartner als Donator, der aufnehmende Reaktionspartner als Akzeptor bezeichnet.

Duroplasten (Kunststoffe)
Die Makromoleküle des Kunststoffs sind durch Elektronenpaarbindungen dreidimensional eng vernetzt und lassen sich nach ihrer Aushärtung nicht mehr verformen.

Elastomere
Kunststoffe, die sich durch Zug oder Druck leicht verformen lassen und aufgrund ihrer Elastizität immer wieder in die ursprüngliche Form zurückkehren.

Elektrode
Mehrdeutiger Begriff in der Elektrochemie, der sich auf das Redoxsystem einer → Halbzelle bezieht:
1. Metall als Bestandteil eines Redoxsystems, das an der Potentialbildung beteiligt ist, wie z. B. Cu/Cu^{2+}.
2. Inertes Metall, das Elektronen in das Redoxsystem einer Halbzelle zu- oder ableitet, beispielsweise Platin oder Graphit.
3. Metall als Bestandteil eines Redoxsystems, das man als Messpunkt für die Zellspannung nutzen kann.

Elektronenpaarbindung
→ Atombindung

Elektrolyse
ist eine durch Gleichstrom erzwungene → Redoxreaktion, die in einer Elektrolysezelle abläuft. Dabei bleibt im Vergleich zur galvanischen Zelle die Zuordnung von Minus- und Pluspol bestehen, jedoch wird der Minuspol zur → Kathode (Reduktionsreaktion) und der Pluspol zur → Anode (Oxidationsreaktion).

Elektrolyt
Ein elektrisch leitendes Medium (Lösung, Schmelze, Feststoff) auf der Grundlage von beweglichen Ionen.

Elektron
Teilchen mit einer quantifizierbaren negativen Ladung, das eine außerordentlich geringen Masse besitzt.

Elektronegativität
Maß für die Fähigkeit eines Atoms, in einer Elektronenpaarbindung Bindungselektronen anzuziehen.

Elektronenaffinität
Energie, die umgesetzt wird, wenn Atome ein Elektron aufnehmen (→ Elektronegativität).

Elektronenakzeptor
Elektronenaufnehmendes Teilchen bei einer → Redoxreaktion.

Elektronendonator
Elektronenabgebendes Teilchen bei einer Redoxreaktion.

Elektronenkonfiguration
Man erhält sie für ein Atom, indem man alle Elektronen des Atoms Orbitalen zuordnet.

Elektronenübergang
Findet bei Redoxreaktionen statt. Der Reaktionspartner, der Elektronen abgibt, wird als Elektronendonator, der aufnehmende Reaktionspartner als Elektronenakzeptor bezeichnet.

Elektrophil
„Elektronen liebend", Teilchen mit Elektronenmangel.

Enantiomere
Spiegelbild-Isomere, verhalten sich wie Bild und Spiegelbild und können nicht durch Drehung ineinander überführt werden.

Endergonische Reaktion
Wenn die Änderung der → freien Enthalpie $\Delta_R G_m$ positiv ist ($\Delta_R G^0_m > 0$), kann die Reaktion nicht spontan ablaufen. Sie kann aber durch Arbeit, bzw. durch Zuführung von Energie, erzwungen werden.

Endotherme Reaktion
Bei einer endothermen Reaktion wird Wärme vom System aus der Umgebung aufgenommen. Die → Reaktionsenthalpie ist größer null: $\Delta H > 0$.

Energie
Energie kann weder geschaffen noch vernichtet werden. Energiearten können ineinander umgewandelt werden. Die Energie eines Systems ist ein Maß für die Fähigkeit dieses Systems, Arbeit zu verrichten oder Wärme abzugeben.

Energie, chemische
Teil der Energie des Systems, der in chemischen Bindungen und zwischenmolekularen Wechselwirkungen gespeichert ist. Im Verlauf einer chemischen Reaktion wird durch Abbau und Neuaufbau von Bindungen ein Teil dieser chemischen Energie in andere Energiearten umgewandelt.

Energie/Entropie-Konzept
Chemisches Basiskonzept; alle chemischen Reaktionen sind mit Energieumsatz verbunden. Dabei tendieren chemische Systeme zu einem Zustand, der möglichst energiearm und ungeordnet ist.

Enthalpie *H*
Energieinhalt eines chemischen Systems unter konstantem Druck, wobei nur Enthalpieänderungen (ΔH) messbar sind. Wärmeaufnahme des Systems: $\Delta H > 0$, Wärmeabgabe des Systems: $\Delta H < 0$.

Entropie *S*
Maß für die Unordnung eines chemischen Systems bzw. die Wahrscheinlichkeit eines bestimmten Zustandes. Sie ist neben der → Reaktionsenthalpie Faktor für die Triebkraft einer chemischen Reaktion.

Essenzielle Aminosäuren
Können im menschlichen Organismus nicht synthetisiert werden und müssen mit der Nahrung aufgenommen werden.

Exergonische Reaktion
Wenn die Änderung der → freien Enthalpie $\Delta_R G_m$ negativ ist ($\Delta_R G_m < 0$), läuft eine Reaktion **freiwillig** ab und es kann dabei physikalisch Arbeit geleistet werden.

Exotherme Reaktion
Bei einer exothermen Reaktion wird Wärme vom System an die Umgebung abgegeben. Die → Reaktionsenthalpie ist kleiner null: $\Delta H < 0$.

FARADAY-Gesetze
Mithilfe der FARADAY-Gesetze lassen sich bei → Elektrolysen umgesetzte Ladungs- und → Stoffmengen quantitativ bestimmen.

Farbmittel
Farbgebende Stoffe.

Farbstoffe
→ Farbmittel, die sich im Anwendungsmedium lösen oder in Lösung verarbeitet werden können.

Fette
Ester aus Fettsäuren (langkettigen Carbonsäuren) und Glycerin (Propan-1,2,3-triol).

Formalladungen
Man erhält sie, indem man von der Anzahl der Valenzelektronen des freien Atoms die freien Elektronen und die Hälfte der Bindungselektronen des Atoms im Molekül subtrahiert.

Freie Elektronenpaare
Valenzelektronen eines Atoms, die nicht an einer Bindung beteiligt sind.

Freie Enthalpie (GIBBS'sche Energie) *G*
ist Maß für die faktisch nutzbare oder notwendige Energie einer chemischen Reaktion. Die freie Enthalpie lässt sich aus der Differenz von der (Gesamt-) → Enthalpie *H* und dem Produkt aus Temperatur *T* und → Entropie *S* eines Systems berechnen: $G = H - T \cdot S$

Funktionsisomerie
Verbindungen mit unterschiedlichen funktionellen Gruppen bei gleicher Summenformel. Beispiel: C_2H_6O: Ethanol und Dimethylether.

Galvanische Zelle (galvanisches Element)
Ist eine elektrochemische Spannungsquelle (z.B. Batterie), die entsteht, wenn zwei unterschiedliche →Halbzellen über eine →Elektrolytbrücke und einen äußeren Leiter miteinander verbunden werden.

Galvanisieren
Überziehen von Werkstücken mit einem Metall durch →Elektrolyse.

Geschwindigkeitskonstante
Sie ist charakteristischer Bestandteil einer Reaktionsgeschwindigkeitsgleichung und temperaturabhängig.

GIBBS-HELMHOLTZ-Gleichung
verknüpft mathematisch die →Enthalpie- und →Entropie-Änderung einer chemischen Reaktion: $\Delta G = \Delta H - T \cdot \Delta S$ (ΔG →freie Enthalpie).

Gitterenergie
Energiebetrag, der freigesetzt wird, wenn Ionen aus der Gasphase heraus ein Ionengitter bilden.

Glykogen
Nennt man tierische Stärke, die ein stark verzweigtes Polysachccarid aus Glucose-Grundeinheiten darstellt.

Glykosidische Bindung
Bindung zwischen zwei Monosacchariden, die durch Abspaltung von Wasser zwischen einer →halbacetalischen OH-Gruppe und einer alkoholischen OH-Gruppe entstanden ist.

Gruppe im PSE
Vertikale Reihe des Periodensystems. Elemente einer Gruppe besitzen die gleiche Anzahl an Elektronen auf der äußeren Schale bzw. dem größten Hauptenergieniveau.

Halbacetal
Das Produkt einer Reaktion zwischen einer Aldehyd-Gruppe und einer alkoholischen OH-Gruppe.

Halbsynthetische Kunststoffe
Bestehen aus natürlichen Polymeren, die chemisch verändert wurden.

Halbzelle (Halbelement)
Bezeichnung für ein Redoxsystem mit →Elektrode. Dabei kann die Elektrode Teil des Redoxsystems oder inerte Ableitelektrode sein. Zwei Halbzellen können zu einem galvanischen Element kombiniert werden.

Hauptquantenzahl (*n*)
Gibt die Energie und die Größe des Orbitals an.

HESS, Satz von
Die →Reaktionsenthalpie bei einer chemischen Reaktion ist unabhängig vom Reaktionsweg, sie hängt nur vom Ausgangs- und Endzustand des Systems ab.

Heterogene Katalyse
Katalysator und Edukt liegen in verschiedenen Phasen vor.

Heterolyse
Spaltung einer →Atombindung (Elektronenpaarbindung) in der Weise, dass eines der beteiligten Atome beide Elektronen der Bindung erhält und so zum →Anion wird und das andere Atom durch den Elektronenverlust zum →Kation.

Hexose
Monosaccharid mit sechs C-Atomen.

Homogene Katalyse
Katalysator und Edukt liegen in gleicher Phase vor.

Homolyse
Spaltung einer →Atombindung (Elektronenpaarbindung) in der Weise, dass jedes der beteiligten Atome eines der beiden Elektronen erhält. Auf diese Weise entstehen zwei Radikale.

HUND'sche Regel
Energiegleiche →Orbitale gleicher →Nebenquantenzahl werden zunächst einfach besetzt.

Hybridisierung
Neukombination von Atomorbitalen hinsichtlich Energie und Gestalt.

Hybridorbital
Orbital, das durch → Hybridisierung entstanden ist.

Hydrathülle
In wässriger Lösung sind alle Ionen von einer Hülle aus Wassermolekülen umgeben.

Hydrophil
Wasserliebend; hydrophile Verbindungen lösen sich gut in Wasser.

Hydrophob
Wasserabstoßend; hydrophobe Verbindungen lösen sich nicht in Wasser.

Hydroxy-Gruppe
Funktionelle Gruppe der Alkanole.

Indikatoren
Farbige organische schwache Säuren oder Basen, deren korrespondierende Basen oder Säuren eine andere Farbe besitzen.

Induktiver Effekt
Atome und Atomgruppen beeinflussen die Reaktivität einer funktionellen Gruppe in einem Molekül (Nachbargruppeneffekt).

Ionenbindung
Elektrostatische Anziehung bzw. Bindung zwischen positiv (Metall, Ammonium) und negativ (Nichtmetall) geladenen Ionen in einem Ionengitter. Sie kam dadurch zustande, dass das Metall-Atom Elektronen abgegeben hatte, das Nichtmetall-Atom Elektronen aufgenommen hatte.

Isoelektrischer Punkt
Der → pH-Wert, bei dem die → Aminosäure als → Zwitterion vorliegt und nicht im elektrischen Feld wandert.

Isolierte Doppelbindung
Mindestens zwei Einfachbindungen zwischen zwei Doppelbindungen.

Isomerie
Unterschiedliche Verbindungen mit gleicher Molekülformel (Summenformel).

Katalysatoren
Stoffe, die eine Reaktion beschleunigen, am Ende aber wieder in der ursprünglichen Form vorliegen. Sie erniedrigen die benötigte → Aktivierungsenergie.

Kathode
Elektrode, an der eine → Reduktion stattfindet.

Kation
Positiv geladenes Teilchen.

Keto-Enol-Tautomerie
Isomerieart mit unterschiedlicher Position eines Protons im Molekül.

Ketone
Organische Carbonyl-Verbindungen mit einem doppelt gebundenen Sauerstoff (Keto-Gruppe) an einem sekundären C-Atom.

Ketose
Monosaccharid mit doppelt gebundenem (Carbonyl-) Sauerstoff am zweiten C-Atom der Kohlenstoffkette (Keto-Gruppe).

Kohlenhydrate
Bestehen neben Kohlenstoff aus Wasserstoff und Sauerstoff, welche in der Regel im Verhältnis 2 : 1 stehen, wie z. B. bei Glucose: $C_6(H_2O)_6$.

Konformations-Isomerie
Unterschiedliche Atompositionen durch Drehung um Einfachbindungen.

Konjugierte Doppelbindung
Alternierende Anordnung von Einfach- und Doppelbindungen.

Konstitutions-Isomere
Isomere mit unterschiedlicher Verknüpfung in der Reihenfolge ihrer Atome.

Konzept des chemischen Gleichgewichts
Chemisches Basiskonzept; reversible chemische Reaktionen können in geschlossenen Systemen zu einem Gleichgewichtszustand führen, der mathematisch mithilfe des → Massenwirkungsgesetzes (MWG) beschreibbar ist.

Korrespondierendes Säure/Base-Paar
Zwei Teilchen, die sich nur durch ein Proton unterscheiden, wie z. B. H_2O/H_3O^+.

Korrosion
Zerstörung von Metallen von der Oberfläche her durch elektrochemische Reaktionen mit ihrer Umgebung.

KOSSEL, Regel von
Die Reaktionsfähigkeit von Atomen beruht auf deren Bestreben, durch Abgabe oder Aufnahme von Elektronen in der Reaktion mit anderen Atomen Edelgaskonfiguration zu erreichen.

Kumulierte Doppelbindung
Die Doppelbindungen befinden sich unmittelbar nebeneinander.

LEWIS-Formel
= Valenzstrichformel = Strukturformel.

Lokalelement
Ein Lokalelement ist eine kurzgeschlossene → galvanische Zelle, bei der → Anode und → Kathode nicht räumlich voneinander getrennt sind, sondern sich berühren.

Löslichkeitsprodukt K_L
Gleichgewichtskonstante für das Löslichkeitsgleichgewicht schwerlöslicher Salze.

Magnetquantenzahl m
Gibt die Lage des → Orbitals im Raum an.

Massenkonzentration β
Umrechnungsgröße: Quotient aus der Masse gelösten Stoffs und dem Volumen der Lösung mit der Einheit g/l: $\beta = m/V$.

Massenwirkungsgesetz (MWG)
Bei einem homogenen System im chemischen Gleichgewicht ist das Produkt der Konzentrationen der rechts vom Reaktionspfeil stehenden Teilchen dividiert durch das Produkt der Konzentrationen der links vom Reaktionspfeil stehenden Teilchen bei einer bestimmten Temperatur konstant.

Mesomerie
Elektronenverteilung in einem Molekül wird durch mehrere (fiktive) → LEWIS-Formeln (Grenzformeln) beschrieben.

Mesomerieenergie
Energiedifferenz zwischen den Verbindungen mit delokalisierten Elektronen und der hypothetischen Form mit lokalisierten Doppelbindungen.

Mesomeriestabilisiert
Teilchen mit delokalisierten π-Elektronen sind energiearm (= stabil).

Mol
Einheit der Stoffmenge n. Ein Mol entspricht $6{,}022 \cdot 10^{23}$ Teilchen gleicher Art eines Stoffes.

Molare Masse M
Umrechnungsgröße: Quotient aus Masse m und Stoffmenge n eines reinen Stoffes mit der Einheit g/mol: $M = m/n$

Molares Volumen V_m
Umrechnungsgröße: Quotient aus dem Volumen V und Stoffmenge n eines reinen Gases mit der Einheit l/mol.
$V_m = V/n$.
V_m (Gase, 25 °C, 1000 hPa) = 24 l/mol

Molekül
Verbindung aus Nichtmetall-Atomen, die auf der Bildung gemeinsamer Elektronenpaare beruht.

Molekülorbitale
Entstehen durch Überlappen benachbarter Atomorbitale.

Mutarotation
Die Änderung des Drehwinkels einer Lösung aus α- und β-Isomeren bis zur Gleichgewichtseinstellung.

Nebenquantenzahl (l)
Gibt die Form des → Orbitals an.

NERNST-Gleichung
Stellt den quantitativen Zusammenhang zwischen der → Elektrolytkonzentration c und dem → Elektrodenpotential her. Mit der NERNST-Gleichung lässt sich die Konzentrationsabhängig-

keit des Redoxpotentials eines →Redoxpaares beschreiben, das heißt, man kann das Potential einer →Halbzelle mit beliebiger Elektrolytkonzentration berechnen.

Nitroverbindungen
Derivate aliphatischer oder aromatischer Kohlenwasserstoffe mit einer oder mehreren Nitrogruppen im Molekül.

Nucleophil
„Kernliebend" d.h. wird von positiver Ladung angezogen; Teilchen mit Elektronenüberschuss.

Oktettregel
Jedem Atom werden in der →LEWIS-Formel vier Elektronenpaare zugeordnet.

Oligopeptide
Molekül, bei dem weniger als →10 Aminosäuren miteinander verknüpft sind.

Oligosaccharide
Molekül, bei dem zwei bis zehn Monosaccharide miteinander verknüpft sind.

Optisch aktive Verbindungen
Drehen die Schwingungsebene von linear polarisiertem Licht.

Orbital
Aufenthaltsbereich in einem Atom bzw. Molekül, in dem ein Elektron mit großer Wahrscheinlichkeit anzutreffen ist.

Oxidation
Abgabe eines Elektrons oder mehrerer Elektronen an einen Reaktionspartner bzw. Teilreaktion, bei der die →Oxidationszahl eines Atoms erhöht wird; historisch: Reaktion, bei der sich ein Stoff mit Sauerstoff verbindet.

Oxidationsmittel
Reaktionsteilnehmer, dessen →Oxidationszahl durch Elektronenaufnahme erniedrigt wird. Das Oxidationsmittel ist →Elektronenakzeptor und wird aufgrund dessen bei der →Redoxreaktion reduziert.

Oxidationszahl
Fiktive Ladung eines Atoms in einer Verbindung. Für die Ermittlung der Oxidationszahl werden die beiden Bindungselektronen jeweils den elektronegativeren Atomen zugeordnet.

Passivierung
Bildung einer schwer angreifbaren Deckschicht auf unedlen Metallen, meistens durch Bildung einer lückenlosen, festhaftenden Metalloxidschicht. Beispiel: Aluminiumoxidschicht bei Aluminium.

PAULING-Schreibweise
Orbitalschreibweise, bei der das →Orbital als Kästchen dargestellt, die Elektronen durch Pfeile symbolisiert werden.

PAULI-Prinzip
Alle Elektronen eines →Orbitals müssen sich in mindestens einer der vier →Quantenzahlen unterscheiden.

Pentose
Monosaccharid mit fünf C-Atomen.

Periode im PSE
Horizontale Reihe des Periodensystems der Elemente. Elemente einer Periode besitzen dieselbe Schalenzahl bzw. dasselbe Hauptenergieniveau.

Phenole
Verbindungen, bei denen eine oder mehrere OH-Gruppen unmittelbar an einen Benzolring gebunden sind.

pH-Wert
Der negative dekadische Logarithmus des Zahlenwertes der (H_3O^+)-Konzentration bzw. H^+ (aq)-Konzentration einer wässrigen Lösung.

Pigmente
Anorganische oder organische →Farbmittel, die im Anwendungsmedium unlöslich sind.

Polare Atombindung (Elektronenpaarbindung)
Bindung zwischen Atomen mit unterschiedlicher →Elektronegativität.

Polyaddition
Verknüpfung bifunktioneller Monomere über Endgruppen, die Additionsreaktionen eingehen, zu Polymeren.

Polykondensation
Reaktion von Monomeren mit je zwei funktionellen Gruppen zu Polymeren unter Abspaltung kleiner Moleküle wie z. B. Wasser.

Polymerisation
Reaktion von ungesättigten Monomeren unter Aufspaltung der Doppelbindungen zu Polymeren.

Polypeptide
10 bis 100 → Aminosäuren sind miteinander zu Makromolekülen verknüpft.

Polysaccharide
Makromoleküle mit mehr als 10 Monosacchariden als Bausteine.

Primärer Alkohol
Die → Hydroxy-Gruppe sitzt an einem primären Kohlenstoff-Atom.

Primäres C-Atom
Hat in einem organischen Teilchen nur ein einziges C-Atom als Bindungsnachbarn.

Primärstruktur der Proteine
Reihenfolge der miteinander über Peptidbindungen verknüpften → Aminosäuren (Aminosäuresequenz).

Primärzelle
→ Galvanische Zellen, deren Zellreaktion nicht umkehrbar ist, das heißt, sie lassen sich nur entladen, aber nicht mehr aufladen.

Prinzip von LE CHÂTELIER
(= Prinzip vom kleinsten Zwang); jede Störung eines Gleichgewichts durch die Änderung der äußeren Bedingungen (Temperatur-, Druck- oder Konzentrationsänderung) führt zu einer Verschiebung des chemischen Gleichgewichts, die der Störung entgegenwirkt.

Promotion (Promovierung)
Energetische Anhebung eines Elektrons in ein energiereicheres → Orbital.

Proteine (Eiweißstoffe)
Sind aus den 20 natürlich vorkommenden → α-Aminosäuren aufgebaut, die über Peptidbindungen miteinander verknüpft sind.

Protolyse
Protonenübergang zwischen einer BRÖNSTED-Säure und einer BRÖNSTED-Base.

Proton
Protonen haben eine positive Elementarladung und sind Bestandteile des Atomkerns. Sie haben eine Masse von etwa 1 u. Die Ordnungszahl eines Elements entspricht der Anzahl der Protonen im Atomkern.

Puffer
Eine wässrige Lösung, deren → pH-Wert sich bei Zusatz nicht allzu großer Mengen an Säuren oder Basen oder bei Verdünnung nur unwesentlich ändert.

Quantenzahl
Charakterisiert den Zustand des Elektrons im Atom. Man unterscheidet: → Hauptquantenzahl n, → Nebenquantenzahl l, → Magnetquantenzahl m und → Spinquantenzahl s.

Quartäres C-Atom
Hat in einem organischen Teilchen vier C-Atome als direkte Bindungsnachbarn.

Quartärstruktur der Proteine
Zwei oder mehrere Polypeptidketten lagern sich zu einem funktionsfähigen Protein zusammen.

Reaktionsenergie ΔU
Wärme, die ein System bei einer chemischen Reaktion unter **konstantem Volumen** abgibt oder aufnimmt.

Reaktionsenthalpie ΔH
Wärme, die ein System bei einer chemischen Reaktion unter **konstantem Druck** abgibt oder aufnimmt. Sie ist unabhängig vom Reaktionsweg und hängt nur vom Ausgangs- und Endzustand des Systems ab.

Reaktionsgeschwindigkeits-Konzept
Chemisches Basiskonzept; Stoffe reagieren unterschiedlich schnell miteinander. Ausschlaggebend für die Reaktionsgeschwindigkeit sind (neben der Natur der beteiligten Stoffe) Faktoren wie Zerteilungsgrad, Temperatur, Konzentration und Katalysator.

Redoxpaar, korrespondierendes
Reduktionsmittel und Oxidationsmittel, die bei Redoxreaktionen ineinander über gehen.

$$\text{Reduktionsmittel} \underset{\text{Reduktion}}{\overset{\text{Oxidation}}{\rightleftharpoons}} \text{Oxidationsmittel} + z\,e^-$$

z: Anzahl der pro Formelumsatz ausgetauschten Elektronen.

Redoxreaktion
Elektronenaustauschreaktion, chemische Umsetzung bei der gleichzeitig Oxidation und Reduktion, also ein Elektronenübergang stattfindet; historisch: Sauerstoffaustauschreaktion.

Reduktion
Aufnahme eines Elektrons oder mehrerer Elektronen vom Reaktionspartner bzw. Teilreaktion, bei der die → Oxidationszahl eines Atoms erniedrigt wird; historisch: Reaktion, bei der eine Verbindung Sauerstoff abgibt.

Reduktionsmittel
Reaktionsteilnehmer, dessen → Oxidationszahl durch Elektronenabgabe erhöht wird. Das Reduktionsmittel ist → Elektronendonator und wird deswegen bei der → Redoxreaktion oxidiert.

RGT-Regel (Reaktionsgeschwindigkeits-Temperatur-Regel
Die Reaktionsgeschwindigkeit steigt auf das Doppelte bis Vierfache, wenn man die Temperatur um 10 °C erhöht.

Salzartige Stoffe
Ionenverbindungen.

Sauerstoff-Korrosion
Unter Sauerstoff-Korrosion versteht man die Zerstörung von Metallen, bei der in der Elektrolytlösung gelöster Sauerstoff kathodisch zu Hydroxid-Ionen reduziert wird.

Säure (nach BRÖNSTED)
Protonendonator.

Säureamide
Derivate von Carbonsäuren bzw. der Kohlensäure, bei denen die → Hydroxy-Gruppe durch eine Amino-Gruppe ersetzt ist.

Säurekonstante K_S
Maß für die Säurestärke.

Säure-Korrosion
Unter Säure-Korrosion versteht man die Zerstörung von Metallen durch die Hydronium-Ionen einer → Elektrolytlösung unter Wasserstoffentwicklung.

Sekundärer Alkohol
Die → Hydroxy-Gruppe sitzt an einem C-Atom, welches mit zwei weiteren C-Atomen Bindungen eingeht.

Sekundäres C-Atom
Hat in einem organischen Teilchen zwei C-Atome als Bindungsnachbarn.

Sekundärstruktur der Proteine
Die regelmäßige räumliche Anordnung von Peptidketten zu α-Helices und/oder β-Faltblattstrukturen.

Sekundärzellen
Sind → galvanische Zellen, deren Zellreaktion umkehrbar ist. Sie lassen sich mehrfach entladen und mit einer fremden Stromquelle wieder aufladen. Sie werden auch als Akkumulatoren oder „Akkus" bezeichnet.

Spannungsreihe
Zusammenstellung der Standard-Elektrodenpotentiale, nach Größe geordnet, in einer Tabelle.

sp-Hybridisierung
Neukombination eines s- und eines p-Orbitals zu zwei neuen Atomorbitalen, die hinsichtlich Energie und Gestalt eine Mischung der ursprünglichen → Orbitale darstellen.

sp^2-Hybridisierung
Neukombination eines s- und zweier p-Orbitale zu drei neuen Atomorbitalen, die hinsichtlich Energie und Gestalt eine Mischung der ursprünglichen → Orbitale darstellen.

sp^3-Hybridisierung
Neukombination eines s- und dreier p-Orbitale zu vier neuen Atomorbitalen, die hinsichtlich Energie und Gestalt eine Mischung der ursprünglichen Orbitale darstellen.

Spinquantenzahl (s)
Gibt die Eigenrotation des Elektrons im → Orbital an.

Standard-Bildungsenthalpie, molare $\Delta_f H_m^0$
Die molare Standard-Bildungsenthalpie einer Verbindung entspricht der bei der Bildung von einem Mol der Verbindung bei Standardbedingungen ($p = 1000\,\text{hPa}$, $T = 298\,\text{K}$) aus den Elementen freigesetzten oder aufgenommenen Wärme. Einheit: $\text{kJ} \cdot \text{mol}^{-1}$.

Standard-Bildungsentropie ΔS_m^0
Ist die → Entropieänderung, die mit der Bildung von einem → Mol einer Verbindung bei Standardbedingungen aus den Elementen einhergeht.

Standard-Bindungsenthalpie, molare $\Delta_B H_m^0$
Die → Enthalpie, die man unter Standardbedingungen ($p = 1013\,\text{hPa}$, $T = 298\,\text{K}$) zur Spaltung von einem → Mol Atombindungen benötigt. Einheit: $\text{kJ} \cdot \text{mol}^{-1}$.

Standard-Elektrodenpotentiale
Halbzellenpotentiale, die auf die Standard-Wasserstoff-Halbzelle bezogen sind.

Standard-Reaktionsenthalpie, molare $\Delta_R H_m^0$
Die bei einer chemischen Reaktion unter konstantem Druck pro Formelumsatz abgegebene ($\Delta H < 0$) oder aufgenommene Wärme ($\Delta H > 0$) bei Standardbedingungen ($p = 1000\,\text{hPa}$, $T = 298\,\text{K}$).

Standard-Reaktionsentropie, molare $\Delta_R S_m^0$
Ergibt sich aus der Differenz der Standard-Bildungsentropien der Produkte und der Edukte $\Delta_R S_m^0 = \Sigma\, \Delta S_m^0\,(\text{Produkte}) - \Sigma\, \Delta S_m^0\,(\text{Edukte})$

Stoffmenge *n*
Basisgröße für Menge eines Stoffes mit der Einheit → Mol.

Stoffmengenkonzentration *c*
Quotient aus der Stoffmenge des gelösten Stoffs und dem Volumen der Lösung mit der Einheit mol/l: $c = n/V$.

Stellungs-Isomerie
Unterschiedliche Verknüpfungsstellen bei gleichen funktionellen Gruppen.

Stoff-Teilchen-Beziehungen
Chemisches Basiskonzept; die erfahrbaren Phänomene der stofflichen Welt sind auf der Teilchenebene deutbar. Stoffebene und Teilchenebene müssen dabei immer konsequent unterschieden werden.

Struktur-Eigenschafts-Beziehungen
Chemisches Basiskonzept; Strukturmerkmale, Art, Anordnung und Wechselwirkung der Teilchen bestimmen die Eigenschaften und somit auch das Reaktionsverhalten eines Stoffes.

Substitution
Austausch einzelner Atome oder Atomgruppen im Molekül einer organischen Verbindung gegen andere Atome oder Atomgruppen.

Synproportionierung
(auch Komproportionierung) nennt man in der Redoxchemie einen Vorgang, bei dem Verbindungen höherer und niedrigerer → Oxidationsstufen desselben Elements miteinander unter Bildung von Verbindungen mittlerer Oxidationsstufe reagieren.

System (und Umgebung)
„System" ist in der Energetik ein genau begrenzter Teil der Welt, der Gegenstand einer Beobachtung oder Messung ist (z. B. Messung eines Energieumsatzes bei einer chemischen Reaktion). Alles, was sich außerhalb des Systems befindet wird als Umgebung bezeichnet

System, geschlossenes
Kann mit seiner Umgebung nur Energie austauschen (z. B. geschlossene Sprudelflasche).

System, isoliertes (abgeschlossenes)
Kann mit seiner Umgebung weder Energie noch Materie austauschen (z. B. Flüssigkeit in in einer „idealen" Thermoskanne).

System, offenes
Kann mit seiner Umgebung sowohl Energie als auch Materie austauschen (z. B. offene Sprudelflasche).

Tertiäres C-Atom
Hat in einem organischen Teilchen drei C-Atomen als Bindungsnachbarn.

Tertiärstruktur der Proteine
Räumliche Anordnung der Sekundärstruktur, die über → Ionenbindungen, Disulfidbindungen, → Wasserstoffbrückenbindungen und → hydrophobe Wechselwirkungen der → Aminosäureseitenketten stabilisiert ist.

Thermoplaste (Kunststoffe)
Makromoleküle, die kettenförmig linear oder wenig verzweigt angeordnet und untereinander nicht vernetzt sind. Sie lassen sich in einem bestimmten Temperaturbereich verformen.

Titration
Ein maßanalytisches Verfahren zur quantitativen Bestimmung der in einer Probelösung enthaltenen Stoffmenge. Die Säure/Base-Titration beruht auf einer Neutralisationsreaktion.

Triphenylmethan-Farbstoffe
Synthetische, brillante Farbstoffe, die sich von Triphenylmethan ableiten. Triphenylmethan weist ein Ringsystem mit chinoider Struktur auf, das als → Chromophor fungiert.

Überspannung
Differenz zwischen der theoretischen → Zellspannung und der an den → Elektroden tatsächlich gemessenen → Zersetzungsspannung bei einer → Elektrolyse. Der Überspannungsanteil einer Elektrodenreaktion hängt von der Stromdichte, der Temperatur, vom abzuscheidenden Stoff, der → Elektrolytkonzentration, vom Elektrodenmaterial und dessen Oberflächenbeschaffenheit ab.

Valenzelektronen
Elektronen der äußeren Schale bzw. des größten Hauptenergieniveaus eines Atoms.

Van-der-Waals-Kraft
Schwache elektrostatische Anziehungskräfte zwischen den induzierten → Dipolen.

Veresterung
Reaktion zwischen Alkohol und → Säure unter Ausbildung einer Esterbindung.

Verseifung
Die alkalische Hydrolyse von Estermolekülen.

Vollsynthetische Kunststoffe
Werden nach Plan aus Monomeren synthetisiert.

Wärme
Energie, die aufgrund einer Temperaturdifferenz zwischen einem → System und seiner Umgebung übertragen wird.

Wärmeenergie
Energie, die ein Objekt aufgrund seiner Temperatur besitzt.

Wasserstoffbrückenbindung
Starke elektrostatische zwischenmolekulare Kraft zwischen polaren Molekülen oder Molekülteilen. Dabei wird das polar gebundene H-Atom eines Moleküls oder Molekülteils von dem F-, O- oder N-Atom mit freiem Elektronenpaar eines anderen Moleküls oder Molekülteils angezogen.

Zellspannung
Die elektrische Spannung, die man zwischen den Polen einer galvanischen Zelle misst. Die Zellspannung U zwischen verschiedenen → Halbzellen einer galvanischen Zelle kann aus den Standardpotentialen U_H^0 berechnet werden $U = U_H^0$ (Akzeptorhalbzelle) – U_H^0 (Donatorhalbzelle).

Zersetzungsspannung
Spannung, die man bei einer → Elektrolyse anlegen muss, damit sich Stoffe in nennenswerter Konzentration abscheiden.

Zwischenmolekulare Kraft
Elektrostatische Anziehung zwischen Molekülen bzw. isolierten Atomen.

Zwitterion
Molekül, das eine postiv geladene funktionelle Gruppe und eine negativ geladene funktionelle Gruppe aufweist, wie beispielsweise Aminosäuren.

Periodensystem

Metalle
Halbmetalle
Nichtmetalle

Ordnungszahl (Protonenzahl) — 4 Be 9,0122 1,57 Beryllium — Atommasse in u; Elektronegativität nach PAULING

Hauptgruppenelemente

	I. Gruppe	II. Gruppe	III. Gruppe	IV. Gruppe	V. Gruppe	VI. Gruppe	VII. Gruppe	VIII. Gruppe
1. Periode	1 H 1,0097 2,2 Wasserstoff							2 He 4,0026 – Helium
2. Periode	3 Li 6,941 0,98 Lithium	4 Be 9,0122 1,57 Beryllium	5 B 10,811 2,04 Bor	6 C 12,011 2,55 Kohlenstoff	7 N 14,007 3,04 Stickstoff	8 O 15,999 3,44 Sauerstoff	9 F 18,998 3,98 Fluor	10 Ne 20,180 – Neon
3. Periode	11 Na 22,990 0,93 Natrium	12 Mg 24,305 1,31 Magnesium	13 Al 26,982 1,61 Aluminium	14 Si 28,086 1,9 Silicium	15 P 30,974 2,19 Phosphor	16 S 32,065 2,58 Schwefel	17 Cl 35,453 3,16 Chlor	18 Ar 39,948 – Argon
4. Periode	39 K 39,098 0,82 Kalium	20 Ca 40,078 1 Calcium	31 Ga 69,723 1,81 Gallium	32 Ge 72,64 2,01 Germanium	33 As 74,922 2,18 Arsen	34 Se 78,96 2,55 Selen	35 Br 79,904 2,96 Brom	36 Kr 83,798 3,0 Krypton
5. Periode	37 Rb 85,468 0,82 Rubidium	38 Sr 87,62 0,95 Strontium	49 In 114,82 1,78 Indium	50 Sn 118,71 1,96 Zinn	51 Sb 121,76 2,05 Antimon	52 Te 127,60 2,1 Tellur	53 I 126,90 2,66 Iod	54 Xe 131,29 2,6 Xenon
6. Periode	55 Cs 132,91 0,79 Caesium	56 Ba 137,33 0,89 Barium	81 Tl 204,38 1,8 Thallium	82 Pb 207,2 1,8 Blei	83 Bi 208,98 1,9 Bismut	84 Po (209) 2 Polonium	85 At (210) 2,2 Astat	86 Rn (222) – Radon
7. Periode	87 Fr (223) 0,7 Francium	88 Ra (226) 0,9 Radium						

Nebengruppenelemente (Übergangsmetalle)

	III. Gruppe	IV. Gruppe	V. Gruppe	VI. Gruppe	VII. Gruppe	VIII. Gruppe			I. Gruppe	II. Gruppe
4. Periode	21 Sc 44,96 1,36 Scandium	22 Ti 47,87 1,54 Titan	23 V 50,94 1,63 Vanadium	24 Cr 52 1,66 Chrom	25 Mn 54,94 1,55 Mangan	26 Fe 55,845 1,83 Eisen	27 Co 58,93 1,88 Cobalt	28 Ni 58,69 1,91 Nickel	29 Cu 63,55 1,9 Kupfer	30 Zn 65,41 1,65 Zink
5. Periode	39 Y 88,91 1,22 Yttrium	40 Zr 91,22 1,33 Zirconium	41 Nb 92,91 1,6 Niob	42 Mo 95,94 2,16 Molybdän	43 Tc (98) 1,9 Technetium	44 Ru 101,07 2,2 Ruthenium	45 Rh 102,91 2,28 Rhodium	46 Pd 106,42 2,2 Palladium	47 Ag 107,87 1,93 Silber	48 Cd 112,41 1,69 Cadmium
6. Periode	57 La 138,91 1,1 Lanthan	72 Hf 178,49 1,3 Hafnium	73 Ta 180,95 1,5 Tantal	74 W 183,84 2,36 Wolfram	75 Re 186,21 1,9 Rhenium	76 Os 190,23 2,2 Osmium	77 Ir 192,22 2,2 Iridium	78 Pt 195,08 2,2 Platin	79 Au 196,97 2,4 Gold	80 Hg 200,59 1,9 Quecksilber
7. Periode	89 Ac (227) 1,1 Actinium	104 Rf (267) – Rutherfordium	105 Db (268) – Dubnium	106 Sg (271) – Seaborgium	107 Bh (270) Bohrium	108 Hs (277) Hassium	109 Mt (270) – Meitnerium	110 Ds (281) – Darmstadtium	111 Rg (280) – Roentgenium	

Lanthaniden

6. Periode	58 Ce 140,12 1,12 Cer	59 Pr 140,91 1,13 Praseodym	60 Nd 144,24 1,14 Neodym	61 Pm (145) 1,13 Promethium	62 Sm 150,36 1,17 Samarium	63 Eu 151,96 1,2 Europium	64 Gd 157,25 1,2 Gadolinium	65 Tb 158,93 1,1 Terbium	66 Dy 162,50 1,22 Dysprosium	67 Ho 164,93 1,23 Holmium
	68 Er 167,26 1,24 Erbium	69 Tm 168,93 1,25 Thulium	70 Yb 173,04 1,1 Ytterbium	71 Lu 174,97 1,27 Lutetium						

Actiniden

7. Periode	90 Th 232,04 1,3 Thorium	91 Pa 231,04 1,5 Protactinium	92 U 238,03 1,7 Uran	93 Np (237) 1,3 Neptunium	94 Pu (244) 1,28 Plutonium	95 Am (243) 1,13 Americium	96 Cm (247) 1,28 Curium	97 Bk (247) 1,3 Berkelium	98 Cf (251) 1,3 Californium	99 Es (252) 1,3 Einsteinium
	100 Fm (257) 1,3 Fermium	101 Md (258) 1,3 Mendelevium	102 No (259) 1,3 Nobelium	103 Lr (262) – Lawrencium						

Standard-Elektrodenpotentiale U_H^0 einiger Redox-Paare

Man bezeichnet diese Reihen auch als **Spannungsreihe** oder **Redoxreihe**.
Mit zunehmendem Standardpotential nimmt die reduzierende Wirkung ab, die oxidierende Wirkung dagegen zu.

Tabellierungsbedingungen: 25 °C (298 K)
s: fester Stoff; g: gasförmig; l: flüssig; aq: in wässriger Lösung

oxidierte Form	$\rightleftharpoons$	**reduzierte Form**	U_H^0 (V)
Li^+ (aq) + e^-	$\rightleftharpoons$	Li (s)	–3,04
K^+ (aq) + e^-	$\rightleftharpoons$	K (s)	–2,92
Ca^{2+} (aq) + e^-	$\rightleftharpoons$	Ca (s)	–2,87
Na^+ (aq) + e^-	$\rightleftharpoons$	Na (s)	–2,71
Mg^{2+} (aq) + 2 e^-	$\rightleftharpoons$	Mg (s)	–2,36
Al^{3+} (aq) + 3 e^-	$\rightleftharpoons$	Al (s)	–1,66
Mn^{2+} (aq) + 2 e^-	$\rightleftharpoons$	Mn (s)	–1,18
2 H_2O (l) + 2 e^-	$\rightleftharpoons$	H_2 (g) + 2 OH^- (aq)	–0,83
Zn^{2+} (aq) + 2 e^-	$\rightleftharpoons$	Zn (s)	–0,76
Cr^{3+} (aq) + 3 e^-	$\rightleftharpoons$	Cr (s)	–0,74
S (s) + 2 e^-	$\rightleftharpoons$	S^{2-} (aq)	–0,48
Fe^{2+} (aq) + 2 e^-	$\rightleftharpoons$	Fe (s)	–0,44
Cr^{3+} (aq) + e^-	$\rightleftharpoons$	Cr^{2+} (aq)	–0,41
Cd^{2+} (aq) + 2 e^-	$\rightleftharpoons$	Cd (s)	–0,40
Co^{2+} (aq) + 2 e^-	$\rightleftharpoons$	Co (s)	–0,28
Ni^{2+} (aq) + 2 e^-	$\rightleftharpoons$	Ni (s)	–0,25
Sn^{2+} (aq) + 2 e^-	$\rightleftharpoons$	Sn (s)	–0,14
Pb^{2+} (aq) + 2 e^-	$\rightleftharpoons$	Pb (s)	–0,13
2 H (aq) + 2 e^-	$\rightleftharpoons$	H_2 (g)	0,00
So_4^{2-} (aq) + 4 H^+ (aq) + 2 e^-	$\rightleftharpoons$	SO_2 (aq) + 2 H_2O (l)	0,16
Cu^{2+} (aq) + e^-	$\rightleftharpoons$	Cu^+ (aq)	0,16
S (s) + 2 H^+ (aq) + 2 e^-	$\rightleftharpoons$	H_2S (g)	0,17
Cu^{2+} (aq) + 2 e^-	$\rightleftharpoons$	Cu (s)	0,34
O_2 (g) + 2 H_2O (l) + 4 e^-	$\rightleftharpoons$	4 OH^- (aq)	0,40
Cu^+ (aq) + e^-	$\rightleftharpoons$	Cu (s)	0,52
I_2 (aq) + 2 e^-	$\rightleftharpoons$	2 I^- (aq)	0,62
Fe^{3+} (aq) + e^-	$\rightleftharpoons$	Fe^{2+} (aq)	0,77
Ag^+ (aq) + e^-	$\rightleftharpoons$	Ag (s)	0,80
Hg^{2+} (aq) + 2 e^-	$\rightleftharpoons$	Hg (l)	0,85
NO_3^- (aq) + 4 H^+ (aq) + 3 e^-	$\rightleftharpoons$	NO (g) + 2 H_2O (l)	0,96
Br_2 (aq) + 2 e^-	$\rightleftharpoons$	2 Br^- (aq)	1,09

oxidierte Form	$\leftrightharpoons$	reduzierte Form	U_H^0 (V)
Pt^{2+} (aq) + 2 e^-	$\leftrightharpoons$	Pt (s)	1,20
O_2 (g) + 4 H^+ (aq) + 4 e^-	$\leftrightharpoons$	2 H_2O (l)	1,23
MnO_2 (s) + 4 H^+ (aq) + 2 e^-	$\leftrightharpoons$	Mn^{2+} (aq) + 2 H_2O (l)	1,23
$Cr_2O_7^{2-}$ (aq) + 14 H^+ (aq) + 6 e^-	$\leftrightharpoons$	2 Cr^{3+} (aq) + 7 H_2O (l)	1,33
Cl_2 (g) + 2 e^-	$\leftrightharpoons$	2 Cl^- (aq)	1,36
PbO_2 (s) + 4 H^+ (ap) + 6 e^-	$\leftrightharpoons$	Pb^{2+} (aq) + 2 H_2O (l)	1,46
Au^{3+} (aq) + 3 e^-	$\leftrightharpoons$	Au (s)	1,50
MnO_4^- (aq) + 8 H^+ (aq) + 5 e^-	$\leftrightharpoons$	Mn^{2+} (aq) + 4 H_2O (l)	1,51
Au^+ (aq) + e^-	$\leftrightharpoons$	Au (s)	1,69
H_2O_2 (aq) + 2 H^+ (aq) + 2 e^-	$\leftrightharpoons$	2 H_2O (l)	1,77
$S_2O_8^{2-}$ (aq) + 2 e^-	$\leftrightharpoons$	2 SO_4^{2-} (aq)	2,01
F_2 (g) + 2 e^-	$\leftrightharpoons$	2 F^- (aq)	2,85

pK_S-Werte einiger Säuren bei 25 °C

HA (aq) $\rightleftharpoons$ H^+ (aq) + A^- (aq)		pK_s
Oxalsäure	$(COOH)_2$	1,25
Schweflige Säure	$SO_2 + H_2O$	1,89
Hydrogensulfat-Ion	HSO_4^-	1,94
Phosphorsäure	H_3PO_4	2,16
Fluorwasserstoff	HF	3,17
Salpetrige Säure	HNO_2	3,29
Ameisensäure	HCOOH	3,77
Essigsäure	CH_3COOH	4,76
Kohlensäure	$CO_2 + H_2O$	6,37
Schwefelwasserstoff	H_2S	7,05
Hydrogensulfit-Ion	HSO_3^-	7,20
Dihydrogenphosphat-Ion	$H_2PO_4^-$	7,21
Hypochlorige Säure	HOCl	7,53
Borsäure	H_2BO_3	9,23
Ammonium-Ion	NH_4^+	9,25
Cyanwasserstoff	HCN	9,31
Hydrogencarbonat-Ion	HCO_3^-	10,32
Wasserstoffperoxid	H_2O_2	11,75
Hydrogenphosphat-Ion	HPO_4^{2-}	12,32
Hydrogensulfit-Ion	HS^-	12,92

Stichwortverzeichnis

Symbole

A

B

C

D

E

Bildquellenverzeichnis

imprint, Zusmarshausen: 8.1, 8.2, 8.3, 8.4, 9.1, 9.2, 9.3, 9.4, 9.5, 9.6, 10.1, 10.2, 10.3, 10.4, 10.5, 10.6, 10.7, 11.1, 11.2, 11.3, 12.1, 13.1, 13.2, 14.1, 14.2, 15.1, 15.2, 16.1, 16.2, 17.1, 17.2, 18.1, 18.2, 19.1, 20.1, 20.2, 20.3, 22.1, 22.2, 22.3, 23.1, 23.2, 23.3, 23.4, 23.5, 24.1, 24.2, 25.1, 25.2, 25.3, 26.1, 26.2, 26.3, 26.4, 26.5, 26.6, 27.1, 27.2, 27.3, 27.4, 28.1, 28.2, 28.3, 29.1, 30.1, 30.2, 30.3, 30.4, 31.1, 31.2, 31.3, 31.4, 32.1, 32.2, 32.3, 33.1, 33.2, 33.3, 34.1, 34.2, 35.1, 35.2, 36.1, 37.1, 38.1, 38.2, 39.1, 39.2, 39.3, 39.4, 40.1, 40.2, 41.1, 42.1, 42.2, 42.3, 43.1, 43.2, 44.1, 45.1, 46.1, 46.2, 47.1, 47.2, 48.1, 49.1, 49.2, 49.3, 50.1, 50.2, 50.3, 51.1, 51.2, 52.1, 53.1, 54.1, 54.2, 54.3, 54.4, 55.1, 56.1, 56.2, 56.3, 57.1, 57.2, 57.3, 58.1, 58.2, 58.3, 58.4, 59.1, 59.2, 59.3, 59.4, 60.1, 60.2, 60.3, 61.1, 61.2, 62.1, 62.2, 62.3, 63.1, 63.2, 63.3, 63.4, 64.1, 64.2, 64.3, 65.1, 65.2, 65.3, 66.1, 66.2, 67.1, 67.2, 69.1, 69.2, 70.1, 70.2, 70.3, 70.4, 71.1, 71.2, 72.1, 72.2, 73.1, 74.1, 74.2, 75.1, 76.1, 77.1, 78.1, 78.2, 79.1, 79.2, 79.3, 81.1, 82.1, 82.2, 82.3, 83.1, 84.1, 85.1, 85.2, 86.1, 86.2, 86.3, 86.4, 87.1, 87.2, 87.3, 88.1, 88.2, 88.3, 88.4, 89.1, 89.2, 89.3, 90.1, 91.1, 92.1, 93.1, 93.2, 94.1, 94.2, 94.3, 95.1, 95.2, 95.3, 96.1, 96.2, 97.1, 98.1, 98.2, 100.1, 100.2, 101.1, 101.2, 102.1, 102.2, 102.3, 102.4, 103.1, 103.2, 104.1, 105.1, 106.1, 106.2, 107.1, 107.2, 108.1, 108.2, 108.3, 108.4, 109.1, 109.2, 109.3, 110.1, 110.2, 110.3, 111.1, 111.2, 112.1, 112.2, 112.3, 113.1, 114.1, 115.1, 115.2, 115.3, 116.1, 116.2, 116.3, 116.4, 117.1, 117.2, 118.1, 118.2, 119.1, 119.2, 119.3, 120.1, 121.1, 121.2, 121.3, 122.1, 122.2, 122.3, 123.1, 123.2, 123.3, 124.1, 124.2, 124.3, 125.1, 125.2, 125.3, 125.4, 126.1, 126.2, 126.3, 127.1, 127.2, 127.3, 127.4, 127.5, 127.6, 128.1, 128.2, 129.1, 129.2, 129.3, 130.1, 130.2, 130.3, 130.4, 131.1, 131.2, 131.3, 131.4, 132.1, 132.2, 132.3, 133.1, 133.2, 134.1, 134.2, 134.3, 135.1, 135.2, 136.1, 136.2, 137.1, 137.2, 138.1, 138.2, 138.3, 138.4, 139.1, 139.2, 139.3, 139.4, 140.1, 140.2, 141.1, 141.2, 142.1, 142.2, 142.3, 143.1, 144.1, 144.2, 144.3, 144.4, 144.5, 144.6, 144.7, 144.8, 145.1, 146.1, 146.2, 146.3, 147.1, 147.2, 148.1, 148.2, 148.3, 148.4, 149.1, 150.1, 150.2, 150.3, 150.4, 150.5, 150.6, 151.1, 152.1, 152.2, 152.3, 152.4, 152.5, 153.1, 153.2, 153.3, 154.1, 154.2, 154.3, 154.4, 154.5, 155.1, 155.2, 155.3, 155.4, 155.5, 156.1, 156.2, 156.3, 156.4, 156.5, 156.6, 156.7, 156.8, 157.1, 157.2, 157.3, 158.1, 158.2, 158.3, 158.4, 159.1, 160.1, 160.2, 160.3, 161.1, 161.2, 161.3, 162.1, 162.2, 162.3, 162.4, 162.5, 162.6, 162.7, 162.8, 162.9, 163.1, 163.2, 163.3, 163.4, 163.5, 163.6, 163.7, 163.8, 163.9, 164.1, 164.2, 164.3, 164.4, 164.5, 164.6, 164.7, 164.8, 164.9, 164.10, 164.11, 164.12, 164.13, 165.1, 166.1, 166.2, 167.1, 167.2, 168.1, 168.2, 168.3, 168.4, 169.1, 169.2, 169.3, 169.4, 169.5, 169.6, 169.7, 169.8, 170.1, 170.2, 170.3, 171.1, 171.2, 171.3, 171.4, 171.5, 172.1, 172.2, 172.3, 172.4, 172.5, 173.1, 173.2, 174.1, 174.2, 174.3, 174.4, 174.5, 175.1, 175.2, 175.3, 175.4, 175.5, 175.6, 175.7, 175.8, 176.1, 176.2, 176.3, 176.4, 176.5, 177.1, 177.2, 177.3, 177.4, 178.1, 178.2, 178.3, 178.4, 178.5, 179.1, 179.2, 179.3, 180.1, 180.2, 180.3, 180.4, 180.5, 180.6, 180.7, 181.1, 181.2, 181.3, 181.4, 182.1, 182.2, 182.3, 182.4, 182.5, 182.6, 183.1, 184.1, 184.2, 184.3, 184.4, 185.1, 185.2, 185.3, 185.4, 186.1, 186.2, 187.1, 187.2, 187.3, 187.4, 187.5, 187.6, 188.1, 188.2, 188.3, 188.4, 188.5, 189.1, 189.2, 189.3, 189.4, 189.5, 189.6, 190.1, 190.2, 191.1, 191.2, 191.3, 191.4, 191.5, 191.6, 191.7, 191.8, 191.9, 191.10, 191.11, 191.12, 191.13, 191.14, 192.1, 192.2, 192.3, 193.1, 193.2, 193.3, 193.4, 194.1, 194.2, 194.3, 194.4, 195.1, 195.2, 195.3, 196.1, 196.2, 196.3, 196.4, 197.1, 197.2, 197.3, 198.1, 198.2, 198.3, 199.1, 199.2, 199.3, 199.4, 199.5, 200.1, 200.2, 200.3, 200.4, 200.5, 200.6, 200.7, 200.8, 201.1, 201.2, 201.3, 202.1, 202.2, 202.3, 203.1, 203.2, 203.3, 204.1, 204.2, 204.3, 204.4, 205.1, 205.2, 205.3, 205.4, 205.5, 205.6, 206.1, 206.2, 207.1, 207.2, 207.3, 208.1, 208.2, 208.3, 209.1, 209.2, 209.3, 209.4, 210.1, 210.2, 210.3, 210.4, 210.5, 210.6, 211.1, 211.2, 211.3, 212.1, 213.1, 213.2, 213.3, 213.4, 214.1, 214.2, 214.3, 215.1, 215.2, 215.3, 216.1, 216.2, 216.3, 216.4, 217.1, 217.2, 217.3, 217.4, 217.5, 217.6, 218.1, 218.2, 218.3, 219.1, 219.2, 219.3, 219.4, 220.1, 220.2, 220.3, 220.4, 221.1, 221.2, 221.3, 221.4, 221.5, 222.1, 222.2, 222.3, 223.1, 223.2, 223.3, 224.1, 224.2, 224.3, 225.1, 225.2, 225.3, 226.1, 226.2, 226.3, 227.1, 227.2, 227.3, 227.4, 227.5, 228.1, 228.2, 229.1, 229.2, 230.1, 230.2, 230.3, 230.4, 230.5, 230.6, 230.7, 230.8, 230.9, 230.10, 230.11, 230.12, 230.13, 230.14, 230.15, 231.1, 231.2, 231.3, 232.1, 232.2, 232.3, 233.1, 233.2, 233.3, 233.4, 234.1, 234.2, 234.3, 235.1, 235.2, 235.3, 235.4, 235.5, 236.1, 236.2, 236.3, 236.4. |iStockphoto.com, Calgary: Nicolas_ Titel.